바닷물고기 남해편

The Marien Fishes of South Sea

한국 생물 목록 20
Checklist of Organisms in Korea 20

바닷물고기 남해편
The Marien Fishes of South Sea

펴 낸 날 | 2016년 9월 19일

글·사진 | 한정호, 정현호, 홍영표, 박찬서, 안제원, 백운기

펴 낸 이 | 조영권
만 든 이 | 노인향
꾸 민 이 | 강대현

펴 낸 곳 | **자연과생태**
주소_서울 마포구 신수로 25-32, 101(구수동)
전화_02)701-7345~6 팩스_02)701-7347
홈페이지_www.econature.co.kr
등록_제2007-000217호

ISBN 978-89-97429-68-4 96490

한국 생물 목록 20
Checklist of Organisms in Korea 20

바닷물고기 남해편

The Marien Fishes of South Sea

글·사진 한정호, 정현호, 홍영표, 박찬서, 안제원, 백운기

자연과생태

머리말

지구 표면적의 71%는 바다로 덮여 있습니다. 그만큼 바다생태계가 차지하는 비중도 매우 높습니다. 바다에는 생물 종의 80% 이상이 서식하며, 인류는 필요한 단백질의 16% 정도를 바다생물에서 얻고 있습니다. 또한 전 세계 인구의 75%가 연안에 거주하니 바다의 중요성은 강조할 필요가 없을 듯합니다.

바다는 마치 우주처럼 그 깊은 속을 감춘 채 수많은 생명을 품고 있기에, 부대끼는 삶의 현장인 동시에 동경의 대상인지도 모르겠습니다. 그런데 안타깝게도 바다가 워낙 넓고, 깊은 곳은 접근이 어렵다 보니 바다생물에 대한 연구가 미흡합니다. 아직도 알려지지 않은 생물이 헤아릴 수 없이 많으며, 비교적 몸집이 큰 편인 바닷물고기조차도 얼마나 많은 종이 살고 있는지 모릅니다. 또한 장기간 추적 관찰하며 그들의 생활사를 밝히는 것은 너무 어려운 일입니다.

우리나라의 바닷물고기 연구는 주로 수산자원 활용 목적으로 이루어졌습니다. 그래서 많은 사람들이 즐겨 먹는 생선에 관해서는 산란기, 이동주기 등 생활사를 비교적 많이 밝힌 종도 있습니다. 그러나 우리의 삶과 동떨어진 종에 대해서는 아는 것이 많지 않습니다. 바다 생태계의 건강, 바다 생물의 다양성을 파악하고 보전하기 위한 폭넓은 관심과 연구가 필요합니다.

이 책은 우리나라 남해안에 서식하는 바닷물고기 중에서 자주 접하는 177종을 소개합니다. 남해안은 강물이 흘러드는 기수역, 굴곡진 해안선, 수많은 섬, 계절에 따라 바뀌는 해류 등 독특한 특성이 있어 생물다양성이 뛰어납니다. 그만큼 남해에 기대어 사는 사람이나, 남해를 찾아 여가를 즐기는 사람도 많습니다. 동해와 서해 편을 뒤로 미루고 남해편을 먼저 준비한 이유입니다.

보통 사람들이 바닷물고기를 만날 일은 드물지만, 그래도 예전에 비해 많은 사람들이 바닷물고기를 접합니다. 스쿠버다이빙, 스노클링, 바다낚시 같은 레저 활동을 즐기거나, 수족관을 찾아가 관람하는 분들이 늘고 있습니다. 이 책이 그런 분들에게 바닷물고기를 알아볼 수 있도록 안내하고, 나아가 우리나라 바다생물에 관심 갖는 사람이 많아지도록 하는 데 작은 역할을 하길 기대합니다.

2016년 9월

저자 일동

차례

일러두기

- 한반도 남해의 기수역 및 해수역에 서식하는 바닷물고기 중 흔히 관찰되는 177종을 실었습니다.
- 본문 내용은 국립중앙과학관에서 서비스하는 '국가자연사연구종합정보시스템(NARIS)'에 구축된 어류 정보를 바탕으로 작성했으며, 이 내용은 '국가생명연구자원통합시스템(KOBIS, http://kobis.re.kr)'과도 연동됩니다.
- 물고기의 분류와 순서는 넬슨(Nelson, 1994)의 분류 체계를 기준으로 했으며, 학명과 명명자는 가능한 가장 최근의 것을 채택했습니다.
- 바닷물고기의 형태와 서식처, 생태(이동, 섭식, 번식) 특성을 앞부분에 실어 본문 내용을 이해하는 데 도움이 되도록 했습니다.
- 각 종의 설명에는 분류, 국명, 학명, 명명자, 영문명, 형태 정보(크기, 체색과 무늬, 주요 형질)와 생태 정보(서식지, 먹이 습성, 행동 습성)를 특성별로 수록했습니다.
- 어종 구별에 도움을 주고자 살아 있는 개체를 촬영해 체색이 그대로 나타난 사진을 실었고, 그 밖에 부위별 특징을 담은 사진을 함께 제시했습니다.
- 어류학 용어를 가능한 쉽게 풀어 썼습니다.
- 부록으로 학명과 국명 찾기를 수록했으며, 동정할 종을 빨리 찾을 수 있도록 책에 수록한 종의 사진 목록을 수록했습니다.

바닷물고기의 형태, 서식처, 생태 특성 설명

경골어류의 외형

붉은쏨뱅이(옆면)

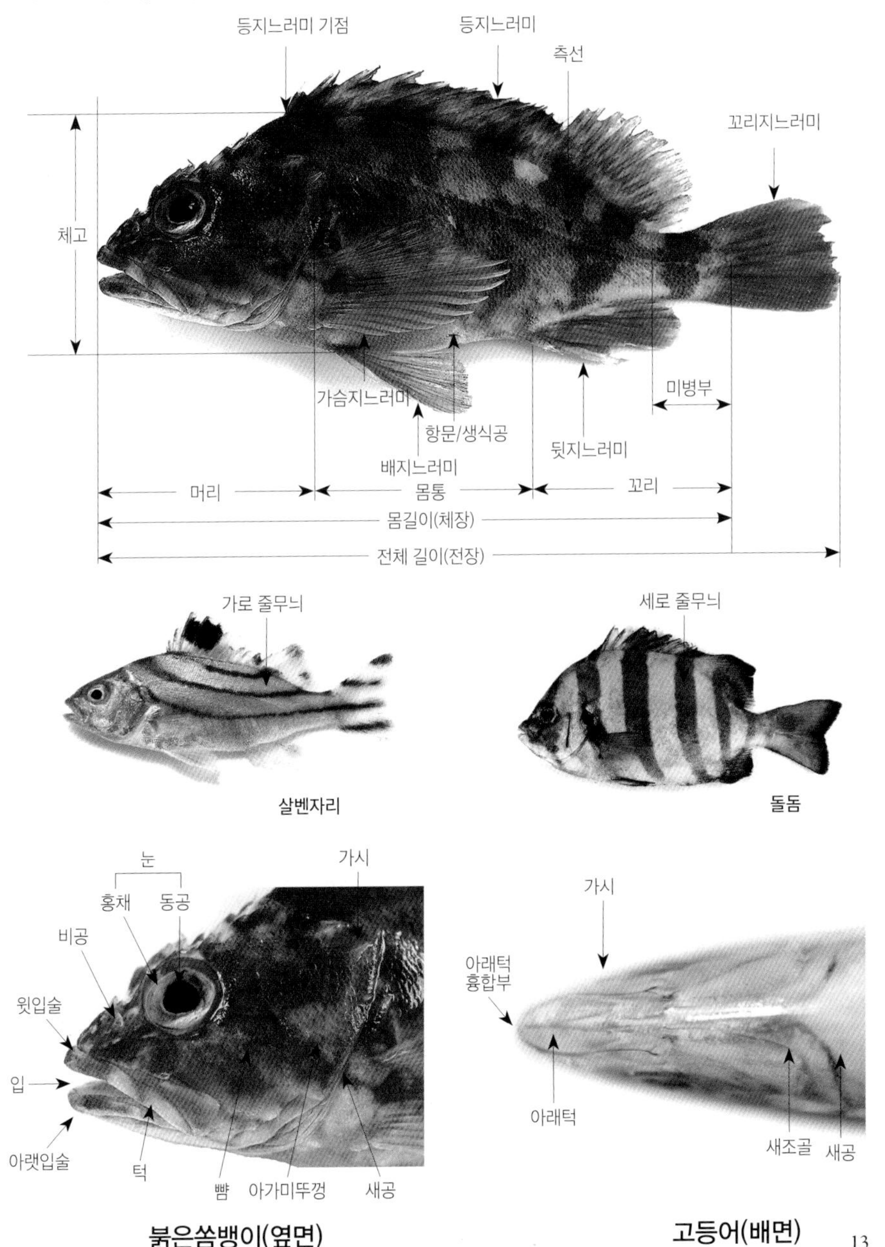

살벤자리

돌돔

붉은쏨뱅이(옆면)

고등어(배면)

은어(옆면)

백다랑어(옆면)

연골어류의 외형(상어류)

까치상어(옆면)

연골어류의 외형(홍어류)

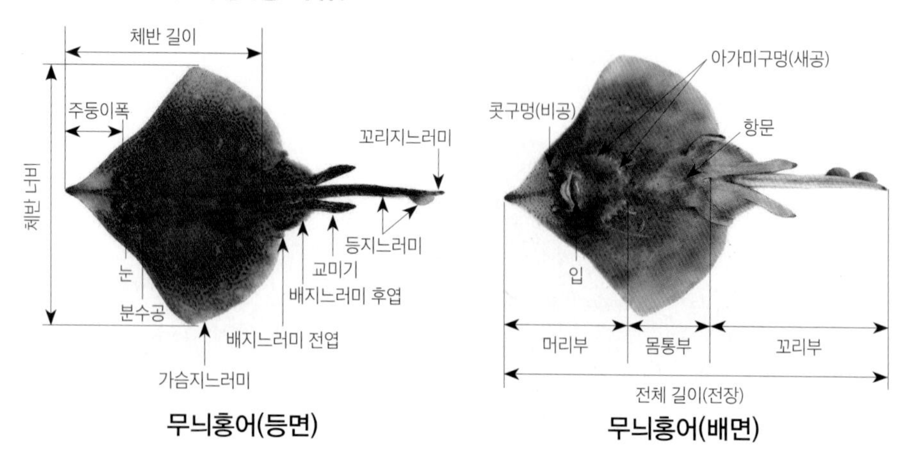

무늬홍어(등면)

무늬홍어(배면)

꼬리지느러미 모양

서식처 유형

강어귀(하구)

민물이 바다로 흘러들어 민물과 바닷물이 뒤섞이는 곳으로, 물속에 영양분이 많아서 다양한 어종이 산다. 바다와 강을 오가는 어종들도 있다.

복섬

가숭어

뱀장어

암초 지대

크고 작은 갯바위나 암반이 울퉁불퉁하게 구성된 지대로, 돌 틈에 숨어 사는 어종이 많다. 몸 색깔이 주변 바위 색깔과 비슷한 어종이 많다.

감성돔

볼락

참돔

모래 바닥

주로 바닥에 모래가 넓게 펼쳐진 지대로서, 모래 속에 몸을 숨기거나 모래 속을 뒤져 먹이를 찾는 어종들이 많다. 몸 색깔도 주변 모래 색깔과 비슷하다.

점넙치

까지양태

점가자미

갯벌 지대

바닷물이 빠지면 주로 개펄이 넓게 펼쳐지는 지대로서, 펄 속에 갯지렁이나 작은 동물이 많아서 다양한 어종이 산다.

전어

짱뚱어

큰볏말뚝망둥어

산호밭

주로 바닥에 모래가 넓게 펼쳐진 지대로서, 모래 속에 몸을 숨기거나 모래 속을 뒤져 먹이를 찾는 어종들이 많다. 몸 색깔도 주변 모래 색깔과 비슷하다.

자리돔

두동가리돔

해포리고기

앞바다

육지에서 가까운 바다이자 수심이 200m를 넘지 않는 곳으로, 무리를 지어 다니는 어종들이 많이 분포한다.

고등어

전갱이

방어

먼바다

육지에서 멀리 떨어져 사방이 바다인 곳으로, 바닷물의 흐름에 따라 몰려다니는 어종 및 이를 쫓아다니는 대형 어종이 많이 분포한다.

참다랑어

백다랑어

만새기

깊은 바다

수심이 200m보다 깊은 지대를 말하며, 빛이 들어오지 않아서 깜깜하다. 이곳에 사는 어종을 심해어라고 부른다.

살살치

놀락민태

투라치

이동 특성

산란회유(breeding migration)

산란을 위해 이동하는 것을 말한다. 수심이 얕은 곳에서 깊은 곳으로, 깊은 곳에서 얕은 곳으로 이동한다. 강을 거슬러 오르거나 먼바다로 나가는 어종도 있다.

도루묵 뱀장어 삼치

색이회유(feeding migration)

먹이를 찾아 무리 지어 헤엄쳐 다니는 것을 말한다. 다랑어류, 꽁치, 전갱이, 고등어 등은 수평이동, 멸치류 등은 수직이동을 한다.

멸치 꽁치 백다랑어

계절회유(seasonal migration)

계절에 따라 수온이 변하면 그에 맞춰 알맞은 곳으로 이동하는 것을 말한다. 방어, 고등어 등이 봄에는 북쪽으로, 가을에는 남쪽으로 이동한다.

고등어　　청어　　대구

성육회유(adult migration)

산란하는 장소와 서식하는 장소가 다른 어종의 치어가 성장 시기에 떼를 지어 자랄 곳으로 옮겨 가는 것을 말한다. 위쪽에서 바닥으로 이동하는 어종도 있다.

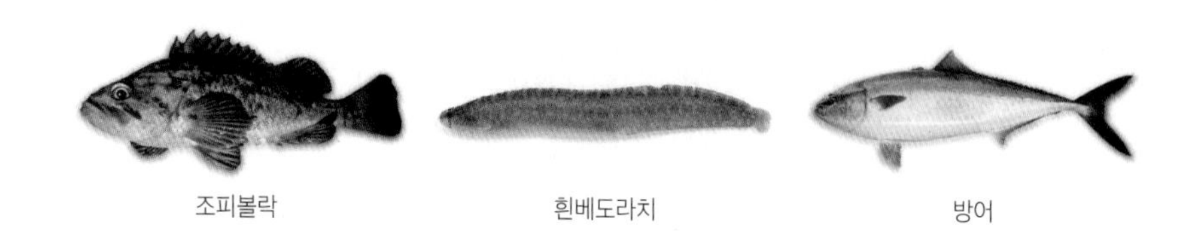

조피볼락　　흰베도라치　　방어

섭식 특성

플랑크톤을 먹는 어종

전어　　학공치　　해마

해초 및 해조류를 먹는 어종

독가시치　　아홉동가리　　황줄깜정이

다른 어종을 먹는 어종

농어　　부시리

다양한 먹이를 먹는 어종

쥐노래미　　해포리고기　　유전갱이

저서성 무척추동물을 먹는 어종

돌돔　　혹돔　　놀락민태

해파리를 먹는 어종

말쥐치　　객주리

번식 특성

반복 번식활동의 유무

다회산란(iteroparity): 일생동안 한 번 이상 번식하는 것을 뜻한다. 대부분의 어종이 이에 속한다.

아홉동가리　　　　쌍동가리

일회산란(semelparity): 일생동안 한 번만 번식하는 것을 뜻한다. 산란 후 죽는 어종이 이에 속한다.

뱀장어　　　　연어

배아의 발생 위치

난생(oviparity): 어미 생식계 밖에서 배(embryo)가 발생하는 번식 형태를 말한다. 대부분의 어종이 이에 속한다.

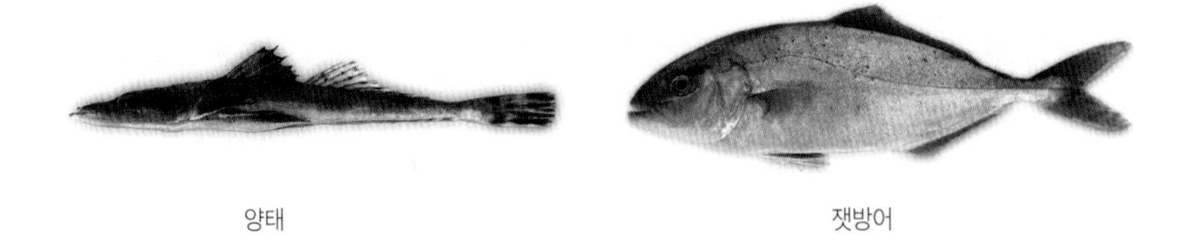

양태　　　　잿방어

태생(viviparity): 어미 생식계 밖에서 배(embryo)가 발생하는 번식 형태를 말한다. 어미의 생식기 내, 난소낭 내, 수란관 내에서 발생하는 형태이다.

볼락　　　　불볼락

암컷과 수컷의 생식기 분리 유무

반복 번식활동의 유무

자웅이체(gonochorism): 암수딴몸이라고도 한다. 암컷과 수컷이 일생동안 명확하게 구분된 개체로 존재하는 것을 말한다. 대부분 어종이 이에 속한다.

갈전갱이

게르치

자웅동체(hermaphrodite): 암수한몸이라고도 한다. 한 개체가 동시에 2가지 성(性)을 가지거나, 자라는 도중에 성전환하는 것을 말한다. 크게 3가지로 나뉜다.

① 일시적 자웅동체(simultaneous hermaphrodite): 생식소에서 정소와 난소의 구성 성분이 동시에 발생하는 경우로서 매우 희귀하다.

Barred hamlet(*Hypoplectrus puella*)

Butter hamlet(*Hypoplectrus unicolor*)

② 자성선숙 자웅동체(protogynous hermaphrodite): 처음에는 암컷이었다가 다음 계절이나 몇 년 후에 수컷으로 바뀌는 경우

황놀래기

혹돔

③ 웅성선숙 자웅동체(protandrous hermaphrodite): 처음에는 수컷이었다가 성숙한 뒤에는 암컷으로 바뀌는 경우

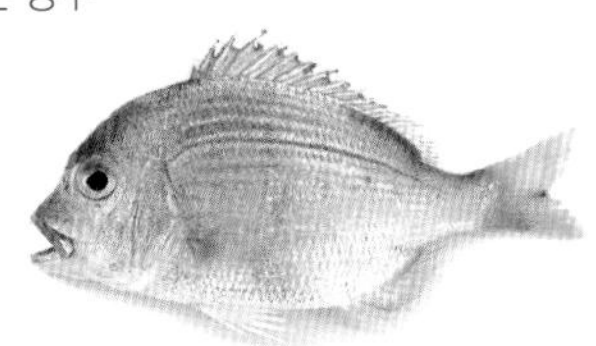

황돔

까지양태

용어 설명

가로무늬(가로띠) 능성어, 돌돔 등의 무늬처럼 어류의 머리를 위쪽, 꼬리를 아래쪽으로 세웠을 때 가로로 된 무늬를 말한다.
가슴지느러미(pectoral fin) 아가미뚜껑 뒤쪽에 있는 짝지느러미(paired fin)를 말한다.
가시(spine) 지느러미 줄기 중 마디가 없는 단단한 극조를 말한다.
갈조식물(brown algae) 미역, 다시마, 감태 등 갈색 해조류를 일컫는다.
갑각류(crustacean) 새우, 게 등 몸에 딱딱한 껍데기가 있거나 외골격인 동물군을 통틀어 말한다.
강장동물(coelenterate) 말미잘, 해파리 등을 포함하는 동물군을 통틀어 말한다.
강하어(catadromous fish) 뱀장어처럼 산란을 위해 바다로 내려가는 어종을 말한다.
강하회유(catadromous migration) 뱀장어처럼 바다로 내려가는 어류의 이동을 말한다.
강해형(sea-run form) 동일한 종이지만 하천 또는 계곡에서 일생을 보내는 육봉형과 반대로 바다로 내려가 서식하는 무리를 일컫는 말로서, 대표적으로 송어(강해형)와 산천어(육봉형)가 이에 해당된다.
개체군(population) 같은 종이면서도 지역적 격리로 나름대로 독특한 형질을 지닌 군을 종 내에서 다시 구분할 때 쓰는 단위이다.
개체변이(individual variation) 같은 종이지만, 개체에 따라 다양한 표현형(phenotype: 물리적, 행동적 특성)이 나타나는 것을 말한다.
견대(shoulder girdle) 어깨뼈를 가리키며, 어류에서는 가슴지느러미의 지지골을 일컫는다.
경계색(alarming coloration) 환경 변화나 외부 자극에 반응해 나타나는 체색으로, 독성이 있거나 맛이 나쁜 어류가 자신을 노리는 상대에게 불쾌한 자극을 주고자 바꾸는 체색을 말한다.
경골어류(osteichthyes) 척추가 발달한 어류 무리를 일컫는다.
계절회유(seasonal migration) 계절에 따라 일정한 방향으로 이동하는 어류의 움직임을 뜻한다.
공식(cannibalism) 같은 종끼리 서로 잡아먹는 현상으로 육식성 어종에서 많이 관찰된다.

광채세포(iridophore) 어류 몸에서 은백색, 녹청색 등을 나타내는 구아닌, 아데닌, 퓨린 등의 색소세포를 뜻한다.
교미기(clasper) 체내수정을 하는 가오리, 상어(배지느러미의 변형물), 망상어(뒷지느러미에 위치)의 생식기를 말하며, 다른 말로 교접기, 교접각이라고도 부른다.
극조(spinous ray) 지느러미를 가시와 줄기로 나눌 때 가시 부분에 해당하는 딱딱한 가시를 말한다.
극피동물(echinoderm) 성게, 불가사리 등을 포함하는 무척추동물군을 일컫는다.
근육회유(onshore migration) 앞바다에서 연안으로 이동하는 회유로서, 새끼의 성육 환경으로 좋은 얕은 연안을 찾아 이동하는 산란회유를 일컫는다.
근절(myotome) 피하에 일렬로 발달하는 측근을 가리킨다.
기름눈까풀(adipose eye lid) 정어리, 고등어, 숭어의 눈에 발달하는 투명한 막을 뜻한다.
기름지느러미(adipose fin) 연어, 송어, 은어, 빙어 등의 등지느러미 뒤쪽에 있으며, 줄기가 없이 육질로 되어 있는 작은 지느러미를 말한다.
기생성어류(parasitic fish) 먹장어와 같이 다른 어류에 기생해 숙주의 살이나 내장을 먹는 어류를 일컫는 말이다.
기수어류(brackish water fish) 강과 바다가 만나는 곳(기수)에 서식하는 어류를 말한다.
꼬리(tail) 항문에서 마지막 척추골 뒤끝까지를 일컫는다.
꼬리가시(caudal spine) 노랑가오리의 꼬리 위에 발달한 가시로 독이 있다.
꼬리자루(caudal peduncle) 뒷지느러미 기저 뒤끝에서 마지막 척추골 뒤끝까지를 말한다.
꼬리지느러미(caudal fin) 꼬리 뒤쪽에 있는 수직지느러미를 일컫는다.
나이테(annual ring, annulus) 뼈의 계절적 화골 상태에 따라 척추 등에 나타나는 연령 형질을 뜻한다.
난생(oviparity) 어류의 번식 방법 중 대부분을 차지하는 것으로 새끼가 알에서 깨어나는 방식이다.
난태생(ovoviviparity) 어미의 배에서 새끼가 부화되어 나오지만, 어미에게서 어떠한 영양 물질도 공급받지 않는 번식 방법이다.
난황(yolk) 대부분의 물고기들이 태어날 때 어미에게서 받는 영양 물질이 든 주머니를 말한다.

눈지름(eye diameter) 눈의 최대 수평 지름을 말한다.

다모류(polychaetes) 환형동물에 속하며 체측에 다리가 있는 참갯지렁이, 꽃갯지렁이 등의 갯지렁이류를 포함한다.

다회산란종(multiple spawning species) 배 속의 알을 여러 번 나누어 산란하는 종을 일컫는 말로서 주로 참돔, 넙치 등이 이에 해당된다.

단각류(amphipoda) 절지동물에 속하며 옆새우(일명: 파래새우), 바다대벌레 등이 포함된다.

대륙붕(continental shelf) 육지나 큰 섬 주변을 둘러싸고 있는 곳으로 육지의 연장이며, 깊이 200m까지인 바다를 말한다.

독샘(poison grand) 가오리, 쏨뱅이, 독가시치 등에서 가시의 내부나 기부에 있는 독을 생산하는 조직이 형성되는 곳을 말한다.

독어(poisonous fish) 노랑가오리, 쑤기미, 미역치, 곰치, 복어류 등 가시, 이빨 및 피부, 내장 등에 독을 있는 어류를 일컫는다.

두장(head length) 주둥이 앞 끝에서 아가미뚜껑 끝까지의 길이를 말한다.

두족류(cephalopod) 오징어, 문어류처럼 머리에 다리가 발달한 무척추동물을 일컫는 말이다.

둥근비늘(cycloid scale) 잉어과 어류와 같은 경골어류에서 볼 수 있는 비늘이다. 사각형, 타원형, 원형 등으로 모양이 다양하며, 표면이 매끄럽고 가시가 없는 것이 특징이다. 대표적으로 정어리, 연어, 붕어, 잉어, 은어 등의 비늘이 이에 해당된다.

뒷지느러미(anal fin) 항문 뒤쪽에 위치한 수직지느러미를 말한다.

등각류(isopoda) 절지동물에 속하며, 납작한 갯강구, 갯쥐며느리가 대표종이다.

등지느러미(dorsal fin) 등쪽에 있는 수직지느러미로 가시(극조)는 로마자로 표기하며, 줄기(연조)는 아라비아 숫자로 표기한다. (*이 책에서는 내용을 더욱 쉽게 이해할 수 있도록 아라비아 숫자로 통일했다.)

렙토세팔루스(leptocephalus) 투명한 버드나무 잎사귀처럼 생긴 몸으로 유생기를 거치는 장어류 유생을 가리키는 이름이다.

맛봉오리(taste bud) 어류의 입술, 구강, 혀, 새궁, 새파, 몸 표면, 촉수 등에 위치하는 맛을 느끼는 기관으로, 일반적으로 어류는 혀보다 입술이나 입천장에 맛봉오리가 많이 분포한다.

모비늘(scute) 전어, 준치의 배 가장자리, 전갱이의 꼬리 측선 위를 따라 발달하는 날카로운 비늘을 말한다.
모천회귀(homing migration) 자기가 태어난 강으로 다시 돌아오는 현상을 말하며, 귀소회귀라고도 말한다. 대표적으로 연어가 이에 해당된다.
목니(pharyngeal teeth) 인두골에 발달한 이빨을 말하며 잉어, 붕어 등 잉어과 어류에서 흔히 볼 수 있다.
몸통(trunk) 아가미뚜껑 뒤끝에서 항문까지의 부분을 말한다.
무안측(blind side) 두 눈이 몸 한쪽으로 쏠린 가자미, 넙치의 몸을 표현할 때 눈이 없는 쪽을 말하며, 반대로 눈이 있는 쪽은 유안측이라고 한다.
미성어(immature fish) 치어기를 지나 체형이나 반문 등이 성어와 거의 유사해지는 시기의 물고기. 생식 능력은 완전하지 않지만, 외모상으로는 성어와 흡사하다.
발광기관(luminescent organ) 빛을 내는 기관으로 대부분 심해어에서 볼 수 있으며, 발광 세균과 공생해서 내는 기관과, 화학 반응으로 자력 발광하는 기관이 있다.
발안란(eyed egg) 알의 발생 단계 중 배체에 까만 눈이 발달한 시기를 뜻한다.
발전어류(electric fish) 전기뱀장어와 같이 전기를 일으키는 어류로, 등에 발전 기관이 있다.
방추형(fulsiform) 어류의 대표적인 체형 중 하나로, 방어, 가다랑어처럼 먼 거리를 회유하는 어종들의 체형이다.
방패비늘(placoid scale) 상어 등의 연골어류에 있는 비늘로 가오리류에도 일부 있으나, 부분적으로 남아 있거나 퇴화한 상태가 대부분이다. 발생 시 이빨과 같은 과정을 거쳐 형성되며, 조직도 이빨과 차이가 없다.
배지느러미(pelvic fin) 배나 가슴 부분에 있는 짝지느러미(paired fin)를 말한다.
변태(metamorphosis) 성장 과정 중 어느 시기에 큰 형태 변화를 겪으면서 갑자기 어미의 형태와 같아지는 것을 가리킨다. 어릴 때부터 조상의 형태와 엇비슷하게 자라며 성어로 변화하는 재연성변태와 어릴 때는 조상의 형태와 전혀 다른 특수한 형태이다가 어릴 때와는 다른 형태로 자라는 후발성변태가 있다.
보조호흡기관(accessory breathing) 아가미 외에 어류의 호흡을 도와주는 기관을 말하며 뱀장어, 망둑어 등의 피부 호흡, 미꾸리의 창자 호흡, 가물치의 인후실 공기호흡 등을 포함한다.

부레(air bladder) 방추형, 아령형, 타원형 등 형태가 다양한 부력 조절 기관으로 체강 윗부분과 척추 사이에 존재한다. 소화 기관과 연결된 종과 연결되지 않은 종이 있다. 넙치, 가자미, 쥐노래미 등 바다 생활을 하는 종에서는 초기 성장기 중에 퇴화된다.

부유생활기(planktonic stage) 경골어류의 어린 새끼는 일정 기간 동안 표층이나 중층에 떠서 플랑크톤과 같은 생활을 하는데 이 시기를 일컫는 말이다.

분수공(spiracle) 가오리의 눈 뒤쪽에 열린 구멍으로 물을 마시는 역할을 하는 기관을 뜻한다.

빈모류(oligochaetes) 환형동물에 속하는 무리로 물지렁이, 실지렁이, 참지렁이 등 몸에 다리가 없고 대부분 민물에 사는 지렁이류를 말한다.

빗비늘(ctenoid scale) 농어, 숭어, 능성어, 도미 등 대부분 경골어류에 있는 비늘을 말하며, 형태는 둥근비늘과 마찬가지로 다양하지만, 몸 바깥으로 노출되는 부분의 가장자리에 작은 가시를 갖는 것이 특징이다.

산란관(spawning duct) 담수어류 중 납자루류, 연안의 횟대류에서 볼 수 있으며, 산란기가 되면 수란관이 몸 밖으로 길게 나와 산란관을 형성한다.

산란회유(spawning migration) 산란을 위해 산란장을 찾아 남북으로 또는 앞바다에서 연안 쪽으로 이동하는 회유를 말한다.

삼투압조절(osmoregulation) 해수어는 체액의 이온 농도가 해수에 비해 낮으며, 담수어는 그 농도가 담수보다 높다. 이들은 아가미, 콩팥, 창자로 삼투압을 조절한다.

삼투조절회유(osmoregulatory migration) 농어 등 어린 시기에 생리적 요구에 따라 담수, 기수 구역을 오르내리는 회유를 말한다.

새파(gill raker) 아가미를 지지하는 뼈(새궁)의 안쪽으로 병렬되어 있는 골질 돌기를 말한다. 새파의 수, 길이 및 모양은 식성에 따라 달라지며 종 분류 형질로 사용된다.

색소세포(chromatophore) 어류의 표피에 분포하는 색 세포로서 흑색소포, 황색소포, 적색소포 등이 있으며, 어류의 체색은 이 색소세포와 광채세포의 유무에 따라 결정된다.

색이회유(feeding migration) 먹이를 찾아 어류가 이동하는 회유로 다랑어류, 새치류, 꽁치 등과 같은 외양성, 회유성 어류에서 많이 볼 수 있다.

성숙연령(age at maturation) 성적으로 성숙하는 나이를 말하며 일반적으로 난생 어류는 1~3년이지만, 대개 수컷이 암컷보다 일찍 성숙한다.

성어(adult) 성적으로 완전히 성숙해 생식 능력을 갖추게 된 시기의 어류를 뜻하며 이때 모습이 죽을 때까지 유지되는 것이 일반적이다.

성육회유(adult migraion) 어릴 때 연안 가까이에서 성장한 새끼들은 어느 단계까지 성장하면 원래 어미가 살던 서식장으로 이동해 가는데, 이 같은 이동을 말한다.

성장단계(growth stage) 어류가 부화해 어미가 될 때까지는 몇 단계를 거친다. 여러 가지 설이 있으나, ① 난황이 있는 전기자어, ② 난황을 흡수한 후부터 각 지느러미 줄기가 정수에 달할 때까지를 후기자어, ③ 후기자어 이후 종의 특징을 나타내는 시기인 치어기, ④ 체형이나 반문, 색채 등은 성어와 거의 같으나 성적으로 미숙한 미성어기, ⑤ 성적으로 성숙해 생식 능력을 가지는 시기(김용억, 1978)의 5단계로 나누기도 한다.

성전환(sex reversal) 암컷에서 수컷으로, 수컷에서 암컷으로 성이 바뀌는 현상을 말한다. 예를 들어 감성돔은 수컷이 먼저 성숙한 뒤 암컷으로 바뀌는 웅성선숙형이고 황돔은 반대로 자성선숙형 어류이다.

성징(sexual character) 암컷과 수컷에 따라 교접기와 같은 생식기관(일차성징)이나 몸의 크기, 머리의 형태, 눈의 위치, 지느러미의 형태, 채색 등과 같은 성질(이차성징)에서 차이를 나타내는 것을 의미한다.

세로무늬(세로띠) 살벤자리처럼 머리에서 꼬리 쪽으로 그어진 무늬를 말한다.

소하회유(anadromous migration) 연어, 송어처럼 강을 거슬러 올라가는 회유를 말한다.

송곳니(canine-like teeth) 삼치, 갯장어, 갈치 등과 같은 육식성어에서 볼 수 있는 턱니의 일종으로 먹이를 물고 끊기에 알맞은 이빨을 뜻한다.

수정(fertilization) 알과 정자가 만나는 것을 뜻한다.

수정란(fertilized egg) 수정 과정을 거쳐 알 속으로 정자가 들어가 수정막이 생긴 알을 말한다.

수직지느러미(unpaired fin) 어류의 지느러미 중 몸의 정중선에 있으면서 짝을 짓지 않는 지느러미로 등·뒤·꼬리지느러미를 일컫는다.

수직회유(vertical migration) 먹이를 좇아 주·야간 수직으로 이동하는 회유이며, 발광멸, 샛비늘치과 어류는 먹이가 되는 동물성 플랑크톤을 따라 수직으로 이동한다.

스몰트(smolt) 연어과 어류가 강과 하천에서 일정 기간 동안 어린 시기를 보내고 바다로 내려가려고 체색을 광택 나는 은백색으로 바꾸는 시기를 말한다.

심해어(deep sea fish) 수심 200m보다 깊은 곳에 사는 어류로, 먹이가 부족하고 환경이 나빠 종 수나 개체수는 빈약하다.

아가미(gill) 물속에 녹아 있는 산소를 이용해 호흡하는 어류의 주 호흡 기관으로 아가미구멍은 연골어류에 5~7쌍, 경골어류에 1쌍이 있으며, 경골어류는 구강의 좌우에 아가미 4쌍이 있다.

아가미뚜껑(operculum) 경골어류의 아가미를 덮는 뚜껑으로 새개골 여러 개와 여기에 부속하는 아가미막으로 형성된다.

안경(eye diameter) 눈 지름. 눈의 최대 수평 지름을 말한다.

안점(eye spot) 먹장어와 같은 원구류에 있는 원시적 형태의 눈을 뜻한다.

앞니(incisor-like teeth) 복어, 쥐치 등의 이빨을 말하며 바위에 붙은 단단한 먹이를 갉아 먹기에 적합하다.

야행성어류(nocturnal fish) 장어류, 볼락 등과 같이 밤에 주로 먹이 활동을 하는 어류를 말한다.

양안간격(interorbital width) 두 눈 사이의 가장 짧은 길이를 말한다.

양측회유(amphidromous migraion) 은어처럼 산란 목적 외에 정해진 계절에 바다와 강을 오르내리는 회유를 말한다.

어금니(molar teeth) 참돔, 감성돔과 같은 어종의 턱니이며, 껍데기가 단단한 부착생물을 깨어 먹기에 적합한 형태다.

연골어류(chondrichthyes) 모든 골격이 연골만으로 이루어진 어류 무리이며, 대표적으로 상어, 가오리가 이에 해당된다.

연령형질(age character) 물고기의 나이를 추정할 수 있는 비늘, 이석, 척추골, 상후두골, 새개골, 쇄골, 지느러미 줄기 등의 형질. 이 중에서도 비늘과 이석, 척추골 등이 많이 이용된다.

연조(soft ray) 지느러미 살 중에 마디가 없는 연한 줄기. 지느러미 살은 극조(가시)와 연조(줄기)로 이루어진다.

연체동물(mollusca) 조개, 고둥, 문어, 오징어 등과 같은 무척추동물 무리의 분류군을 일컫는다.

옆줄(lateral line) 측선이라고도 하며, 체측에 줄을 지어 발달하는 감각공으로 수압, 물의 흐름, 진동 등을 느끼는 감각 기관이다.

외양성 어종(oceanic fish) 수심 100m보다 얕은 수층의 외양을 회유하는 다랑어, 새치와 같은 어종을 말한다.
원구류(cyclostomi) 턱, 짝지느러미(paired fin) 및 비늘이 없고 콧구멍 1개와 주머니 모양 아가미가 있는, 어류 중에서는 가장 원시적인 형태의 무리로 칠성장어, 먹장어와 같은 종을 포함한다.
원륙회유(off-shore migraion) 산란을 위해 연안에서 점점 멀어지는 회유를 말한다. 강에서 바다로 내려와 산란장으로 추정되는 남쪽 바다로 이동한다고 알려진 뱀장어가 대표적인 예이다.
원뿔니(conical teeth) 가다랑어, 아귀, 매퉁이, 연어, 대구 등 육식성 어종에 있는 턱니의 일종이다.
유구(oil droplet) 일부 경골어류의 난황 속에 유구라는 기름 방울이 한 개 또는 여러 개 있으며, 이것은 어린 새끼의 에너지원이 된다.
유문수(pyloric caeca) 경골어류의 유문부와 창자가 시작되는 부위에 발달한 튜브형 맹낭. 유문수에는 소화 기능이 있으며, 그 형태나 수가 종마다 달라서 종의 분류 형질로도 쓰인다. 뱀장어, 학공치는 유문수가 없으며 숭어는 2개, 감성돔 4개, 대구는 250~300개가 있다.
유안측(ocular side) 넙치, 가자미류처럼 두 눈이 한쪽으로 쏠린 경우, 그 어류의 눈이 있는 쪽 몸을 가리킨다. 무안측의 반대이다.
유어(young fish) 종의 특징을 모두 갖추고 있으나, 성적으로는 미숙한 성장 단계의 어린 물고기를 일컫는 말이다.
유조(drifting seaweed) 표층을 떠다니는 모자반과 같은 해조류를 말하며 '뜬말'이라고도 한다. 유조에는 방어류, 쥐치류, 볼락류 등 많은 어린 물고기들이 모여 살아가므로 성육장, 산란장의 역할을 한다.
육봉형(landlocked type) 강에서 태어나 바다로 내려가는 어종이 바다로 내려가지 않고 일생을 강이나 하천에서 보내는 개체를 가리키며, 산천어(시마연어의 육봉형)가 대표적인 어종이다.
육아낭(brood pouch, marsupium) 실고기·해마류 수컷의 배에 있는, 알이 부화할 때까지 보호하는 주머니를 말한다.
이석(otolith) 어류의 내이 속에 있는 석회질 돌을 통칭하는 것으로 연령 사정할 때 사용한다.

인두치(pharyngeal teeth) 목니의 한자어이다.

자어(larva) 전기자어와 후기자어 시기를 통틀어 일컫는 말. 부화 직후부터 지느러미가 분화되기 전까지의 어류를 뜻한다.

자웅동체(hermaphroditism) 한 개체에 자웅 생식소가 모두 있는 경우이며, 정상적인 자웅동체에는 자성선숙(용치놀래기), 웅성선숙(감성돔) 및 자웅동시성숙(한 몸에서 알과 정자가 동시에 나올 수 있는 종)이 있다.

잡종(hybrid) 다른 두 종 사이의 교배로 태어난 종. 잡종은 자연 상태에서도 가끔 발견되지만 잉어와 붕어, 돌돔과 강담돔 등 새로운 양식종 개발을 목적으로 연구되기도 한다.

전기자어(pre-larva) 어류의 성장 단계 중 가장 초기 단계. 부화 직후부터 난황을 흡수할 때까지의 단계. 지느러미가 단순한 막 형태로 되어 있다.

전장(total length) 전체 길이. 주둥이 끝 혹은 아래턱 끝에서 꼬리지느러미의 뒤 끝까지의 직선 길이를 말한다.

절지동물(arthropod) 거미, 곤충, 지네, 게, 새우 등 몸은 좌우대칭이고 외골격으로 싸여 있으며 체절을 형성하는 동물군이다. 지구 동물 종 수의 75%를 차지하는 무리이다.

점착란(adhesive egg) 어류의 알 중에서 산란 후 기질에 붙는 알로서, 노래미, 학공치, 도루묵 알 등이 대표적이다.

정착성어종(settle down fishes) 볼락류, 노래미류와 같이 서식지에서 거의 이동을 하지 않으며 일생을 보내는 어종을 말한다.

종편형(depressiform) 아귀처럼 아래위로 납작한 어류의 체형을 말한다.

주둥이(snout length) 눈의 앞부분. 주둥이 앞 끝에서 눈의 앞 가장자리까지의 길이를 말한다.

진정혈합근(true red muscle) 가다랑어, 청상아리 등과 같이 운동성이 강한 종들의 척추 옆 살 속에 발달한 붉은색 근육다발을 말하며, 간과 같은 합성 기능이 있다.

창자호흡(intestinal respiration) 보조 호흡의 일종으로 미꾸라지는 입으로 들이마신 공기가 창자를 통과하는 동안 그 공기로 호흡한다.

척추골(vertebra) 제1척추골에서 마지막 척추골(미부봉상골)까지를 말하며, 척추골수는 복추골수(몸통 척추골수)와 미추골(꼬리 척추골수)로 구분해 표시한다(예: V. 16+19=35).

체고(body depth) 몸통의 가장 높은 수직 높이를 말한다.

체내수정(internal fertilization) 볼락, 망상어, 상어, 가오리 등 난태생어, 태생어는 교미기가 발달해 암컷과 수컷이 교미를 거치며 체내에서 알과 정자가 만나게 되는 체내수정을 한다.

체반장(body-disc length) 가오리류의 주둥이 앞 끝에서 가슴지느러미 뒤 가장자리까지의 길이를 말한다.

체반폭(body-disc width) 가오리류의 양쪽 가슴지느러미 사이의 최대 길이를 말한다.

체외수정(external fertilization) 대부분의 어류들은 알과 정자를 방출해 몸 밖에서 이들이 만나게 되며, 이를 체외수정이라 한다.

체장(body length) 몸길이. 주둥이 끝에서 꼬리지느러미의 가장 깊이 파인 곳까지의 직선 길이를 말한다(척추골 뒤끝을 파악하기가 어려운 종은 꼬리지느러미 기저 끝까지의 길이).

추성(nuptial organ) 은어나 잉어는 산란기가 되면 몸이나 지느러미의 표면에 사마귀 모양의 돌기들이 생기는데 이를 추성이라 하며, 추성은 일반적으로 암컷보다 수컷에서 더 많이 발달한다.

추체(centrum) 척추골을 구성하는 원통형 뼈로, 앞뒤는 오목하게 들어가 있고 가운데에는 척색(척삭)이 지나는 구멍이 있다.

측선(lateral line) 옆줄이라고도 하며, 체측에 줄지어 발달하는 감각공으로 수압, 물의 흐름, 진동 등을 느끼는 감각기관이다.

측편형(compressed form) 몸이 좌우로 납작한 형이며 참돔, 병어, 넙치, 가자미 등이 이 형에 속한다.

치어(juvenile) 자어기 이후 종의 특징을 갖추게 되는 시기로 체색이나 무늬는 성어와 다른 단계를 말한다.

태생(viviparity) 망상어처럼 체내수정을 거쳐 어미 뱃속에서 일정 기간 영양 공급을 받으며 성장한 후 어미의 몸 밖으로 나오는 번식 방법이다.

턱니(jaw teeth) 턱니는 그 모양에 따라서 송곳니(canine-like teeth), 원뿔니(conical teeth), 앞니(incisor-like teeth) 및 어금니(molar teeth), 이 4가지로 나눈다.

토막지느러미(fin-let) 꽁치, 고등어, 가다랑어 등의 등지느러미와 뒷지느러미의 뒤쪽에 있는 작은 지느러미. 줄기가 있는 돌기 모양이다.

편모충류(flagellates) 편모가 있는 플랑크톤 무리로 일부 종들은 적조를 일으키기도 한다.

플랑크톤(plankton) 운동력이 약해 물에 떠서 살아가는 생물 그룹을 일컫는 말로 다양한 분류군을 포함한다. 규조류와 같은 식물성 플랑크톤과 요각류, 단각류, 지각류 등과 같은 동물성 플랑크톤으로 대별된다.

피부독(skin poison) 참복과 어류의 피부에 있는 독을 말하며, 피부독이 있는 어종은 대개 행동이 느리고 비늘이 없거나 퇴화되어 있다.

혈청독(fish serum toxin) 곰치, 뱀장어 등 장어형 어류의 혈청에는 단백독이 있다. 이 독은 많이 마시면 문제가 되지만 식품 위생상으로는 큰 문제가 없다.

혼인색(nuptial color) 산란기를 전후해 나타나는 독특한 색반. 황어, 연어가 산란을 위해 강으로 오를 때 나타나는 붉은 체색이나 무늬가 대표적이다.

황색소포(xanthophore) 진피 속에 산재하는 색소포 중의 하나로 카로티노이드계의 색소가 있다. 몸에서 합성할 수 없고 먹이에서 얻는다.

회유(migraion) 어류가 내·외부의 요인에 따라 일정한 방향으로 멀리 이동하는 것을 가리킨다. 회유에는 산란회유, 성육회유, 삼투조절회유 등이 있다.

후기자어(post-larva) 난황을 모두 흡수하고 물속에 있는 먹이를 잡아먹는 때부터 각 지느러미가 분화되기 전까지의 물고기를 말한다.

흑색소포(melanophore) 진피에 있는 색소포의 일종으로 흑색과 갈색을 띤다. 몸에서 합성 가능한 색소이다.

흡반(sucker) 망둑어, 뚝지 등은 배지느러미가 변형된 흡반이 있으며, 이를 이용해 기질에 몸을 고정시킬 수 있다.

남해와 바닷물고기

남해는 경상남도 부산 앞바다에서 전라남도 진도 앞바다까지를 아우르는 바다를 일컫는다. 해안선 출입이 복잡하고 바다 쪽으로 섬이 많은 전형적인 다도해로서, 우리나라 섬의 50% 이상이 남해에 있다. 남해안에는 해안선을 따라서 반도와 만이 연속해서 분포한다. 해남반도, 장흥반도, 고흥반도, 여수반도, 고성반도 등 규모가 큰 반도가 바다를 향해 있으며, 비록 내륙과 연결된 반도는 아니지만 거제도와 남해도처럼 큰 섬들도 반도와 비슷하게 바다 쪽으로 튀어나와 있다. 이런 반도와 섬 사이에는 도암만, 보성만, 득량만, 순천만, 여자만, 광양만, 여수만, 진주만, 사천만, 고성만, 통영만, 당동만, 진해만 등 크고 작은 만들이 분포한다(이민부 외, 2003).

산지와 접한 남해안의 돌출부는 파랑의 영향으로 해식애와 파식대가 형성되었으며, 작은 만입부에는 모래와 자갈로 이루어진 퇴적 해안이 있다. 특히 육지에서 멀리 떨어진 섬의 외해와 접한 남쪽 해안에는 수십 미터 높이에 달하는 해식애가 발달했다. 이런 곳에 형성된 거대한 암석들은 장기간 파식 작용을 받아 깎이면서 작은 내만으로 떨어져 쌓이게 되고, 다시 몽돌해안으로 불리는 자갈해안을 형성한다. 남해에서도 먼바다를 향해 있는 남단 해안에는 절경을 이루는 곳이 많기 때문에 상당수 지역이 다도해해상국립공원과 한려수도국립공원으로 지정·보존되고 있다.

남해로 유입하는 하천 중 낙동강과 섬진강에는 바다와 접하면서 유속이 급격하게 감소하는 하구에 육지에서 공급된 토사가 쌓이면서 형성되는 넓은 삼각주가 있다. 낙동강 삼각주는 우리나라 대표 삼각주로서 하천의 분기로 하중도가 발달했다(반용부, 1984). 낙동강과 섬진강을 제외한 소하천 하구에는 고도가 매우 낮은 소규모 해안평야들이 있으며, 남해, 사천 등지의 급사면 산지에서 발원해 바다로 바로 유입하는 소하천 하구나 해안에는 소규모 선상지들이 분포한다. 남해안 수심은 대부분 100m 내외이며, 가장 깊은 곳의 수심은 210m 정도다. 수심은 동해안보다는 얕은 반면, 서해안보다는 깊으며, 대륙붕이 발달해 완만하게 깊어진다. 그래서 서해안보다는 썰물이 덜 빠지고 동해안보다는 더 많이 빠진다. 남해안에는 바위가 발달했고, 청정해역 특성도 보여 해조와 해초 숲이 형성되어 있다.

남해는 계절별로 해류 흐름이 변한다. 여름에는 따뜻한 태평양 물이 제주도를 거쳐 남해안까지 올라와 겨울에도 수온이 10℃ 이하로 내려가지 않기 때문에 온대성

어종이 풍부하며, 멸치와 고등어가 많고 갈치, 삼치, 전갱이, 방어뿐만 아니라 크기가 큰 다랑어, 방어, 부시리도 무리를 형성해 몰려온다. 또한 제주도 남동쪽은 태평양과 인접해 무태장어나 흰동가리 같은 열대성 어종도 있으며, 복잡한 해안선 갯바위 쪽에는 돌돔, 참돔, 감성돔 등이 산다. 이와 더불어 낙동강과 섬진강 하구에 형성된 모래나 갯벌 지대에는 넙치나 전어 등도 산다. 한편 겨울에는 동해에서 차가운 물이 남해안까지 내려와 대구, 청어 등 냉수성 어종도 있다. 이처럼 남해는 열대성, 온대성, 냉수성 어종이 함께 분포하는 요충지로서, 물고기 750여 종이 사는 것으로 보고될 만큼 해양생물 다양성이 매우 높은 해역이다.

바닷물고기
177종

칠성장어

Lethenteron camtschaticum (Tilesius, 1811)

동종이명: *Lethenteron japonicus* (Martens, 1868)

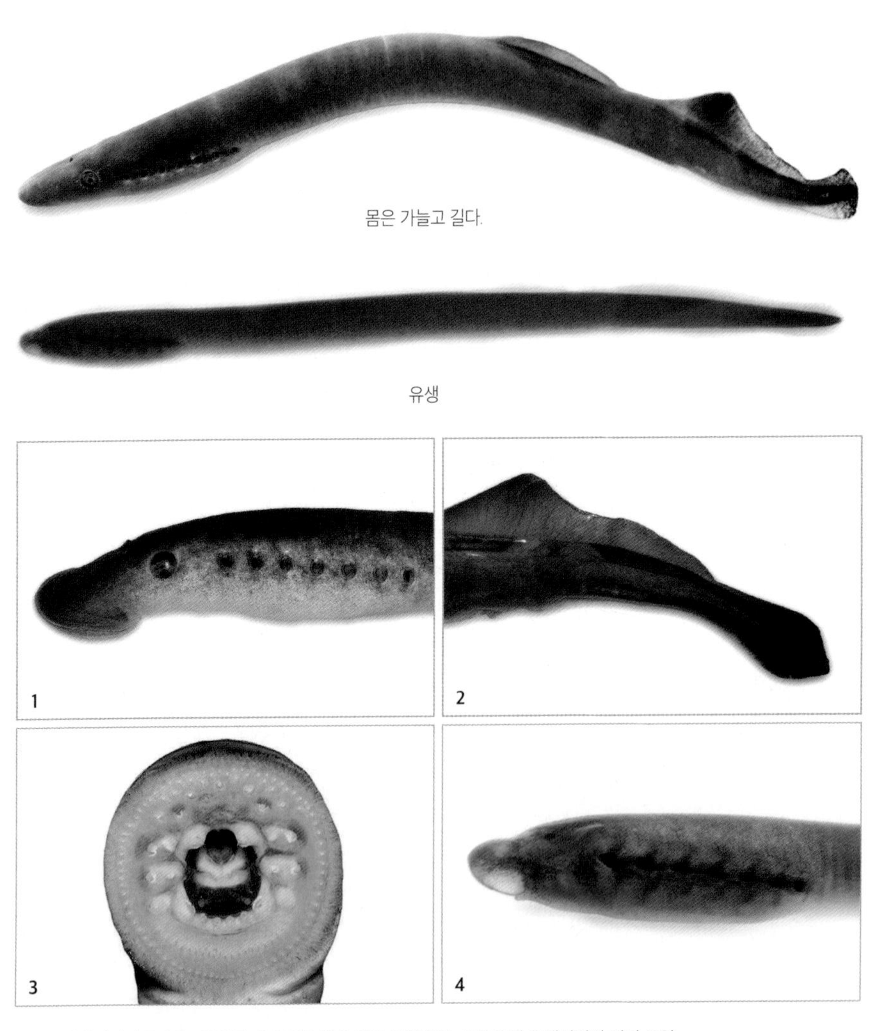

몸은 가늘고 길다.

유생

1 눈 뒤에 아가미구멍이 7쌍 있다. **2** 꼬리 **3** 입은 흡반 모양이다. **4** 변태 전 유생시기의 머리 모양

형태 특성

몸길이 40~50㎝이다.

체색과 무늬 등 쪽은 옅은 푸른색을 띤 진한 갈색이고 배 쪽은 흰색이다. 꼬리지느러미 가장자리에는 갈색 혹은 검은색 색소가 심하게 침착되었으나 제2등지느러미는 희미하다.

주요 형질 몸은 가늘고 길며, 눈 뒤에 아가미구멍이 7쌍 있다. 콧구멍은 머리 위쪽에 있고, 입과 연결되지 않았다. 턱은 없고 흡반 모양 돌기가 입 주변에 있다. 대체로 이빨은 잘 발달했으며, 상구치판(supra oral laminae)에는 첨두가 2개, 하구치판(infra oral laminae)에는 첨두가 6~7개 있다. 제1등지느러미와 제2등지느러미가 분리되었다.

생태 특성

서식지 유생은 4년 정도 하천 중·하류 진흙 속에 살다가 성장한 뒤에는 바다로 내려간다.

먹이 습성 유생은 밤에 유기물이나 부착조류를 먹고 지내며, 이후 바다에서 2~3년을 지내는 동안에는 다른 어류의 몸에서 피를 빨아 먹는다.

행동 습성 산란기는 5~6월로, 바다에서 강으로 올라와 모래와 자갈이 깔린 강바닥에 산란한다. 어린 시절에는 강에서 생활하다가 바다로 내려가 2년 이상 생활한다. '애머시이트(ammocoete)'라 불리는 알에서 깨어난 유생은 주로 강바닥의 진흙 속에서 유기물이나 조류를 걸러 먹는다. 변태를 거쳐 몸 크기가 15~20㎝에 이르면 바다로 내려가 다른 물고기의 몸에 흡반을 붙여 영양분을 빨아 먹는 기생생활을 한다. 40~50㎝로 몸이 커지면 자갈이 깔려 있고, 물 흐름이 있는 강으로 거슬러 올라와 짝짓기를 시작한다. 암컷은 알을 바닥의 모래나 자갈에 붙여 낳고, 수컷이 수정시킨다. 알을 8~11만 개 낳으며, 알을 낳은 뒤 모두 죽는다.

국내 분포 동해로 유입되는 하천과 남해로 유입되는 낙동강 하구 연안
국외 분포 일본 중·북부, 시베리아 헤이룽 강 수계, 사할린, 북아메리카
특이 사항 멸종위기 야생동식물 Ⅱ급

복상어

Cephaloscyllium umbratile Jordan and Fowler, 1903

몸은 길며, 체고는 가슴지느러미와 배지느러미 사이에서 가장 높다.

몸 바탕색은 황갈색이며 폭넓은 암갈색 구름무늬가 가로로 7~8개 있다.

입은 아랫면에 있다.

형태 특성

몸길이 보통 90~100㎝이며, 최대 150㎝까지 자란다.
체색과 무늬 황갈색 바탕에 폭넓은 암갈색 구름무늬가 가로로 7~8개 있다. 몸 전체에 크고 작은, 둥글고 검은 반점이 흩어져 있다.
주요 형질 몸은 길며, 체고는 가슴지느러미와 배지느러미 사이에서 가장 높다. 눈은 가늘고 길며, 바로 뒤에 숨을 쉴 때 물을 들이마시는 작은 분수공이 있다. 등지느러미는 2개로, 제1등지느러미는 배지느러미보다 약간 뒤에 있고, 제2등지느러미는 뒷지느러미와 같은 위치에 있다. 제1등지느러미가 제2등지느러미보다 크다. 등지느러미 뒷부분은 원통형에 가깝고 가늘다.

생태 특성

서식지 수심 650m 정도의 깊은 바다에 산다.
먹이 습성 주로 갑각류와 작은 어류를 먹는다.
행동 습성 난생이며, 산란한 지 약 1년 뒤에 부화한다. 심해어인데도 불구하고 수심이 얕은 곳에 종종 나타난다. 때에 따라서 공기를 흡입해 배를 크게 부풀린다. 수명은 15년 정도다.

국내 분포 제주도를 비롯한 남해
국외 분포 일본 남부, 대만, 호주, 뉴질랜드

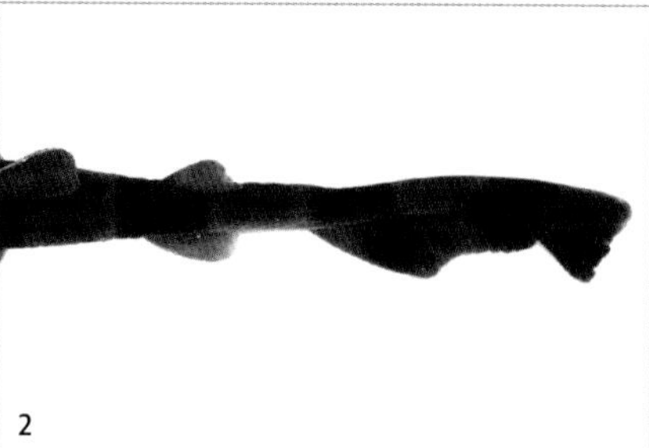
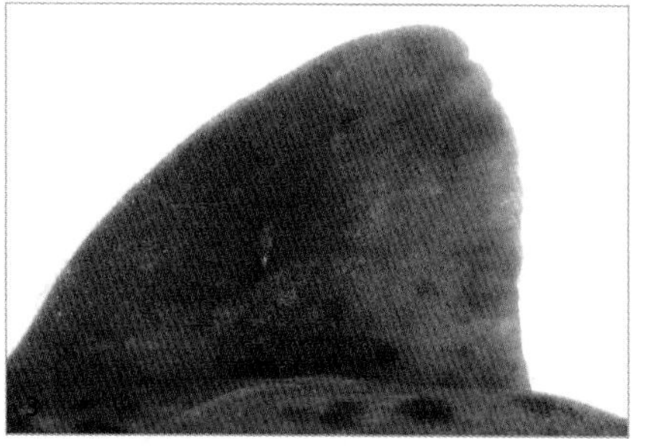

1 눈은 가늘고 길며, 바로 뒤에 작은 분수공이 있다. **2** 등지느러미 뒷부분은 원통 모양에 가깝고 가늘다. **3** 가슴지느러미에 암갈색 줄무늬가 있다.

두툽상어

Scyliorhinus torazame (Tanaka, 1908)

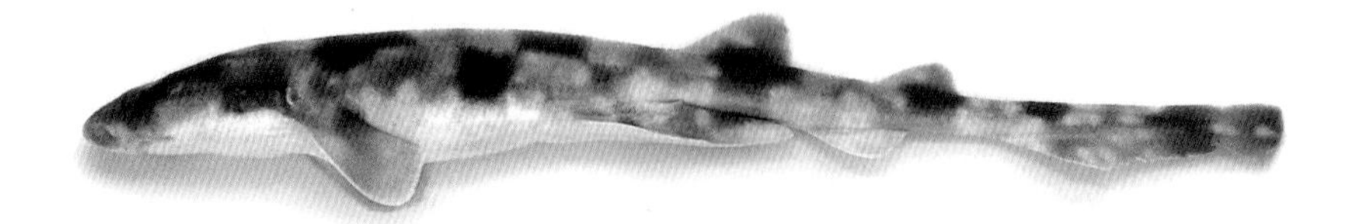

몸 앞쪽은 넓고 위아래로 납작하며, 뒤쪽은 원통형에 가깝고 가늘다.

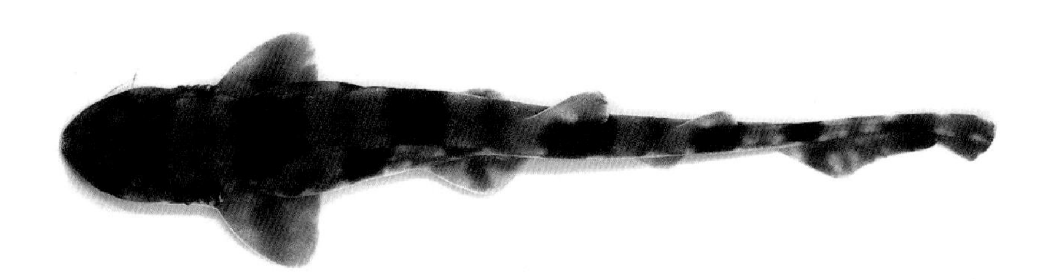

등 쪽은 갈색 바탕에 진한 갈색 구름무늬가 가로로 분포한다.

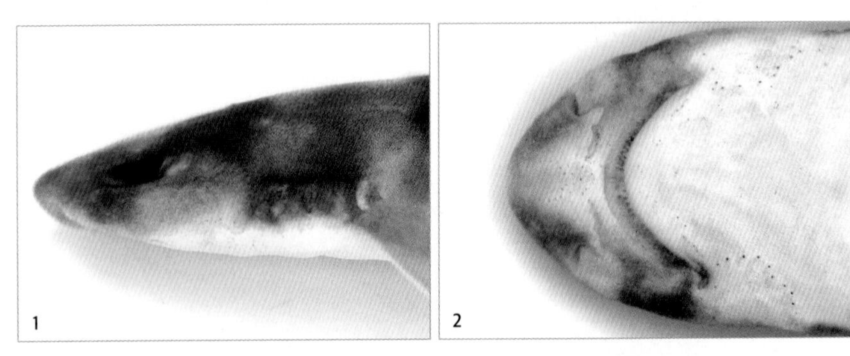

1 눈은 타원형에 가깝게 찢어졌으며, 바로 뒤쪽에 숨을 쉴 때 물을 들이마시는 분수공이 있다. **2** 주둥이는 끝이 둥글고 짧으며, 입은 배 쪽에 있고 입가에 입술주름이 있다.

형태 특성

몸길이 최대 50㎝이다.
체색과 무늬 등 쪽은 갈색 바탕에 진한 갈색 구름무늬가 가로로 분포하며 배 쪽은 희다.
주요 형질 몸의 앞쪽은 넓고 위아래로 납작하며, 뒤쪽은 원통형에 가깝고 가늘다. 몸은 방패비늘로 덮여 있다. 눈은 타원형에 가깝게 찢어졌으며, 바로 뒤쪽에 숨을 쉴 때 물을 들이마시는 분수공이 있다. 주둥이는 끝이 둥글고 짧으며, 입은 아래쪽에 있고 입가에 입술주름이 있어 유사종인 복상어와 구분되는 특징이다. 양턱에 날카로운 이빨이 줄지어 있다. 가슴지느러미 앞쪽에 아가미구멍이 5쌍 있다. 등지느러미는 2개로, 몸 가운데에서 약간 뒤쪽으로 치우쳐 있다. 꼬리지느러미는 위쪽이 아래쪽보다 발달했다.

생태 특성

서식지 저서성으로 수심 100m 이내의 저층부에 산다.
먹이 습성 주로 작은 어류, 새우를 비롯한 갑각류, 연체류를 먹는다.
행동 습성 난생으로 암컷 몸속에서 수정이 일어나며, 알은 탄력이 강한 키틴질 껍질에 싸여 있다. 알 모서리마다 용수철 모양 부착사가 있어서 암컷이 알을 낳자마자 산호 같은 것에 감겨 고정되어 파도, 조류에 흔들리거나 떨어지지 않는다. 알에서 나올 때는 난황이 완전히 작아진다. 스스로 알껍데기를 열고 나와 탯줄을 먹고 난황을 제거한 뒤, 본격적으로 수중생활을 시작한다.

국내 분포 서해 남부와 제주도를 비롯한 남해
국외 분포 일본 홋카이도 이남, 동중국해, 필리핀 등 서태평양

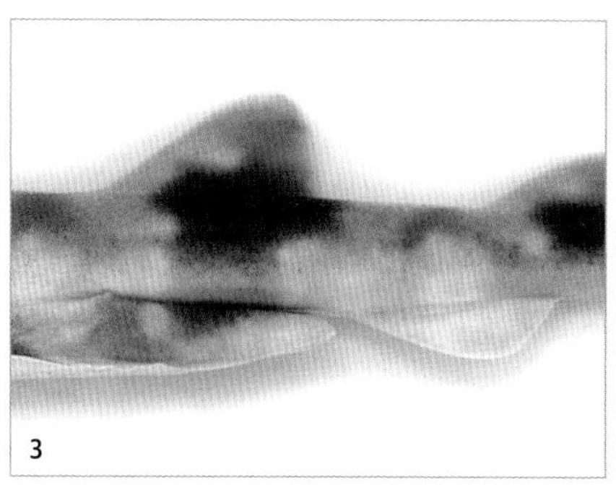

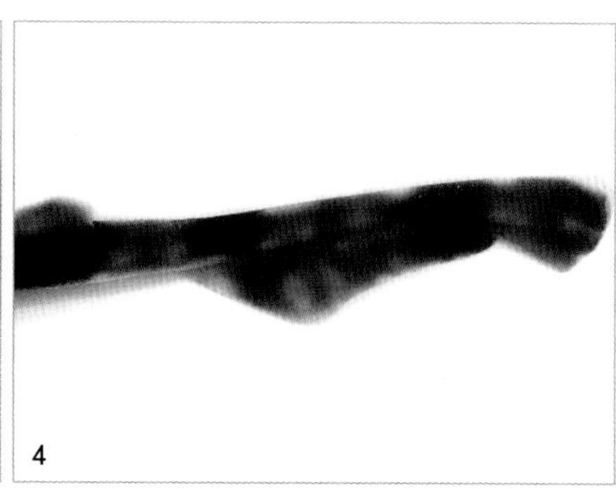

3 등지느러미는 2개로, 몸 가운데에서 약간 뒤쪽으로 치우쳐 있다. **4** 꼬리지느러미는 위쪽이 아래쪽보다 발달했다.

까치상어

Triakis scyllium Müller and Henle, 1839

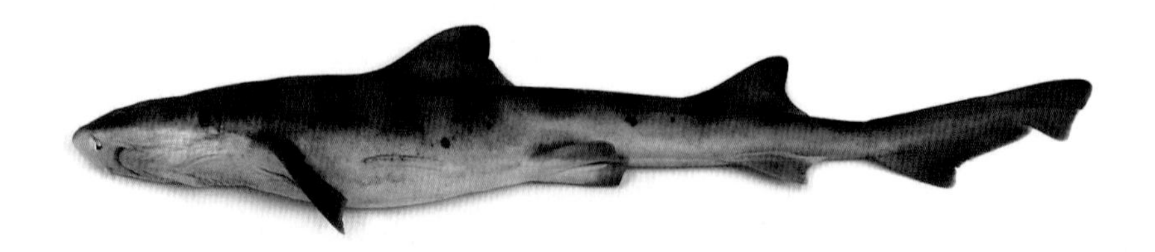

몸은 길고 원통형이며, 머리는 위아래로 납작한 반면 꼬리로 갈수록 옆으로 납작해진다.

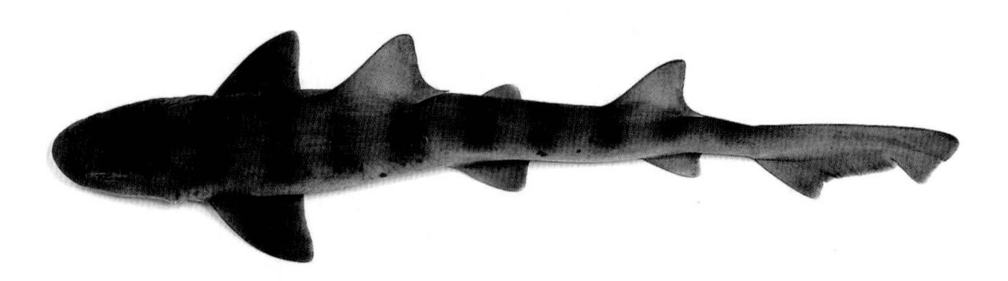

윗면. 흑갈색 줄무늬가 10개 정도 있다.

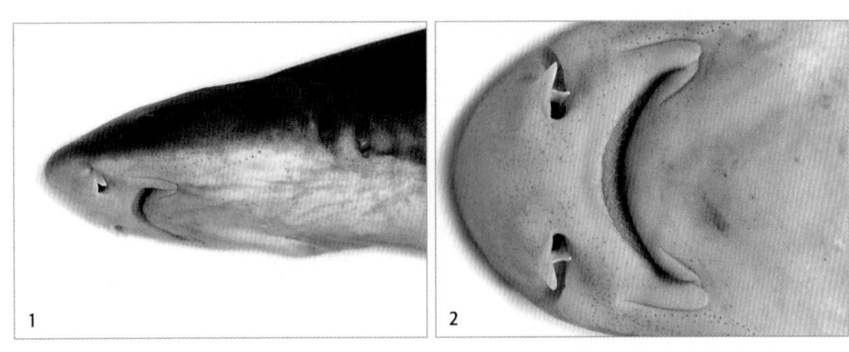

1 아가미 대신 아가미구멍 5개가 가슴지느러미 앞쪽에 있다. **2** 입은 주둥이 아래에 있으며, 이빨은 날카로운 칼날 모양이다.

형태 특성

몸길이 보통 20~25㎝이며, 최대 1.5m까지 자란다.

체색과 무늬 등 쪽은 회갈색 바탕에 흑갈색 줄무늬가 가로로 10개 정도 있고, 흑갈색 반점이 흩어져 있으며, 배 쪽은 흰색이다.

주요 형질 몸은 길고 원통형이며, 머리는 위아래로 납작한 반면 꼬리로 갈수록 좌우로 납작해진다. 콧구멍 위에는 비공피부판이 있다. 주둥이는 짧고, 약간 둥글며 뭉툭하다. 입은 주둥이 아래에 있고, 입술주름이 잘 발달했다. 이빨은 날카로운 칼날 모양이다. 아가미 대신 아가미구멍 5개가 가슴지느러미 앞쪽에 있다. 등지느러미는 2개이며, 제1등지느러미는 가슴지느러미와 배지느러미 사이에 위치한다. 꼬리지느러미는 위쪽과 아래쪽의 크기가 비대칭적이며, 윗부분이 아래쪽에 비해 크다.

생태 특성

서식지 해조류가 많은 곳이나 바닥이 진흙이나 모래로 이루어진 곳을 좋아하며 대륙이나 섬 근처 연안에 산다.

먹이 습성 작은 어류나 갑각류, 연체류, 동물플랑크톤을 먹는다. 70㎝ 크기로 자랄 때 까지는 새우와 개불을 주로 먹으며, 성어는 두족류를 주로 먹는다.

행동 습성 알을 낳지 않고 새끼를 낳는 난태생으로 여름에 짝짓기 하고 9~12개월 동안 새끼를 9~26마리 배며, 최대 42마리까지 낳는다. 야행성이고 단독생활을 하나 가끔 무리 지어 쉬는 것이 발견되기도 하며, 좁은 굴속에서 여러 마리가 포개져 쉬는 경우도 있다. 부레가 없지만 지방을 조금 축적하면 약간이나마 부력을 얻을 수 있다. 갓 나온 새끼는 18~20㎝이다. 수컷은 93~106㎝ 크기인 5~6세에 성숙하고 수명은 약 15년이다. 암컷은 크기 106㎝ 정도인 6~7세에 성숙하며 수명은 약 18년이다.

국내 분포 서해 남부와 남해

국외 분포 일본 홋카이도 이남, 대만, 동중국해

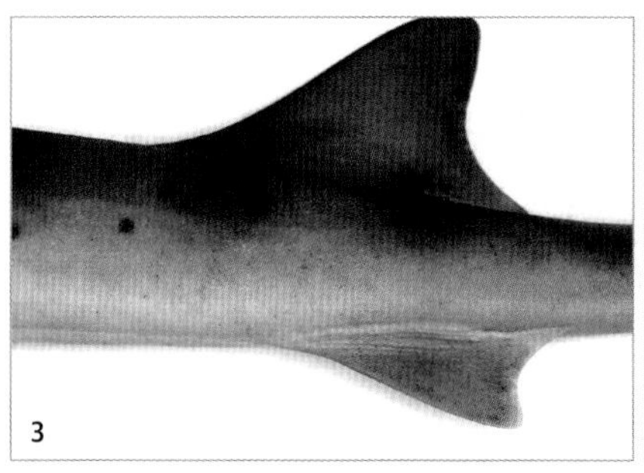

3 몸에 검은색 반점이 있다. **4** 꼬리지느러미는 아래보다 위쪽이 크다.

무늬홍어

Okamejei acutispina (Ishiyama, 1958)

몸은 마름모꼴로, 주둥이 끝이 가늘고 짧으며 뾰족하다.

눈이 없는 쪽은 흰색이며, 아가미구멍이 5쌍 있다.

형태 특성

몸길이 50㎝까지 자란다.

체색과 무늬 등 쪽은 바탕이 황갈색이며 작은 암갈색 반점들이 불규칙하게 분포한다. 가슴지느러미 기부에 둥근 반점이 1쌍 있고, 반점 안에는 작은 암갈색 점들이 흩어져 있다. 배 쪽은 희다.

주요 형질 몸은 마름모꼴이고, 비늘이 퇴화되어 표면이 매끄럽다. 눈은 크고 튀어나왔으며, 눈 안쪽 가장자리를 따라 아가미구멍이 5개 있다. 눈 뒤에 분수공(숨을 쉴 때 물을 들이마시는 기관)이 있다. 주둥이 끝이 가늘고 짧으며 뾰족하다. 입 주위와 아가미 틈 주위에 매우 작은 감각공이 집중적으로 분포하며, 바깥쪽과 항문 쪽에도 드물게 분포한다. 배지느러미와 가슴지느러미는 둥글다. 배 쪽에 날카로운 가시가 3개 있으며, 꼬리가 시작되는 부위 앞쪽에 등 쪽과 옆면을 따라 가시가 5줄로 줄지어 있다. 꼬리 끝에 꼬리지느러미가 2개 있다.

생태 특성

서식지 수심 30~200m의 대륙붕 모래 바닥에 산다.

먹이 습성 주로 오징어류, 새우류, 게류, 갯가재류 등을 먹는다.

행동 습성 산란기는 9월에서 이듬해 3월까지이며, 자세한 생태는 알려진 바가 없다.

국내 분포 서해, 제주도를 비롯한 남해

국외 분포 일본 중부 이남, 동중국해, 대만

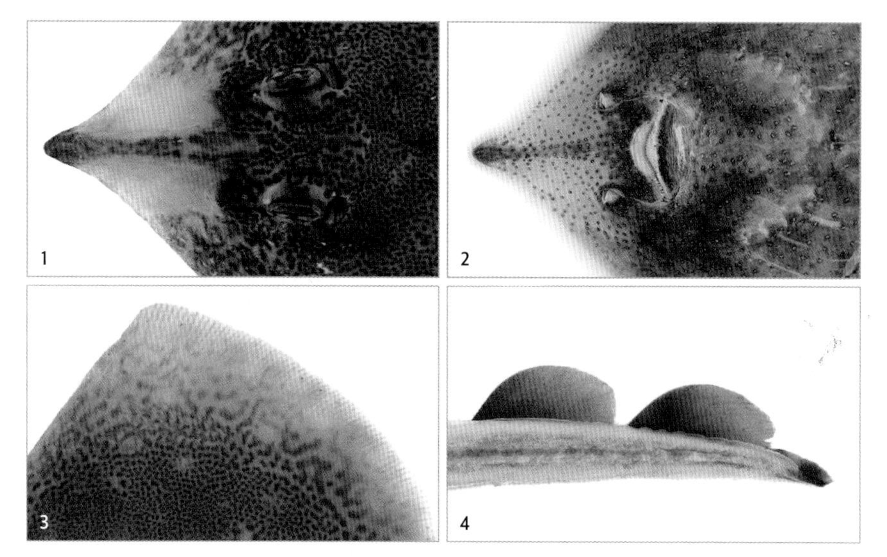

1 눈이 크고 튀어나왔으며, 눈 안쪽 가장자리를 따라 아가미구멍이 5개 있다. **2** 입 주위와 아가미 틈 주위에 매우 작은 감각공이 집중적으로 분포한다. **3** 등 쪽은 바탕이 황갈색이며, 작은 암갈색 반점들이 분포한다. **4** 등지느러미가 2개 있으며 꼬리 끝에 꼬리지느러미가 2개 있다.

홍어

Okamejei kenojei (Müller and Henle, 1841)

몸은 위아래로 납작하고, 마름모꼴이다.

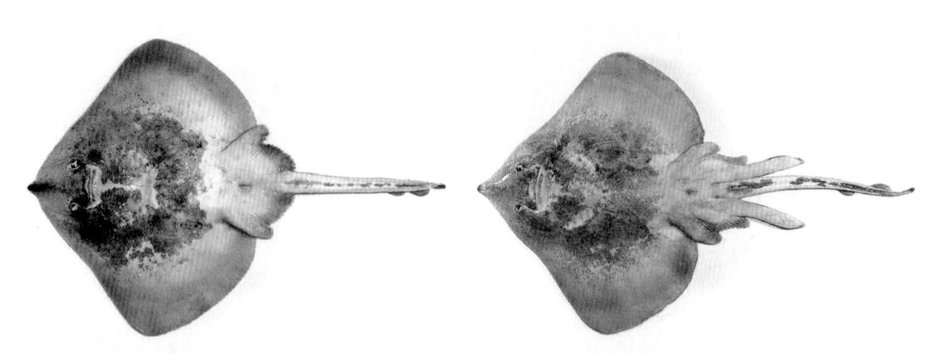

암컷 아랫면

수컷 아랫면

형태 특성

몸길이 40~50㎝이다.

체색과 무늬 체반의 등 쪽은 갈색이며, 군데군데 둥근 노란색 점이 고루 분포한다. 배 쪽은 희다. 가슴지느러미 기부에는 둥근 반점이 있고, 그 반점 안에 흑갈색 점무늬가 1개 또는 여러 개 있다. 둥근 점이 불분명한 개체도 있다.

주요 형질 몸은 위아래로 납작하고, 마름모꼴이다. 눈은 크고 튀어나왔으며, 눈 안쪽 가장자리를 따라 작은 극이 5개 정도 있다. 주둥이 끝은 가늘며 뾰족하다. 주둥이가 비교적 짧아 참홍어와 구별된다. 꼬리에는 가시가 줄지어 있으며 수컷은 3줄, 암컷은 5줄 있고, 독가시는 없다. 홍어는 형태와 체색이 무늬홍어와 비슷하지만 무늬홍어는 배 쪽 감각공이 항문 앞까지 분포하는 반면, 홍어는 항문에 달하지 못한다.

생태 특성

서식지 수심 20~100m 연안의 갯벌 바닥에 산다.

먹이 습성 주로 오징어류, 새우류, 게류, 갯가재류 등 무척추동물을 먹는다.

행동 습성 산란기는 늦가을부터 초봄까지로, 교미한 뒤 알을 4~5개 낳는다. 겨울철 제주도 서쪽 바다로 내려가 지내다가 봄이 되면 올라온다. 알은 단단한 사각형 알주머니에 싸였으며, 모서리에 긴 실이 있어서 해초에 감겨 고정된다. 3~8개월이 지나면 알주머니에서 치어가 나온다. 수명은 5~6년이다.

국내 분포 전 해역

국외 분포 일본, 대만, 동중국해, 오호츠크 해 등

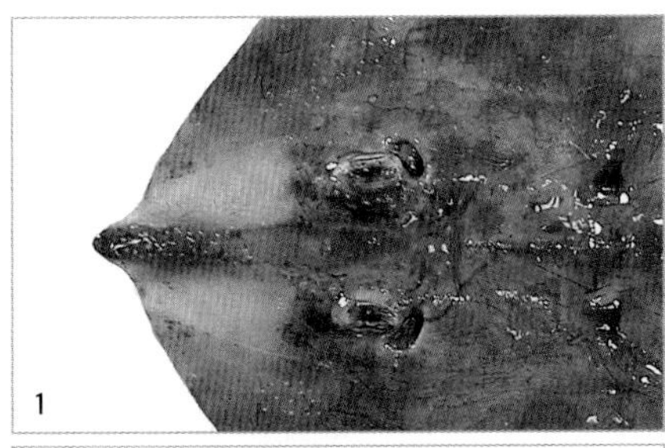

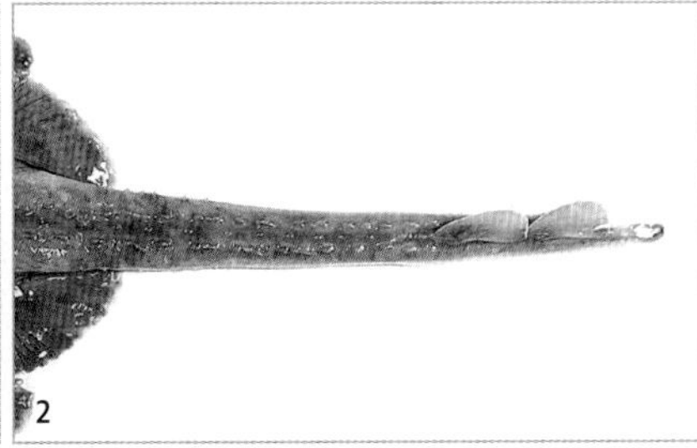

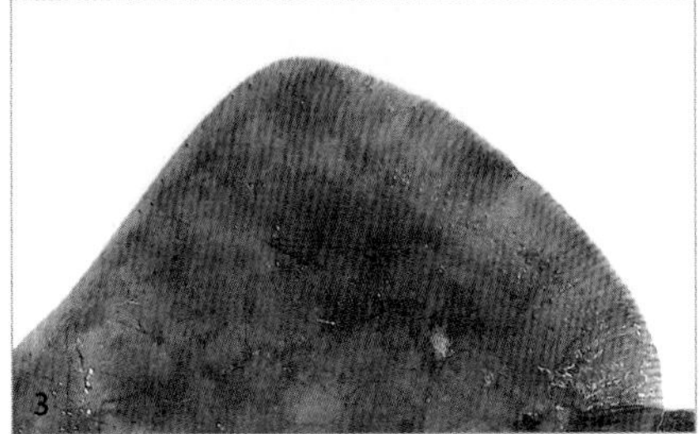

1 주둥이는 비교적 짧고, 끝이 가늘며 뾰족하다. **2** 꼬리에는 가시가 줄지어 있으며 수컷은 3줄, 암컷은 5줄이고, 독가시는 없다. **3** 가슴지느러미 기부에 둥근 반점이 있다.

노랑가오리

Dasyatis akajei (Müller and Henle, 1841)

몸은 앞쪽이 다소 넓고, 뒤쪽은 좁아서 오각형을 이룬다.

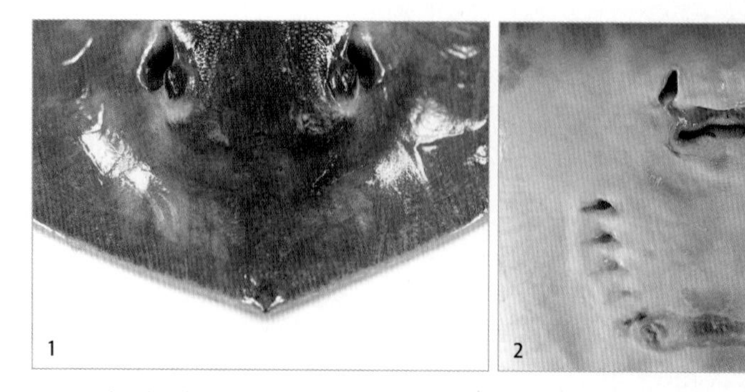

1 눈은 작고 바로 뒤에 분수공이 있다. **2** 주둥이가 짧고 뾰족하다.

형태 특성

몸길이 암컷은 체반 폭 50㎝, 수컷은 체반 폭 30㎝ 정도이며, 최대 1~2m까지 자란다.

체색과 무늬 체반 쪽은 갈색이며, 가슴지느러미 바깥쪽은 붉은색이다. 가슴지느러미와 배지느러미는 노란색이다.

주요 형질 몸 앞쪽은 다소 넓고, 뒤쪽은 좁아서 오각형을 이룬다. 눈은 작고 바로 뒤에 분수공이 있다. 주둥이가 짧고 뾰족하다. 몸통과 머리, 가슴지느러미가 하나로 합쳐져 체반을 형성한다. 체반은 길이보다 폭이 더 넓으며, 체반보다 꼬리가 더 길다. 꼬리는 뒤쪽으로 갈수록 실 모양으로 가늘어진다. 꼬리 기부에 작은 가시가 2개 있고, 약간 뒤쪽에 긴 독가시가 1개 있다.

생태 특성

서식지 바닥이 모래나 개펄로 이루어진 수심 10m 정도의 얕은 바다나 강 하구에 산다.

먹이 습성 게류, 새우류, 갯가재류, 단각류 등 갑각류를 주로 먹고, 갯지렁이류, 작은 어류도 먹는다.

행동 습성 난태생으로 5~8월에 연안이나 내만의 얕은 모래 바닥에 새끼를 10마리 정도 낳는다. 꼬리의 가시에는 독이 있어 쏘이면 통증을 유발한다.

국내 분포 서해와 남해

국외 분포 일본, 중국, 대만, 태국 등의 서태평양

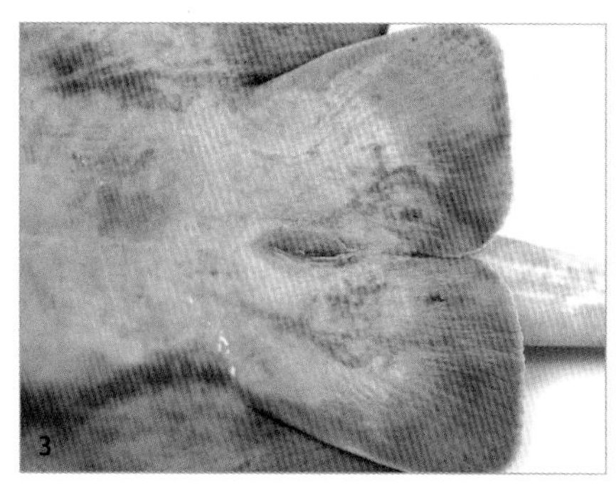

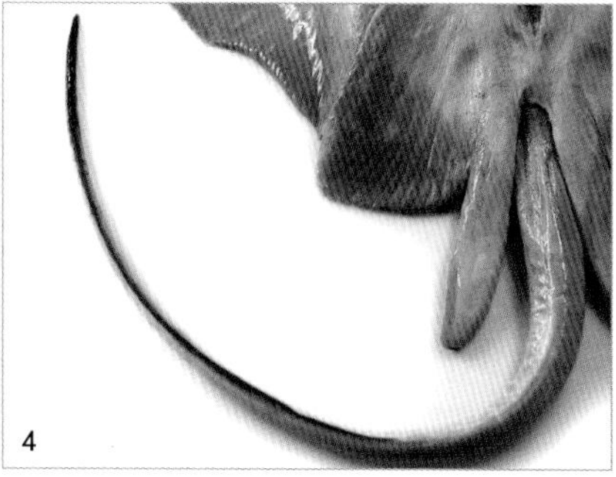

3 가슴지느러미와 배지느러미는 노란색이다. **4** 체반보다 꼬리가 더 길고, 꼬리는 뒤로 갈수록 실 모양으로 가늘어진다.

철갑상어

Acipenser sinensis Gray, 1835

몸은 긴 원통형이다.

1 주둥이는 길고 뾰쪽하다. **2** 입은 아래쪽에 있으며 수염이 4개 있다. **3** 가슴지느러미에 극조가 없다.

형태 특성

몸길이 1.5~2m이며 최대 3.5m까지 자란다.
체색과 무늬 머리와 몸은 청회갈색, 배 쪽은 회백색이다.
주요 형질 몸은 긴 원통형이며 주둥이는 길고 뾰쪽하다. 입은 아래를 향하며 이빨은 없다. 수염이 4개 있다. 마름모꼴의 뼈 같은 비늘판이 등에 1줄(10~17개), 몸 양옆에 각 1줄(29~45개), 배에 2줄(8~15개)로 모두 5줄로 줄지어 있다. 등지느러미는 1개이며 뒷지느러미와 함께 꼬리 가까이에 있다. 꼬리지느러미에는 위·아래날개가 있고, 아래날개는 짧고 비뚤어졌다.

생태 특성

서식지 주로 민물에 살지만 해안가에 분포하기도 한다.
먹이 습성 주로 바닥에서 먹이를 찾으며, 플랑크톤이나 작은 동물을 먹는다.
행동 습성 산란기는 6~7월이며, 수명은 10~13년이고, 만 10년 이상 된 성어는 자갈이 깔린 여울에서 산란과 방정을 한다. 수정란은 수온 17~18℃에서 5~6일 만에 부화한다. 갓 부화한 치어의 길이는 9㎜ 정도이며, 초겨울이 되면 연안으로 내려간다. 성어는 겨울 동안 기수역의 깊은 곳에서 무리를 이루어 겨울잠을 잔다.

국내 분포 서해 연안으로 흘러드는 한강, 금강(군산), 영산강(목포)과 여수 및 울산 등의 하천 하구에 가끔 나타난다.
국외 분포 일본 규슈 연안, 중국 남부 연해 등

4 배 쪽은 회백색이다. **5** 꼬리지느러미에는 위·아래날개가 있고, 아래날개는 부정형이며 짧다.

당멸치

Elops hawaiensis Regan, 1909

몸은 가늘고 긴 방추형이며 단면은 원통형에 가깝다.

1 입은 크고, 비늘은 둥글며, 측선이 뚜렷하다. **2** 등지느러미 연조 수는 22~27개다. **3** 등지느러미를 수용할 수 있는 골(groove)이 있다. **4** 꼬리지느러미 끝부분은 위아래로 깊게 갈라졌으며, 약간 검다.

형태 특성

몸길이 보통 60㎝이며, 최대 100㎝까지 자란다.
체색과 무늬 몸 전체가 은백색이다. 각 지느러미는 약간 검다.
주요 형질 가늘고 긴 방추형이고 단면은 원통형에 가깝다. 측선이 뚜렷하다. 기름눈꺼풀이 동공을 제외한 나머지 부분을 덮고 있다. 입이 크다. 비늘은 둥글다. 등지느러미 연조 수는 22~27개, 뒷지느러미 연조 수는 15~18개이며, 극조가 없다. 등지느러미와 뒷지느러미를 수용할 수 있는 골(groove)이 있다. 꼬리지느러미 끝부분이 위아래로 깊게 갈라져 있다.

생태 특성

서식지 열대성 어종으로 연안이나 늪, 강 하구에 산다.
먹이 습성 주로 작은 어류나 갑각류를 먹는다.
행동 습성 바다에 산란한 다음 투명한 유생이 연안으로 이동해 기수역에서 발견된다. 렙토세팔루스(leptocephalus)라는 유어 시기를 거쳐 성어가 된다. 유어의 꼬리는 투명한 띠 모양으로 뱀장어의 유어처럼 뾰족하지 않고 어미와 같이 두 갈래로 갈라져 있다.

국내 분포 남해
국외 분포 일본 남부, 필리핀 등 아시아 동부 연안과 아프리카 동부 연해

5 배지느러미 **6** 뒷지느러미. 등지느러미와 마찬가지로 지느러미를 수용할 수 있는 골이 있다.

뱀장어

Anguilla japonica Temminck and Schlegel, 1846

몸은 가늘고 긴 원통형이며 꼬리는 옆으로 납작하다.

측면

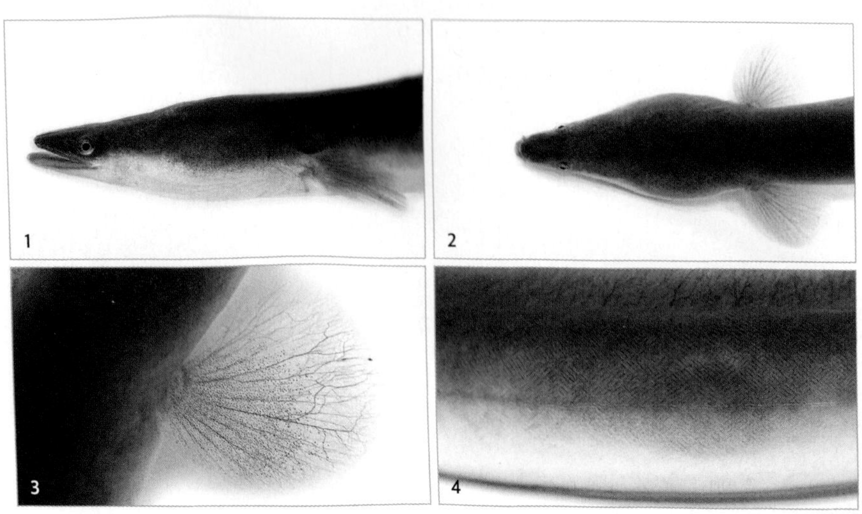

1 아래턱이 위턱보다 길다. **2** 위에서 본 뱀장어 머리 **3** 가슴지느러미는 막으로 덮여 있으며, 투명해 혈관이 보인다. **4** 몸에 작은 비늘이 있으나 피부 깊이 묻혀서 없는 것처럼 보이고, 측선은 뚜렷하다.

형태 특성

몸길이 60~100㎝이다.
체색과 무늬 사는 장소나 시기에 따라서 약간 차이가 나지만 일반적으로 민물에 있을 때는 등 쪽이 암갈색 또는 흑갈색이고, 배 쪽은 흰색이나 연한 노란색이다. 성숙해 바다로 내려가는 뱀장어는 더 짙은 검은색으로 변하고, 배 쪽은 짙은 노란색이 된다.
주요 형질 가늘고 긴 원통형이며, 꼬리는 옆으로 납작하다. 몸에 작은 비늘이 있으나 피부 깊이 묻혀 없는 것처럼 보인다. 측선은 선명하며 측선에 있는 감각공이 뚜렷이 보인다. 턱에 미세한 이빨이 1줄 있으며, 아래턱이 위턱보다 길다. 배지느러미는 없고, 등지느러미와 꼬리지느러미, 뒷지느러미가 연결된다.

생태 특성

서식지 회유성 물고기로 거의 모든 민물의 온난한 수역에 산다.
먹이 습성 바다에 사는 유생은 무엇을 먹는지 알려지지 않았다. 강으로 올라온 뒤에는 새우류, 실지렁이류, 수서 곤충, 치어, 죽은 동물을 먹는다.
행동 습성 5~12년간 민물에서 지내다 알을 낳고자 8~10월에 이동하기 시작해 필리핀과 마리아나 제도 사이의 서태평양 해역으로 가며, 4~6월에 수심 5,000m 정도 심해로 들어가 알을 낳는다. 알은 지름 1㎜ 정도이며 수정된 알은 2~3일 뒤에 부화한다. 갓 태어난 유생(렙토세팔루스)은 투명하며 납작한 버들잎 모양이다. 유생은 쿠루시오 난류를 따라 동북아시아 쪽으로 무리 지어 이동하다가 가을쯤 육지 가까운 곳에 이른다. 이때 유생은 흰 실뱀장어로 바뀌고, 연안의 바닥에서 겨울을 난 뒤 이듬해 2~4월 하천 연안으로 올라와 성숙한다. 낮에는 굴속, 돌 밑, 진흙 속에 숨어 있고 주로 밤에 활동한다. 수온이 14℃ 이하로 떨어지면 식욕이 감퇴하고, 진흙이나 굴속에서 월동하며, 4~5월부터 활동하기 시작한다.

국내 분포 연안으로 흘러드는 모든 하천에 사는데, 최근 대형 댐이 많이 축조되어 인공 방류가 아니면 댐 상류에서는 보이지 않는다.
국외 분포 중국, 일본, 대만, 베트남 등

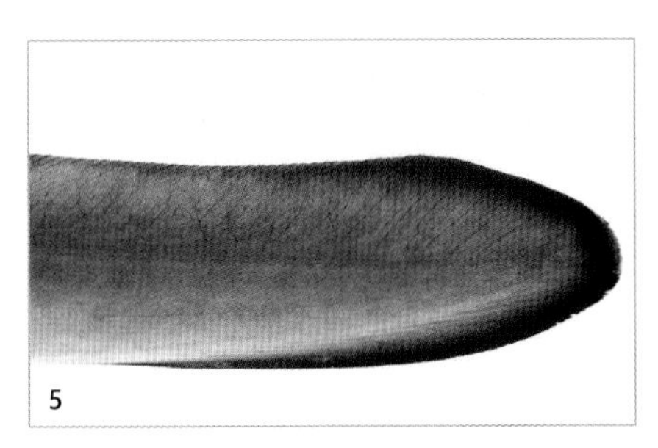

5 등지느러미와 꼬리지느러미, 뒷지느러미가 연결되었으며, 꼬리지느러미는 뾰족하다.

무태장어

Anguilla marmorata Quoy and Gaimard, 1824

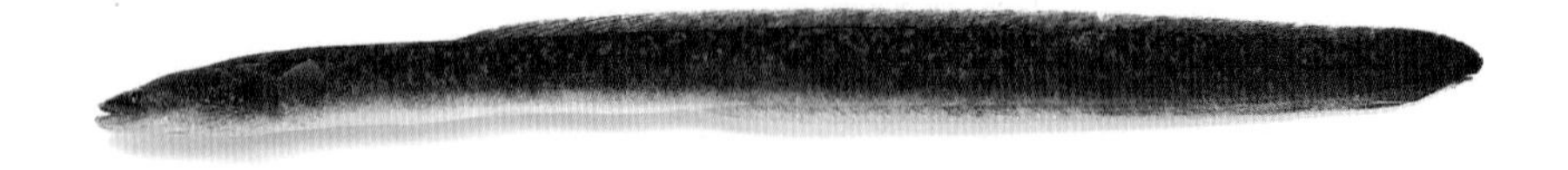

몸은 가늘고 긴 원통형이며 꼬리는 옆으로 납작하다.

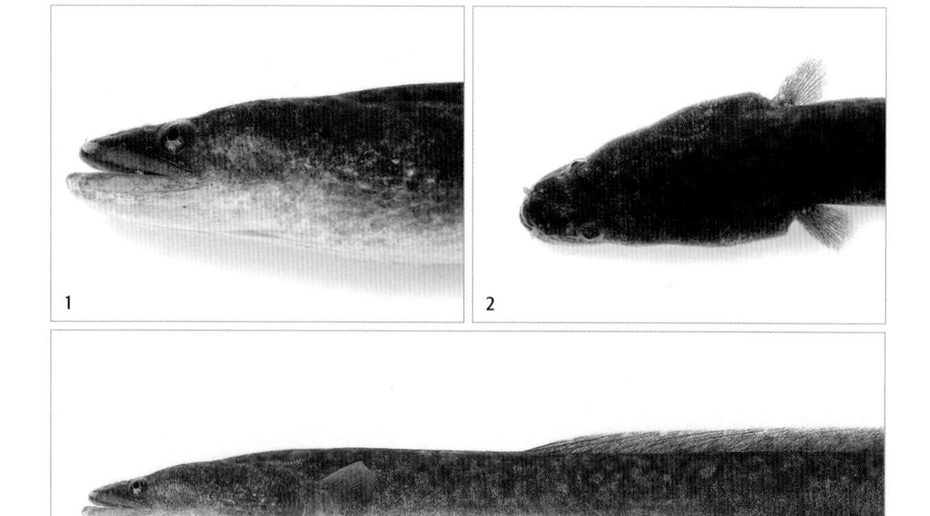

1 이빨은 뭉툭한 원추형이다. 아래턱이 위턱보다 약간 튀어나왔다. **2** 머리 윗면은 뱀장어와 거의 비슷하다. **3** 등지느러미는 가슴지느러미 뒤쪽과 밑지느러미 기점 사이의 약간 앞쪽에서부터 나타난다.

형태 특성

몸길이 보통 60~120㎝이며, 최대 200㎝까지 자란다.
체색과 무늬 황갈색이며, 등 부분에 갈색 얼룩무늬가 있고, 배의 색은 밝다. 몸통과 지느러미에 진한 갈색 무늬가 불규칙하게 나 있다.
주요 형질 가늘고 긴 원통형으로 꼬리 쪽은 약간 납작하다. 뱀장어와 거의 비슷하다. 비늘은 작으며 피부에 묻혀 있고, 이빨은 둔한 원추형이다. 아래턱이 위턱보다 약간 튀어나왔다. 등지느러미는 가슴지느러미 뒤쪽과 밑지느러미 기점 사이의 약간 앞쪽에서부터 나타난다.

생태 특성

서식지 강이나 하천 하류에 산다.
먹이 습성 주로 갑각류, 양서류, 치어를 먹는다.
행동 습성 5~8년간 민물에서 자라다가 깊은 바다로 내려가 알을 낳는다. 알에서 깨어난 유생(렙토세팔루스)은 난류를 따라 표류하면서 변태해 강이나 하천으로 돌아온다. 무태장어의 서식지인 제주도 서귀포시의 천지연폭포 일대를 천연기념물 제27호로 지정·보호하고 있다.

국내 분포 자연 분포하는 곳은 제주도 서귀포시의 천지연폭포이지만, 전라도의 탐진강, 경북 오십천, 경남 거제군 구천계곡, 하동군 화개면 쌍계사 계곡에서도 사는 것이 확인되었다.
국외 분포 일본, 대만, 중국, 인도네시아, 뉴기니, 인도양, 서태평양 열대 해역 등

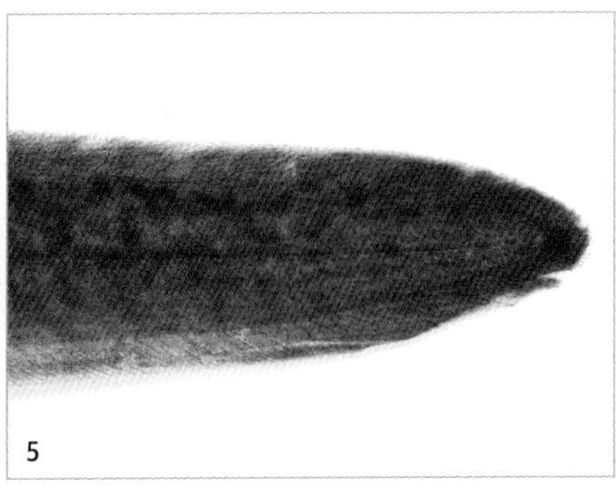

4 몸통과 지느러미에 진한 갈색 무늬가 불규칙하게 나 있다. **5** 꼬리지느러미는 옆으로 납작하며, 뾰족하다.

갯장어

Muraenesox cinereus (Forsskål, 1775)

몸은 원통형으로 가늘고 길며, 뒤로 갈수록 옆으로 납작해진다.

등면

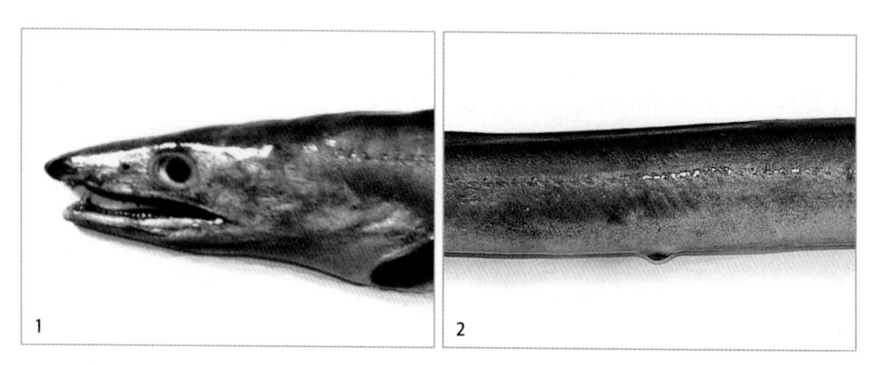

1 주둥이가 뾰족하며, 양턱에 이빨이 2줄 있다. **2** 측선은 비늘이 없는 감각공 형태다.

형태 특성

몸길이 보통 1m 정도이며, 최대 2m까지 자란다.
체색과 무늬 등 쪽은 다갈색이고, 배는 흰색이다. 가슴지느러미는 약간 붉고, 등지느러미와 뒷지느러미 가장자리가 조금 어둡다.
주요 형질 원통형으로 가늘고 길며, 꼬리 쪽으로 갈수록 옆으로 납작해진다. 몸에는 비늘이 없어서 매끈하다. 측선은 비늘이 없는 감각공 형태이며, 감각공은 33~39개다. 눈 앞쪽에 콧구멍이 2쌍 있으며, 서로 멀리 떨어져 있다. 주둥이는 뾰족하다. 양턱에 이빨이 2줄로 나 있고 바깥쪽은 작은 원뿔니, 안쪽은 날카로운 송곳니 모양이다. 송곳니는 위턱에 4개, 아래턱에 2개 있다. 등지느러미와 뒷지느러미가 꼬리지느러미와 연결된다. 꼬리지느러미 끝이 뾰족하다.

생태 특성

서식지 수심 100m 미만의 모래, 개펄 바닥과 바위가 있는 지역에 산다.
먹이 습성 주로 어류, 갑각류, 두족류 등을 먹는다.
행동 습성 붕장어와 같이 야행성으로 낮에는 바위틈에서 숨어 지내다가 밤이 되면 나와 활동한다. 수분이 충분하면 물 밖에서도 오래 견딜 수 있다. 산란기는 6~7월이며, 암컷은 머리에서 항문까지의 길이 30㎝(약 5년생), 수컷은 21㎝ 정도에서 번식을 시작하고, 알은 18만~120만 개를 낳는다. 알에서 깨어난 뒤 버들잎 모양 유생(렙토세팔루스) 시기를 거쳐 변태한다. 제주도 남쪽 해역에서 겨울을 보내고 봄이 되면 서해안으로 이동했다가 가을이 되면 다시 겨울을 나기 위해 남쪽으로 내려간다.

국내 분포 제주도를 비롯한 남해
국외 분포 일본 홋카이도 이남에서 호주 북부에 이르는 태평양 서부 및 홍해를 비롯한 인도양 등

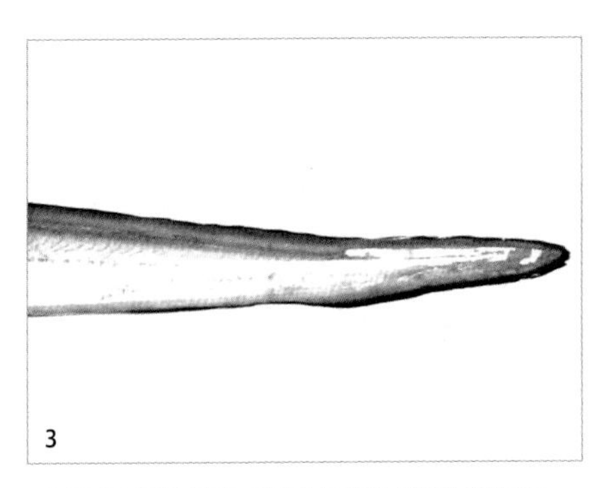

3 등지느러미와 뒷지느러미가 꼬리지느러미와 연결된다.

붕장어

Conger myriaster (Brevoort, 1856)

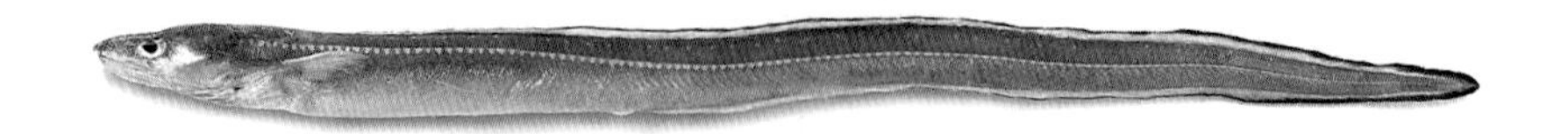

몸은 원통형으로 가늘고 길다.

측면

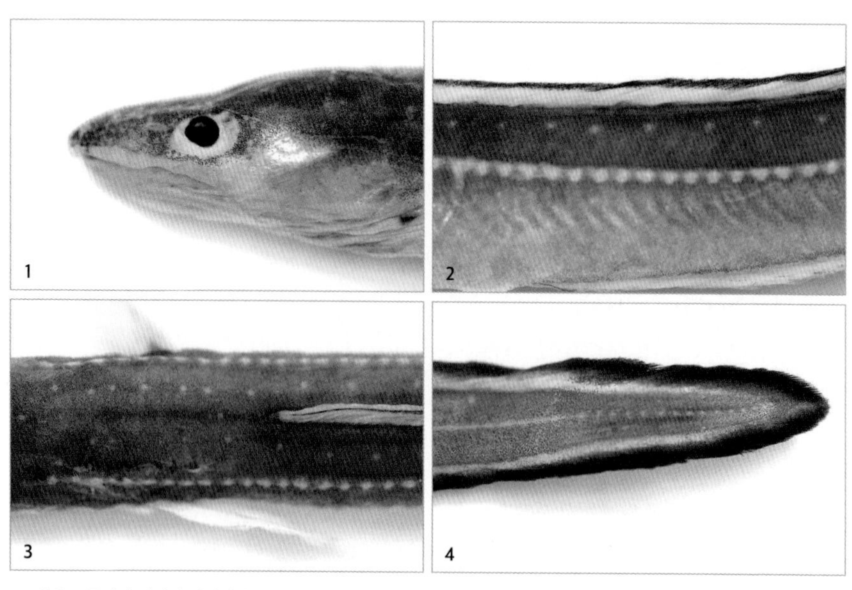

1 입은 뾰족하며, 위턱이 아래턱에 비해 길다. **2** 측선에는 흰색 점들이 같은 간격으로 줄지어 나타난다. **3** 머리부터 꼬리까지 측선 구멍 주변에 흰색이 뚜렷하다. **4** 꼬리지느러미 끝이 뾰족하다.

형태 특성

몸길이 성별에 따라서 차이가 있으며, 수컷은 약 40㎝, 암컷은 90㎝ 정도다.
체색과 무늬 등 쪽은 다갈색이고 배는 흰색이다. 머리부터 꼬리까지 측선 구멍 주변에 흰색 세로 줄무늬가 있다. 등 쪽과 머리 부분에도 흰색 점이 흩어져 있다. 등지느러미와 뒷지느러미, 꼬리지느러미의 가장자리는 검은색이다. 산란기가 되면 수컷은 혼인색을 띤다.
주요 형질 원통형으로 가늘고 길다. 측선에 흰색 점들이 같은 간격으로 줄지어 나타난다. 측선 구멍은 39~43개다. 배지느러미는 없다. 꼬리지느러미 끝이 뾰족하며, 비늘은 없다. 각 지르러미에는 극조가 없으며, 배지느러미는 없다.

생태 특성

서식지 연안의 해초가 많은 모래와 개펄 바닥에 산다. 뱀장어와 달리 바다에서만 산다.
먹이 습성 낮에는 모래 바닥과 바위 틈에 숨어 있다가 밤에 나와서 작은 어류, 게, 새우를 잡아먹고, 먼바다의 섬 주변에서는 주로 새우를 잡아먹는다.
행동 습성 야행성으로 산란장은 분명하지 않으며, 아열대 해역 가까운 곳까지 남하한 뒤 봄~여름에 걸쳐 산란한다. 부화하면 투명한 버들잎처럼 생긴 유생(렙토세팔루스) 시기를 거치며, 쿠루시오 난류를 타고 우리나라 연안으로 이동해 변태한다. 가을부터 겨울까지는 연안으로 이동하지만 3년 이상 자라면 이동하지 않고 일정한 장소에서 산다. 암컷이 수컷보다 성장이 좋으며, 부화 후 2년까지는 암수가 구별되지 않는다. 부화 후 만 1년이면 15㎝, 2년이면 30㎝, 암컷의 경우 3년이면 43㎝, 4년 56㎝, 5년 67㎝, 6년 78㎝, 7년이면 90㎝로 자라며, 최대 수명은 8년이다. 어릴수록 얕은 내만에 살다가 4년생 이상은 먼바다로 나간다.

국내 분포 전 해역
국외 분포 일본 홋카이도 이남, 동중국해 등

웅어

Coilia nasus (Temminck and Schlegel, 1846)

몸은 길고 옆으로 심하게 납작하며, 꼬리는 가늘고 길다.

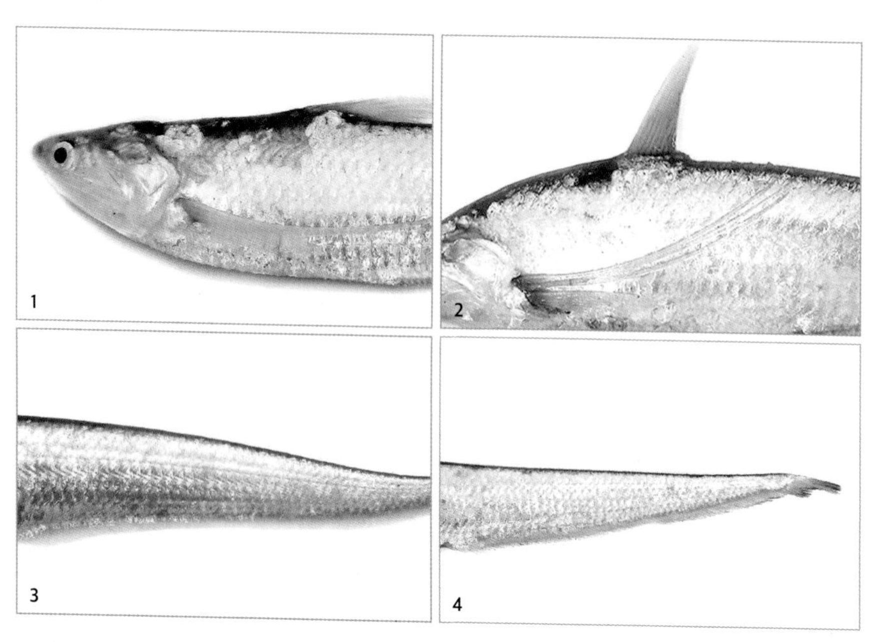

1 아래턱이 위턱보다 짧다. **2** 가슴지느러미는 사상으로 매우 길어 뒷지느러미 앞까지 이른다. **3** 몸통은 작은 원린으로 덮여 있으며, 은백색을 띤다. **4** 뒷지느러미 연조수는 95~97개다.

형태 특성

몸길이 보통 20~22㎝이며, 최대 30㎝까지 자란다.

체색과 무늬 몸 전체가 은백색이다. 지느러미는 대부분 무색투명하지만, 뒷지느러미와 꼬리지느러미는 약간 어둡다.

주요 형질 길고 옆으로 심하게 납작하며, 배의 모서리 부분이 날카롭고, 꼬리는 가늘며 길다. 작은 원린이 몸을 덮고 있으며 배에는 예리한 인판이 있다. 주둥이 양 끝은 눈의 수평선상에 있다. 입은 커서 아가미 뚜껑 뒤쪽까지 벌릴 수 있으며, 아래턱이 위턱보다 짧다. 가슴지느러미 상단의 연조 6개가 분리되었고, 상단부 연조의 길이가 매우 길어 뒷지느러미 앞까지 이른다. 등지느러미 연조 수는 11~13개, 뒷지느러미 연조 수는 95~97개, 종렬 비늘 수는 70~79개다.

생태 특성

서식지 연안성 어종으로 바다에서 살다가 봄에 강 하류로 회유한다. 낮에는 연안부에서 활동하며, 밤에는 깊은 곳에서 지낸다.

먹이 습성 육식성으로 주로 치어와 동물플랑크톤을 먹는다.

행동 습성 회유성으로 4~5월에 바다에서 강 하류로 거슬러 올라와 6~7월에 갈대밭이나 수초 틈에 알을 붙인다. 부화한 치어는 여름부터 가을 사이에 바다로 내려가 월동한 뒤 다음 해에 산란지로 돌아오며 3회 정도 산란한다. 성질이 급해 물 밖으로 올라오면 바로 죽는다.

국내 분포 서해와 남해

국외 분포 일본, 중국, 대만 등 북서태평양

5 꼬리지느러미는 약간 어둡다.

멸치

Engraulis japonicus Temminck and Schlegel, 1846

몸은 긴 원통형이며, 등은 다소 둥글고 옆으로 납작하다.

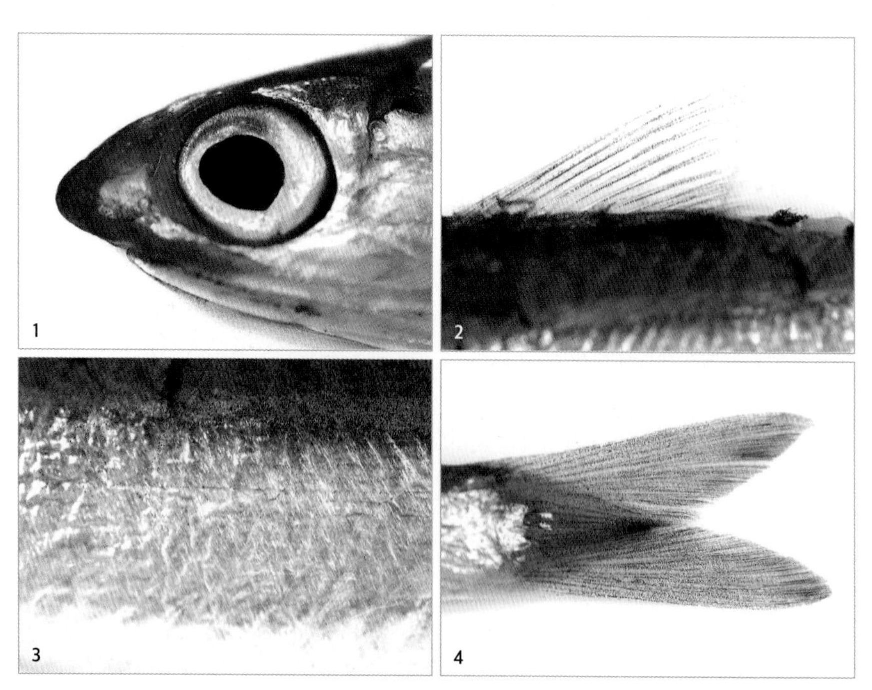

1 입은 크며 비스듬히 경사졌다. **2** 등지느러미는 1개로 몸 가운데에 있으며, 가시가 없다. **3** 등 쪽은 진한 파란색이며, 배 쪽은 은백색이다. **4** 꼬리지느러미 뒤 가장자리가 안으로 깊이 파였다.

형태 특성

몸길이 보통 9~13㎝이며, 최대 18㎝까지 자란다.
체색과 무늬 등 쪽은 진한 파란색이며, 배 쪽은 은백색이다. 아가미 뒤에서부터 꼬리자루(미병부)까지 파란색 무늬가 연결된다.
주요 형질 긴 원통형이며, 등은 다소 둥글고 옆으로 납작하다. 몸은 떨어지기 쉬운 얇은 비늘로 덮여 있다. 배 쪽 중앙선을 따라 모비늘이 없어서 유사종인 청멸과 구별된다. 입은 크며 비스듬히 경사지고, 위턱은 앞으로 튀어나왔다. 등지느러미는 1개로 몸 가운데에 있으며, 기조 수는 14~16연조다. 배지느러미와 뒷지느러미는 등지느러미 앞과 뒤에 있다. 꼬리지느러미를 제외한 지느러미 3개가 정삼각형을 이룬다. 꼬리지느러미 뒤 가장자리가 안으로 깊이 파였다.

생태 특성

서식지 수심 200m 이내의 연안 표층에 무리 지어 산다.
먹이 습성 주로 동물플랑크톤을 먹으며, 해 뜰 때 왕성하게 먹는다.
행동 습성 산란기는 봄, 가을 2차례 있으며, 수심 20~30m에서 밤중에 산란한다. 회유어로 봄철에 연안을 따라 북상했다가 가을철에 남하한다. 서식하는 해역의 수온은 8~30℃ 범위이며, 수심 0~60m 대륙붕 해역에서 주로 지낸다. 날씨에 따라서 지내는 수심이 달라 맑은 날에는 1~5m에서, 흐린 날에는 6~10m에서 지낸다. 한 마리가 알을 1,700~1만 6,000개 낳으며, 한 번에 1,000~3,000개씩 여러 번 낳는다. 알은 타원형이어서 다른 멸치과 종들과 구별된다. 수정란의 난황에는 거북 등껍질 같은 무늬가 있다. 알은 표층을 떠다니는 분리부성란이다. 수정된 알은 수온 17℃에서는 약 3일 만에, 20℃에서는 약 30시간 만에 부화한다. 2㎝ 내외의 치어들이 무리를 이뤄 연안으로 몰려와 자란다. 이 시기의 치어들은 99.9%가 사망한다. 멸치 무리의 군집은 주간과 야간에 따라서 형태가 다르다. 주간에는 수직 방향으로 긴 타원형을 이루다가, 밤이 되면 옆으로 더 넓게 퍼진다. 수명은 약 2년이고, 잡히면 바로 죽는다.

국내 분포 서해, 제주도를 비롯한 남해, 동해 남부
국외 분포 일본, 대만, 필리핀, 인도네시아 등의 연근해

풀반댕이
Thryssa adelae (Rutter, 1897)

몸이 매우 납작하다.

1 위턱과 아래턱의 길이가 비슷하고, 위턱 아랫면에 작은 톱니가 있다. **2** 등지느러미 기조 수는 13연조다. **3** 위턱 뒤쪽은 매우 길어서 가슴지느러미 기점을 지난다. **4** 꼬리지느러미 끝부분은 약간 어둡다.

형태 특성

몸길이 20㎝ 정도다.

체색과 무늬 아가미 위쪽 끝에는 동공 크기만 한 연하고 검은 점이 있다. 전반적으로 옅은 노란색을 띠며, 등 쪽은 연한 갈색, 배 쪽은 은백색이다. 꼬리지느러미 끝부분은 약간 어둡다.

주요 형질 몸이 매우 납작하다. 위턱과 아래턱의 길이는 비슷하고, 위턱 아랫면에 작은 톱니가 있다. 위턱 뒤쪽은 매우 길어서 가슴지느러미 기점을 지난다. 새파 수는 16개 이상이다. 뒷지느러미는 등지느러미 중앙 앞부분에서부터 나타난다. 뒷지느러미 연조 수는 34~41개로 유사종인 청멸과 구별된다.

생태 특성

서식지 연안의 수심이 50m인 곳에 산다.

먹이 습성 주로 동물플랑크톤을 먹는다.

행동 습성 표층에서 무리 지어 산다. 생태에 대해서는 거의 알려진 바가 없다.

국내 분포 서해와 남해

국외 분포 중국, 대만

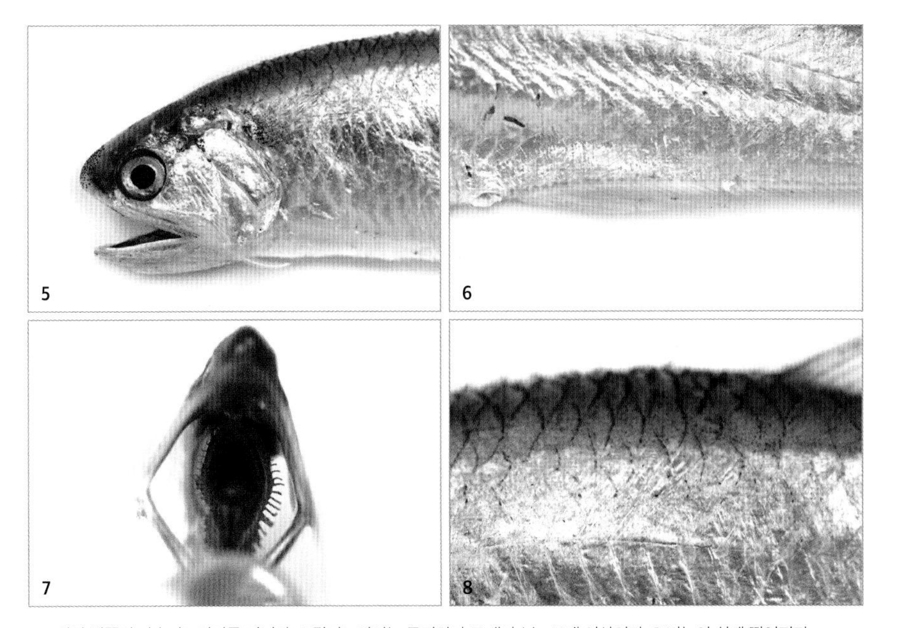

5 위턱 뒤쪽이 가슴지느러미를 지닌다. **6** 뒷지느러미는 투명하다. **7** 새파수는 16개 이상이다. **8** 비늘이 쉽게 떨어진다.

청멸

Thryssa kammalensis (Bleeker, 1849)

체고가 높고 옆으로 납작하며, 머리 앞부분이 약간 뾰족한 편이다.

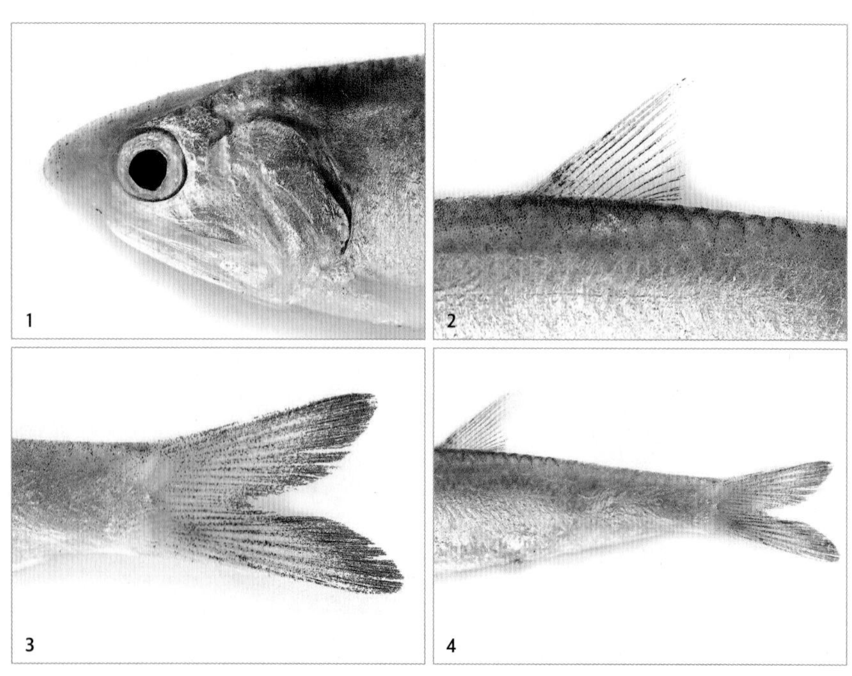

1 입은 배 쪽에 있으며, 눈은 크고 머리 앞쪽에 치우쳐 있다. **2** 등지느러미 기조 수는 1극 11~12연조다. **3** 꼬리지느러미는 노란색이지만 가장자리는 검은색을 띤다. **4** 뒷지느러미 연조수는 25~31개다.

형태 특성

몸길이 보통 8~11㎝이며, 최대 15㎝까지 자란다.
체색과 무늬 등 쪽은 암청색이며, 중앙과 배 쪽은 은백색이다. 모든 지느러미는 무색투명하지만, 꼬리지느러미는 노란색이고 가장자리는 검은색을 띤다.
주요 형질 체고가 높고 옆으로 납작하며, 머리 앞부분이 약간 뾰족한 편이다. 배의 외곽선은 다소 둥글고, 한가운데에 날카로운 모비늘이 1줄 있다. 입은 배 쪽에 있으며, 비스듬히 경사졌다. 양턱에 매우 작은 이빨이 1줄로 나 있다. 위턱 뒤 끝이 눈을 훨씬 지나지만, 전새개골 뒤 가장자리에는 못 미친다. 눈은 크고 머리 앞으로 치우쳐 있다. 가슴지느러미는 배 쪽에 치우쳐 있고, 배지느러미는 등지느러미 기부와 가슴지느러미 끝부분 가운데에 있다. 등지느러미는 1개로 몸 가운데에 있으며, 기저의 길이는 짧다. 등지느러미 기조 수는 1극 11~12연조이며, 뒷지느러미는 25~31연조로 유사종인 풀반댕이와 구별된다. 뒷지느러미는 등지느러미 끝보다 조금 뒤쪽에서 시작되며, 기저의 길이는 비교적 길다.

생태 특성

서식지 주로 연안에 산다.
먹이 습성 주로 동물플랑크톤을 먹는다.
행동 습성 부유성으로 무리 지어 표층에서 살며, 대륙붕 해역에서 3월과 7월에 2차례 산란한다. 알은 부유성이다.

국내 분포 서해와 남해
국외 분포 일본, 중국, 인도네시아

5 가슴지느러미는 투명하다.

청어

Clupea pallasii Valenciennes, 1847

몸은 다소 옆으로 납작하며, 체고가 높다.

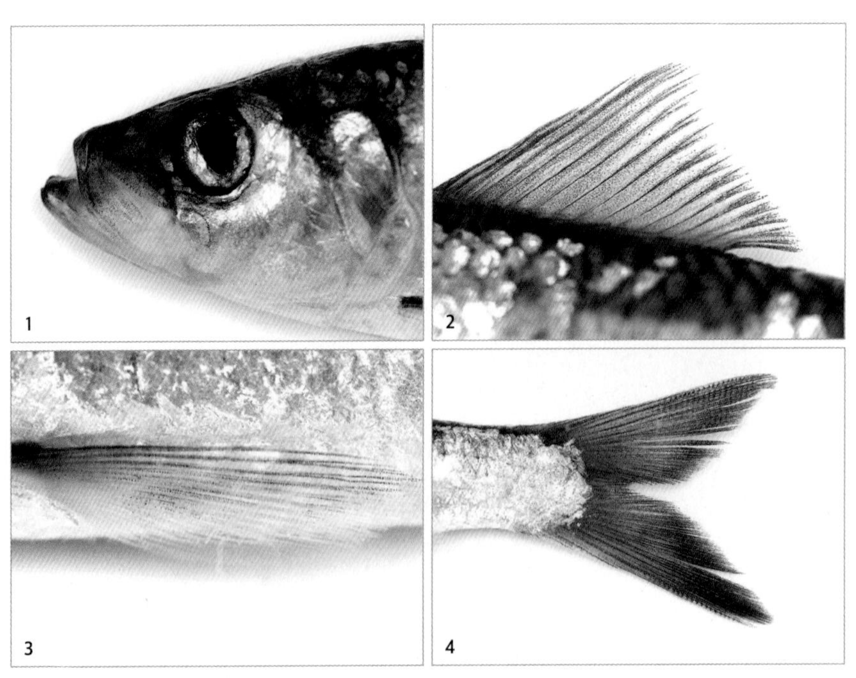

1 위턱과 아래턱 길이는 거의 같다. **2** 등지느러미는 1개이며, 작고 검은 점들이 흩어져 있다. **3** 가슴지느러미는 투명하지만, 기조부는 검은색을 띤다. **4** 꼬리지느러미는 깊게 파였다.

형태 특성

몸길이 보통 30~40㎝이며, 최대 45㎝까지 자란다.
체색과 무늬 등은 푸른색이고, 배는 은백색이다. 배지느러미와 뒷지느러미는 흰색이지만, 나머지는 어둡다. 꼬리지느러미 가장자리도 어둡다.
주요 형질 다소 옆으로 납작하며, 체고가 높다. 비늘은 떨어지기 쉬운 원린이며, 측선은 잘 보이지 않는다. 배 쪽 정중선을 따라 날카로운 모비늘이 1줄로 나 있다. 눈 주위에 지방질로 된 기름 눈꺼풀이 있다. 위턱에 이빨이 없지만, 아래턱 앞에는 흔적뿐인 이빨이 있다. 위턱과 아래턱 길이는 거의 같다. 꼬리지느러미는 깊게 파였다.

생태 특성

서식지 냉수성 어종으로 수온 2~10℃, 수심 0~150m인 저층 냉수대에 산다.
먹이 습성 주로 새우류, 게류, 요각류 및 치어를 먹는다.
행동 습성 산란기는 3~5월이며, 연안의 해조에 알을 붙인다. 알이 부화하기까지는 약 1개월이 걸리며, 성어가 되는 데 3~4년이 걸린다. 무리를 이루어 살며, 민물에 사는 개체도 있다. 성어는 해안에 가까운 곳으로 이동하고 산란기가 되면 강 하구로 올라간다. 평소에는 바다 밑에 흩어져 살다가 산란기가 되면 큰 무리를 이루어 북쪽으로 이동한다.

국내 분포 동해, 남해
국외 분포 일본, 러시아, 알래스카, 미국, 멕시코, 북극, 오호츠크 해, 베링 해

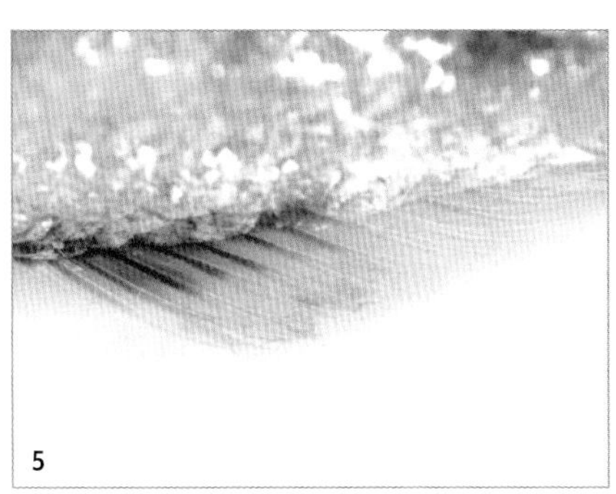
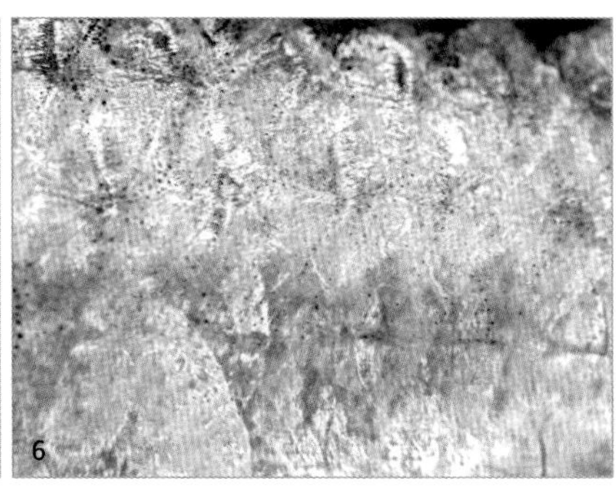

5 뒷지느러미는 투명하다. **6** 비늘은 원린이며 잘 떨어진다.

전어

Konosirus punctatus (Temminck and Schlegel, 1846)

몸은 옆으로 납작하며, 배 쪽으로 불룩하다.

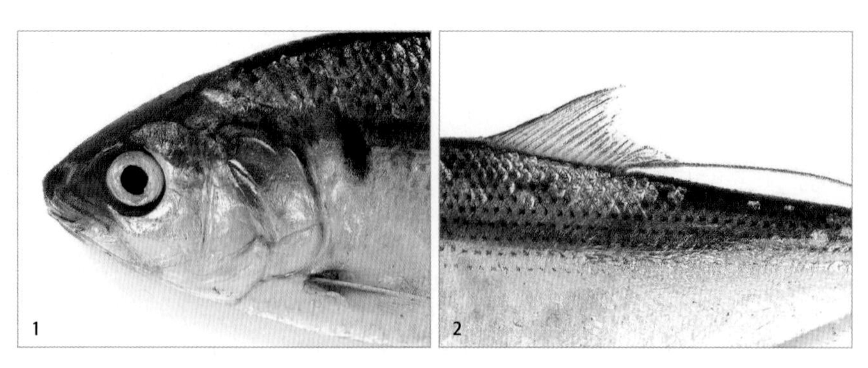

1 위턱과 아래턱이 거의 동일하며, 아가미덮개 옆으로 푸른색 반점이 있다. **2** 등지느러미의 마지막 연조는 길게 뻗었다.

형태 특성

몸길이 보통 15~20㎝이며, 최대 30㎝까지 자란다.
체색과 무늬 등 쪽은 담청색이며, 배 쪽은 밝은 은백색이고 종대 반문이 배열된다. 몸 옆면에 큰 갈색 반점이 하나 있다.
주요 형질 옆으로 납작하며, 배 쪽은 불룩하다. 위턱과 아래턱의 길이가 비슷하고, 눈꺼풀이 있다. 가슴지느러미 위쪽에 눈 크기만 한 검은 점이 있다. 등지느러미 연조 수는 12~16개, 뒷지느러미 연조 수는 17~23개다. 등지느러미의 마지막 연조는 길게 뻗었다.

생태 특성

서식지 연안성으로 항구의 내항, 내만, 하구의 기수역 등 깨끗한 곳보다는 유기물질이 많은 장소에 무리 지어 산다. 보통 수심 30㎝ 이내의 표층과 중층을 회유하지만 평생 서식지를 크게 벗어나는 일은 없다. 대규모로 회유하지 않는다.
먹이 습성 주로 식물·동물플랑크톤을 먹으며, 작은 갑각류, 해조류 등도 먹는다.
행동 습성 산란기는 3~6월로 지역에 따라 봄철과 여름철에 걸쳐 이루어지며, 난류를 타고 북상해 강 하구에서 산란한다. 주로 저녁 무렵에 기수역이나 내만에서 지름 1.5㎜ 정도인 부유란을 낳으며, 보통 암컷 한 마리가 낳는 알은 10만~14만 개다. 수명은 3년 정도다.

국내 분포 전 해역
국외 분포 일본, 대만, 중국

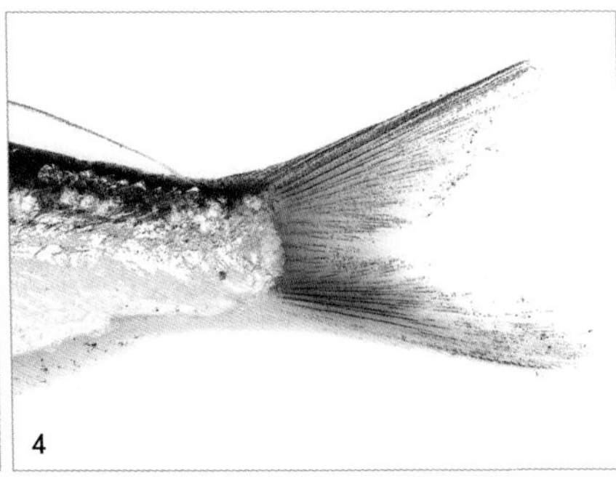

3 몸 위쪽은 담청색이며, 등지느러미 마지막 연조는 길게 발달했다. **4** 꼬리지느러미는 깊게 파였다.

밴댕이

Sardinella zunasi (Bleeker, 1854)

동종이명: *Harengula zunasi* (정, 1977; 김과 강, 1993)

몸은 다소 가늘고 길며, 옆으로 납작하다.

1 아가미뚜껑 가장자리에 육질돌기가 2개 있다. **2** 등지느러미는 몸 가운데에 있다.

형태 특성

몸길이 15㎝이다.
체색과 무늬 등 쪽이 밝은 파란색이고, 배 쪽은 은백색이다. 꼬리지느러미 끝이 어둡다.
주요 형질 다소 가늘고 길며, 옆으로 납작하다. 비늘은 원린이다. 아래턱이 위턱보다 약간 튀어나왔고, 작은 이빨이 1줄 나 있다. 아가미뚜껑 가장자리에 육질돌기가 2개 있다. 등지느러미는 몸 가운데에 있으며, 그 아래에 배지느러미가 있다. 꼬리지느러미 끝 가장자리가 깊게 파였다.

생태 특성

서식지 내만성으로 연안 또는 내만의 모래 바닥에서 주로 살며, 강 하구까지 무리 지어 올라오기도 한다.
먹이 습성 주로 동물플랑크톤을 먹는다.
행동 습성 봄부터 가을까지는 수심이 얕은 만이나 하구 부근에 머물다가, 겨울이 되면 수심이 20~50m인 연안과 만의 중앙부로 이동한다. 수온이 16~18℃가 되는 6~7월에 강 하구와 연안에서 산란한다.

국내 분포 서해와 남해
국외 분포 일본, 남중국해, 대만

3 비늘은 원린이다. **4** 꼬리지느러미 끝이 어둡다.

황어

Tribolodon hakonensis (Günther, 1877)

몸은 길고 옆으로 납작하며, 황갈색 또는 청갈색이다.

산란기의 암컷 주둥이 부근과 가슴지느러미 및 꼬리지느러미는 연한 노란색이다.

1 주둥이가 뾰족하고, 입은 아래에 있다. **2** 등지느러미 기저는 짧고 윗부분이 뾰족하며, 일부분은 연한 노란색을 띤다.

형태 특성

몸길이 25~40㎝이다.

체색과 무늬 황갈색 또는 청갈색이고, 배 쪽은 은백색이다. 치어의 몸 가운데에는 갈색 반점 9~12개가 뚜렷이 있지만 자라면서 반점은 희미해진다. 등지느러미의 희미한 반점도 어린 시기에는 뚜렷하나 자라면서 비스듬히 배열된다. 꼬리지느러미는 반문 없이 약간 짙은 회갈색이고, 배지느러미와 뒷지느러미에도 반문이 없다. 산란기의 암컷은 주둥이 부근과 가슴지느러미, 꼬리지느러미가 연한 노란색이다. 수컷 몸 가운데에 적황색 띠가 3줄 나타난다.

주요 형질 몸은 길며, 옆으로 납작하다. 몸 전체는 즐린으로 덮여 있으나 뺨과 아가미뚜껑 위쪽, 후두부는 아주 작은 원린으로 덮여 있다. 주둥이 끝이 뾰족하고, 입은 아래에 있다. 입수염은 없으며, 위턱이 아래턱보다 길다. 눈은 작고, 머리 가운데에 있다. 측선은 뚜렷하며, 비늘은 작고 촘촘하다. 측선 비늘 수는 76~89개이고, 새파 수는 14~16개다. 등지느러미 기저는 짧고, 윗부분은 뾰족하며, 등지느러미 연조 수는 7개이다. 뒷지느러미 연조 수는 7~8개이다.

생태 특성

서식지 회유성 어종으로 바다에서 살다가 봄에 알을 낳으려고 물이 맑은 하천으로 거슬러 올라온다.

먹이 습성 잡식성으로 부착 조류, 수서 곤충, 작은 치어를 먹는다.

행동 습성 하천과 바다를 오가는 회유성 어종이다. 산란기는 3월 중순경으로 알을 낳고자 바다에서 하천 상류의 여울로 거슬러 올라오며, 자갈이나 모래 바닥에 집단으로 알을 낳는다. 번식기에 암수 모두 몸이 검은색으로 변하고, 몸에 진한 노란색 띠가 나타나며, 각 지느러미에도 진한 노란색이 나타난다. 또한 수컷은 온몸에 흰색 돌기가 돋는다.

국내 분포 서해를 제외한 동해와 남해 유입 하천

국외 분포 일본, 사할린

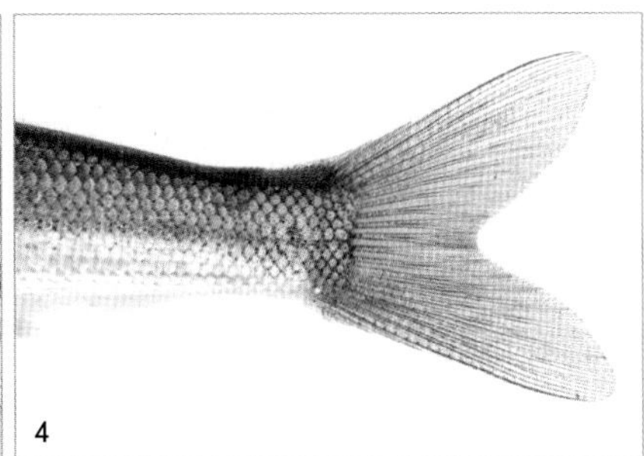

3 비늘은 작고 촘촘하다. **4** 꼬리지느러미 끝이 깊게 파였다.

쏠종개

Plotosus lineatus (Thunberg, 1787)

진한 갈색 바탕에 머리 아래쪽과 배는 연한 황백색이다.

몸은 가늘고 길며, 몸 앞쪽은 약간 두껍고 뒤로 갈수록 옆으로 납작해진다.

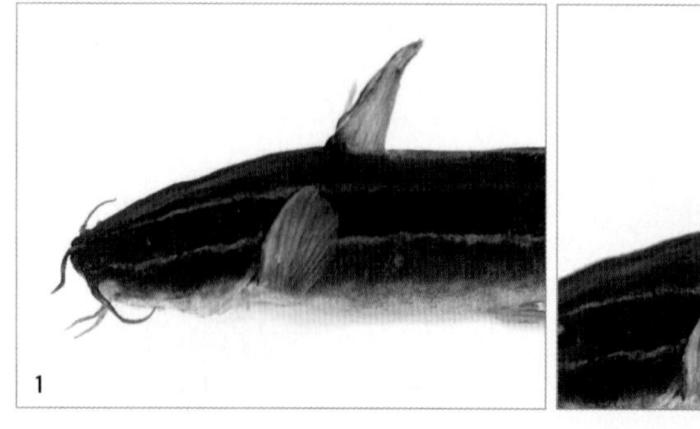

1 주둥이는 둥글고, 입가에 긴 수염이 4쌍 있다. **2** 등지느러미는 2개이며, 제1등지느러미는 기조가 짧고 독가시가 1개 있다.

형태 특성

몸길이 최대 30㎝까지 자란다.
체색과 무늬 진한 갈색 바탕에 머리 아래쪽과 배는 연한 황백색이며, 몸 옆면에 노란 세로 줄 2개가 머리에서 꼬리지느러미 앞까지 이어진다.
주요 형질 몸은 가늘고 길며, 몸 앞쪽은 약간 두껍고 뒤로 갈수록 옆으로 납작해진다. 주둥이는 둥글고, 입가에 긴 수염이 4쌍 있다. 위턱의 이빨은 원뿔니이고, 아래턱의 이빨은 원뿔니와 어금니가 섞여 있다. 등지느러미는 2개로 제1등지느러미는 기조가 짧고 독가시가 1개 있다. 제2등지느러미와 뒷지느러미 기조는 길고 꼬리지느러미와 연결된다.

생태 특성

서식지 연안 얕은 곳의 암초 또는 해조류가 무성한 곳에 산다.
먹이 습성 치어를 주로 먹으며, 갑각류, 요각류도 먹는다.
행동 습성 야행성으로 낮에는 어두운 곳에 숨어 있다가 밤에 먹이활동을 하며, 치어 시기에는 무리를 이루어 연안 얕은 곳에서 생활한다. 산란기는 7~8월이다. 등지느러미와 가슴지느러미를 세워 마찰음을 내는 특이한 습성이 있다. 먹이를 잡을 때는 화학반응을 감지하는 수염을 이용한다.

국내 분포 제주도를 비롯한 남해
국외 분포 일본 중부 이남, 호주, 홍해, 아프리카 동부

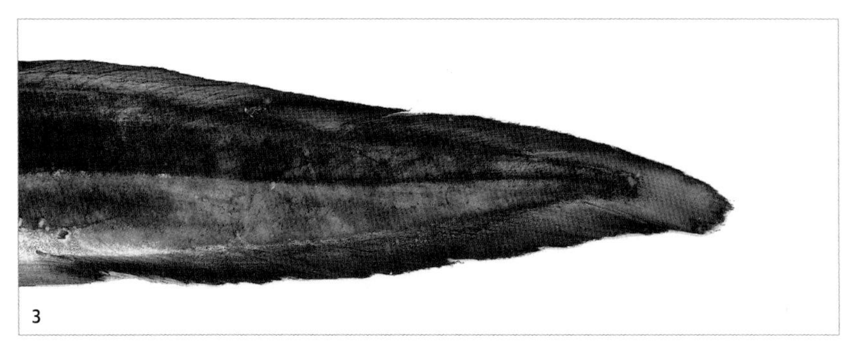

3 제2등지느러미와 뒷지느러미 기조는 길고, 꼬리지느러미와 연결된다.

빙어

Hypomesus nipponensis McAllister, 1963

암컷. 몸은 길며 옆으로 납작하다.

수컷. 암컷에 비해 몸이 더 가늘며, 검은 색소포가 더 많이 밀집해 있다.

1 입은 크고 위를 향한다. **2** 등 쪽은 짙은 갈색이며, 배 쪽은 금속성 광택을 띠는 은백색이다. 몸 가운데에 짙은 가로 줄무늬가 있다.

형태 특성

몸길이 10~15㎝이다.
체색과 무늬 몸 전체는 은백색이며, 등 쪽은 회갈색이고, 배 쪽은 은백색이다. 각 지느러미는 투명하고, 아래턱 아랫면에는 보통 검은 색소포가 50개 이상 밀집한다. 몸 가운데에 짙은 가로 줄이 있다.
주요 형질 몸은 가늘고 길며, 옆으로 납작하다. 측선이 배지느러미 앞까지 있다. 비늘이 약해서 벗겨지기 쉽다. 입은 크고 위를 향하며, 아래턱이 위턱보다 약간 튀어나왔다. 입수염은 없고, 눈은 비교적 크다. 새파 수는 28~36개이고, 등지느러미 연조 수는 8~10개, 뒷지느러미 연조 수는 12~18개, 종렬 비늘 수는 56~64개이다. 뒷지느러미가 끝나는 지점에 기름지느러미가 있다.

생태 특성

서식지 연안이나 저수지의 깊은 곳에서 살다가 산란기인 3월이 되면 얕은 개울로 이동한다.
먹이 습성 주로 동물플랑크톤을 먹는다.
행동 습성 여름철에는 바다 깊은 곳에 살다가 11월경 얕은 곳으로 이동한다. 산란기는 3~5월로 연안에 살다가 알을 낳으려고 하천이나 강의 얕은 곳, 호수 유입부로 올라온다. 댐호나 저수지에 사는 육봉형 빙어는 하천이나 강 얕은 가장자리의 모래나 수초에 알을 낳는다. 1년생으로 알을 낳고 죽는다.

국내 분포 자연적으로는 동해 북부에 분포하지만, 현재는 전국의 댐호와 저수지 등에도 방류되어 살고 있다.
국외 분포 일본, 알래스카, 러시아

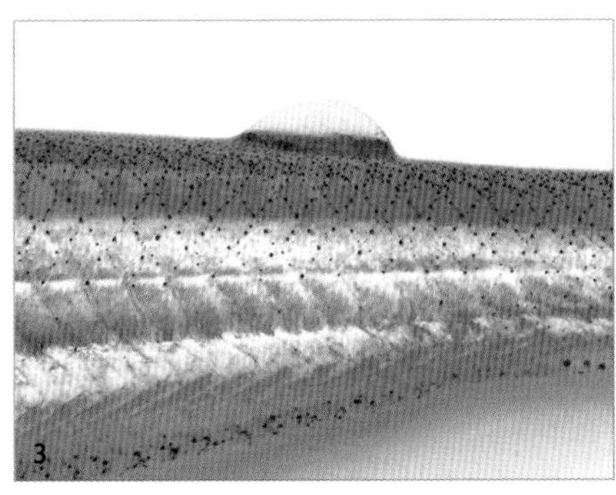
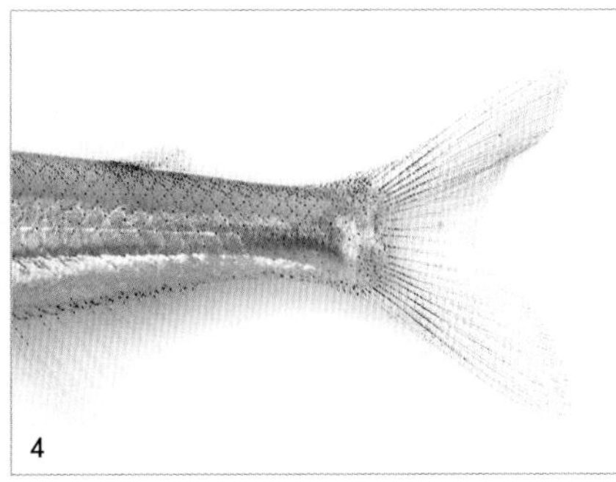

3 뒷지느러미가 끝나는 지점에 기름지느러미가 있다. **4** 꼬리지느러미는 깊게 파였다.

은어

Plecoglossus altivelis Temminck and Schlegel, 1846

몸은 길며, 옆으로 납작하다.

1 입은 평행하며 매우 크고 두껍고 희다. **2** 등지느러미 연조 수는 11, 12개다. **3** 등 쪽은 회갈색 또는 청갈색이다. **4** 뒷지느러미는 앞부분의 기조가 약간 길어 가장자리가 파였다.

형태 특성

몸길이 20~30㎝이다.
체색과 무늬 등 쪽은 회갈색 또는 청갈색이고, 배 쪽은 은백색이다. 입술은 평행하며 두껍고 희다. 모든 지느러미에는 반문이 없으며, 옅은 노란색을 띤다. 산란기가 되면 수컷의 체색은 어두워지며, 몸과 아가미뚜껑 아래쪽에서 붉은색 띠가 선명해지고, 지느러미는 노란색이 짙어진다. 또한 수컷은 비늘 표면에 돌기가 매우 빽빽이 나고, 배지느러미와 뒷지느러미 기조에 돌기가 나타난다.
주요 형질 몸은 길며, 옆으로 납작하다. 머리는 크고, 주둥이가 뾰족하며, 입은 매우 크다. 위턱 앞부분에 돌기가 있으며, 이빨은 빗살처럼 나 있다. 측선은 뚜렷해 거의 직선으로 이어지며, 측선 비늘 수는 67~72개다. 등지느러미 연조 수는 11~12개, 뒷지느러미 연조 수는 15~17개이다. 뒷지느러미는 앞부분의 기조가 약간 길어 가장자리가 파였으며, 기름지느러미 가운데 지점에서 뒷지느러미가 끝난다. 꼬리지느러미 끝부분이 둘로 갈라져 있다.

생태 특성

서식지 강과 가까운 연안에서 살다가 봄철(3~4월)에 하천으로 거슬러 올라가 바닥에 자갈이나 바위가 깔린 곳에 다다르면 세력권을 형성하고 정착한다. 가을(9~10월)에 산란기가 되면 방향을 바꾸어 하구로 내려온다.
먹이 습성 연안에서는 동물플랑크톤을 먹고, 하천에서는 부착조류를 먹는다.
행동 습성 산란기는 9~10월로 하구와 가까운 민물 여울에 산란장을 만들며, 수온 17~20℃ 정도가 되면 산란과 방정을 한다. 번식은 암컷 한 마리에 수컷 여러 마리가 참여하며, 번식기에는 암수 모두 먹이를 먹지 않는다. 산란을 마치면 암수 모두 죽는다. 봄이 되어 하천 수온이 15℃ 이상 올라가면 하천으로 올라오며, 이때 크기는 5~6㎝이다. 하천으로 회유한 뒤에는 수서 곤충이나 부착조류를 먹을 수 있게끔 이빨이 빗살 모양으로 변한다. 수명은 1년이지만 암컷은 그해 번식하지 못하면 월동한 뒤 이듬해까지 살기도 한다. 그러나 수컷은 번식 성공 여부와 상관없이 그해 겨울에 모두 죽는다.

국내 분포 울릉도를 비롯한 전국 연안의 흐르는 하천에 분포하지만 수질 오염과 개발 때문에 서식하지 못하는 지역이 늘고 있다.
국외 분포 일본, 대만, 중국

무지개송어

Oncorhynchus mykiss (Walbaum, 1792)

몸이 굵고 둥글며, 약간 옆으로 납작하다.

알비노

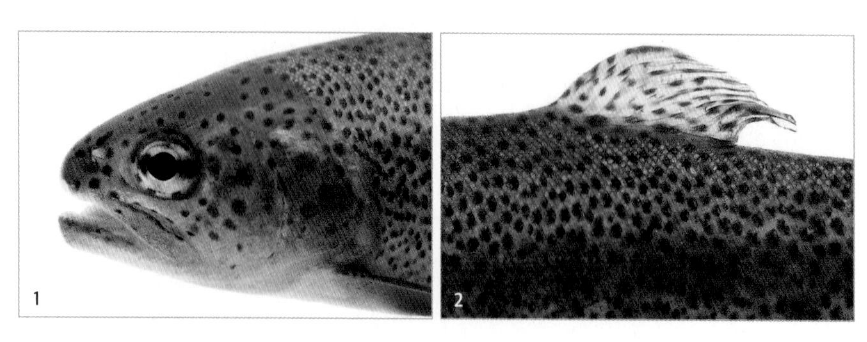

1 머리는 크고 주둥이는 둥글며, 위턱이 아래턱보다 약간 길다. **2** 등지느러미 연조 수는 11~12개다.

형태 특성

몸길이 80~100㎝이다.
체색과 무늬 몸 전체는 연두색이며, 등 쪽은 짙고, 배 쪽은 희다. 작고 검은 반점이 빽빽하게 있다. 치어는 몸 가운데에 짙은 반점과 붉은색 가로 줄이 8~12개 있는데, 반점은 자라면서 차츰 불투명해지고, 만 1년 이상이 되면 완전히 없어진다. 산란기에는 무지갯빛 혼인색을 띤다. 등과 꼬리지느러미에 검은색 반점이 있다.
주요 형질 몸이 굵고 둥글며, 약간 옆으로 납작하다. 머리는 크고 주둥이는 둥글며, 위턱이 아래턱보다 약간 길다. 입이 크고 눈은 머리 앞쪽에 있다. 새파 수는 10~15개, 등지느러미 연조 수는 11~12개, 뒷지느러미 연조 수는 10~12개이다. 기름지느러미는 아주 작으며 뒷지느러미가 끝나는 지점에 있다.

생태 특성

서식지 우리나라에 사는 무지개송어는 바다로 내려가지 않고 민물에서 일생을 보낸다. 냉수성 어종으로 산간 계곡의 찬물(24℃ 이하)에서만 산다.
먹이 습성 주로 수서 곤충이나 갑각류, 어린 물고기를 먹는다.
행동 습성 알래스카에서 캘리포니아에 걸친 북아메리카가 원산지인 연어과 어류로, 바다와 강을 오가는 강해형과 민물에서만 사는 육봉형이 있다. 우리나라에 사는 무지개송어는 바다로 가지 않는 육봉형이다. 자연적으로 분포하지 않으며, 양식 대상종으로 1965년에 도입되었다. 여름철 홍수와 관리 소홀로 양식장에서 빠져나온 일부 개체들은 계류에 산다. 산란은 봄, 가을에 두 번 이루어진다. 한 번은 자연스러운 산란이고, 다른 한 번은 10~12월에 인위적으로 산란을 유도한다.

국내 분포 자연적으로 분포하지는 않지만, 양식장에서 빠져나온 일부 개체들이 계류에 살기도 한다.
국외 분포 서북아시아와 태평양 연안, 전 세계에 양식용으로 도입
특이 사항 외래종

3 치어는 몸 가운데에 짙은 반점과 붉은색 가로 줄이 8~12개 있다. **4** 등과 꼬리지느러미에 검은색 반점이 있다.

물천구

Harpadon nehereus (Hamilton, 1822)

몸은 연질성이고 옆으로 납작하다.

등 쪽과 꼬리지느러미에는 연한 갈색 바탕에 작고 검은 점들이 흩어져 있다.

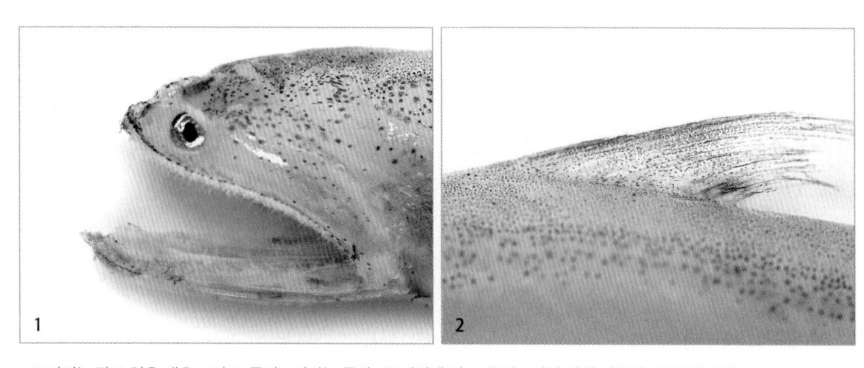

1 머리는 작고 입은 매우 크다. **2** 등지느러미는 몸의 1/3 지점에 있고, 등지느러미 뒤에 기름지느러미가 있다.

형태 특성

몸길이 최대 40㎝이다.
체색과 무늬 등 쪽은 연한 갈색이며, 배 쪽은 흰색이다. 등 쪽과 꼬리지느러미에는 연한 갈색 바탕에 작고 검은 점들이 흩어져 있다. 모든 지느러미는 검다.
주요 형질 연질성이고 옆으로 납작하다. 측선은 몸 가운데에서부터 나타나 직선으로 뻗으며 꼬리지느러미에 달한다. 머리는 작고 입은 매우 크며, 아래턱이 위턱보다 약간 길다. 양턱에 작고 강한 이빨이 2~3줄 나 있다. 등지느러미는 몸의 1/3 지점에 있고, 등지느러미 뒤에 기름지느러미가 있다. 꼬리지느러미 뒤 가장자리가 안쪽으로 파였다.

생태 특성

서식지 수심 50m 이내의 모래나 개펄 바닥에 산다.
먹이 습성 갑각류와 작은 어류를 먹는다.
행동 습성 알려진 바가 없다.

국내 분포 서해와 남해
국외 분포 일본 중부 이남, 남중국해, 인도네시아, 필리핀, 대만 등 서태평양과 인도양

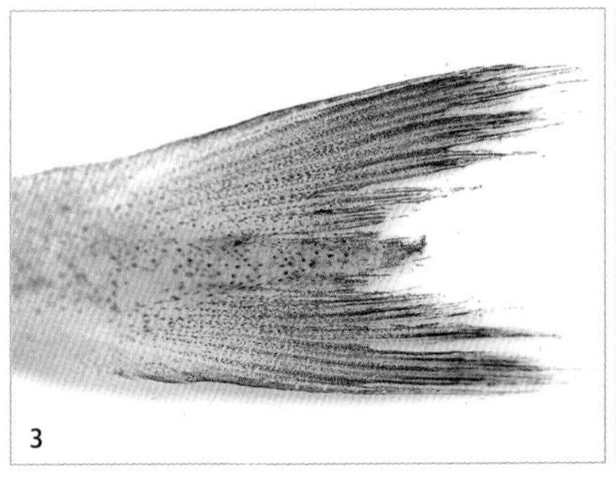
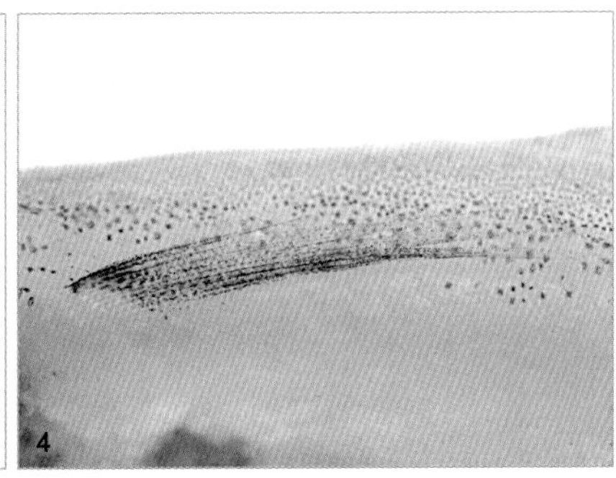

3 꼬리지느러미 뒤 가장자리가 안쪽으로 파였다. **4** 가슴지느러미는 검은색이다.

날매퉁이

Saurida elongata (Temminck and Schlegel, 1846)

몸의 횡단면은 원형이며 머리는 위아래로, 몸통은 옆으로 약간 납작하다.

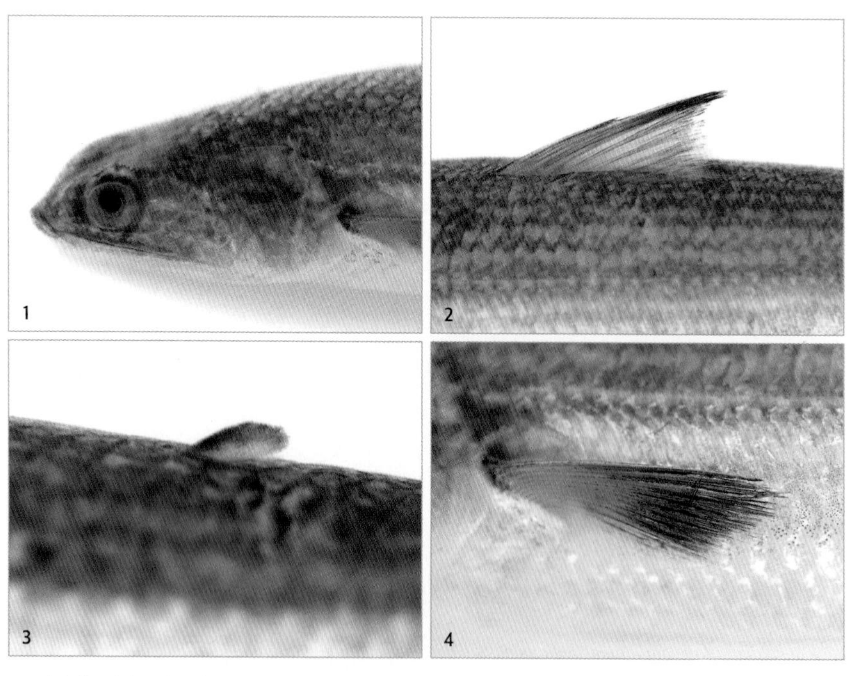

1 입이 매우 커서 끝이 눈 뒤쪽을 훨씬 넘어선다. **2** 등지느러미 기조 수는 1극 9연조이며, 끝부분이 검은색이다. **3** 등지느러미 뒤쪽으로 작은 기름지느러미가 1개 있다. **4** 가슴지느러미는 작고 어둡다.

형태 특성

몸길이 2년생은 24㎝ 정도이며, 최대 50㎝까지 자란다.
체색과 무늬 등 쪽은 암갈색과 황갈색이며, 가운데에서부터 배 쪽은 흰색이다. 각 지느러미는 황갈색이며, 가슴지느러미는 검고, 꼬리지느러미는 가장자리가 어둡다.
주요 형질 몸의 횡단면은 원형이며 머리는 위아래로, 몸통은 좌우로 약간 납작하다. 비늘은 작고 잘 떨어지지 않는다. 측선은 몸통 가운데를 가로지른다. 양턱에 작고 강한 날카로운 이빨이 여러 줄로 나 있다. 입이 매우 커서 끝이 눈 뒤쪽을 훨씬 넘어선다. 눈은 머리 앞쪽에 치우쳐 있고, 작은 기름 눈꺼풀이 있다. 가슴지느러미는 비교적 짧고, 뒤쪽 끝이 배지느러미 기부에 다다르지 못한다. 등지느러미는 1극 9연조이며, 뒤쪽으로 작은 기름지느러미가 1개 있다.

생태 특성

서식지 바닥이 모래와 개펄로 이루어진 얕은 바다에 산다.
먹이 습성 육식성으로 대부분 어류를 먹고, 오징어류, 새우류도 먹는다.
행동 습성 산란기는 5~8월로, 서해 연안과 남해안 등의 얕은 바다에서 산란한다.

국내 분포 서해와 남해
국외 분포 일본 중부 이남, 남중국해

5 꼬리지느러미 가장자리가 어둡다. **6** 측선은 몸 중앙을 가로지른다.

투라치

Trachipterus ishikawae Jordan and Snyder, 1901

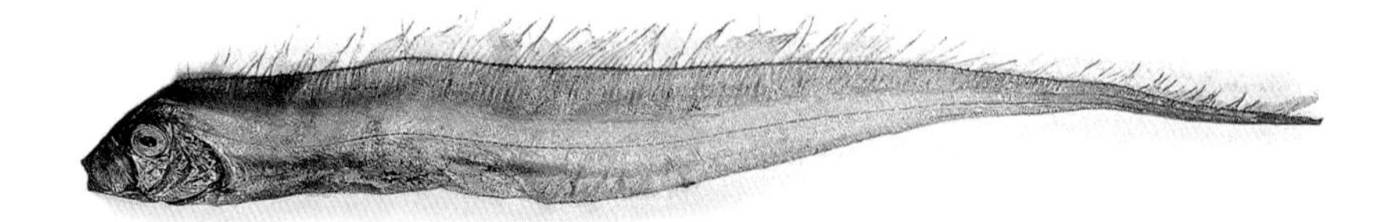

머리 앞쪽이 심하게 경사졌으며, 꼬리 쪽으로 갈수록 가늘어진다.

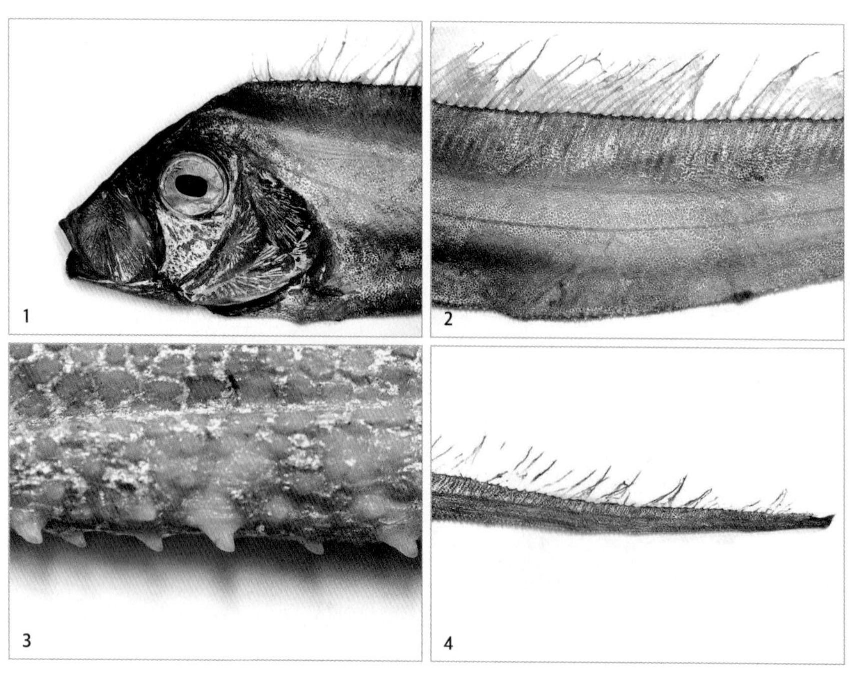

1 입은 머리 아래쪽에 있고, 작지만 골격이 접이식으로 되어 있다. **2** 등지느러미는 색이 연하며, 가장자리는 선홍색이다. **3** 배 쪽 가장자리를 따라 날카로운 돌기가 꼬리지느러미 앞까지 나 있다. **4** 꼬리지느러미는 가늘고 뾰족하다.

형태 특성

몸길이 보통 1~2m이며, 최대 2.7m까지 자란다.
체색과 무늬 전반적으로 은백색이지만 지느러미는 색이 연하며, 뒷부분은 선홍색을 띤다.
주요 형질 머리 앞쪽은 심하게 경사졌으며, 꼬리 쪽으로 갈수록 가늘어진다. 입은 머리 아래쪽에 있고, 작지만 골격이 접이식이어서 먹이를 먹을 때 앞쪽으로 길게 튀어나온다. 표면에는 비늘이 없고, 작은 돌기들이 나 있다. 등지느러미는 눈 위쪽의 약간 뒤에서부터 나타나 꼬리지느러미까지 길게 이어진다. 뒷지느러미는 없고, 자라면서 배지느러미는 사라지며, 꼬리지느러미 연조 수가 줄어든다. 배 쪽 가장자리를 따라 날카로운 돌기가 꼬리지느러미 앞까지 나 있다. 부레가 없거나 발달하지 않았다.

생태 특성

서식지 보통 수심 900m 정도인 먼바다에 살지만 가끔 연안에도 나타난다.
먹이 습성 오징어류나 멸치류와 같은 작은 어류를 먹는다.
행동 습성 주로 중층에 살며, 지름이 2.6~3.7㎜인 알을 낳는다. 매우 희소한 종이라서 생태에 대해 거의 알려진 바가 없다.

국내 분포 동해, 남해, 제주도 남부
국외 분포 일본, 중국, 대만 등 북서태평양

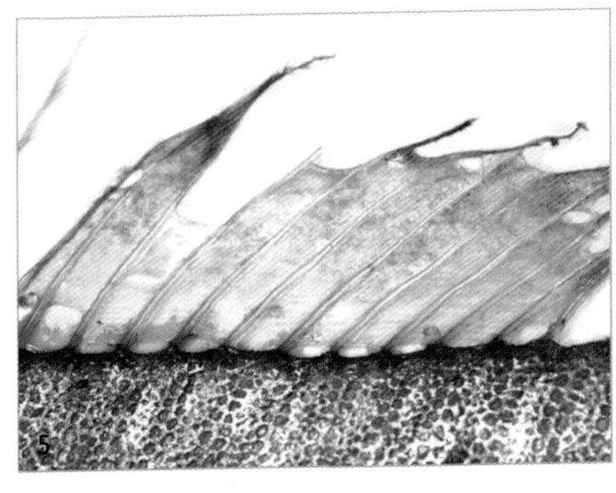

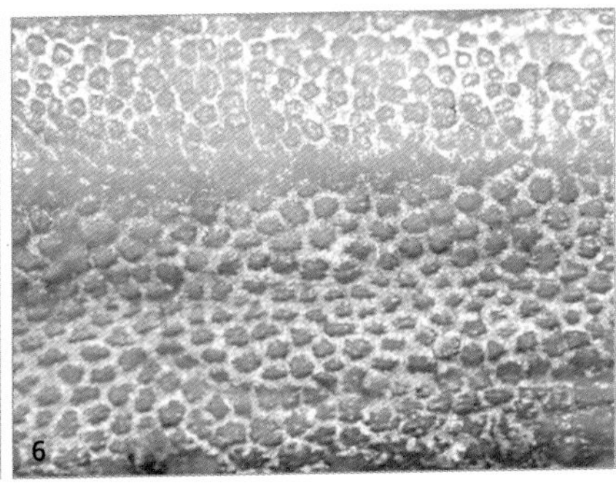

5 등지느러미는 선홍색이다. **6** 표면에는 비늘이 없고 작은 돌기가 나 있다.

놀락민태

Lotella phycis (Temminck and Schlegel, 1846)

몸 앞부분은 크고 체고가 높지만, 뒤로 갈수록 옆으로 납작해지며 체고가 낮다.

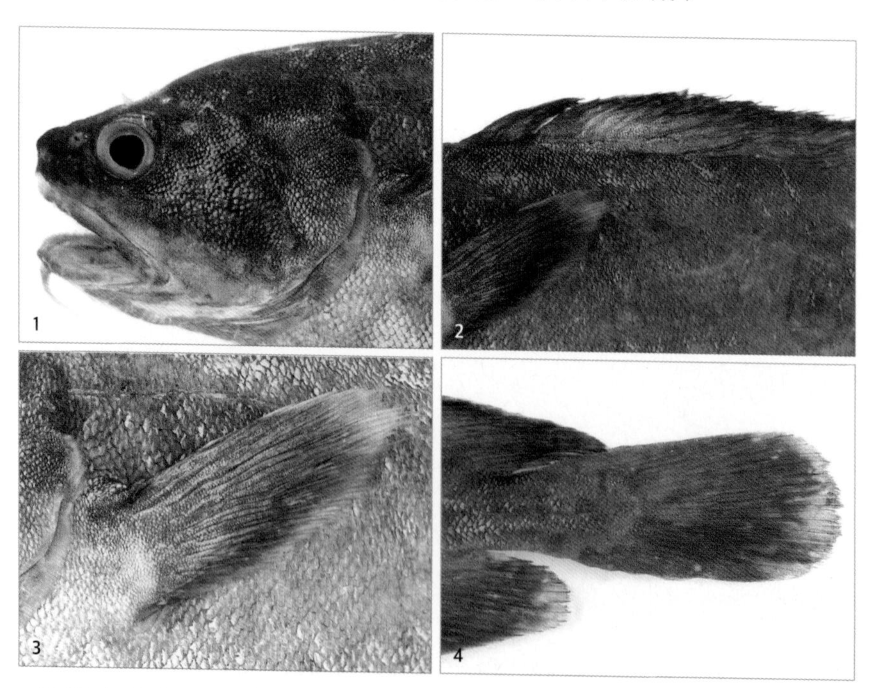

1 위턱이 다소 튀어나왔으며, 아래턱 끝에 수염이 1개 있다. **2** 등지느러미는 극조부 제2~3기조가 가장 길며, 극조부 앞쪽의 지느러미막은 깊게 파였다 .**3** 가슴지느러미 가장자리는 색이 진하다. **4** 꼬리지느러미 끝이 둥글다.

형태 특성

몸길이 10~20㎝이며, 최대 30㎝까지 자란다.
체색과 무늬 몸 전체는 자갈색이며, 등지느러미와 배지느러미 가장자리는 자줏빛을 띠는 검은색이고, 입 주변과 지느러미막, 배지느러미는 붉은빛을 띤다.
주요 형질 몸 전체는 길고, 머리 뒤의 체고가 가장 높으며, 뒤로 갈수록 옆으로 납작해진다. 측선은 꼬리가 시작되는 곳 부근까지 이어진다. 위턱이 다소 튀어나왔으며, 아래턱 끝에 수염이 1개 있다. 등지느러미는 눈 위에서 꼬리자루까지 이어지고, 극조부 제2~3기조가 가장 길며, 극조부 앞쪽의 지느러미막이 깊게 파였다. 배지느러미 기조 수는 9연조, 제1등지느러미는 6연조, 제2등지느러미는 61연조, 뒷지느러미는 55연조다.

생태 특성

서식지 심해성 어종으로 암초 지대에 산다.
먹이 습성 주로 저서생물을 먹는다.
행동 습성 항문 부근에 발광 박테리아가 공생해 발광 기능이 있다.

국내 분포 제주도를 비롯한 남해
국외 분포 일본 중부 이남, 호주, 뉴질랜드 등지의 서태평양

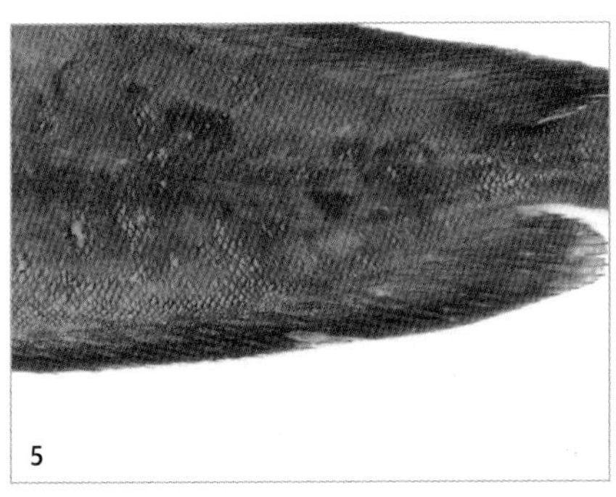

5 뒷지느러미는 자주빛을 띤다. **6** 측선은 꼬리 부분까지 이어진다.

대구

Gadus macrocephalus Tilesius, 1810

앞쪽은 원통형이지만, 뒤로 갈수록 옆으로 납작하다.

등면

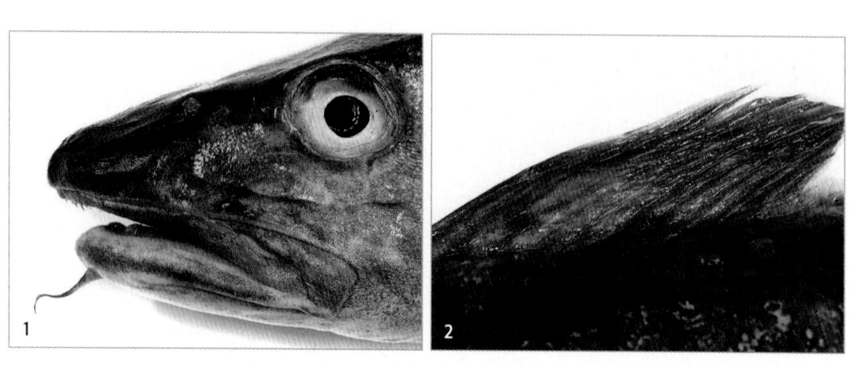

1 주둥이 아래 가운데에 수염이 1개 있다. **2** 등지느러미는 3개이며 노란색이다.

형태 특성

몸길이 1년생 20~27㎝, 2년생 30~48㎝, 5년생 80~90㎝로 최대 1m까지 자란다.
체색과 무늬 담황색 바탕에 적갈색 구름무늬가 산재하며, 배는 색이 연하다. 뒷지느러미 끝은 검은색이다.
주요 형질 앞쪽은 원통형이지만, 뒤로 갈수록 좌우로 납작하다. 명태와 비슷하지만 몸 앞쪽이 더 두툼하다. 눈과 입이 크고 위턱이 아래턱에 비해 약간 더 길며, 양턱에 빗살 모양 이빨이 있다. 주둥이 아래 가운데에 수염이 1개 있다. 등지느러미는 3개, 뒷지느러미는 2개다.

생태 특성

서식지 무리 지어 이동하며 수심 30~250m 해역에 산다.
먹이 습성 치어는 요각류를 먹고 자라다가 성어가 되면 작은 어류나 연체류, 갑각류, 수서 곤충을 먹는다.
행동 습성 산란기는 12월에서 3월로 자신이 태어난 얕은 해역으로 돌아와 알을 낳으며, 그 산란지가 경남 진해만과 경북 영일만이다. 체외수정하며, 짝짓기를 마친 암컷과 수컷은 수정된 알을 바닥이나 돌 표면 등에 붙인다. 수컷은 3년, 암컷은 4년 만에 성어가 된다. 여름철에는 먹이를 먹기 위해 깊은 곳으로 이동하지만, 지역성이 강해 대규모로 이동하지는 않는다.

국내 분포 전 해역
국외 분포 일본, 알래스카 등 북태평양 연안

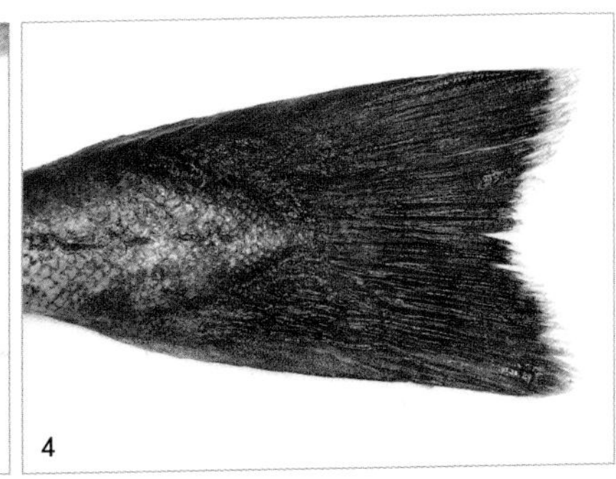

3 가슴지느러미 가장자리가 어둡다. **4** 꼬리지느러미는 안쪽으로 약간 파였으며, 가장자리가 흰색이다.

붉은메기

Hoplobrotula armata (Temminck and Schlegel, 1846)

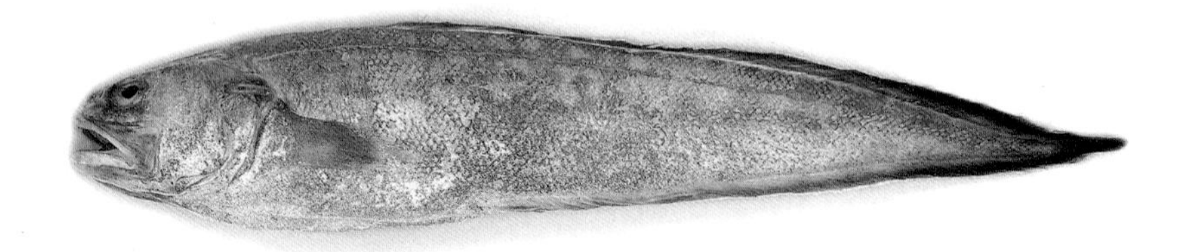

몸 앞부분은 크고 체고가 높지만, 뒤로 갈수록 옆으로 납작해지며 체고가 낮다.

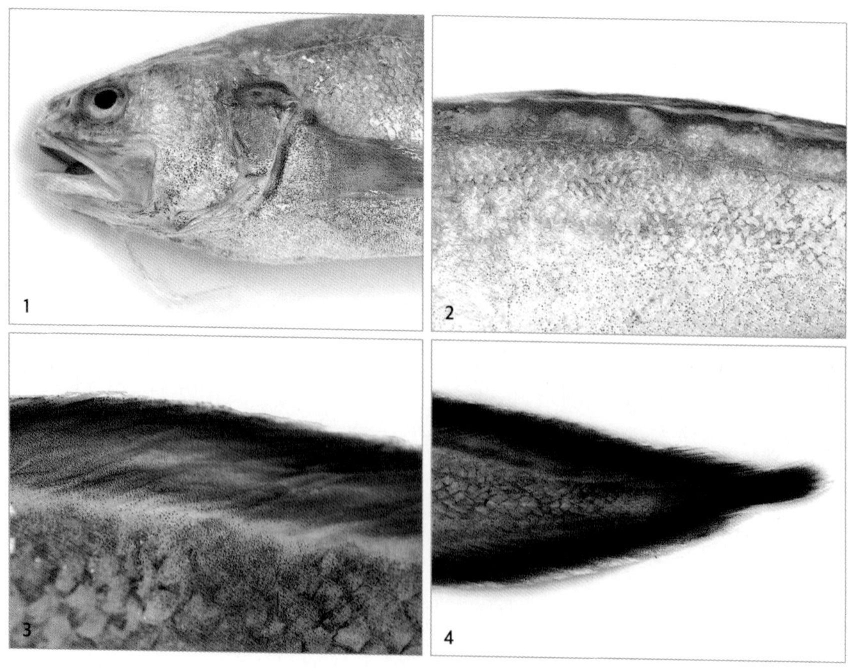

1 주둥이 끝은 짧고 뭉툭하다. 입술은 두껍고 양턱에는 작은 이빨이 띠를 이루듯이 나 있다. **2** 몸에 작은 반점들이 열을 이루며, 그 주변은 흰색이다. **3** 지느러미 앞쪽은 연한 갈색이지만 뒤쪽은 암갈색이다. **4** 꼬리지느러미 끝이 뾰족하다.

형태 특성

몸길이 부화한 뒤 1년이 지나면 13㎝, 3년이 지나면 29㎝, 10년이 지나면 58㎝ 정도, 최대 70㎝까지 자란다.

체색과 무늬 등 쪽은 연두색 또는 홍갈색이며, 배 쪽은 은백색이다. 몸에 작은 반점들이 열을 이루며, 그 주변은 흰색이다. 등지느러미와 뒷지느러미 앞쪽은 연한 갈색이지만 뒤쪽은 암갈색이다. 가슴지느러미와 배지느러미는 연한 노란색이다.

주요 형질 몸은 옆으로 납작하다. 몸 앞부분은 크고 체고가 높지만, 뒤로 갈수록 좌우로 납작해지며 체고가 낮아진다. 주둥이 끝은 짧고 뭉툭하다. 입술은 두껍고, 양턱에 작은 이빨이 띠를 이루듯이 나 있다. 눈은 크며 두 눈 사이는 편평하다. 전새개골에 단단한 가시가 3개 있으며, 주새개골에 가시가 1개 있다. 등지느러미와 뒷지느러미가 꼬리지느러미와 연결된다. 꼬리지느러미는 끝이 뾰족하고, 배지느러미는 실 모양으로 길게 늘어진다.

생태 특성

서식지 주로 수심 100~140m인 깊은 곳에 살며, 수심 200~350m인 깊은 바다에서도 산다.

먹이 습성 저서성 작은 어류, 갑각류를 먹는다.

행동 습성 소규모로 계절회유(여름에는 남쪽, 가을~겨울에는 북쪽으로 이동)한다.

국내 분포 동해, 제주도를 비롯한 남해

국외 분포 일본 남부, 동중국해, 아라푸라 해 등의 태평양 서부

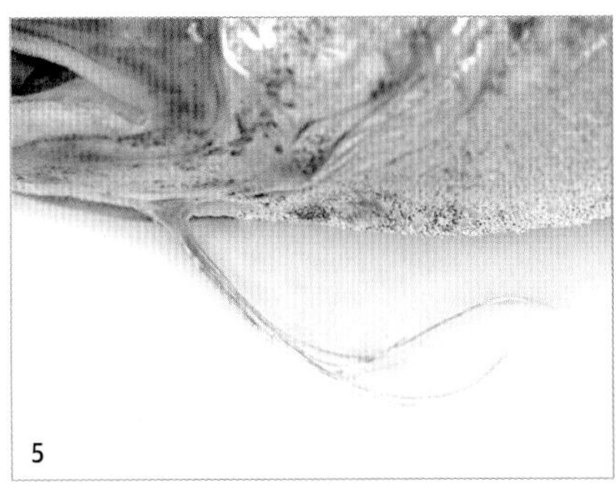

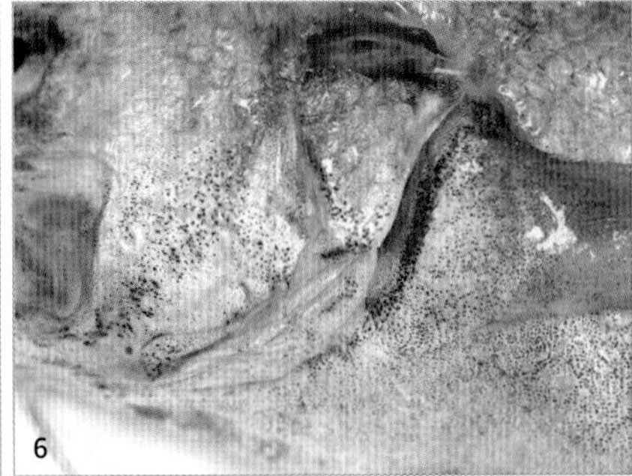

5 배지느러미는 실 모양으로 길다. **6** 주새개골에 가시가 1개 있다.

아귀

Lophiomus setigerus (Vahl, 1797)

몸은 위아래로 납작하고 머리가 매우 크며, 꼬리는 짧고 가늘며 옆으로 납작하다.

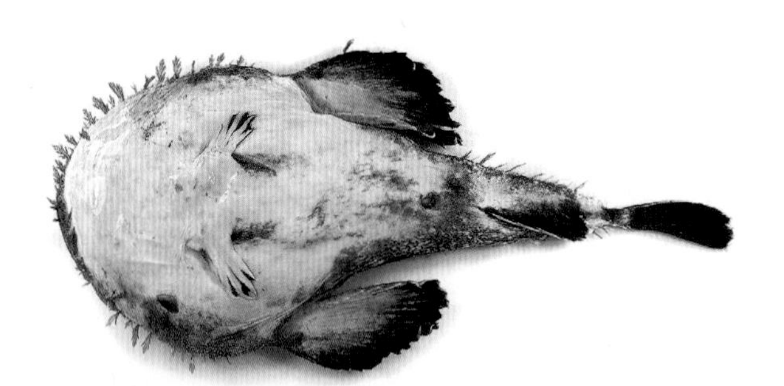

배 쪽은 흰색이다.

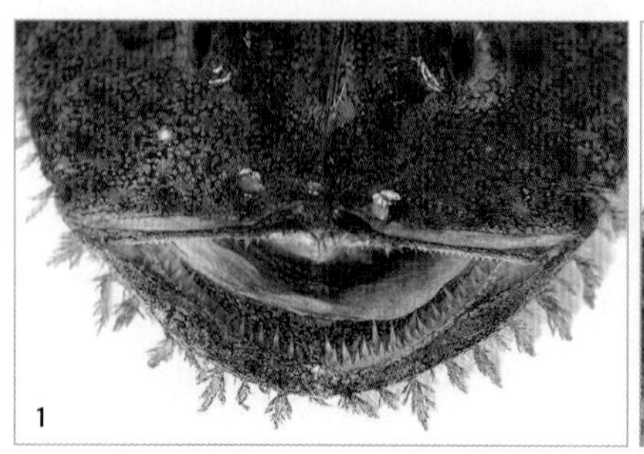

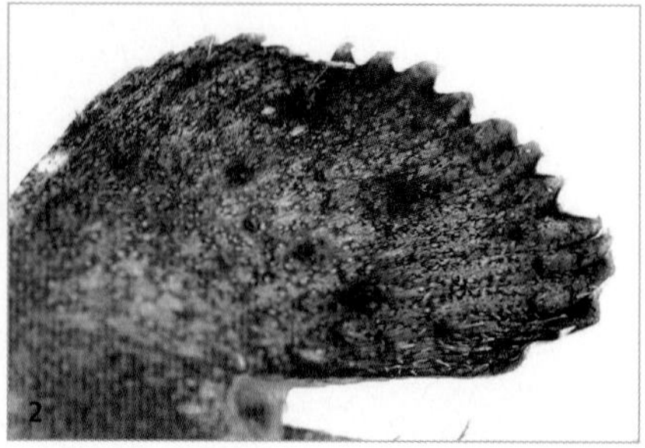

1 머리에 나뭇잎 모양 돌기가 수십 개 있다. 아래턱이 위턱보다 튀어나왔다. **2** 가슴지느러미 기조부 끝에 아가미구멍이 있다.

형태 특성

몸길이 1m이다.

체색과 무늬 등 쪽은 흑갈색 또는 적갈색이고 배 쪽은 희다. 입 안에 흰색 반점들이 있다.

주요 형질 몸은 위아래로 납작하고 머리가 매우 크며, 꼬리는 짧고 가늘며 옆으로 납작하다. 머리에 나뭇잎 모양 돌기가 수십 개 있다. 입이 크고, 양턱에 날카로운 이빨이 2~3줄 나 있다. 아래턱이 위턱보다 튀어나왔다. 제1등지느러미의 상박극은 끝이 3갈래로 갈라져 있다. 제1등지느러미의 극조는 매우 길고, 유인 돌기로 변형되었다. 그 뒤로 등지느러미 극조 1개, 3개가 각각 떨어져 있고, 꼬리자루에 연조가 있다. 꼬리지느러미는 수직형이다.

생태 특성

서식지 수온 17~20℃가 생활 적정온도이며, 수심 30~50m의 모래 바닥과 갯벌 바닥에 산다.

먹이 습성 어류, 오징어류를 주로 먹는다. 모래 속에 몸을 숨기고, 등지느러미가 변형된 유인 돌기를 이용해 먹이를 유인한 뒤 잡아먹는다.

행동 습성 산란기는 4~8월이며, 중국 연안에서 산란한다. 산란기 중국 연안의 산란장에서는 수많은 알이 한천질에 싸여 띠 모양으로 떠다니는 것을 볼 수 있다. 먹이를 통째로 삼켜서 완전 용해시켜 소화한다.

국내 분포 전 해역

국외 분포 일본 홋카이도 이남, 동중국해, 호주 등 태평양 서부와 인도, 아프리카 해역 등 인도양

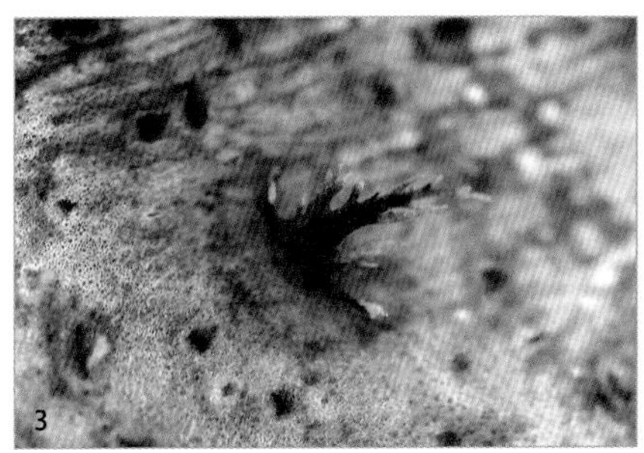

3 피부에 나뭇잎 모양 돌기가 나 있다. **4** 꼬리지느러미는 수직이다.

황아귀

Lophius litulon (Jordan, 1902)

몸은 위아래로 납작하며, 머리는 매우 크다.

배 쪽은 흰색이다.

1 입안이 흰색이어서 유사종인 아귀와 구별된다. **2** 가슴지느러미는 사각형이다.

형태 특성

몸길이 암컷은 50㎝ 정도, 수컷은 35㎝ 정도이며, 최대 60㎝까지 자란다.
체색과 무늬 흑갈색 바탕에 드물게 검은색 점이 나타나며, 배 쪽은 흰색이다. 입안이 흰색이어서 유사종인 아귀와 구별된다.
주요 형질 몸은 위아래로 납작하며, 머리는 매우 크다. 꼬리 부분은 짧고 가늘며, 옆으로 납작하다. 몸에 나뭇잎 모양 피판이 많이 나 있는 반면 비늘이 없고, 피부가 약하다. 위턱보다 아래턱이 더 튀어나왔다. 입은 매우 크고, 2열로 구성된 이빨이 나 있다. 눈 안쪽 가장자리와 눈 뒤쪽에 뾰족한 가시가 2개 있다. 가슴지느러미는 사각형이며, 제1등지느러미의 1번째 가시는 먹이를 유일할 수 있도록 낚싯대처럼 생겼다. 꼬리지느러미 끝이 수직형이다.

생태 특성

서식지 수심 30~500m의 연근해 모래, 개펄 바닥에 산다.
먹이 습성 위턱에 있는 유인 돌기를 이용해 저서성 어류, 두족류 등 먹이를 유인해 잡아먹는다.
행동 습성 산란기는 2~6월이며, 3~4월이 최적 산란기다. 연안의 표층에 산란하며, 알은 얇은 띠 모양 한천질에 둘러싸였다.

국내 분포 전 연안
국외 분포 일본 홋카이도 이남, 동중국해 등

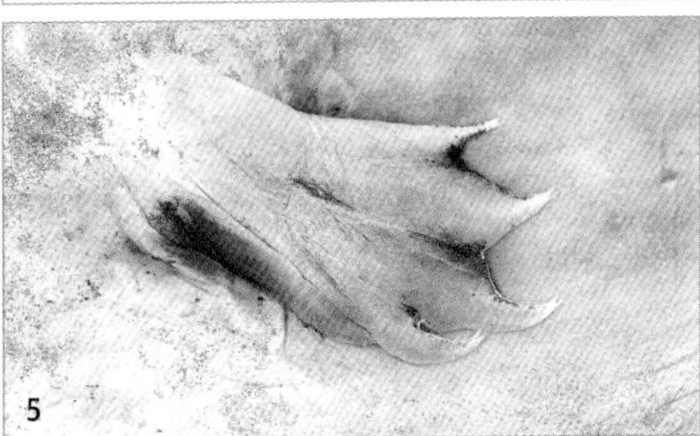

3 몸 표면에 나뭇잎 모양 피판이 많이 나 있다. **4** 가슴지느러미가 끝나는 부분에 아가미구멍이 있다. **5** 배지느러미는 작다.

가숭어

Chelon haematocheilus (Temminck and Schlegel, 1845)

몸은 긴 방추형이며 옆으로 납작하다.

1 눈은 노란색이다. **2** 가슴지느러미 기조부는 흰색이다. **3** 등지느러미는 2개이며 제1등지느러미 기조 수는 3극조, 제2등지느러미는 9연조다. **4** 꼬리지느러미가 얕게 갈라진 모양이다.

형태 특성

몸길이 보통 40~50㎝이며, 최대 100㎝까지 자란다.
체색과 무늬 등 쪽은 푸른색을 띠며, 가운데부터 밝아져 배 쪽은 은백색이다. 눈은 노란색, 등지느러미는 암회색, 가슴지느러미 및 꼬리지느러미는 황갈색, 뒷지느러미 및 배지느러미는 노란색이다.
주요 형질 긴 방추형이며 좌우로 납작하고, 머리 앞쪽은 약간 위아래로 납작하다. 주둥이는 짧고 끝이 둥글다. 눈은 크며, 머리 앞쪽으로 치우쳐 있고, 기름 눈꺼풀이 발달하지 않았다. 제1등지느러미 연조 수는 3극이며, 제2등지느러미 연조 수는 9개, 뒷지느러미 연조 수는 8~9개, 종렬 비늘 수는 37~42개다.

생태 특성

서식지 연안성으로 주로 연안에 살며, 치어는 기수역인 강 하구에 산다.
먹이 습성 치어일 때는 동물플랑크톤을 먹으며, 성장하면서 삽 모양인 아래턱으로 모래 속의 유기물과 저서성 무척추동물을 먹는다.
행동 습성 산란기는 2~3월이며 부유성 알을 낳는다. 수정된 알은 수온 17~19℃에서 57시간 뒤 부화한다.

국내 분포 동해, 서해, 남해로 유입되는 하천
국외 분포 일본과 중국

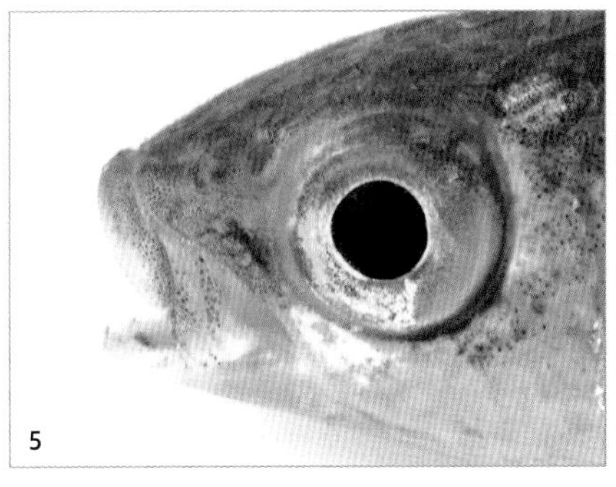

5 입이 짧다. **6** 뒷지느러미는 노란색이다.

숭어

Mugil cephalus Linnaeus, 1758

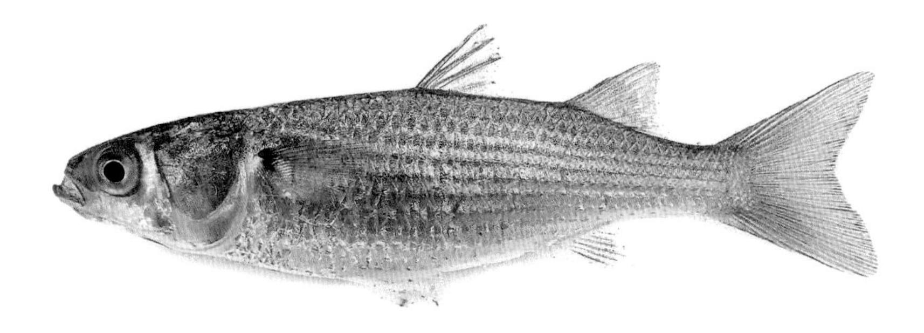

몸은 길며 앞은 원통형이고, 뒷부분으로 갈수록 옆으로 납작하다.

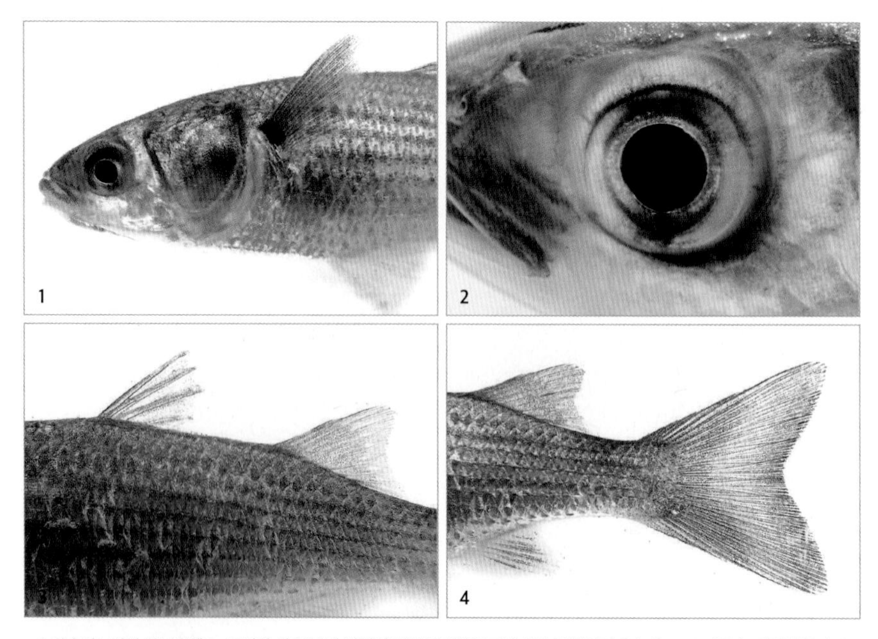

1 가슴지느러미 앞부분에 눈 크기만 한 푸른색 반점이 있어 유사종인 가숭어와 구별된다. **2** 눈은 크고 기름 눈꺼풀이 있다. **3** 등지느러미는 2개로 분리되었으며, 제1등지느러미는 입 끝과 꼬리지느러미 중간에 있다. **4** 꼬리지느러미 끝부분은 뾰족하고 깊게 파였다.

형태 특성

몸길이 보통 50~70㎝이며, 최대 120㎝까지 자란다.
체색과 무늬 회청색이며, 등 쪽은 진하고 배 쪽은 흰색에 가깝다. 반문은 없고, 비늘 가운데 검은색 반점이 있는데 이것이 이어지면서 가느다란 가로 줄 6~7개를 형성한다. 가슴지느러미 앞부분에 눈 크기만 한 푸른색 반점이 있어 유사종인 가숭어와 구별된다. 각 지느러미는 거의 투명하며, 꼬리지느러미는 옅은 노란색이다.
주요 형질 몸은 길며 몸 앞부분은 원통형이고, 뒷부분은 옆으로 납작하다. 몸은 비교적 큰 원린으로 덮여 있으며, 입술에만 비늘이 없다. 측선은 없다. 머리는 작고, 이마는 편평하다. 정면에서 보는 입은 'Λ' 모양이다. 눈은 크고 기름 눈꺼풀이 있다. 아래턱과 위턱의 외연에 매우 작은 융모형 이빨이 1열로 있다. 가슴지느러미는 비교적 작고, 몸 가운데에 있다. 등지느러미는 2개로 분리되었으며, 제1등지느러미는 입 끝과 꼬리지느러미 중간에 있다. 제2등지느러미 연조 수는 9개, 뒷지느러미 연조 수는 8~9개, 종렬 비늘 수는 36~38개다. 꼬리지느러미 끝이 뾰족하고 안으로 깊이 파였다.

생태 특성

서식지 연안이나 강 하구에서 무리 지어 생활한다.
먹이 습성 주로 식물플랑크톤과 각종 조류, 펄 속의 유기물을 먹는다.
행동 습성 산란기는 10~11월로 쿠로시오 난류가 흐르는 깊은 곳의 바위 지대에 알을 낳는다. 산란하려면 몸길이는 최소 30㎝ 이상이어야 하며, 알은 한 배에 290만~720만 개를 낳는다. 수정 2~5일 뒤 부화한다. 겨울 동안 바다에서 태어난 치어들은 무리 지어 연안으로 몰려와 부유생물을 먹는다. 여름에는 성장이 빨라서 초가을이 되면 몸길이가 20㎝가 넘는다. 주로 연안에 서식하나 강 하구나 민물에도 들어간다. 도약력이 뛰어나 수면 위로 매우 높이 뛰어오른다. 꼬리로 수면을 치며 거의 수직으로 튀어 오르고, 떨어질 때는 몸을 한 번 돌려 머리를 아래로 향한다. 수명은 평균 4~5년이다.

국내 분포 전 연안 및 강 하구
국외 분포 전 세계 열대부터 온대까지, 바다와 민물에 모두 분포한다.

제비날치

Cypselurus hiraii Abe, 1953

몸은 길며, 횡단면은 둥글다.

등 쪽은 암청색이다.

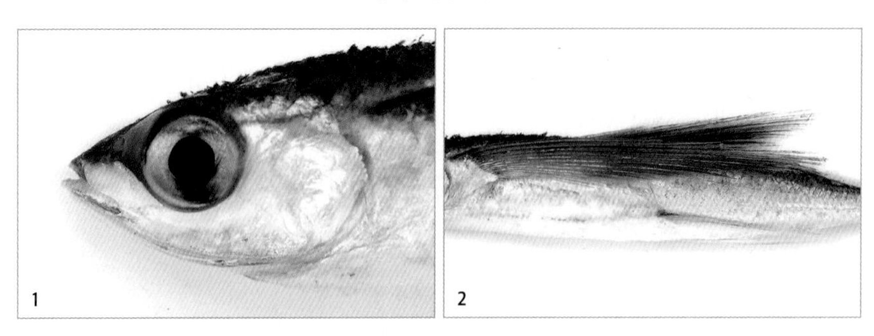

1 눈은 매우 크며, 두 눈 사이는 편평하고 비늘이 없다. 콧구멍이 1쌍 있으며, 입이 작고 경사졌다. **2** 등지느러미는 길이가 짧고, 가슴지느러미 가장 위쪽에 갈라지지 않은 연조가 1개 있다.

형태 특성

몸길이 25~30㎝이다.
체색과 무늬 등 쪽은 암청색이고, 배 쪽은 은백색이다. 등지느러미와 뒷지느러미는 연한 갈색이고, 가슴지느러미, 꼬리지느러미, 배지느러미는 짙은 갈색이다.
주요 형질 몸은 길며, 횡단면은 둥글다. 몸은 매우 큰 원린에 덮여 있다. 측선은 배의 외곽선 가까이에 있어 직선으로 이어진다. 콧구멍이 1쌍 있으며, 입이 작고 경사졌다. 치어 시기에는 수염이 1~2개 있다. 눈은 매우 크며, 두 눈 사이는 편평하고 비늘이 없다. 가슴지느러미의 가장 위쪽에 갈라지지 않은 연조가 1개 있다. 등지느러미는 길이가 짧고, 꼬리지느러미는 가다랑어형으로 아래쪽이 더 길다.

생태 특성

서식지 표층성으로 수심 20~30m인 연안의 바위지대에 산다.
먹이 습성 몸을 가볍게 유지하려고 요각류나 작은 부유성 갑각류를 먹는다.
행동 습성 1세어가 되면 산란을 시작하며, 포란 수는 6,000~8,500개다. 산란 적정 수온은 20~25℃이며, 수심 20~30m 되는 연안의 암초 지대에서 산란한다. 주로 표층에서 지내다 위협을 느끼면 바다의 수면 위를 날아 도망치는 습성이 있다. 물 위로 튀어 오르는 순간 속력은 시속 50~60㎞이며, 나는 동안 꼬리지느러미를 조절해 방향을 바꿀 수 있다. 보통 해수면 가까이 날지만 수면 위 2~3m를 날기도 하며, 최장 비행시간은 30~40초다. 몸길이 5~6㎝일 때부터 날기 시작한다. 날려면 몸이 가벼워야 하므로 소화가 잘 되는 먹이 위주로 먹으며, 장 길이가 짧아서 소화 뒤 빨리 체외로 배출시킨다.

국내 분포 남해
국외 분포 일본

3 가슴지느러미는 짙은 갈색이다. **4** 꼬리지느러미는 가다랑어형으로 아래쪽이 더 길다.

학공치

Hyporhamphus sajori (Temminck and Schlegel, 1846)

몸은 가늘고 길며, 원통형이고 옆으로 납작하다.

몸은 연한 청록색이며 등 쪽이 약간 짙다.

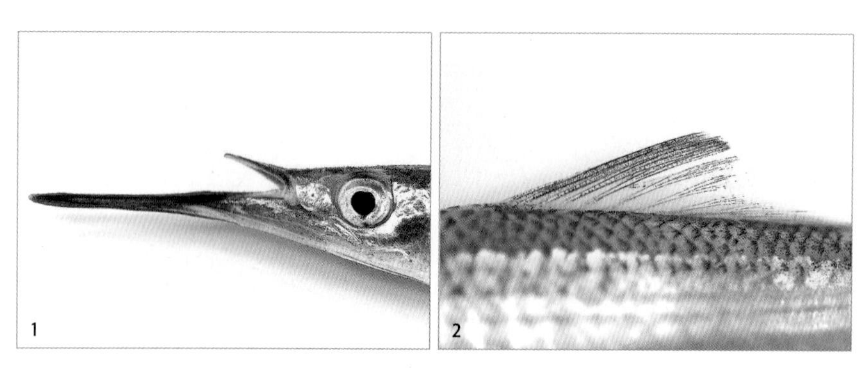

1 아래턱이 길게 앞으로 나왔다. **2** 등지느러미 연조 수는 16~17개다.

형태 특성

몸길이 40㎝이다.

체색과 무늬 연한 청록색으로 등 쪽은 약간 짙고, 배 쪽은 은백색이다. 몸 가운데에 금속성 광택을 띠는 은백색 세로무늬가 있다. 각 지느러미는 거의 투명하나 꼬리지느러미는 약간 검다. 아래턱 끝은 선홍색이다.

주요 형질 몸은 가늘고 길며, 원통형이고 옆으로 납작하다. 체고는 낮으며, 횡단면은 타원형에 가깝다. 몸 표면과 위턱의 앞쪽 끝까지 비늘로 덮여 있다. 아래턱이 바늘처럼 길며, 앞쪽으로 길게 튀어나왔다. 등지느러미는 1개로 몸 뒤쪽에 있다. 등지느러미 연조 수는 16~17개, 뒷지느러미 연조 수는 16~17개다.

생태 특성

서식지 연안성 어종이지만 기수역에서도 살며, 때때로 무리 지어 기수역에서 멀리 떨어진 민물까지 올라가기도 한다.

먹이 습성 주로 물 위에 떠다니는 동물플랑크톤을 먹으며, 크기가 작은 새우류나 게류도 먹는다.

행동 습성 산란기는 4~7월로 연안의 해조류에 알을 붙인다. 봄과 여름에는 북쪽으로 이동했다가 가을과 겨울에는 남쪽으로 내려간다. 주위의 변화에 민감하게 반응해서 날치와 같이 튀어 오르는 습성이 있다.

국내 분포 전 연안

국외 분포 일본, 중국, 사할린 등

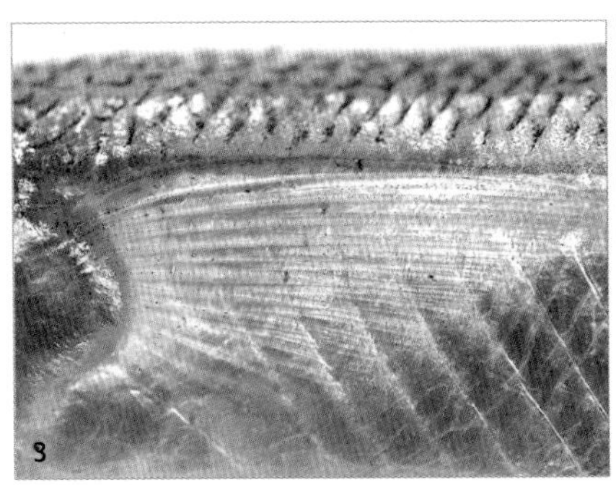

3 몸 가운데에 금속성 광택을 띠는 은백색 세로무늬가 있다. **4** 꼬리지느러미는 약간 검다.

동갈치

Strongylura anastomella (Valenciennes, 1846)

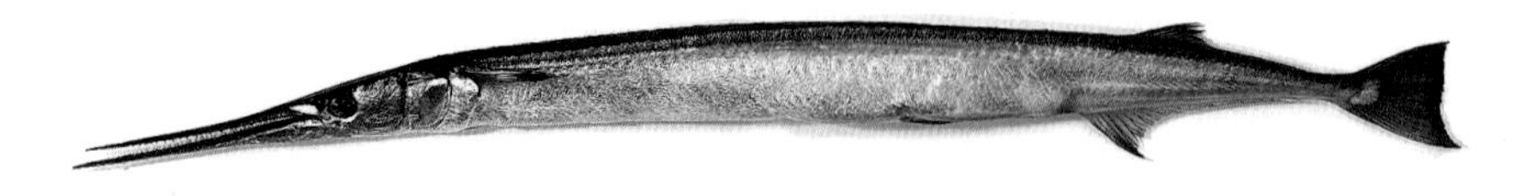

몸은 가늘고 길며, 옆으로 납작하다.

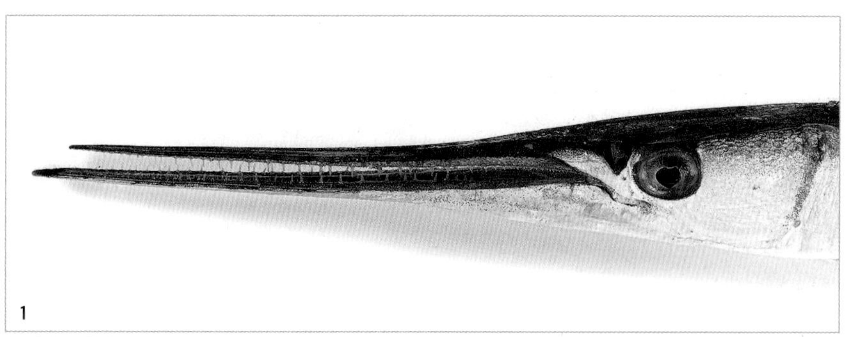

1 주둥이는 가늘고 길게 뻗었다. **2** 등지느러미는 꼬리 쪽에 치우쳐 있으며, 기조 수는 18~20연조다. **3** 꼬리지느러미 뒤쪽 가장자리가 수직형이거나 약간 오목하다.

형태 특성

몸길이 1년생 40~55㎝, 3년생 수컷 76㎝, 3년생 암컷 82㎝ 정도이며, 최대 100㎝까지 자란다.

체색과 무늬 등 쪽은 담청색이고, 배 쪽은 은백색이다. 모든 지느러미는 반문 없이 무색투명하지만 꼬리지느러미는 다소 어둡다.

주요 형질 몸은 가늘고 길며, 옆으로 납작하다. 주둥이는 가늘고 길게 뻗었다. 측선은 몸 아래 배 쪽에 있으며, 아가미 뒤에서부터 나타나 꼬리자루까지 이어진다. 가슴지느러미 아래에도 짧은 측선이 있어서 배 쪽의 측선과 이어진다. 등지느러미 기조 수는 18~20연조, 뒷지느러미 기조 수는 18~20연조다. 등지느러미는 뒷지느러미보다 약간 뒤쪽에 있다. 꼬리지느러미 뒤쪽 가장자리는 수직형이거나 약간 오목하다.

생태 특성

서식지 연안성 어종으로 수면 가까이에 산다.

먹이 습성 주로 작은 어류 및 갑각류를 먹는다.

행동 습성 산란기는 5~7월로 이 시기가 되면 연안의 바다풀이 무성한 기수역에 몰려와 알을 낳는다. 수명은 약 3년이다.

국내 분포 서해 남부와 남해

국외 분포 일본 홋카이도 이남, 동중국

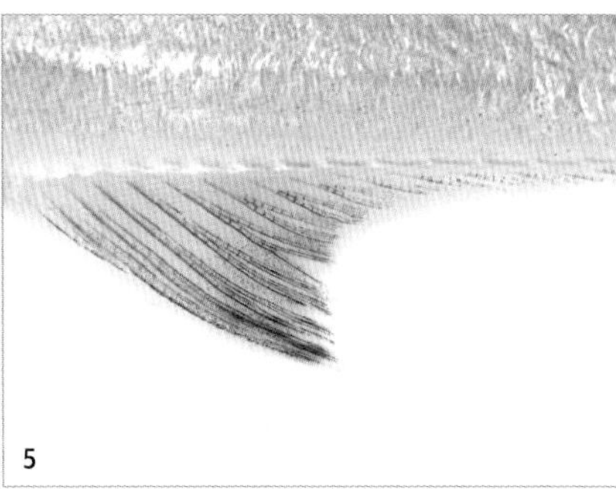

4 가슴지느러미 끝은 어둡다. **5** 뒷지느러미 연조 수는 18~20개다.

꽁치

Cololabis saira (Brevoort, 1856)

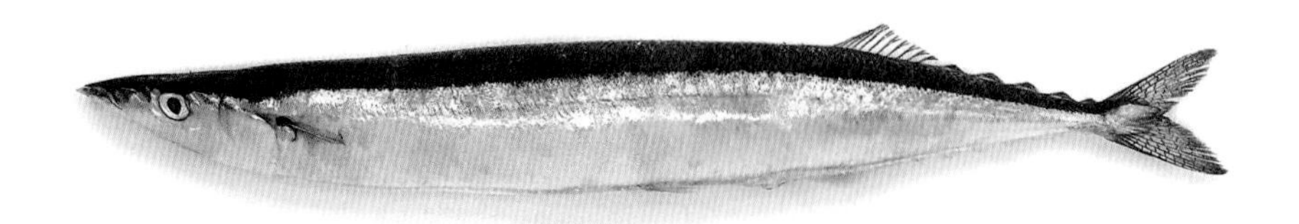

수컷. 몸은 가늘고 길며, 머리 앞쪽이 뾰족하다.

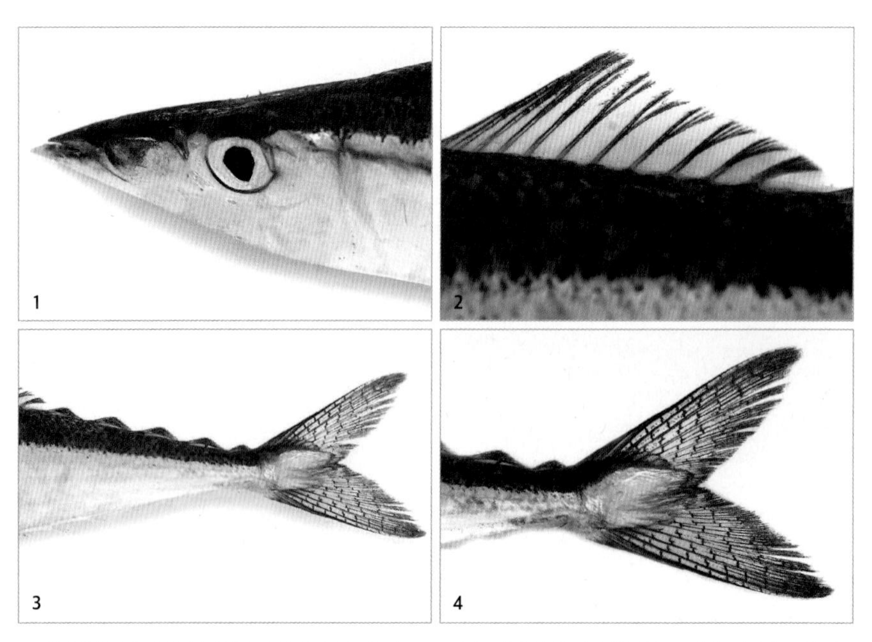

1 아래턱이 위턱보다 조금 더 길다. **2** 등지느러미 기조 수는 10~11연조다. **3** 등지느러미 뒤쪽으로 토막지느러미가 5개 발달했다. **4** 꼬리지느러미에는 그물 모양 줄무늬가 있으며, 깊게 파였다.

형태 특성

몸길이 보통 25~30㎝이며, 최대 40㎝까지 자란다.

체색과 무늬 등 쪽은 짙은 푸른색이고, 배는 흰색이다. 몸 가운데에 폭이 넓은 푸른색, 은빛 가로띠가 있다. 각 지느러미는 투명하지만 꼬리지느러미 기부는 암청색이다. 암컷 아랫입술 앞쪽 끝은 선명한 올리브 빛, 수컷은 오렌지 빛을 띤다.

주요 형질 몸은 가늘고 길며, 머리 앞쪽이 뾰족하다. 측선은 배 쪽에 있다. 아래턱이 위턱보다 조금 더 길다. 등지느러미와 뒷지느러미는 꼬리 쪽으로 치우쳐 있으며, 등지느러미 기조 수는 10~11연조다. 토막지느러미가 등지느러미 뒤쪽에 6~7개, 뒷지느러미 뒤쪽에 6~9개 발달했다.

생태 특성

서식지 주로 수심 10~200m인 근해에서 무리 지어 생활한다.

먹이 습성 동물플랑크톤, 갑각류, 어류의 알과 치어를 먹는다.

행동 습성 난류와 한류가 교차하는 지역에 널리 분포하며, 생활 최적수온은 17.5℃이다. 산란기는 5~8월이다. 겨울에는 일본 남부 해역으로 산란회유를 하며, 여름에는 홋카이도 이북의 냉수역에서 먹이활동을 하는 먹이회유를 한다. 회유는 한류의 남하에 따라 이루어진다. 대체로 10~12월 동북에서 서남으로 향했다가 이듬해 난류의 이동에 따라 북상한다. 암컷이 알을 낳은 뒤에 체외수정이 일어난다. 알은 분리 침성란이며, 실과 같은 섬유질 조직으로 이루어져 있고 해조류나 부유물에 부착한다. 주로 낮에 먹이활동을 하며, 포식자를 피해 수면 위를 쏜살같이 지나간다.

국내 분포 동해와 남해

국외 분포 일본, 미국, 멕시코 등 북태평양 해역

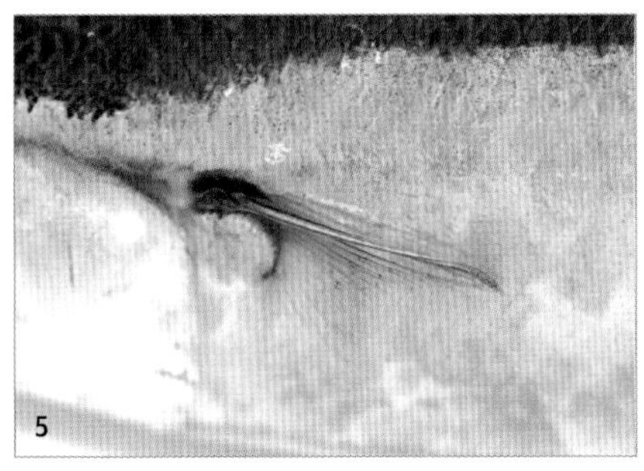

5 가슴지느러미가 매우 작다. **6** 수컷의 아랫입술은 오렌지 빛을 띤다.

도화돔

Ostichthys japonicus (Cuvier, 1829)

체고가 높은 타원형이며, 꼬리자루는 잘록하다.

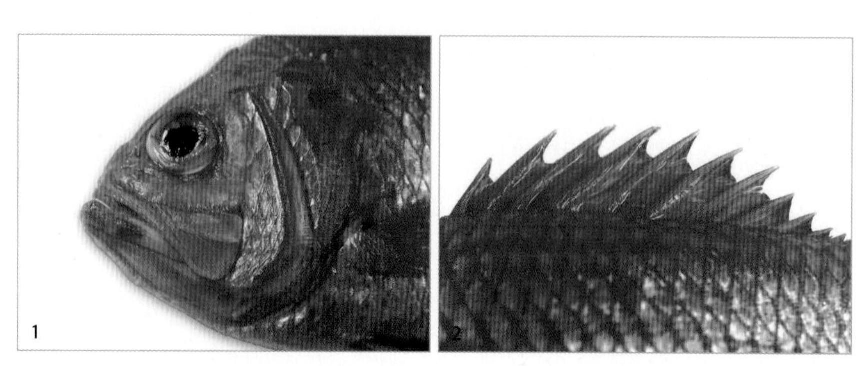

1 입은 크고 경사졌으며, 아래턱이 위턱보다 튀어나왔다. **2** 등지느러미 기조 수는 12극 12~14연조이며, 가장 마지막 극조는 바로 앞의 극조보다 길다.

형태 특성

몸길이 보통 20~30㎝이며, 최대 45㎝까지 자란다.
체색과 무늬 몸 전체는 홍적색을 띤다. 등지느러미 연조부, 뒷지느러미, 배지느러미막이 투명하다. 홍채는 붉다.
주요 형질 체고가 높은 타원형이다. 비늘은 크고 딱딱하며, 각 비늘 뒤 가장자리에 날카로운 가시가 여러 개 있다. 각 비늘마다 평행한 융기선이 여러 줄 있다. 입은 크고 경사졌으며, 아래턱이 위턱보다 튀어나왔다. 눈 앞쪽에 커다란 콧구멍이 1쌍 있다. 눈은 크며 등 쪽으로 치우쳐 있다. 안하골의 배 쪽 가장자리를 따라 미세한 톱니가 있다. 전새개골 뒤 가장자리가 거칠고 주새개골에 강한 가시가 1개 있다. 등지느러미 기조 수는 12극 12~14연조이며, 가장 마지막 극조는 바로 앞에 있는 극조보다 길다. 뒷지느러미 기조 수는 4극 10~12연조로 가시가 4개 있으며, 그중 3번째가 가장 강하다. 꼬리지느러미 가장자리가 안쪽으로 약간 파였다. 꼬리자루는 잘록하다.

생태 특성

서식지 수심 90~200m 바닥의 패류가 섞인 모래 바닥 또는 암초 지대에 산다.
먹이 습성 알려지지 않았다.
행동 습성 낮에는 숨어 있다가 밤에 나와서 먹이를 찾는다. 암컷이 수정란을 낳으면 수컷이 입에 머금어 부화시키고 입안에서 기른다. 새끼가 자란 다음에도 먹이가 있는 곳으로 옮겨 다니며 풀어놓았다가, 위험이 닥치면 입속에 넣어 보호하기 때문에 수컷은 새끼를 키우는 동안에 먹이를 제대로 먹지 못한다.

국내 분포 제주도를 비롯한 남해
국외 분포 서태평양의 열대 및 온대 해역

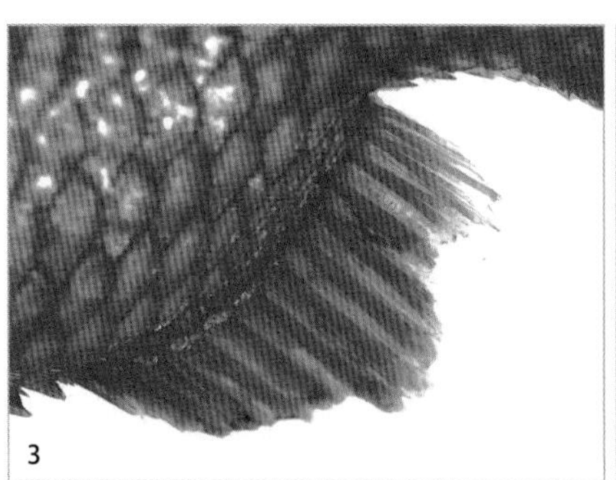
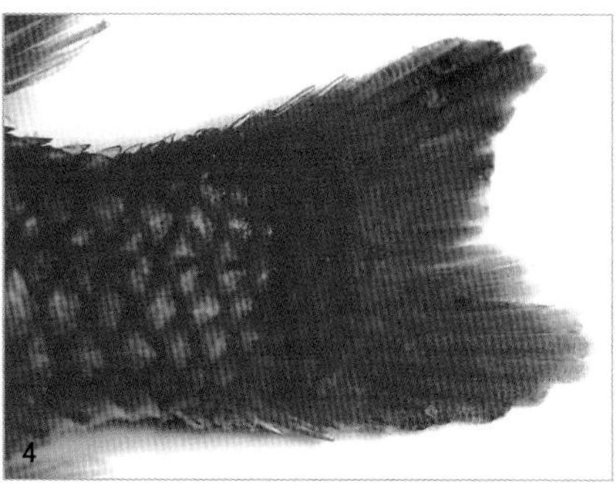

3 뒷지느러미 기조 수는 4극 10~12연조다. **4** 꼬리지느러미 뒤 가장자리가 안쪽으로 약간 파였다.

달고기

Zeus faber Linnaeus, 1758

몸이 높고, 머리 위쪽이 약간 솟았다.

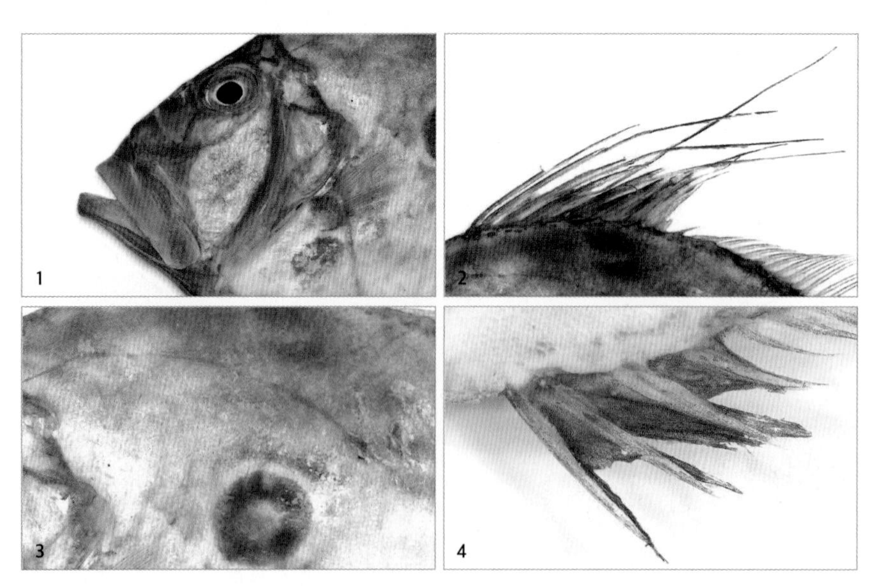

1 눈은 머리 위쪽으로 치우쳐 있다. **2** 등지느러미와 배지느러미 뒤 끝이 실처럼 길게 이어진다. **3** 몸 가운데에 눈 크기보다 조금 더 크고 둥근 흑갈색 반점이 선명하고, 주위에 회색 테두리가 있다. **4** 뒷지느러미 연조부에도 날카로운 극이 있는 비늘이 있다.

형태 특성

몸길이 50㎝이다.

체색과 무늬 은회색 바탕에 모양이 불규칙한 짙은 갈색 띠가 몸을 가로지른다. 몸 가운데에 눈 크기보다 조금 더 크고 둥근 흑갈색 반점이 선명하게 있고, 주위에 회색 테두리가 있다. 몸통에 희미한 담색 물결무늬들이 나타나기도 한다. 지느러미는 무색투명하지만 배지느러미는 약간 어둡다.

주요 형질 몸이 높고, 머리 위쪽이 약간 솟았다. 몸 전체에 작은 원린이 덮여 있다. 양턱에 작지만 날카로운 이빨이 3~4줄 나 있으며, 입천장에는 이빨이 없다. 눈은 머리 위쪽으로 치우쳐 있다. 등지느러미와 배지느러미 뒤 끝이 실처럼 길게 이어진다. 등지느러미 연조부와 뒷지느러미 연조부 기저에 뒤로 향한 날카로운 극이 있는 변형 비늘이 1줄로 나 있다. 꼬리지느러미 끝 가장자리가 둥글다.

생태 특성

서식지 해역에 따라 수심 70~140m의 조개껍데기가 섞인 모래 바닥에 주로 산다.

먹이 습성 무리 지어 이동하는 어류, 오징어류 등 유영성 생물을 80~90% 먹으며, 새우류, 게류 등 저서생물도 먹는다.

행동 습성 산란기는 동중국해에서는 1~3월, 일본 중부 지역에서는 4~6월이다. 암컷은 몸길이 17㎝ 이상이 되면 성숙하지만, 대체로 30㎝ 이상이 되어야 산란한다. 작은 어류가 가까이 오면 조심스럽게 접근해 큰 입을 재빨리 내밀어 먹이를 빨아들이며, 한 번에 체중의 약 75%까지 먹을 수 있다.

국내 분포 제주도를 비롯한 남해와 동해

국외 분포 일본 홋카이도 이남, 인도양, 태평양

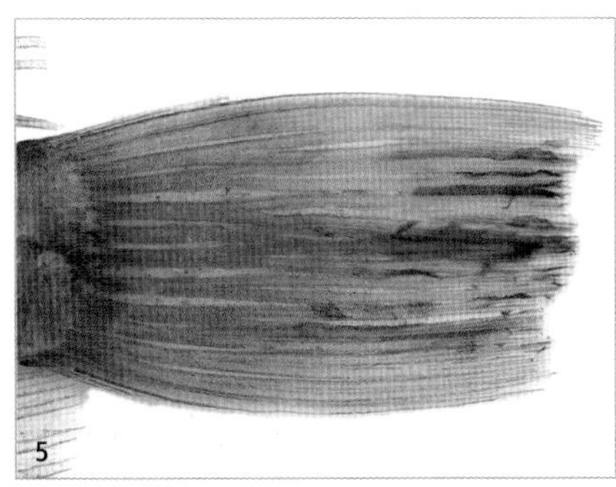

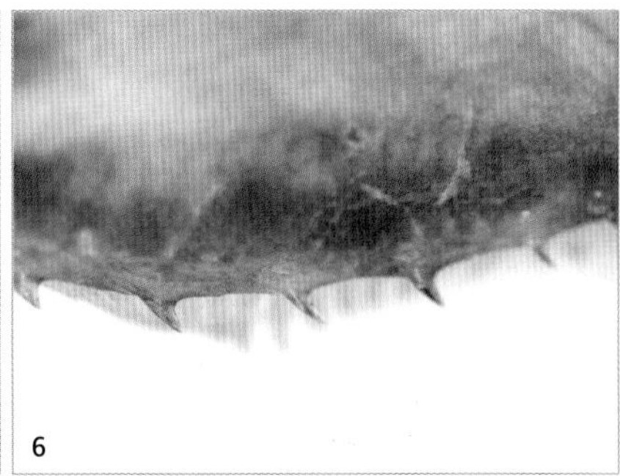

5 꼬리지느러미 가장자리가 약간 어둡다. **6** 등지느러미와 뒷지느러미 연조부 기저부에 뒤쪽을 향한 날카로운 극이 있다.

해마

Hippocampus coronatus Temminck and Schlegel, 1850

머리는 말처럼 생겼고, 몸이 길며 여러 개 골판으로 덮여 있다.

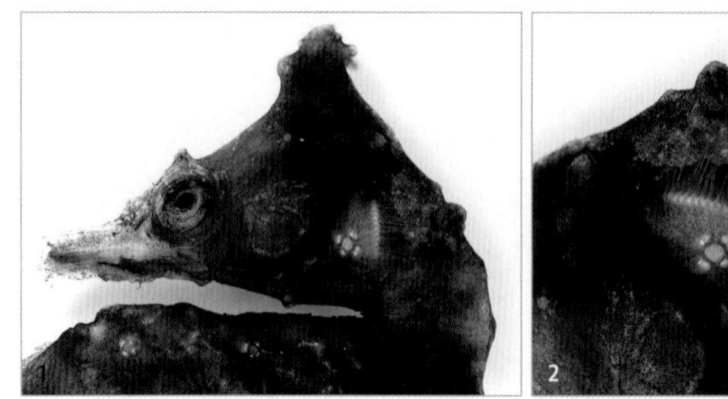

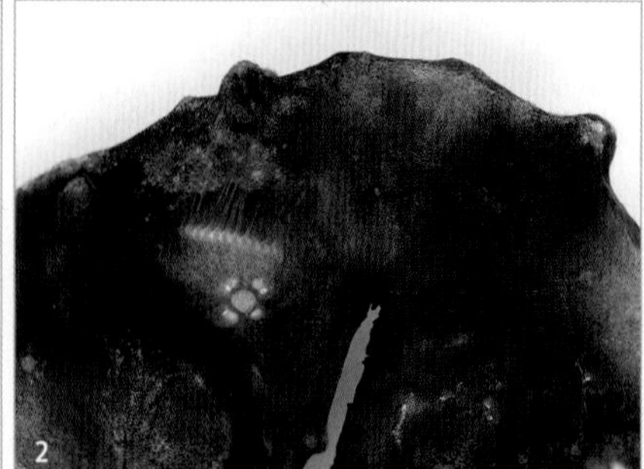

1 머리에 관상돌기가 뚜렷하고 목에 돌기가 있다. **2** 가슴지느러미

형태 특성

몸길이 5~10㎝이다.
체색과 무늬 주로 담갈색 바탕에 작고 어두운 반점이 흩어져 있지만, 체색의 변화가 심하다.
주요 형질 몸이 길고 여러 개 골판으로 덮여 있다. 머리는 말처럼 생겼고, 주둥이는 가늘고 길다. 배는 볼록하게 나왔으며, 꼬리는 길고 자유자재로 구부릴 수 있다. 몸이 아래쪽으로 휘어 머리가 몸통과 직각을 이룬다. 머리에 관상돌기가 뚜렷이 튀어나왔고, 목에 돌기가 있다. 몸통에는 마디 형태 주름이 10개 있으며, 꼬리에는 37~40개 있다.

생태 특성

서식지 연안 얕은 곳의 바위와 해초가 무성한 곳에 산다.
먹이 습성 주로 단각류와 요각류를 먹는다.
행동 습성 해초에 꼬리를 감고 수직으로 서 있으며, 주로 등지느러미를 이용해 헤엄친다. 수컷이 새끼를 낳는 특성이 있다. 암컷은 수란관을 수컷의 육아낭에 넣어 알을 옮기고, 수컷의 육아낭에서 수정된 알은 2주 뒤에 부화한다. 수컷은 부화 후에도 새끼를 잠시 육아낭에 넣어 둔다. 수컷은 새끼를 한 마리씩, 모두 70~80마리를 낳는다. 매우 빨리 성장해 2~3개월 만에 성체가 되며, 1년에 3~4세대를 거친다. 1년 이상 사는 개체는 드물다.

국내 분포 제주도를 비롯한 남해
국외 분포 일본 전 해역

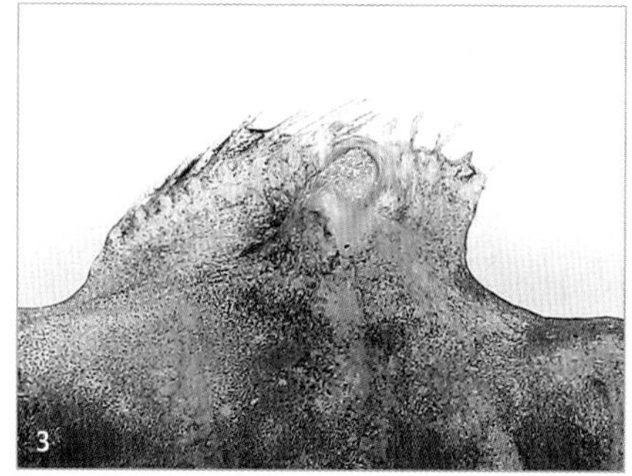
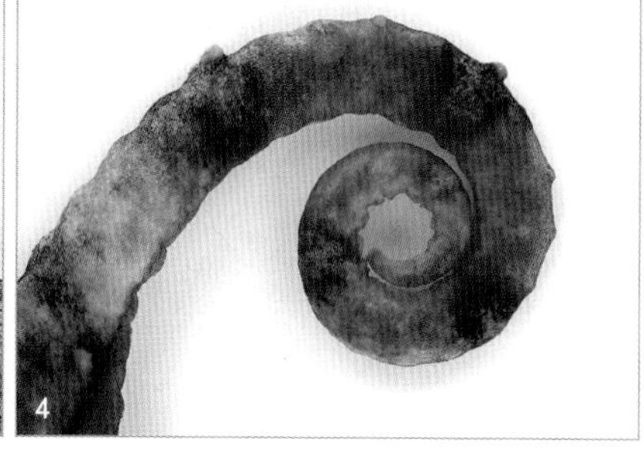

3 등지느러미 **4** 꼬리는 길고 자유자재로 구부릴 수 있다.

일지말락쏠치

Minous monodactylus (Bloch and Schneider, 1801)

몸은 긴 타원형이며 체고가 낮다.

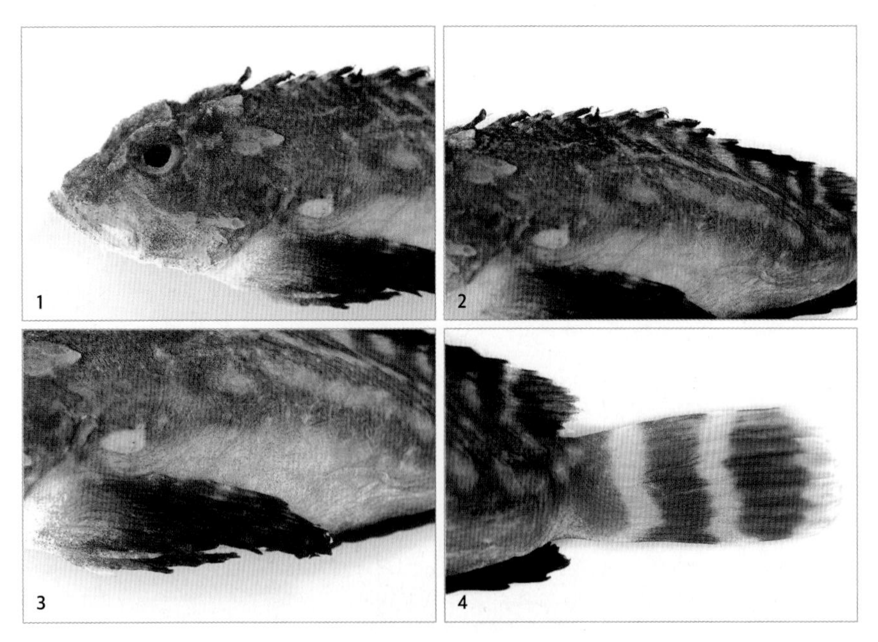

1 아래턱이 위턱보다 길고 주둥이는 약간 튀어나왔다. **2** 등지느러미 기조 수는 9~11극, 10~12연조다. **3** 가슴지느러미 가장 아래쪽 연조 1개가 길고 분리되었다. **4** 꼬리지느러미에 암갈색 반점이 2개 있다.

형태 특성

몸길이 15㎝이다.
체색과 무늬 암갈색 바탕에 암갈색 반점이 줄무늬를 이루며, 배 쪽은 색이 밝다. 등지느러미에 갈색 줄무늬와 검은색 반점이 있다. 가슴지느러미와 뒷지느러미는 검은색이다. 꼬리지느러미에 암갈색 반점이 2개 있다.
주요 형질 긴 타원형이며 체고가 낮다. 몸에 비늘이 없고, 아가미뚜껑 위에 가시가 있다. 아래턱이 위턱보다 길고 주둥이는 약간 튀어나왔다. 등지느러미에 가시가 있으며, 극조부의 1극조와 2극조가 분리되었다. 등지느러미 기조 수는 9~11극, 10~12연조다. 가슴지느러미 가장 아래쪽 연조 1개가 길고 분리되었다.

생태 특성

서식지 내만성으로 수심 55m 이내의 모래 바닥과 갯벌 바닥에 산다.
먹이 습성 육식성으로 주로 어류를 먹는다.
행동 습성 등지느러미에 독이 있다. 생태는 알려진 바가 없다.

국내 분포 제주도
국외 분포 일본 중부 이남, 인도양, 서태평양, 홍해, 동아프리카

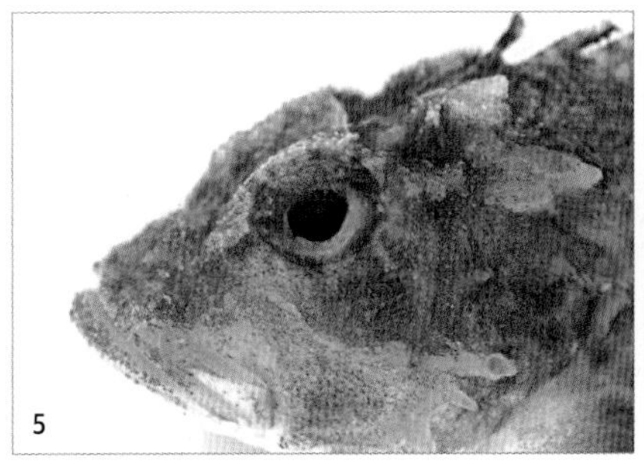
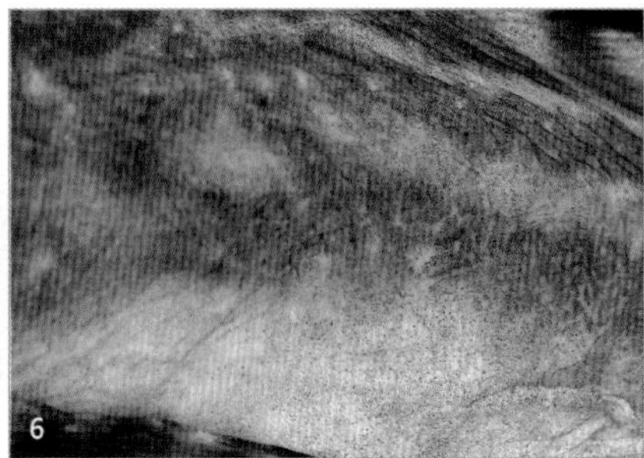

5 아가미뚜껑 위에 가시가 있다. **6** 표면에 비늘이 없다.

쭈굴감펭

Scorpaena miostoma Günther, 1877

몸과 머리는 모두 옆으로 납작하고, 체고가 약간 높으나 몸이 길어 전체가 긴 타원형이다.

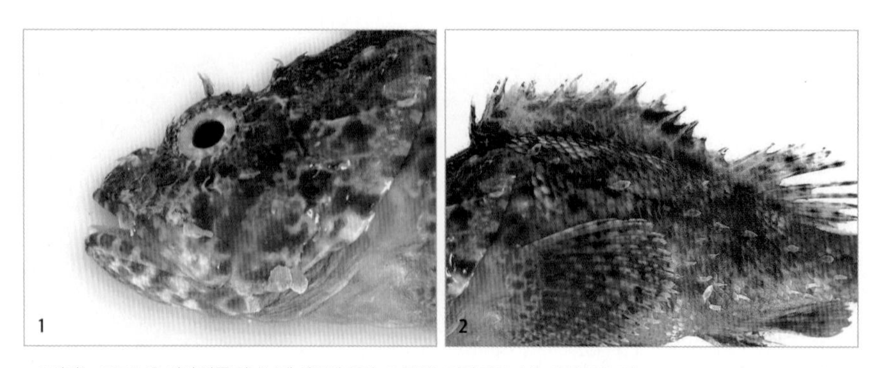

1 머리는 크고 눈은 머리 앞쪽 윗부분에 치우쳐 있다. **2** 등지느러미 기조 수는 12극 9연조다.

형태 특성

몸길이 15~20㎝이다.

체색과 무늬 몸은 옅은 주황색이고, 머리는 약간 짙은 황갈색이다. 등지느러미 극조부와 연조부 아래 옆면에 폭이 넓은 갈색 가로무늬가 있다. 수컷의 경우 등지느러미 제6극과 제8극 사이, 혹은 제7극 뒤에 불분명하게 작고 검은 얼룩무늬가 하나 있다. 가슴지느러미, 배지느러미, 뒷지느러미, 꼬리지느러미는 선홍색 바탕에 바탕색보다 더 진한 선홍색 점이 가로무늬를 이룬다.

주요 형질 몸과 머리가 모두 옆으로 납작하고, 체고가 약간 높으나 몸이 길어 전체가 긴 타원형이다. 측선은 뚜렷하며, 측선 비늘 수는 23~25개, 척추골수는 24개다. 머리는 크고, 입은 유사종인 점감펭보다 작아 위턱 뒤 끝이 눈 중앙 아래에 못 미친다. 눈은 머리 앞쪽 윗부분으로 치우쳐 있다. 전새개골의 가시는 6개다. 등지느러미 기조 수는 12극 9연조, 뒷지느러미는 3극 5~6연조이며, 꼬리지느러미 끝은 약간 둥글다.

생태 특성

서식지 주로 수심 10m 정도의 연안부 바위 지대에 산다.

먹이 습성 육식성으로 작은 어류, 갯지렁이를 먹는다.

행동 습성 산란기는 11~1월이며, 생태는 알려진 바가 없다.

국내 분포 제주도를 비롯한 남해

국외 분포 일본 중부 이남, 대만 등

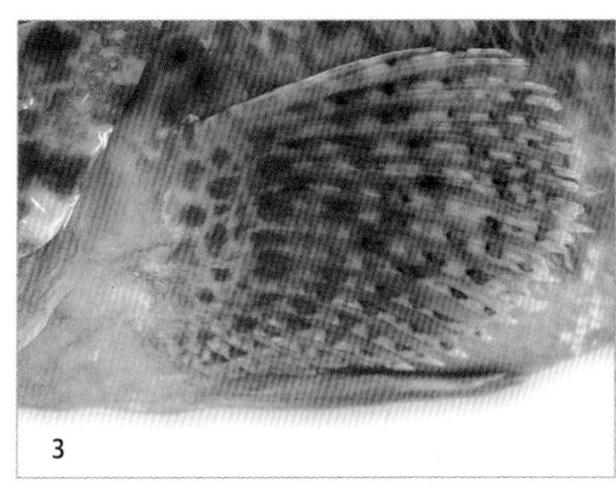

3 가슴지느러미는 바탕이 선홍색이며, 바탕색보다 더 진한 선홍색 점이 가로무늬를 이룬다. **4** 꼬리지느러미 끝은 약간 둥글다.

살살치

Scorpaena neglecta Temminck and Schlegel, 1843

몸은 타원형이다. 머리 중심부에 깃털 모양 큰 피판이 있다.

1 눈 아래에 단단한 가시가 3개 있다. **2** 등지느러미 기조 수는 12극 8~10연조다.

형태 특성

몸길이 보통 25~30㎝이며, 최대 40㎝까지 자란다.

체색과 무늬 몸은 붉은색이며 몸 옆면에 녹색 가로띠가 4개 불규칙하게 있다. 이마는 회녹색을 띠는 붉은색이며, 배지느러미를 제외한 각 지느러미에 검은 점이 흩어져 있다.

주요 형질 타원형이다. 머리 중심부에 깃털 모양 큰 피판이 있다. 측선은 가슴지느러미 위에서 아래쪽으로 급한 경사를 이룬다. 두 눈 사이가 비교적 넓고 뒤쪽에 얕은 사각형 홈이 하나 있다. 눈 아래에 단단한 가시가 3개 있다. 아가미뚜껑 앞쪽에 가시가 5개 있으며, 부레가 없다. 가슴지느러미에 깃털 모양 큰 피판이 하나 있다. 등지느러미 기조 수는 12극 8~10연조, 뒷지느러미 기조수 3극 5연조다.

생태 특성

서식지 심해성 어종으로 수심 100~500m의 모래 진흙 바닥에 산다.

먹이 습성 주로 작은 어류를 먹으며, 낙지, 오징어, 게, 갯가재 등도 먹는다.

행동 습성 산란기는 1~3월로 새끼를 낳는 난태생이다.

국내 분포 제주도를 비롯한 남해

국외 분포 일본 중부 이남, 대만, 중국 등

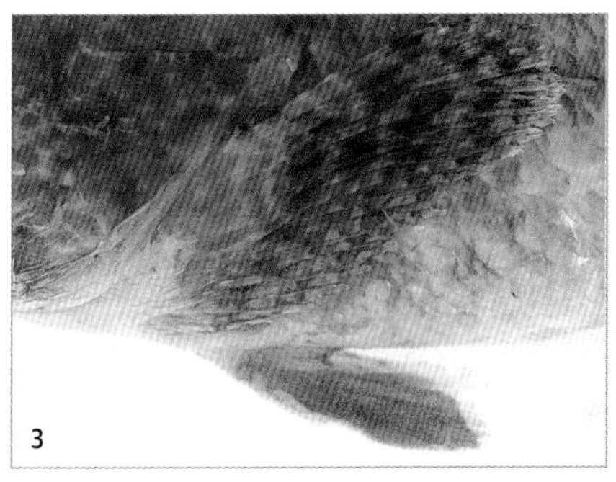

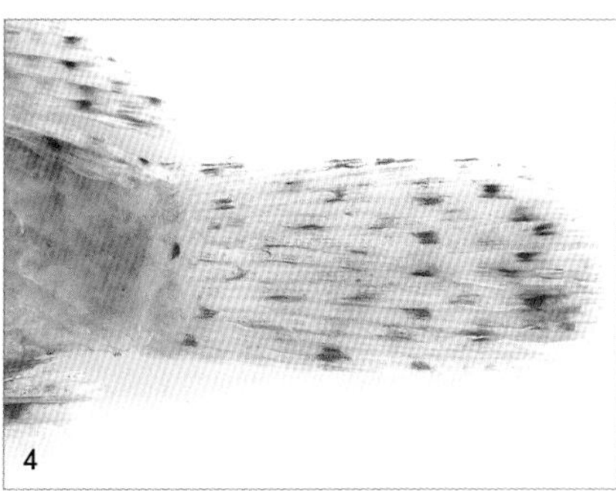

3 가슴지느러미에 검은 점들이 흩어져 있다. **4** 꼬리지느러미 가장자리가 일직선에 가깝다.

볼락

Sebastes inermis Cuvier, 1829

몸은 타원형이며 옆으로 납작하다.

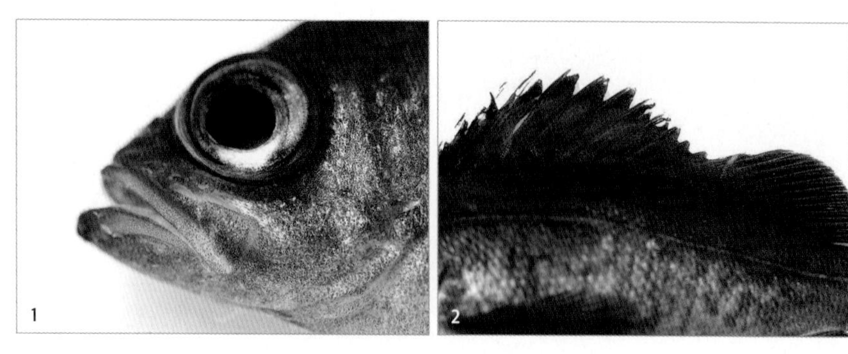

1 주둥이가 뾰족하고 눈이 크다. **2** 등지느러미 기조 수는 13극 13~14연조다.

형태 특성

몸길이 1년생은 8~9㎝, 2년생은 13㎝ 정도이고, 5년생이면 19~20㎝, 최대 35㎝까지 자란다.
체색과 무늬 서식 장소나 깊이에 따라 변화가 심해 황갈색, 회갈색, 회흑색 등으로 다양하나, 일반적으로 몸 옆면에 불분명한 검은색 줄무늬가 가로로 5~6개 있다.
주요 형질 타원형이며 옆으로 납작하다. 주둥이가 뾰족하고 눈이 크다. 무른 가시가 주둥이 위에 1쌍, 두 눈 사이에 1쌍, 그 뒤쪽에 1쌍 있다. 등지느러미 기조 수는 13극 13~14연조, 뒷지느러미 기조 수는 3극 7~8연조다. 꼬리지느러미 뒤 가장자리가 둥글다.

생태 특성

서식지 연안 정착성으로 연안의 암초 지대에 산다.
먹이 습성 작은 어류, 두족류, 새우류, 게류, 갑각류, 갯지렁이류를 먹는다.
행동 습성 난태생으로 11월 하순~12월 초순에 교미해 다음해 1~2월에 크기 4~5㎜인 새끼를 낳는다. 암컷은 2년(14.7㎝)이 되어야 성숙하며, 2년생은 새끼를 5,000~7,000마리, 3년생은 새끼를 약 3만 마리를 낳는다. 치어는 성장할 때까지 해조 군락에서 크게 무리 지어 생활한다. 양볼락과의 다른 종들과 달리 돌 틈에 붙어살지 않고, 암초 부근을 회유하거나 수직으로 잘린 암초의 벽면을 따라 유영한다. 암초 사이 용천수가 솟는 장소에서나 야간에는 수면 가까이 떠올라 머리를 위로 향하고 서서 헤엄친다.

국내 분포 전 해역
국외 분포 일본 홋카이도 이남

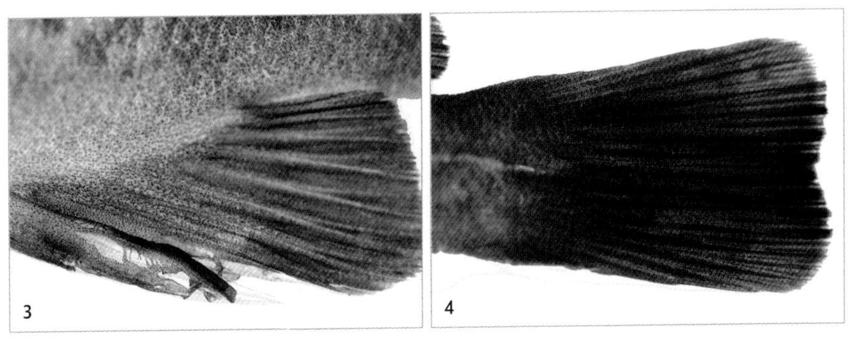

3 뒷지느러미 기조 수는 3극 7~8연조다. **4** 꼬리지느러미 뒤 가장자리가 둥글다.

도화볼락

Sebastes joyneri Günther, 1878

몸은 타원형이다.

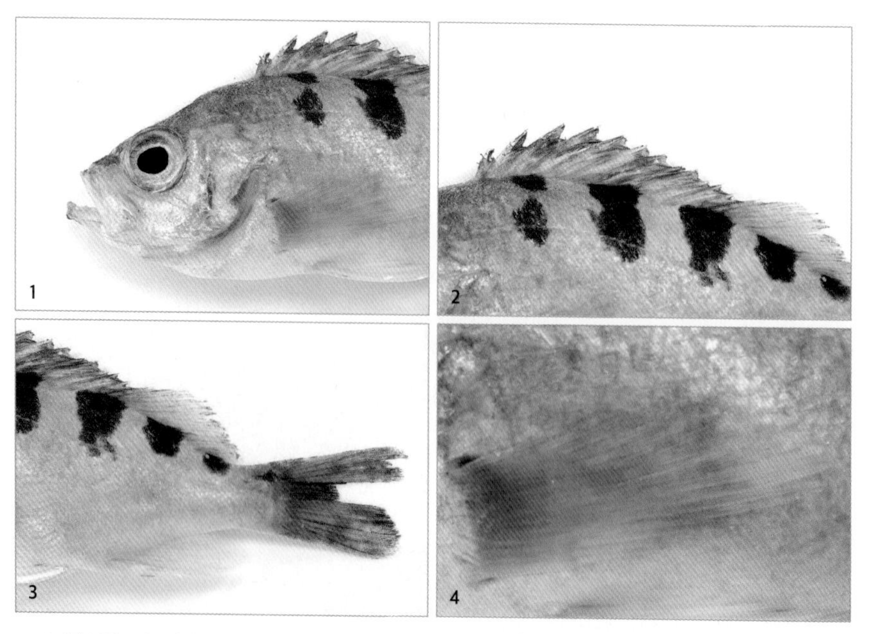

1 아래턱 봉합부에 돌기가 1개 있으며, 위턱보다 길다. 입은 비스듬히 위로 향한다. **2** 등지느러미 기조 수는 13극 14~15연조이며, 몸통 옆에 푸른색을 띤 검은 가로띠가 5~6줄 있다. **3** 꼬리지느러미 끝부분이 안쪽으로 얕게 파였다. **4** 가슴지느러미 연조 수는 15~17개다.

형태 특성

몸길이 20㎝ 이상이다.

체색과 무늬 푸른색을 띠는 황갈색이고 몸 옆에 검은색 가로띠가 5~6개 있다. 그중 5번째 띠는 꼬리자루 앞쪽에, 6번째 띠는 꼬리지느러미 기저에 있다. 유사종인 불볼락은 몸통 상단의 무늬가 뚜렷하지 않은 반면, 도화볼락은 색이 진하고 무늬의 윤곽이 뚜렷하다.

주요 형질 타원형이다. 아래턱 봉합부에 돌기가 1개 있으며, 위턱보다 길다. 입은 비스듬히 위로 향한다. 두 눈 사이는 폭이 좁고 편평하며, 융기연이 없다. 두 눈 앞 아래에 단단한 가시가 2개 있다. 등지느러미 기조 수는 13극 14~15연조, 뒷지느러미 연조 수는 3극 7연조다. 뒷지느러미 제3가시는 제2가시보다 길고 머리 길이의 1/2이다. 꼬리지느러미 끝부분이 안쪽으로 얕게 파였다.

생태 특성

서식지 연안의 얕은 암초 지대에 산다.

먹이 습성 주로 동물플랑크톤, 새우류나 작은 어류를 먹는다.

행동 습성 난태생으로 암컷이 이른 봄에 알을 몸속에서 부화시켜 새끼 2~3마리를 낳는다.

국내 분포 울릉도를 비롯한 동해와 남해

국외 분포 일본 남부, 대만

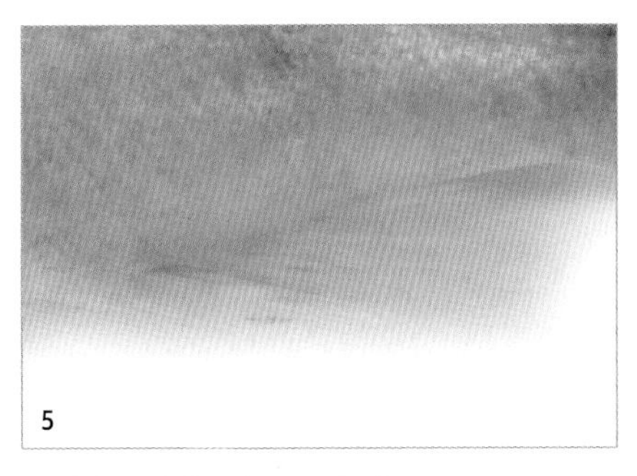

5 뒷지느러미 기조 수는 3극 7연조다.

황해볼락

Sebastes koreanus Kim and Lee, 1994

몸과 머리는 옆으로 납작하다.

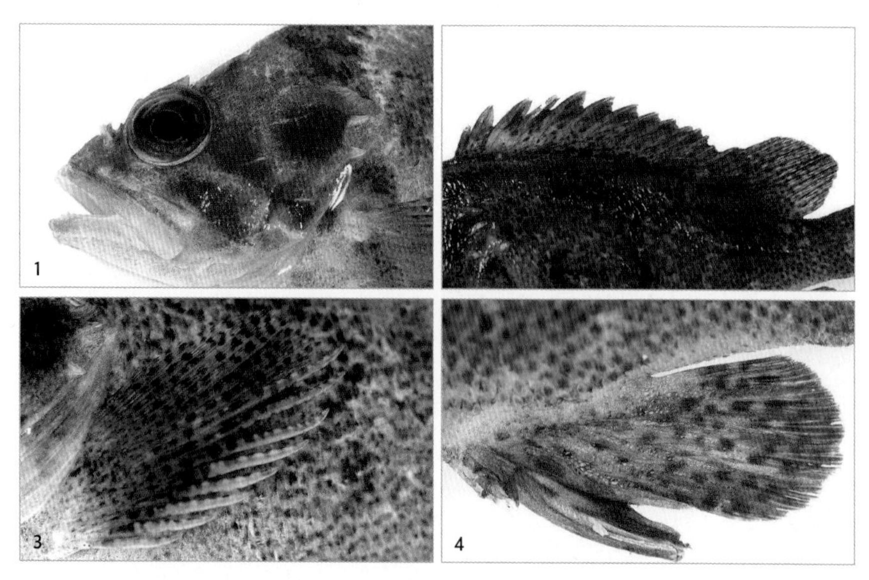

1 양턱 길이는 거의 같고, 눈은 크고 주둥이 길이와 같거나 거의 비슷하다. **2** 등지느러미 기조 수는 14극 12연조다. **3** 가슴지느러미 기부와 협부에 검은 반점이 없다. **4** 뒷지느러미 기조 수는 3극 7연조다.

형태 특성

몸길이 보통 15~20㎝이며, 최대 30㎝까지 자란다.

체색과 무늬 밝은 갈색 바탕에 등 쪽에 작고 어두운 반점들이 있다. 모든 지느러미는 갈색이며, 가슴지느러미 기부와 협부에 검은 반점이 없다. 뺨에는 비스듬한 흑갈색 줄무늬가 3개 있다. 아가미 뚜껑에 검은 점이 1개 있다.

주요 형질 몸과 머리는 옆으로 납작하다. 머리에 가시가 많으며, 아가미 뚜껑에도 가시가 5개 있다. 양턱 길이가 거의 같고, 눈은 크고 주둥이 길이와 같거나 거의 비슷하다. 융털 모양 이빨이 턱과 입천장에도 발달했다. 등지느러미 기조 수는 14극 12연조, 뒷지느러미 기조 수는 3극 7연조, 꼬리지느러미는 16연조다.

생태 특성

서식지 주로 연안의 얕은 바위 지대에 산다.

먹이 습성 유사종인 조피볼락과 함께 서식하면서 주로 거미불가사리, 따개비류를 먹으며, 가끔 갯지렁이나 새우를 먹기도 한다.

행동 습성 산란기는 2~3월이며, 자세한 생태는 알려지지 않았다.

국내 분포 서해 및 남해 일부

국외 분포 한국 고유종

5 꼬리지느러미 기조 수는 16연조다.

개볼락

Sebastes pachycephalus Temminck and Schlegel, 1843

몸은 타원형이며 옆으로 납작하고, 배는 볼록하고 체고가 높다.

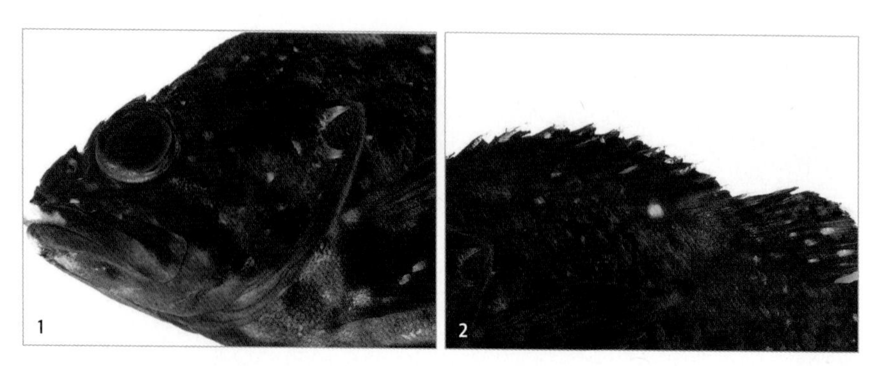

1 머리 부분에 단단한 가시가 발달했다. **2** 등지느러미 기조 수는 13극 11~13연조다.

형태 특성

몸길이 35㎝ 정도다.

체색과 무늬 서식 장소에 따른 변화가 심해 적갈색 바탕에 검은 무늬가 불규칙하게 흩어져 있거나, 흑갈색 바탕에 노란 점이 흩어져 있다. 배 쪽은 등 쪽에 비해 다소 색이 연하며, 검은 반점들이 흩어져 있다. 지느러미는 모두 검다.

주요 형질 타원형이며 옆으로 납작하고, 배 부분은 볼록하고 체고가 높다. 머리에 단단한 가시가 발달했으며, 머리 뒷부분은 둥글게 솟았다. 아래턱이 위턱보다 짧고, 양턱에 융털 모양 이빨이 띠처럼 나 있다. 두 눈 위에 융기선이 솟았고, 융기선 사이는 파였다. 등지느러미 기조 수는 13극 11~13연조, 뒷지느러미 기조 수는 3극 5~7연조, 가슴지느러미 기조 수는 17~19연조다. 꼬리지느러미 뒤 끝 가장자리가 둥글다.

생태 특성

서식지 정착성으로 연안의 바위 지대에 산다.

먹이 습성 육식성으로 새우류, 게류 등 갑각류와 작은 어류, 두족류를 먹는다.

행동 습성 난태생으로 1~5월에 새끼를 낳는다.

국내 분포 중부 이남

국외 분포 일본 홋카이도 이남, 중국

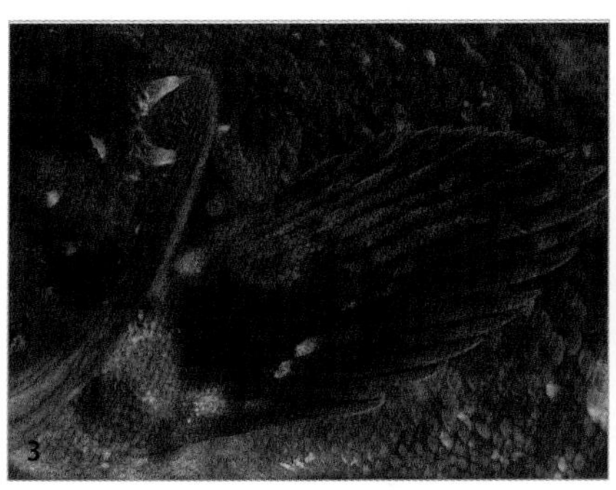

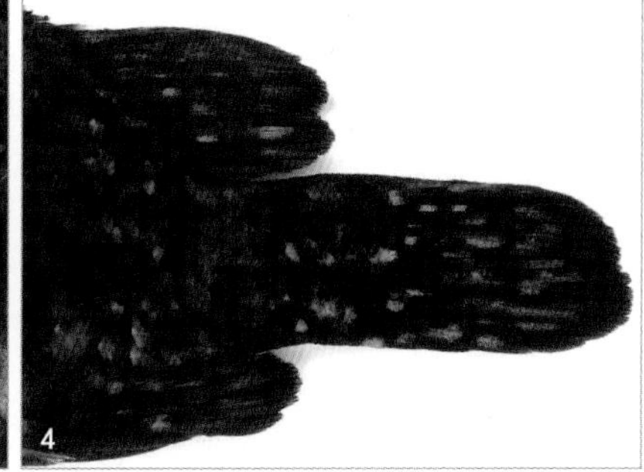

3 가슴지느러미 기조 수는 17~19연조다. **4** 꼬리지느러미 뒤 끝 가장자리가 둥글다.

조피볼락

Sebastes schlegelii Hilgendorf, 1880

몸은 타원형이며 체고가 높다.

1 눈 앞쪽에 날카로운 가시가 1쌍 있고, 눈 사이에 2쌍, 그 뒤로 1쌍이 있다. **2** 등지느러미 기조 수는 13극 11~13연조다. **3** 뒷지느러미 기조 수는 3극 6~8연조다. **4** 꼬리지느러미 끝이 둥글다.

형태 특성

몸길이 보통 20~30㎝이며, 최대 40㎝까지 자란다.
체색과 무늬 흑갈색 바탕에 검은 점이 흩어져 있으며, 배 쪽은 흰색이다. 몸에 어두운 가로무늬가 4~5개 있다. 머리에 눈을 가로지르는 검은색 줄무늬가 있다. 지느러미는 흑갈색이며, 꼬리지느러미 양쪽 끝에 흰색 점이 있다.
주요 형질 타원형이며 체고가 높다. 입은 크며, 양턱에 매우 작은 이빨이 띠를 이루듯 나 있다. 위턱 위에는 아래로 향하는 날카로운 가시가 3개 있다. 두 눈 사이는 넓고 편평하다. 눈 앞쪽에 날카로운 가시가 1쌍 있고, 눈 사이에 2쌍, 그 뒤로 1쌍 있다. 가시가 전새개골에 5개, 주새개골에 2개 있다. 등지느러미 기조 수는 13극 11~13연조, 뒷지느러미 기조 수는 3극 6~8연조다. 등지느러미 가시가 잘 발달했으며, 연조부 끝 가장자리가 둥글다. 뒷지느러미는 2번째 가시가 강하다. 꼬리지느러미 끝이 둥글다.

생태 특성

서식지 수심 10~100m 연안의 바위가 많고 수심이 낮은 곳에 산다.
먹이 습성 주로 치어 시기에는 동물플랑크톤을 먹지만, 미성어기에는 새우류, 게류, 오징어류, 성어기(15㎝ 이상)에는 작은 어류(까나리)까지 다양한 먹이를 먹는다.
행동 습성 산란기는 3~4월로 새끼를 낳는 난태생이다. 암컷은 35㎝(3년생), 수컷은 28㎝(2년생)가 되어야 산란에 참여한다. 가을과 겨울에 남쪽으로 이동해 월동하다가 3월에 수온이 상승하면 다시 북상하는 계절회유를 한다. 치어 시기에는 천적을 피하려고 떠다니는 해초에 몸을 숨긴다. 10㎝ 정도 자라면 연안을 떠나 점차 깊은 곳으로 이동한다. 낮에는 무리를 이루어 활발히 다니지만, 밤에는 표층이나 중층에서 거의 움직이지 않는다.

국내 분포 전 해역
국외 분포 일본 전 해역, 중국

불볼락

Sebastes thompsoni (Jordan and Hubbs, 1925)

몸은 타원형이다.

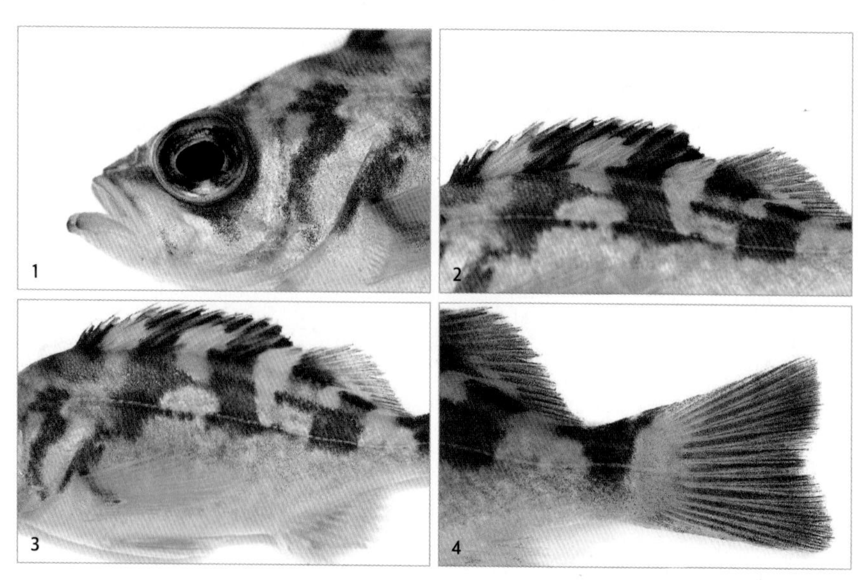

1 두 눈 앞 아래에 단단한 가시가 2개 있다. **2** 등지느러미 기조 수는 13극 14~15연조다. **3** 몸통 옆에 푸른색을 띠는 검은색 가로띠가 5~6개 있다. **4** 꼬리지느러미 끝부분이 안쪽으로 얕게 파였다.

형태 특성

몸길이 보통 20~30㎝이며, 최대 35㎝까지 자란다.

체색과 무늬 붉은색 바탕에 등 쪽으로 짙은 갈색 무늬가 4~5개 나타난다. 등지느러미는 녹갈색이지만, 가슴지느러미, 배지느러미, 뒷지느러미는 오렌지 빛을 띠고, 꼬리지느러미는 짙은 갈색이다.

주요 형질 몸은 옆으로 납작하며 긴 타원형이다. 비교적 작은 사각형 빗비늘로 덮여 있다. 측선은 뚜렷하고 측선 비늘은 52~56개다. 양턱에 융모형 이빨이 띠를 이루듯 나 있다. 입은 뾰족하며 길이가 눈의 지름과 비슷하다. 아래턱이 위턱보다 길고, 위턱 뒤 끝이 눈 중간부분의 아래에 도달한다. 눈앞에 콧구멍이 2쌍 있다. 코 주변, 눈앞과 위에 가시가 있으나 무르고, 위턱 위를 덮는 가시가 2개 있다. 등지느러미의 극조부와 연조부 사이에 홈이 있으며, 등지느러미 기조 수는 13극 14~15연조, 뒷지느러미 기조 수는 3극 7연조, 가슴지느러미 기조 수는 15~17연조다. 꼬리지느러미 끝이 안쪽으로 얕게 파였다. 가슴지느러미와 배지느러미는 뒤 끝이 항문에 다다른다.

생태 특성

서식지 저서성으로 주로 수심 80~150m의 암초 지대에 산다.

먹이 습성 주로 갯지렁이류, 저서성 갑각류, 작은 어류를 먹는다.

행동 습성 난태생으로 산란은 2~6월(산란성기는 2~3월)에 이루어지며, 산란을 위한 최소 성숙 길이는 22㎝이고, 포란 수는 1만~16만 개다. 길이 2㎝까지의 치어 시기에는 수심이 얕은 해조류 엽상체 사이에서 생활하다가 4.5㎝ 전후가 되면 벗어나기 시작해 6㎝가 되면 해조류 아래에서 완전히 벗어나 깊은 수심으로 이동, 저서생활을 시작한다.

국내 분포 전 연안

국외 분포 일본 남부, 동중국해 등

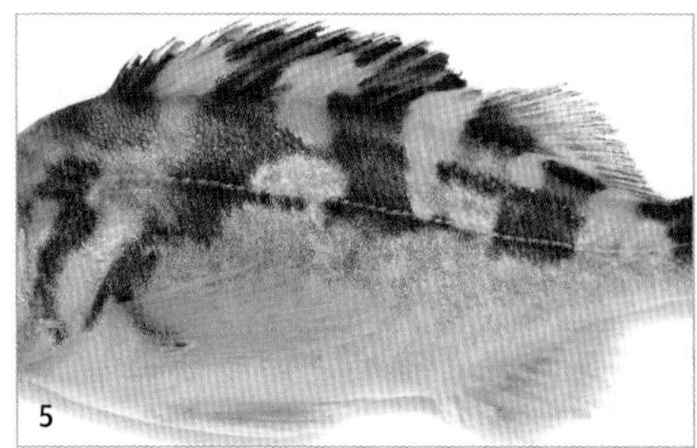

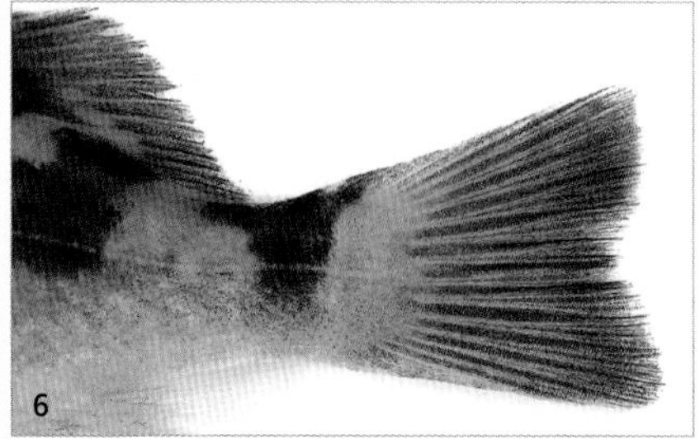

5 뒷지느러미 기조 수는 3극 7연조다. **6** 가슴지느러미 연조 수는 15~17개다.

띠볼락
Sebastes zonatus Chen and Barsukov, 1976

몸은 긴 타원형이다.

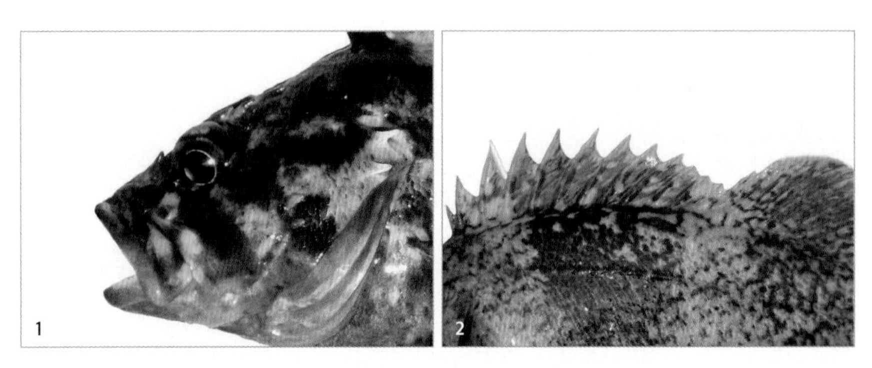

1 위턱과 눈 사이에 아래쪽으로 향하는 가시가 없어 조피볼락과 구별된다. **2** 등지느러미 기조 수는 13극 13연조다.

형태 특성

몸길이 40㎝ 정도다.

체색과 무늬 분홍색을 띠는 자회색 바탕에 흑갈색 반점들이 흩어져 있고, 몸통에 넓은 흑자색 가로띠가 3개 있다. 가슴지느러미는 담색이며, 끝이 약간 어둡다. 살아 있을 때 지느러미 끝이 푸른색을 띠는 것이 특징이다.

주요 형질 긴 타원형으로 누루시볼락과 비슷하게 생겼다. 등지느러미 기조 수는 13극 13연조, 뒷지느러미 기조 수는 3극 6연조, 가슴지느러미 기조 수는 17~18연조다. 꼬리지느러미 가장자리가 바깥쪽으로 약간 둥글다.

생태 특성

서식지 주로 수심 50~170m의 깊은 암초 지대에 살며, 누루시볼락과 섞여 산다.

먹이 습성 주로 작은 갑각류를 먹으며, 작은 어류도 먹는다.

행동 습성 난태생으로 뱃속에서 알을 부화시킨 뒤 새끼로 낳으며, 산란기는 3~4월이다. 수심이 깊은 암초 지대를 좋아하기 때문에 근해에서는 잘 보이지 않는다.

국내 분포 동해와 남해에 주로 분포하며, 서해에도 분포한다.

국외 분포 일본

3 가슴지느러미 기조 수는 17~18연조다. **4** 뒷지느러미 기조 수는 3극 6연조다. **5** 살아 있을 때 지느러미 끝이 푸른색을 띠는 것이 특징이다.

붉감펭

Sebastiscus albofasciatus (Lacepède, 1802)

몸은 옆으로 납작하며, 체고가 약간 높으며, 긴 타원형이다.

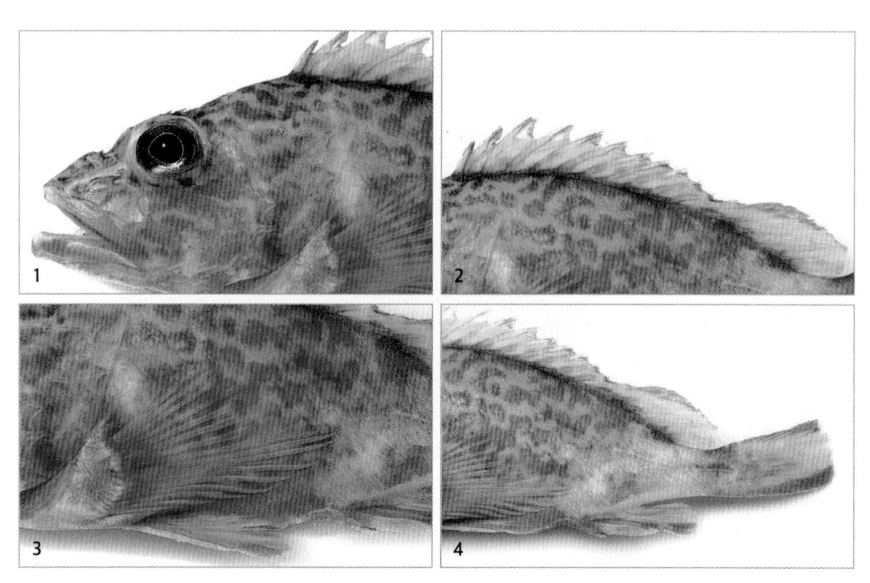

1 눈 아래에 뒤로 향하는 날카로운 가시가 1개 있다. 눈이 크다. **2** 등지느러미 극조부와 연조부의 경계가 뚜렷하고, 기조 수는 12극 14연조다. **3** 가슴지느러미 연조 수는 17개로, 유사종인 쏨뱅이의 가슴지느러미 연조 수(18개)보다 적다. **4** 꼬리지느러미는 직선형이며, 가운데는 노란색이고, 양쪽 가장자리는 붉은색이다.

형태 특성

몸길이 25㎝ 정도다.
체색과 무늬 붉은색 바탕에 노란색 그물무늬가 있으며, 배는 은백색이다. 등지느러미가 나타나는 부분에 검은색 반점이 5개 있으며, 등지느러미에 몸통과 비슷하게 노란색 그물무늬가 나타나며, 가장자리가 붉은색을 띤다. 머리 윗부분과 눈 주위에 검은색 반점이 흩어져 있다. 꼬리지느러미 중앙부가 노란색이며, 양쪽 가장자리는 붉은색이다.
주요 형질 옆으로 납작하며, 체고가 약간 높고, 긴 타원형이다. 머리에 단단한 가시들이 발달했다. 눈은 크고, 입 길이와 같다. 위턱이 아래턱에 비해 약간 더 길며, 양턱에 솜털 모양 이빨이 띠를 이루듯 나 있다. 눈 아래에 뒤로 향하는 날카로운 가시가 1개 있다. 가시가 아가미뚜껑 가운데에 5개, 뒤쪽에 2개 있다. 등지느러미 극조부와 연조부의 경계가 뚜렷하고, 꼬리지느러미는 직선형이다. 등지느러미 기조 수는 12극 14연조이며, 가슴지느러미 연조 수는 17개로, 유사종인 쏨뱅이의 가슴지느러미 연조 수(18개)보다 적다.

생태 특성

서식지 주로 수심 30~200m의 깊은 암초 지대에 산다.
먹이 습성 주로 작은 갑각류를 먹으며, 작은 어류도 먹는다.
행동 습성 난태생으로 뱃속에서 알을 부화시킨 뒤 새끼로 낳으며, 산란기는 3~4월이다. 남방성이다.

국내 분포 남해
국외 분포 일본 남부, 홍콩, 동중국해 등 태평양 서부의 열대 해역

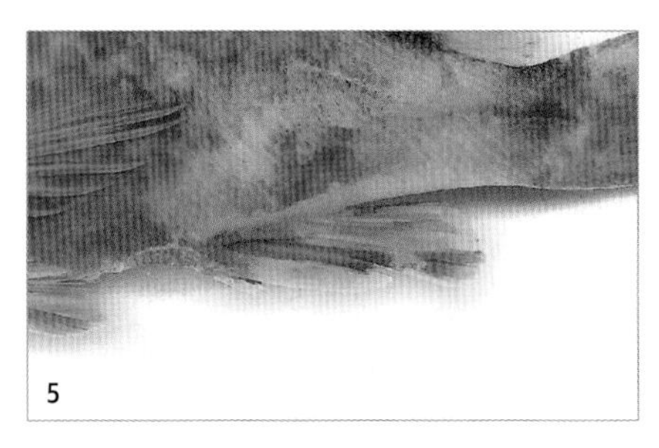

5 뒷지느러미 기조 수는 3극 5연조다.

쏨뱅이

Sebastiscus marmoratus (Cuvier, 1829)

몸은 타원형이며, 진한 황갈색 바탕에 흑갈색 반점이 흩어져 있다.

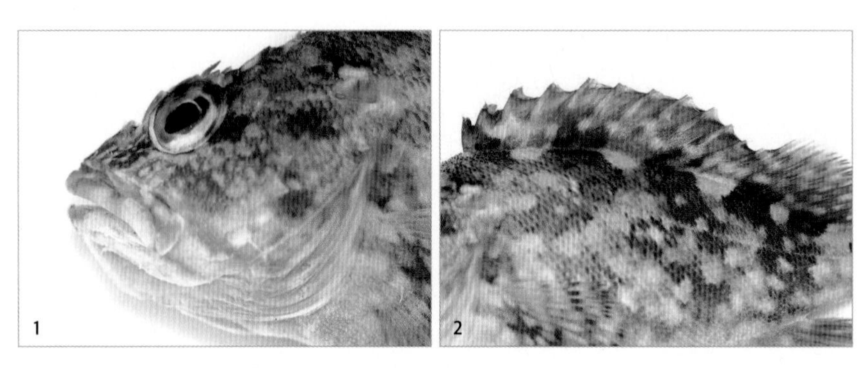

1 머리 뒤쪽에 날카로운 가시가 발달했고, 두 눈 사이가 깊게 파였다. **2** 등지느러미 기조 수는 12극 12~13연조다.

형태 특성

몸길이 30㎝이다.
체색과 무늬 진한 황갈색 바탕에 흑갈색 반점이 흩어져 있다. 지느러미에 자갈색 무늬가 있으며, 가슴지느러미는 노란색 또는 분홍색 바탕에 짙은 갈색 띠가 3~4줄 나타나며, 가운데에 둥근 짙은 갈색 무늬가 있다. 측선 위로 갈색 바탕에 흰색 무늬가 나타난다.
주요 형질 몸 타원형이고, 작은 빗비늘로 덮여 있다. 머리 뒤쪽에 날카로운 가시가 발달했고, 눈 앞쪽에 콧구멍이 1쌍 있다. 눈 뒤쪽으로 날카로운 가시가 3개 있으며 두 눈 사이는 깊게 파였다. 전새개골 뒤 가장자리에 단단한 가시가 5개 있으며, 주새개골 끝에 날카로운 가시가 2개 있다. 가슴지느러미 기조 수는 18개로 유사종인 붉은쏨뱅이에 비해 1개가 적다. 진한 갈색으로 체색의 차이를 보인다는 점, 가슴지느러미 기저에 있는 담황색 반문이 분명하게 나타난다는 점, 몸에 산재한 반점에 갈색테두리가 없다는 점으로 붉은쏨뱅이와 구별한다.

생태 특성

서식지 야행성으로 바위가 많은 연안이나 연안의 바닥에 산다.
먹이 습성 주로 멸치를 먹으며, 게와 새우도 먹는다.
행동 습성 난태생으로 10~11월에 교미해 11~3월에 해조류가 무성한 곳에서 3~4회에 걸쳐 새끼를 낳는다.

국내 분포 서해, 동해, 제주도를 비롯한 남해
국외 분포 일본 홋카이도 이남, 동중국해

3 가슴지느러미 기조 수는 18개로 유사종인 붉은쏨뱅이에 비해 1개가 적다. **4** 꼬리지느러미 가장자리가 둥글다.

붉은쏨뱅이

Sebastiscus tertius (Barsukov and Chen, 1978)

붉은색 바탕에 크기가 다양한 구름무늬가 있다.

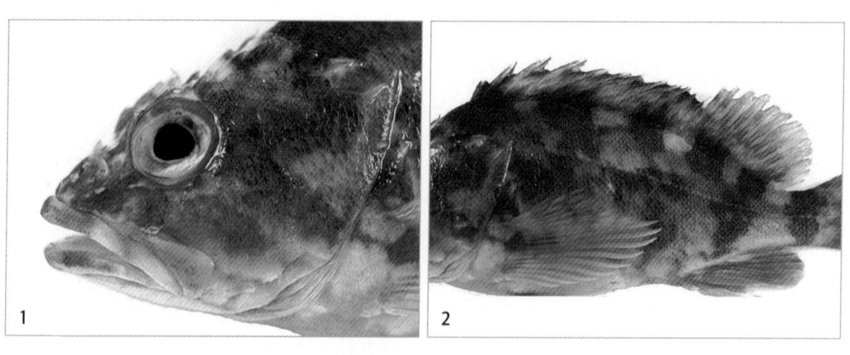

1 눈 위쪽 가장자리를 따라 극이 4개 있고, 후두부에 극이 3개 있다. **2** 등지느러미 기조 수는 11~13극 11~12연조다. 가슴지느러미 기조 수는 19개다.

형태 특성

몸길이 보통 20~30㎝이며, 최대 60㎝까지 자란다.

체색과 무늬 붉은색 바탕에 크기가 다양한 구름무늬가 있으며, 가운데에서부터 배쪽은 흰색이다. 모든 지느러미는 붉은색이며, 가슴지느러미 기저의 가운데에 작은 점이 흔적 같이 나타난다. 유사종인 쏨뱅이의 꼬리지느러미에는 반점이 많은 반면, 붉은쏨뱅이는 꼬리지느러미 가장자리가 검고 짙은 줄무늬가 있어 구별된다.

주요 형질 타원형이며 체고가 높고 옆으로 납작하다. 양턱에 작은 이빨이 무리 지어 나 있다. 눈은 크며, 눈 위쪽 가장자리를 따라 극이 4개 있고, 후두부에 극이 3개 있다. 등지느러미 기조 수는 11~13극 11~12연조, 뒷지느러미 기조 수는 3극 5~6연조다. 가슴지느러미 기조 수는 19개로 유사종인 쏨뱅이에 비해 1개가 더 많으며, 11번째 연조가 가장 길다. 꼬리지느러미 뒤 가장자리가 직선에 가깝다. 유사종인 쏨뱅이와 체색에서 차이를 보이며, 담황색 반문이 불분명하다는 점, 몸에 산재한 반점에 갈색 테두리가 있다는 점으로 쏨뱅이와 구별한다.

생태 특성

서식지 저서성으로 연안의 바위 지대에 살며 유사종인 쏨뱅이에 비해 더 깊은 곳에 산다.

먹이 습성 주로 새우류, 게류를 비롯한 갑각류, 작은 어류를 먹는다.

행동 습성 양볼락과의 다른 종과 마찬가지로 교미를 통해 체내에서 수정한 뒤 새끼를 낳는다. 양볼락과의 다른 종들이 겨울에 새끼를 낳는 것과 달리 이 종은 봄에 낳는다.

국내 분포 동해, 제주도를 비롯한 남해, 서해

국외 분포 일본 남부, 동중국해 등 서태평양의 열대 해역

3 뒷지느러미 기조 수는 3극 5~6연조다. **4** 꼬리지느러미 뒤 가장자리가 직선에 가깝다.

성대

Chelidonichthys spinosus (McClelland, 1844)

몸은 원통형으로 머리가 크고 길며, 뒤로 갈수록 작아지고 옆으로 납작해진다.

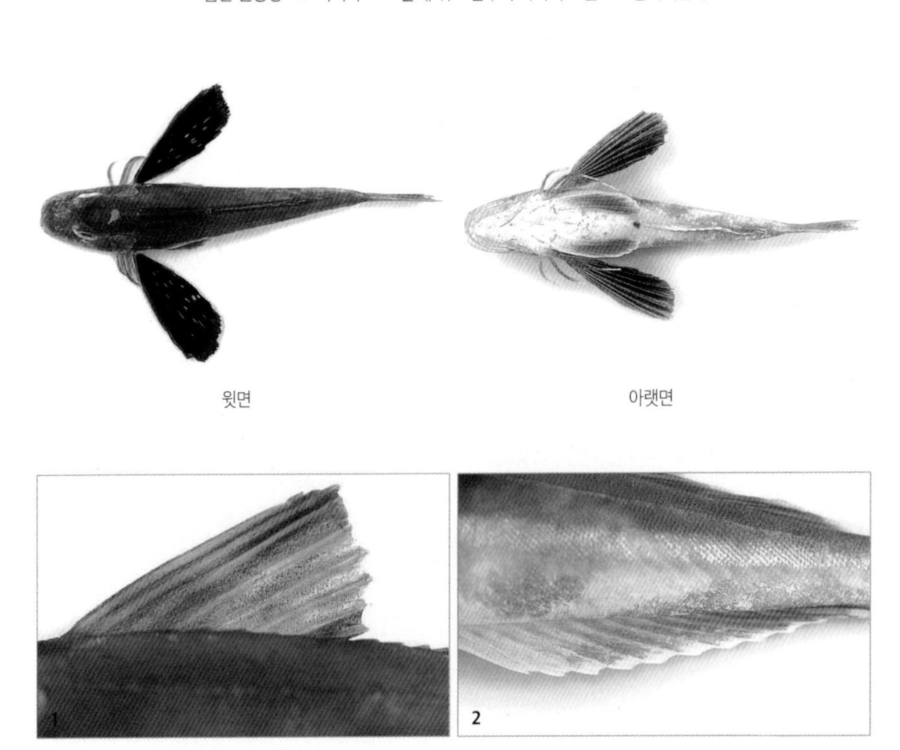

윗면

아랫면

1 등지느러미 기저부에 골질반이 23~25개 있다. **2** 뒷지느러미는 바탕이 붉은색이며 가장자리는 흰색이다.

형태 특성

몸길이 부화한 뒤 만 1년이면 13㎝, 2년이면 20㎝, 3년이면 25㎝, 4년이면 29㎝, 5년이면 31㎝, 6년이면 33㎝, 7년이면 35㎝로 자란다. 성숙 개체의 최소 몸길이는 27㎝ 정도다.

체색과 무늬 회갈색 바탕에 불규칙한 빨간 무늬가 흩어져 있고, 배 쪽은 흰색이다. 죽은 뒤에는 진한 붉은색으로 변한다. 가슴지느러미 안쪽은 진한 녹색이고, 바깥쪽 가장자리에 파란 테두리가 있으며, 그 안쪽으로 작고 둥근 파란색 점이 20개 정도 있다.

주요 형질 원통형으로 머리가 크고 길며, 뒤로 갈수록 작아지고 옆으로 납작해진다. 비늘은 원린이며 매우 작다. 가슴지느러미 아래 기조 3개는 가는 손가락 모양이며, 변형된 연조가 3개 있어 바닥에서 걸을 때나 촉각 대신 이용한다. 등지느러미 기저부에 골질반이 23~25개 있다. 근육으로 부레를 압축시켜 소리를 낸다.

생태 특성

서식지 수심 20~30m의 모래 바닥이나 갯벌 바닥에 산다.

먹이 습성 주로 새우류를 먹으며, 갯지렁이, 저서성 갑각류와 작은 어류 등도 먹는다.

행동 습성 산란기는 4~6월로 연 1회 산란한다.

국내 분포 서해계군, 동중국해계군, 대마계군으로 크게 3개 무리로 나뉘어 분포한다.

국외 분포 일본 홋카이도 중부 이남, 남중국해 등

3 가슴지느러미 아래 기조 3개는 가는 손가락 모양이다. **4** 가슴지느러미 안쪽은 진한 녹색이며, 바깥쪽 가장자리에 파란 테두리가 있다. **5** 꼬리지느러미는 안쪽으로 파였다.

까지양태

Cociella crocodila (Tilesius, 1812)

몸은 위아래로 아주 납작하고, 꼬리 쪽으로 갈수록 옆으로 납작해진다.

등 쪽은 밝은 갈색이며, 흐릿한 암색 가로띠가 4~5개 있다.

1 아래턱이 더 튀어나왔으며, 두 눈 사이에 골질 융기연이 있고, 톱니 모양이다. **2** 등지느러미는 2개다.

형태 특성

몸길이 보통 40㎝ 내외이며, 최대 50㎝까지 자란다.
체색과 무늬 등 쪽은 밝은 갈색이며, 중앙과 배 쪽은 회백색이다. 몸 옆면에 흐릿한 암색 가로띠가 4~5개 있으며, 옆면 위쪽과 머리에 둥근 흑점이 있다. 제1등지느러미 뒤쪽은 짙은 갈색이지만, 앞쪽은 투명하다. 제2등지느러미 바탕은 무색투명하며 작고 검은 점이 띠 2~3개를 이룬다. 가슴지느러미, 뒷지느러미는 연한 노란색이며, 배지느러미, 꼬리지느러미는 어둡다.
주요 형질 위아래가 매우 납작하고, 꼬리 쪽으로 갈수록 옆으로 납작해진다. 아가미뚜껑 가운데에 가시가 2개 있으며, 위쪽 것이 더 길고, 창 모양으로 튀어나왔다. 눈은 크고, 입은 작아서 거의 일직선이다. 위턱에 비해 아래턱이 더 튀어나왔으며, 두 눈 사이에 골질 융기연이 있어서 표면이 톱니 모양이다.

생태 특성

서식지 저서성으로 주로 대륙붕 바닥이 모래질인 곳에 산다.
먹이 습성 주로 새우, 게, 갯가재 등 저서동물을 먹으며, 단각류, 곤쟁이, 동물플랑크톤, 작은 어류도 먹는다.
행동 습성 산란기는 7~8월이며, 자라면서 성전환을 한다. 2년생 이하에서는 수컷 기능을 하는 개체가 있지만 35~45㎝ 크기에서 모두 성전환을 해 암컷으로 변한다. 성전환 시기는 산란기 직후로 자웅동체(암수한몸)인 개체가 산란기에 정자를 방출하면, 정소가 퇴화하고 난소만 발달해 암컷으로 성이 전환된다.

국내 분포 서해와 남해
국외 분포 일본 남부, 동중국해, 인도네시아, 호주 북부, 태평양 서부, 홍해, 아프리카 동부를 포함하는 인도양의 열대 및 아열대 해역

3 가슴지느러미는 연한 노란색이다. **4** 꼬리지느러미는 일직선이고, 타원형인 검은 반점이 3개 있다.

양태

Platycephalus indicus (Linnaeus, 1758)

머리는 위아래로 납작하고 배는 편평하며, 뒤로 갈수록 작아진다.

등 쪽은 연한 갈색이며, 동공보다 작은 짙은 갈색 반점이 흩어져 있다.

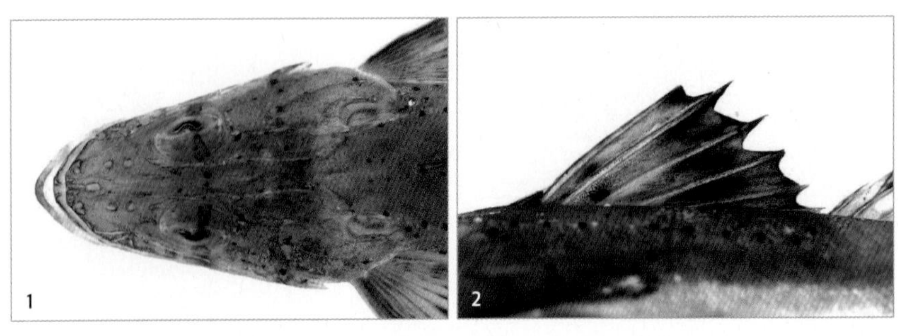

1 아래턱이 위턱보다 약간 길어 앞으로 튀어나왔다. 눈은 비교적 크다. **2** 등지느러미는 2개이며, 극조부는 기부가 짧으나, 연조부는 기부가 길어 꼬리자루까지 이어진다.

형태 특성

몸길이 보통 45~50㎝이며, 최대 60㎝까지 자란다.
체색과 무늬 등 쪽은 연한 갈색이며 동공보다 작은 짙은 갈색 반점이 흩어져 있어 유사종인 7가지 양태와 구별된다. 배 쪽은 연한 회색이며 반점이 전혀 없다. 등지느러미에는 연한 갈색과 진한 갈색 무늬가 교대로 나타난다. 꼬리지느러미에는 크고 검은 반점이 있다.
주요 형질 머리는 위아래로 납작하고 배는 편평하며, 뒤로 갈수록 작아진다. 측선은 뚜렷하며 일직선이다. 아래턱이 위턱보다 약간 더 길어 앞으로 튀어나왔다. 눈은 비교적 크다. 눈 아래에 가시가 1개 있으며 전새개골에 날카로운 가시가 2개 있다. 등지느러미는 2개이며, 극조부는 기부가 짧으나, 연조부는 기부가 길어 꼬리자루까지 이어진다. 등지느러미 연조 수는 13개, 뒷지느러미 연조 수는 13개다. 꼬리지느러미 끝 가장자리가 위아래로 반듯하다.

생태 특성

서식지 연안 얕은 곳의 모래와 개펄 바닥 및 기수역에 산다.
먹이 습성 주로 작은 절지동물을 먹는다.
행동 습성 산란기는 5~6월이며, 연안의 얕은 모래 바닥에 산란한다. 크기가 25㎝ 정도인 어린 개체들은 대부분 강 하구와 인접한 연안에 산다.

국내 분포 서해와 제주도를 비롯한 남해
국외 분포 일본 중부 이남, 대만, 호수, 인도양

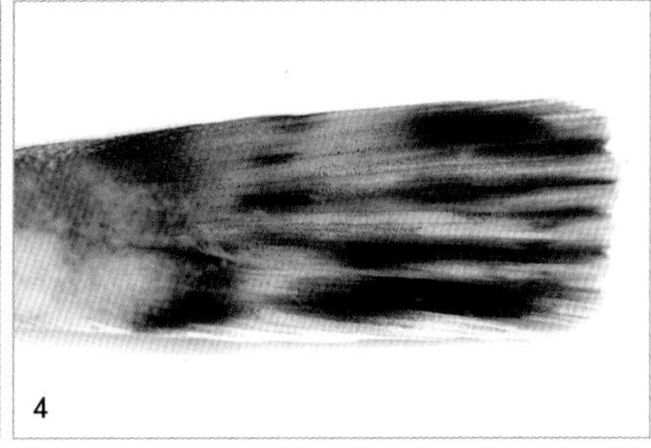

3 가슴지느러미 **4** 꼬리지느러미 끝 가장자리가 위아래로 반듯하다.

노래미

Hexagrammos agrammus (Temminck and Schlegel, 1843)

몸은 옆으로 납작하며 가늘고 길다.

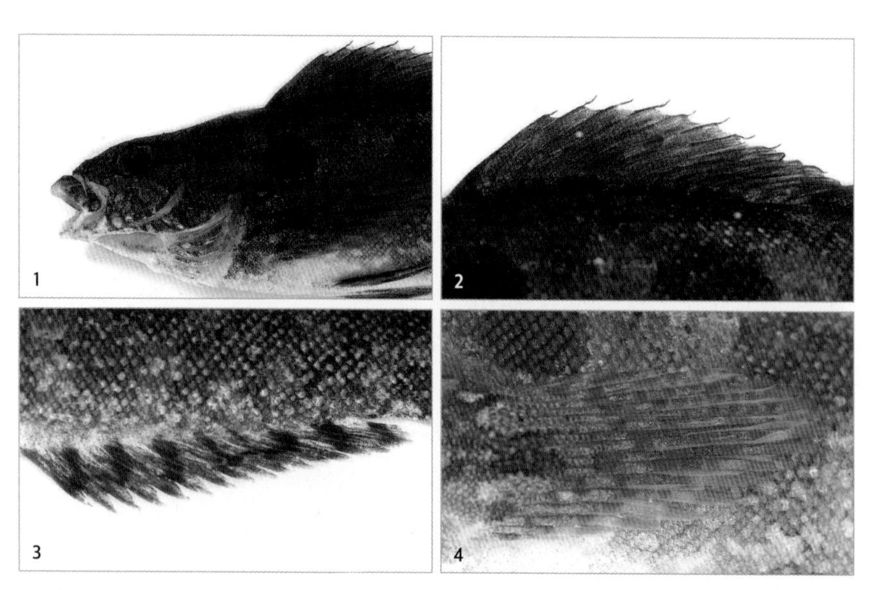

1 머리는 앞으로 튀어나왔으며, 주둥이가 뾰족하다. **2** 등지느러미 극조부 가장자리에 피판이 하나씩 있다. **3** 뒷지느러미에 줄무늬가 세로로 8개 정도 있다. **4** 가슴지느러미 기조부 위쪽에 검은 점이 1개 있다.

형태 특성

몸길이 20㎝ 내외다.
체색과 무늬 환경과 개체에 따라 황갈색, 적갈색, 암갈색, 붉은색 등 변화가 심하며, 대체로 노란색을 띠는 갈색으로 어둡고 불규칙한 갈색 무늬가 있다.
주요 형질 옆으로 납작하고, 가늘고 길며, 머리는 뾰족하다. 측선은 1개뿐이며 등쪽에 있다. 등지느러미는 극조부와 연조부로 구별된다. 등지느러미는 22극 20연조다. 꼬리지느러미 뒷부분 끝은 가장자리가 둥글다.

생태 특성

서식지 바위와 해조류가 많은 연안에 산다.
먹이 습성 주로 갯지렁이류와 작은 갑각류, 작은 어류를 먹는다.
행동 습성 산란기는 11~12월로 연안 다소 얕은 곳의 해조류나 암초가 있는 곳에서 점착성 알을 덩어리로 뭉쳐 낳는다. 수컷은 부화할 때까지 알을 보호한다.

국내 분포 전 해역
국외 분포 일본

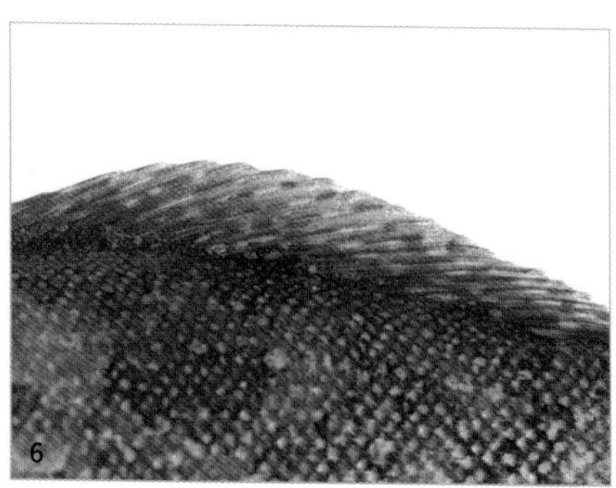

5 꼬리지느러미 끝부분 가장자리가 약간 둥글다. **6** 등지느러미 연조부. 연조 수는 20개다.

쥐노래미

Hexagrammos otakii Jordan and Starks, 1895

몸은 방추형이며 옆으로 납작하고 길다.

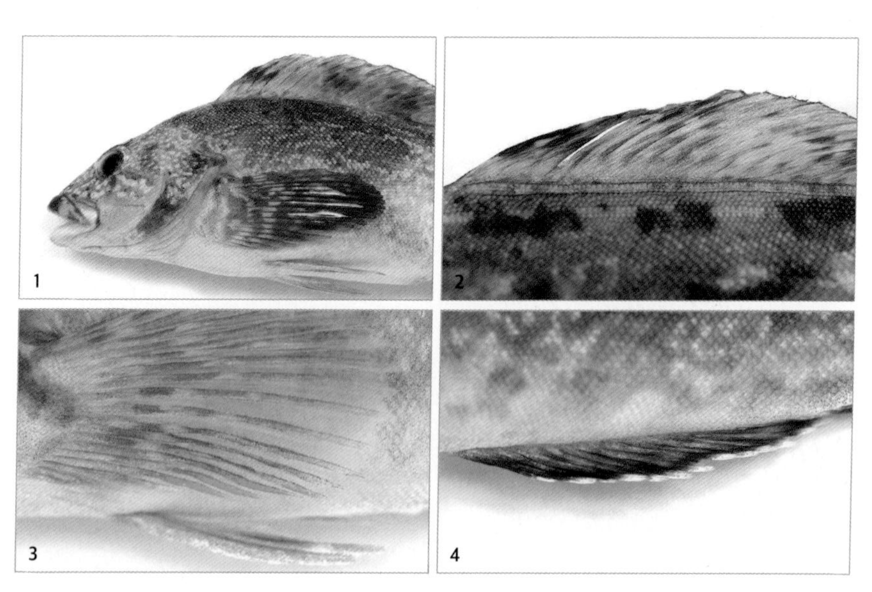

1 눈은 머리 위쪽에 있으며, 눈 위 가장자리에 깃털 모양 피판이 있다. **2** 등지느러미는 2개로 분리되었다. **3** 가슴지느러미 연조 수는 19개다. **4** 뒷지느러미는 어두우며, 가장자리가 흰색이다.

형태 특성

몸길이 보통 20~30㎝이며, 최대 65㎝까지 자란다.
체색과 무늬 체색은 노란색, 적갈색, 자갈색, 흑갈색, 황갈색 등 서식 장소에 따라 다양하게 나타나며 진한 갈색 무늬가 섞여 있다. 배 쪽은 색이 연하다. 산란기가 되면 수컷은 오렌지색이 짙어지며, 산란기가 지나면 없어진다.
주요 형질 방추형이며 옆으로 납작하고 길다. 몸과 머리는 가시가 있는 빗 모양 작은 비늘로 덮여 있다. 측선은 5개로 등 쪽에 3개, 몸 중앙과 배 쪽에 1개씩 있어 유사종인 노래미와 구별된다. 눈은 머리 위쪽에 있으며, 눈 위 가장자리에 깃털 모양 피판이 있다. 꼬리지느러미 끝 가장자리가 직선으로 유사종인 노래미와 구별된다.

생태 특성

서식지 모래와 진흙으로 된 바위와 해초가 많은 연안에 산다.
먹이 습성 주로 게류, 새우류, 다모류와 작은 어류를 먹는다.
행동 습성 산란기는 10~1월로 수컷은 암초 틈으로 암컷 여러 마리를 차례로 유혹해 산란시킨다. 알은 크며 녹갈색이나 적자색을 띤 덩어리 모양이며, 수컷은 산란이 끝나도 알을 지킨다. 수컷은 암초의 틈보다 위로 올라와 있는 경우가 많은데, 이는 먹이를 잡기 유리해서이기도 하고, 영역권에 다른 수컷이 침입하는 것을 막으려는 것이기도 하다. 부레가 없어 주로 바닥에서 생활하며, 이동할 때는 꼬리지느러미와 몸통을 움직인다. 주로 주간에 활동하며, 밤에는 잘 움직이지 않는다.

국내 분포 전 해역
국외 분포 일본 홋카이도 이남, 동중국해

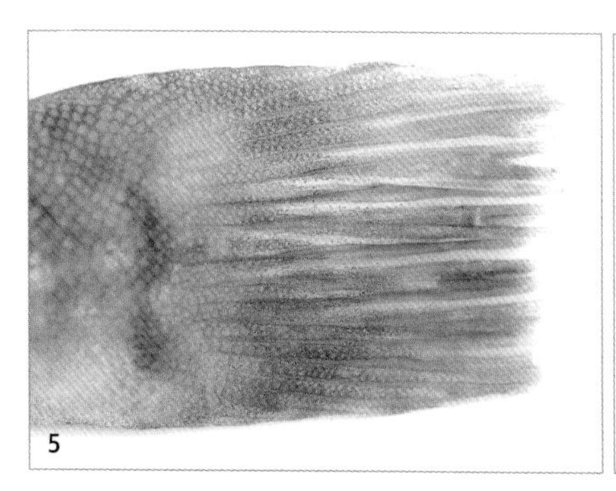

5 꼬리지느러미 끝 가장자리가 직선에 가깝다. **6** 양 턱에 강한 이빨이 있다.

삼세기

Hemitripterus villosus (Pallas, 1814)

몸 앞쪽은 원통형이고 뒤로 갈수록 가늘어지며 옆으로 납작하다. 머리는 위아래로 납작하다.

몸 앞쪽은 원통형이고 뒤로 갈수록 가늘어지며 옆으로 납작하다. 머리는 위아래로 납작하다.

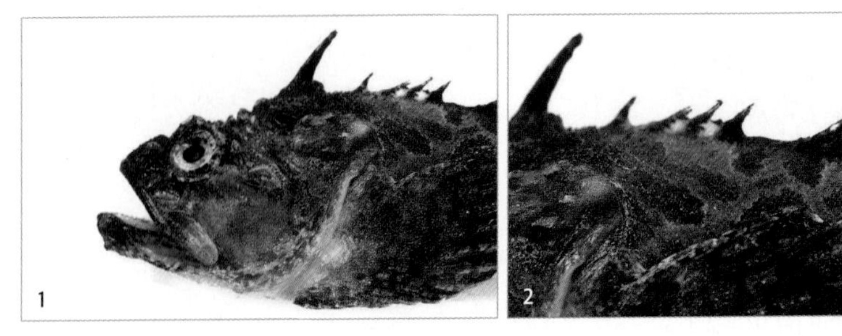

1 턱과 머리, 몸통에 나뭇잎 모양 피판이 흩어져 있다. **2** 등지느러미는 2개로 제1등지느러미는 극간막이 깊게 파였고, 제2등지느러미는 기저의 길이가 짧고 높다.

형태 특성

몸길이 최대 35㎝까지 자란다.
체색과 무늬 연한 갈색 바탕에 진한 얼룩무늬가 흩어져 있다. 배 쪽은 연한 녹갈색이다. 모든 지느러미는 붉은빛을 띠는 갈색이다.
주요 형질 몸 앞쪽은 원통형이고 뒤로 갈수록 가늘어지며 옆으로 납작하다. 몸은 작은 가시와 피질 돌기로 덮여 있다. 턱과 머리, 몸통에 나뭇잎 모양 피판이 흩어져 있다. 머리는 위아래로 납작하며, 머리 위에 돌기가 많고, 두 눈 사이가 깊게 파였다. 눈 위쪽에 긴 수염 모양 촉수가 1개 있다. 입이 매우 크며, 위턱 뒤 끝이 눈 뒤 가장자리 아래에 달한다. 전새개골에 가시가 4개 있다. 등지느러미는 2개로 제1등지느러미는 극간막이 깊게 파였고, 제2등지느러미는 기저의 길이가 짧고 높다. 꼬리지느러미 끝 가장자리가 수직에 가깝다. 양턱 및 구개골에 이빨이 없고, 등지느러미 가시에 독선이 없다. 반면, 유사종인 쑤기미는 구개골에만 이빨이 없고, 등지느러미 가시에 독선이 있어 구별된다.

생태 특성

서식지 수심 10~100m 모래 바닥이나 갯벌 바닥에 산다.
먹이 습성 주로 동물플랑크톤, 갑각류와 작은 어류를 먹는다.
행동 습성 늦가을에서 겨울 사이에 얕은 곳의 바위나 돌 등에 알 덩어리를 4~5개 낳는다. 체내수정을 하며, 암컷이 수컷의 정액을 저정낭에 저장했다가 알을 낳을 때 정액을 묻혀 수정률을 높인다. 위협을 받으면 복어처럼 몸을 부풀린다. 다른 종에 비해 이빨이 빨리 발달하므로 부화 8~9일부터 서로 물어뜯기도 한다.

국내 분포 전 해역
국외 분포 일본 중부 이북, 오호츠크 해, 베링 해 등

3 가슴지느러미는 붉은빛을 띠는 갈색이다. **4** 꼬리지느러미 끝 가장자리가 수직에 가깝다.

꼼치

Liparis tanakae (Gilbert and Burke, 1912)

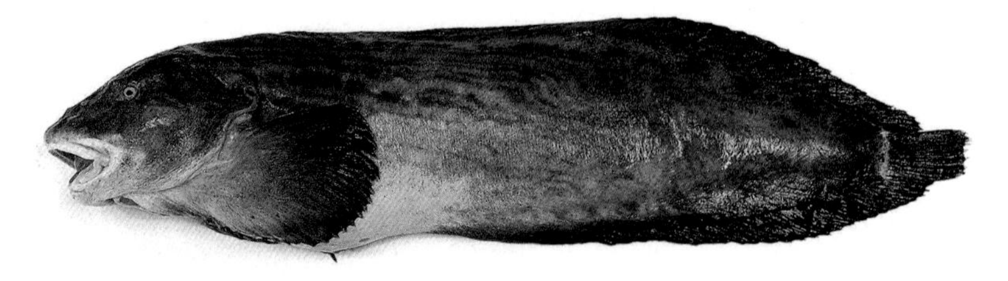

몸은 옆으로 납작하며, 피부와 근육이 물렁물렁해 체형이 잘 유지되지 않는다.

등면

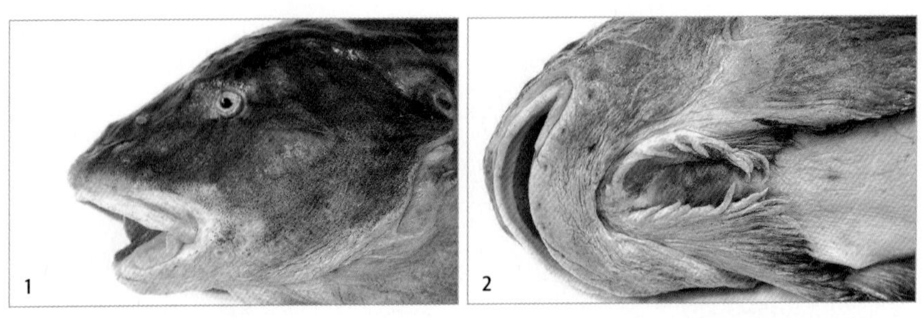

1 주둥이는 낮고 약간 뾰족하다. 콧구멍은 2쌍이고 뒤쪽 콧구멍 주변에 융기선이 있다. **2** 가슴지느러미는 크고, 배지느러미는 흡반형이다.

형태 특성

몸길이 부화 직후는 4~5㎜, 1년생 30~40㎝이며, 최대 60㎝까지 자란다.
체색과 무늬 연한 회갈색이고, 몸통 옆에 검은색 점무늬가 있다. 모든 지느러미가 검은색이다.
주요 형질 옆으로 납작하며 피부와 근육이 물렁물렁해 체형이 잘 유지되지 않는다. 피부에 비늘이 없다. 주둥이는 낮고 약간 뾰족하며, 입은 크고 위턱이 아래턱보다 길다. 양턱에 난 이빨은 끝이 3갈래로 갈라져서 폭넓게 띠를 이루듯이 나 있다. 콧구멍은 2쌍이고 뒤쪽 콧구멍 주변에 융기선이 있다. 가슴지느러미는 크고 아래쪽에 홈이 없다. 배지느러미는 좌우가 합쳐져 흡반 모양으로 변형되었다. 등지느러미와 뒷지느러미는 꼬리지느러미와 이어진다.

생태 특성

서식지 수심 20~80m 바닥이나 펄로 된 곳에 산다.
먹이 습성 주로 새우류나 작은 어류를 먹는다.
행동 습성 산란기는 12~2월이며, 이 시기에 연안으로 이동해 해조류의 줄기, 히드라 군체의 가지, 로프 등에 알을 낳아 붙인다. 생후 1년 만에 알을 낳으며 몸을 둥글게 말아 알을 보호하는 행동을 보이고, 알이 부화되고 나면 죽는다.

국내 분포 서해와 남해
국외 분포 일본 홋카이도 남부를 비롯한 전 해역, 동중국해, 베링 해

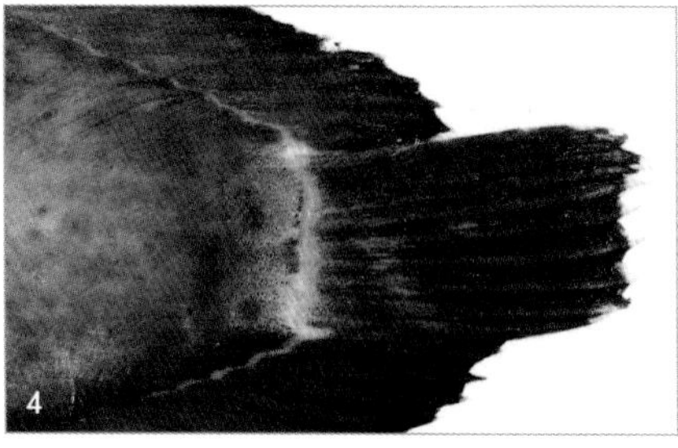

3 꼬리지느러미가 등지느러미, 뒷지느러미와 이어진다. **4** 가슴지느러미는 크고 아래쪽에 홈이 없다.

농어

Lateolabrax japonicus (Cuvier, 1828)

몸은 방추형이며 옆으로 납작하고, 체고가 비교적 높다.

1 아가미 끝은 톱니 형태이고, 가시가 모서리에 1개, 아래쪽 가장자리에 3개 있다. **2** 등지느러미 기조막에 검은 반점이 흩어져 있다. **3** 뒷지느러미 기조 수는 2극 8연조다. **4** 꼬리지느러미 끝부분이 깊게 파였다.

형태 특성

몸길이 보통 50~70㎝이며, 최대 1m까지 자란다.

체색과 무늬 등 쪽은 회색빛이 도는 청록색으로 다소 어둡고, 배 쪽은 은빛 광택이 난다. 측선 약간 아래에서 등 쪽으로 작은 반점이 산재하지만, 성어에서는 나타나지 않는다. 등지느러미 기조막에 검은 반점이 흩어져 있다.

주요 형질 방추형이며 옆으로 납작하고, 체고가 비교적 높다. 측선은 등 쪽으로 약간 치우쳐 있다. 측선 비늘 수는 86~92개, 새파 수는 23~26개다. 주둥이는 끝이 뾰족하며, 아래턱이 위턱보다 약간 길다. 아가미 끝에 톱니가 있으며, 모서리에 1개, 아래쪽 가장자리에 3개 있다. 꼬리지느러미 끝부분 가운데가 깊게 파였고 거의 일직선이다. 제2등지느러미 연조 수는 12~13개, 뒷지느러미 연조 수는 7~8개이다.

생태 특성

서식지 봄부터 여름까지는 먹이 때문에 육지와 가까운 얕은 바다에 살며, 겨울철에 산란한 뒤 수심이 깊은 곳으로 이동한다.

먹이 습성 육식성이며, 주로 멸치를 먹기 때문에 멸치가 연안으로 몰려오는 봄~여름이면 멸치 떼를 따라 연안을 돌아다닌다. 새우류, 작은 어류도 먹는다.

행동 습성 산란기는 11월 상순에서 4월 상순으로 연 1회 산란한다. 연안이나 만 입구의 수심 50~80m인 약간 깊은 암초 지대에 알을 낳는다. 어릴 때는 민물을 좋아해 봄에 육지와 가까운 바다로 들어오며, 여름에는 강 하구까지 거슬러 왔다가 가을이 되면 깊은 바다로 이동한다.

국내 분포 서해와 남해

국외 분포 일본, 중국, 대만 등의 연안

5 배지느러미는 투명하다.

점농어

Lateolabrax maculatus (McClelland, 1844)

몸은 방추형으로 점농어와 비슷하지만, 점농어에 비해 주둥이가 짧다.

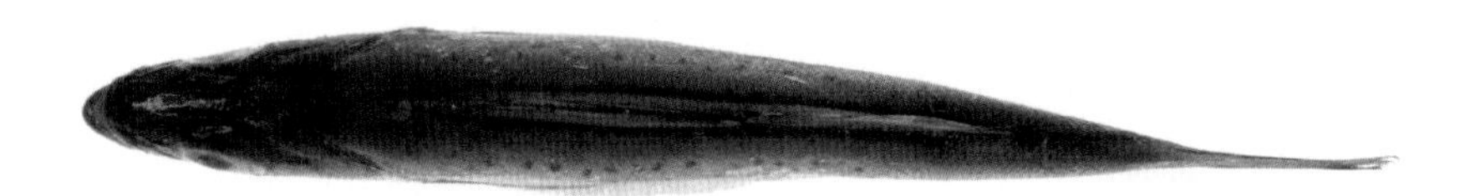

등면

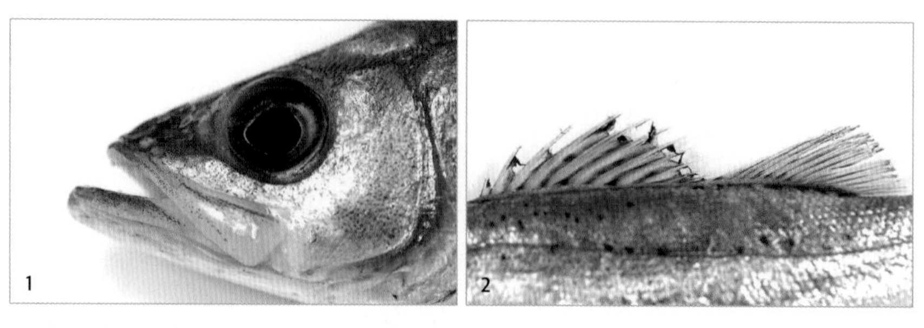

1 입은 크며, 아래턱이 위턱보다 길다. **2** 등지느러미 극조부와 연조부의 사이는 깊게 파였지만 분리되지는 않았다.

형태 특성

몸길이 70~100㎝이다.

체색과 무늬 등 쪽이 회청색이며 배 쪽은 은백색이다. 유사종인 농어와 다르게 등 쪽과 등지느러미에 검은 점이 여러 개 있다. 농어에 비해 점의 크기가 크고, 수는 적다. 꼬리지느러미가 어둡다. 성어가 되어도 몸통에 점이 남아 있으나, 없는 경우도 있다.

주요 형질 방추형으로 유사종인 농어와 비슷하지만, 농어에 비해 주둥이가 짧다. 몸은 사각형 빗비늘로 덮여 있고, 농어와 다르게 아래턱 배 쪽에 비늘 덩이가 2쌍 있다. 측선은 일직선으로 꼬리자루까지 이어진다. 입은 크며, 아래턱이 위턱보다 길다. 농어의 위턱은 눈 뒤쪽 가장자리에 달하지 못하는 반면, 점농어는 뒤쪽 가장자리를 지나기 때문에 구별된다. 눈앞에 콧구멍이 2쌍 있다. 아가미뚜껑 끝 모서리는 뾰족하다. 등지느러미 극조부와 연조부의 사이는 깊게 파였지만 분리되지는 않았으며, 등지느러미 기조 수는 13극 12~13연조이다. 뒷지느러미 기조 수는 3극 7~8연조다. 배지느러미는 1극 5연조다.

생태 특성

서식지 주로 연안이나 기수역에 산다.

먹이 습성 치어 때는 동물플랑크톤을 먹다가, 성장하면 쏙, 갯지렁이나 갑각류, 작은 어류 등을 먹는다.

행동 습성 산란기는 11~1월이다. 민물을 좋아해 연안의 하구나 바위에 알을 낳는다. 초여름부터 늦가을까지 무리 지어 회유하면서 먹이활동을 한다. 농어보다 조금 더 깊은 바위 지대에 산다.

국내 분포 전 해역

국외 분포 일본, 중국, 대만

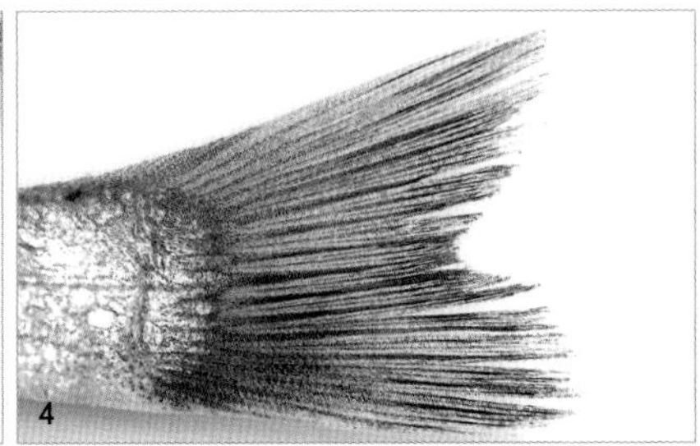

3 뒷지느러미는 전반적으로 어둡다. **4** 꼬리지느러미는 어둡다.

눈볼대

Doederleinia berycoides (Hilgendof, 1879)

긴 난원형이다.

1 아래턱이 위턱보다 튀어나왔고, 양턱에 날카로운 송곳니가 1줄로 나 있다. **2** 등지느러미는 1개로 극조부와 연조부의 경계가 명확하며, 기조 수는 9극 10연조다. **3** 가슴지느러미는 길어 뒤 끝이 항문까지 다다른다. **4** 꼬리지느러미 끝이 검다.

형태 특성

몸길이 수컷은 10~15㎝이며, 암컷은 최대 40㎝까지 자란다.
체색과 무늬 몸 전체는 선홍색이다. 배는 은백색이며 지느러미는 선홍빛이다. 입 속과 꼬리지느러미 끝은 어둡다.
주요 형질 긴 난원형이고, 몸에 난 비늘은 비교적 큰 빗비늘에 덮여 있다. 측선은 등 쪽으로 치우쳐 있다. 콧구멍은 2쌍이다. 아래턱이 위턱보다 튀어나왔고, 양턱에 날카로운 송곳니가 1줄로 나 있다. 주새개골에 가시가 2개 있다. 가슴지느러미는 길어 뒤 끝이 항문에 다다른다. 등지느러미는 1개로 극조부와 연조부의 경계가 명확하며, 마지막 극조는 앞쪽 극조에 비해 상대적으로 길고, 홈이 깊다. 등지느러미 기조 수는 9극 10연조, 뒷지느러미는 3극 6~8연조다. 꼬리지느러미 끝 가장자리가 안쪽으로 얕게 파였다.

생태 특성

서식지 수심 80~150m 연안의 저층부에 산다.
먹이 습성 주로 작은 어류를 먹으며, 새우류, 게류, 오징어류 등도 먹는다.
행동 습성 산란기는 7~10월이며, 동해와 남해안의 얕은 바다에서 알을 낳는다. 암컷은 알을 약 25만 개 낳는다. 알 크기는 0.9㎜이고, 부화한 뒤 몸길이 1㎝로 자라면 각 지느러미가 모두 발달한다. 수컷이 3~4년 살면서 20㎝ 이하로 자라는 반면, 암컷은 약 10년을 살며 30~40㎝까지 자란다. 부화한 뒤 수컷은 3년, 암컷은 4년이 지나면 짝짓기가 가능하다. 가을과 겨울 사이에 깊은 바다에서 지내다가 봄이 되면 얕은 연안으로 이동하는 회유성이다.

국내 분포 제주도를 포함한 남해
국외 분포 일본, 동중국해, 인도양 동부, 호주 북부 등의 서태평양

5 뒷지느러미 기조 수는 3극 6~8연조다.

자바리

Epinephelus bruneus Bloch, 1793

체형은 긴 타원형이고 몸통과 머리는 옆으로 납작하다.

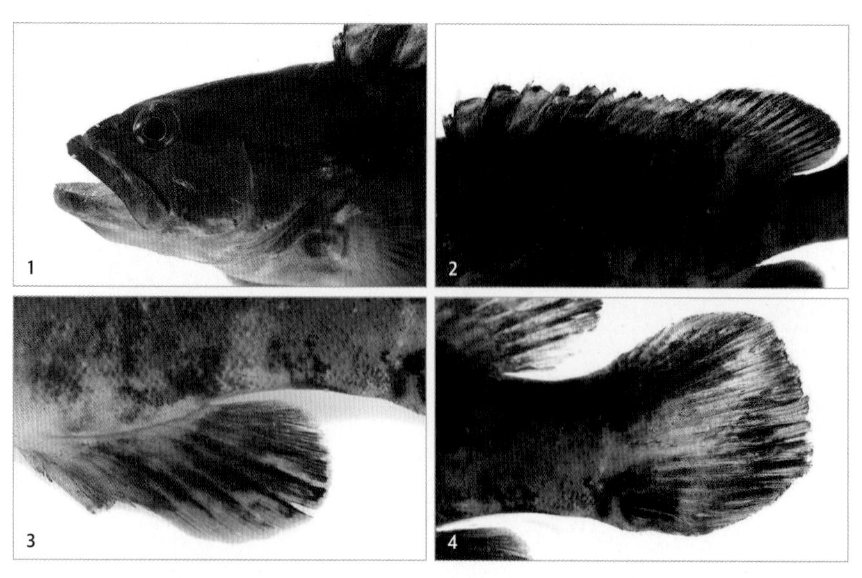

1 주둥이는 길고 끝이 뾰족하며, 아래턱이 위턱보다 약간 길다. **2** 등지느러미 기조 수는 11극 13~15연조다. **3** 뒷지느러미 기조 수는 3극 8~9연조다. **4** 꼬리지느러미 끝 가장자리가 바깥쪽으로 둥글다.

형태 특성

몸길이 보통 50~60㎝이며, 최대 100㎝ 이상 자란다.
체색과 무늬 등 쪽은 암갈색이며 배 쪽은 담갈색이다. 머리에서부터 꼬리까지 흑갈색 가로무늬가 6~7개 약간 비스듬하게 나타나지만, 노어와 성어는 무늬가 불분명하고, 어두운 갈색이다. 모든 지느러미의 가장자리가 어둡다.
주요 형질 긴 타원형이고, 체고는 높은 편이다. 몸통은 옆으로 납작하다. 눈은 머리 위쪽에 있다. 입은 크며, 아래턱이 전방으로 튀어나왔다. 가슴지느러미 뒤 끝이 등지느러미 8번째 극조에 이른다. 등지느러미는 1개이고, 극조부와 연조부가 연결된다. 제1등지느러미 가시의 길이는 짧다. 등지느러미 기조 수는 11극 13~15연조, 뒷지느러미는 3극 8~9연조, 가슴지느러미는 20~22연조다. 꼬리지느러미 끝부분은 가운데가 바깥쪽으로 약간 둥글다.

생태 특성

서식지 연안성으로 수심 50m 이내의 암초 지대에서 한 곳에 정착해 산다.
먹이 습성 주로 오징어나 갑각류, 치어를 먹는다.
행동 습성 산란기는 8~10월이다. 야행성으로 저녁부터 먹이를 찾아 움직인다. 3㎝ 미만의 치어는 조수 웅덩이에 나타나기도 하며, 3㎝ 이상 자라면 몸에 어미와 같은 무늬가 나타난다.

국내 분포 제주도를 비롯한 남해
국외 분포 일본 남부, 필리핀, 인도 등

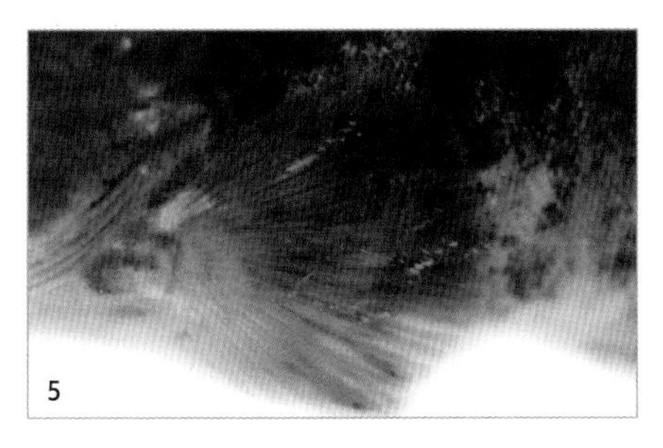

5 가슴지느러미가 둥글다.

홍바리

Epinephelus fasciatus (Forsskål, 1775)

몸은 주홍색이며, 방추형이다.

1 아래턱이 위턱에 비해 조금 길다. 아래턱 이빨은 3줄로 나 있고, 위턱의 송곳니가 뚜렷하다. **2** 등지느러미 기조 수는 11극 15~17연조다. **3** 가슴지느러미는 붉은색이다. **4** 뒷지느러미 기조 수는 3극 7~8연조다.

형태 특성

몸길이 40~50㎝이다.
체색과 무늬 주홍색 바탕에 등지느러미의 극조부에서 꼬리까지 붉은색 줄무늬 5개가 가로로 나 있다. 이외에는 일정하지 않은 흰색 얼룩무늬가 세로로 나 있다. 배는 색이 연하며, 등지느러미 극조부 가장자리는 짙은 흑갈색이다.
주요 형질 방추형이고, 아래턱이 위턱에 비해 조금 길다. 아래턱 이빨은 3줄로 나 있고, 위턱의 송곳니는 뚜렷하다. 아가미 뚜껑 뒷모서리에 톱니가 3~4개 발달했다. 등지느러미의 극조부와 연조부 사이의 홈은 매우 낮아 거의 반듯하게 이어진다. 등지느러미 기조 수는 11극 15~17연조, 뒷지느러미는 3극 7~8연조다. 등지느러미의 극조부와 연조부는 얕게 파였고, 막으로 연결된다. 꼬리지느러미 끝이 둥글다.

생태 특성

서식지 수심 4~160m 연안의 바위 지대에 산다.
먹이 습성 주로 갑각류를 먹는다.
행동 습성 미성숙 시기에는 암컷이고 3~5년 지나면 성성숙하고, 다시 2~3년 뒤에는 수컷으로 성전환한다.

국내 분포 제주도를 비롯한 남해
국외 분포 일본 남부, 남중국해, 인도양, 서태평양, 홍해, 대만, 필리핀, 아라비아해 등

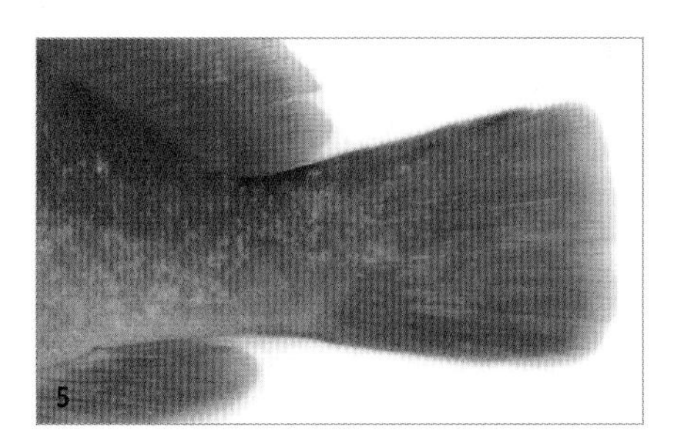

5 꼬리지느러미 끝이 둥글다.

능성어

Epinephelus septemfasciatus (Thunberg, 1793)

몸은 긴 타원형이며 옆으로 납작하다.

1 아래턱이 위턱보다 커서 앞으로 튀어나왔다. 양턱에 송곳니처럼 생긴 이빨이 있다. **2** 등지느러미 기조 수는 11극 13~16연조이며, 몸에는 어두운 갈색 가로띠가 7줄 나 있다. **3** 뒷지느러미 기조 수는 3극 9~10연조다. **4** 꼬리지느러미는 둥글고, 꼬리자루에 비교적 큰 어두운 반점이 있다.

형태 특성

몸길이 보통 90㎝ 내외이며, 최대 155㎝까지 자란다.

체색과 무늬 일반적으로 연한 회갈색이며, 배 쪽과 꼬리자루는 검은색이다. 그러나 체색은 연령과 서식지에 따라서 다소 차이가 있다. 깊은 곳에 사는 개체는 선명한 붉은색이고, 얕은 곳에 사는 개체는 갈색에 가깝다. 어릴 때는 몸통에 어두운 갈색 가로띠가 7개 선명하게 나 있지만, 50㎝ 이상 자라면 희미해진다. 꼬리지느러미 끝에 흰 줄무늬가 있다.

주요 형질 긴 타원형이며 옆으로 납작하다. 비늘은 작고 피부에 묻혀 있다. 두 눈 사이는 넓은 편이며, 양턱에 송곳니처럼 생긴 이빨이 있다. 아래턱이 위턱보다 커서 앞으로 튀어나왔다. 전새개골 아래 변두리에 가시가 1~2개 있으며, 가장자리에는 둥글고 통통한 톱니가 두드러진다. 등지느러미 기조 수는 11극 13~16연조, 뒷지느러미는 3극 9~10연조다. 꼬리지느러미는 둥글고 꼬리자루가 높다. 등지느러미와 뒷지느러미 앞부분에는 강하고 두꺼운 가시가 있다.

생태 특성

서식지 수심 50~120m의 암초가 있고 물풀이 많은 곳에 산다.

먹이 습성 주로 새우류, 게류, 어류를 먹는다.

행동 습성 산란기는 5~9월이고 연안에서 알을 낳는다. 자손을 많이 남기고자 몸집이 커지면 암컷에서 수컷으로 성전환을 한다. 바위틈에 숨어 있으면서 지나가는 먹잇감을 사냥한다.

국내 분포 제주도를 비롯한 남해

국외 분포 일본 홋카이도 이남, 남중국해, 인도양

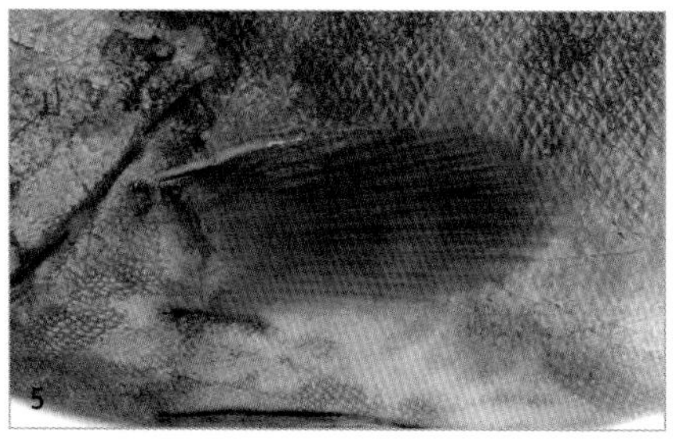

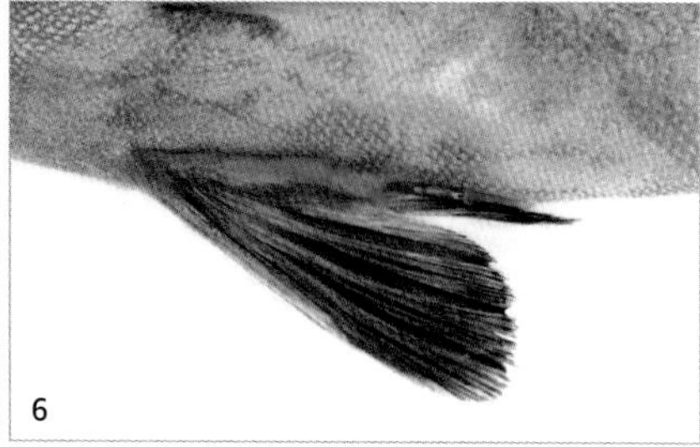

5 가슴지느러미 연조수는 18~20개다. **6** 배지느러미는 어둡다.

뿔돔

Cookeolus japonicus (Cuvier, 1829)

몸은 난원형이며 체고가 높고, 옆으로 매우 납작하다.

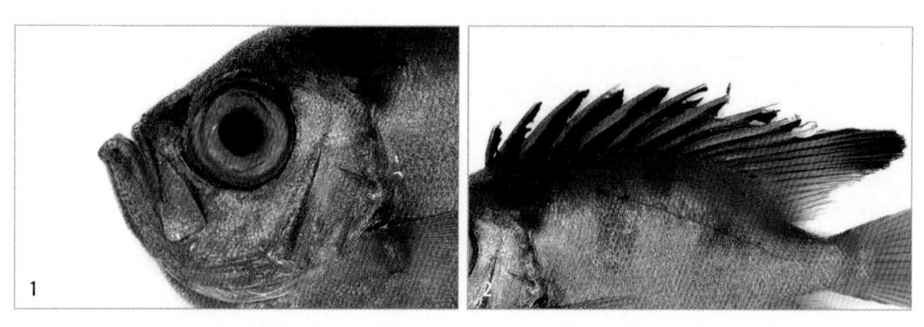

1 눈은 크고, 주둥이 길이는 눈의 지름보다 짧다. 아래턱이 위턱 앞으로 튀어나와 입은 위를 향해 열린다. **2** 등지느러미 기조수는 10극 12연조다.

형태 특성

몸길이 보통 40~50㎝이며, 최대 68㎝까지 자란다.
체색과 무늬 몸 전체는 주홍색이며 등 쪽은 색이 더욱 짙다. 등지느러미 극조부와 배지느러미막은 검은색이며, 그 외 지느러미는 주홍색이다.
주요 형질 난원형이며 체고가 높고, 옆으로 매우 납작하다. 측선은 등 쪽을 따라 꼬리자루까지 이어진다. 두 눈 사이는 편평하다. 눈은 크고, 주둥이 길이는 눈의 지름보다 짧다. 아래턱이 위턱 앞으로 튀어나와 입은 위를 향해 열린다. 등지느러미 기조 수는 10극 12연조, 뒷지느러미는 3극 12연조다. 등지느러미의 연조부가 극조부보다 길며, 1~4번째 극조에는 톱니가 있다. 배지느러미는 길어서 그 뒤 끝부분이 뒷지느러미의 극조부에 달한다. 꼬리지느러미 뒤 가장자리가 둥글다.

생태 특성

서식지 수심 100~400m 정도의 깊은 바다에 산다.
먹이 습성 육식성으로 작은 어류와 갑각류 및 연체류를 먹는다.
행동 습성 주로 밤에 활동한다.

국내 분포 동해 남부와 제주도를 비롯한 남해
국외 분포 일본 남부, 남중국해, 인도양, 하와이 등

3 뒷지느러미 기조 수는 3극 12연조다. **4** 배지느러미는 길어서 끝부분이 뒷지느러미의 극조부에 달한다. **5** 꼬리지느러미 뒤 가장자리가 둥글다.

열동가리돔

Jaydia lineatus Temminck and Schlegel, 1842

몸은 작고 난원형이며, 체고는 낮고 옆으로 납작하다.

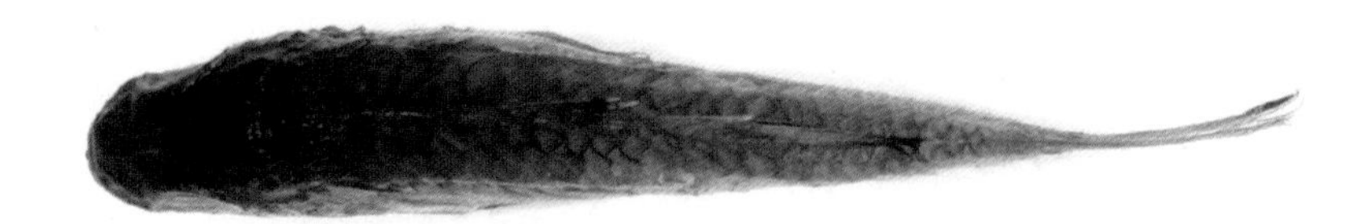

등면

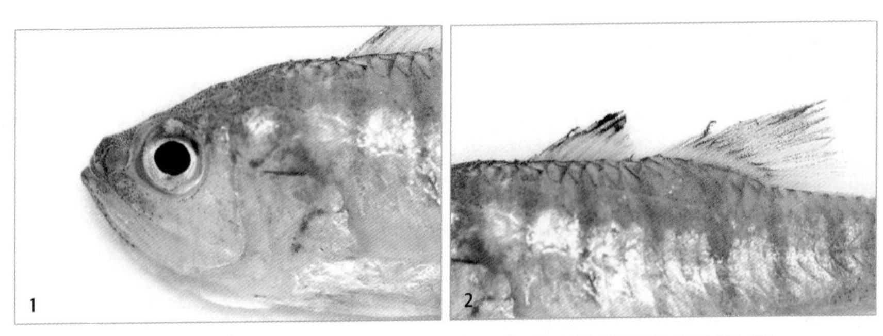

1 주둥이 끝이 뭉뚝하고 입은 비스듬히 위로 향한다. **2** 등지느러미는 2개로 극조부와 연조부의 길이가 비슷하다.

형태 특성

몸길이 부화한 지 1년이면 암컷은 7~8㎝, 수컷은 5~6㎝로 자란다.
체색과 무늬 연한 노란색 바탕에 갈색 가로줄이 10개 나 있으며, 배 쪽은 은백색이다. 등지느러미 끝 가장자리는 검은색이며, 그 외의 지느러미는 투명하다.
주요 형질 몸은 작고 난원형이며, 체고는 낮고 옆으로 납작하다. 측선은 몸 가운데를 지나며, 비늘은 큰 빗비늘로 떨어지기 쉽다. 주둥이는 끝이 둔하고 입은 비스듬히 위로 향한다. 아래턱이 위턱보다 길며, 양턱에 작은 이빨이 1줄로 나 있다. 전새개골 뒤 가장자리에 작은 톱니가 있다. 등지느러미는 2개로 극조부와 연조부의 길이가 비슷하다. 꼬리지느러미 끝 가장자리가 직선에 가깝고 둥글다.

생태 특성

서식지 수심 100m 이내의 모래 바닥이나 갯벌 바닥에 산다.
먹이 습성 주로 새우류, 요각류 등 동물플랑크톤을 먹는다.
행동 습성 산란기는 7~10월이다. 수컷은 5㎝ 이상 자라야 산란에 참가하고, 수정된 알은 수컷이 입안에서 품고 있다가 부화시킨다. 수컷은 알을 품고 있는 기간에는 먹이를 전혀 먹지 않는 반면, 암컷은 왕성한 식욕을 보인다. 5~6월에 산란하러 내만으로 이동하며, 치어는 9월까지 산란장 부근에 살다가 점차 깊은 바다로 이동한다. 수명은 2년 정도다.

국내 분포 전 해역
국외 분포 일본 중부 이남, 동중국해, 대만

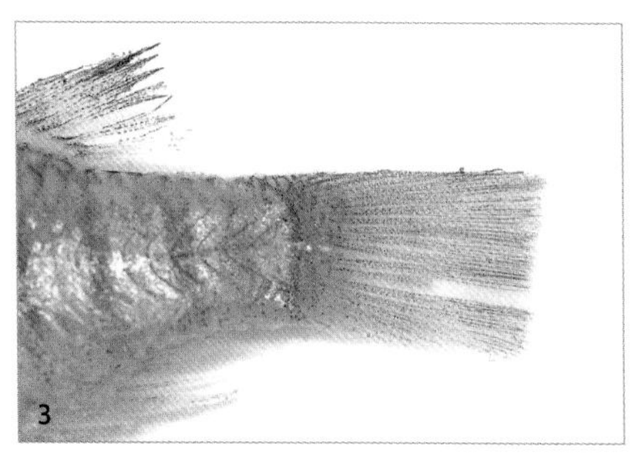

3 꼬리지느러미 끝 가장자리가 직선에 가깝고 둥글다.

줄도화돔

Ostorhinchus semilineatus Temminck and Schlegel, 1842

몸은 긴 타원형이며 옆으로 납작하다.

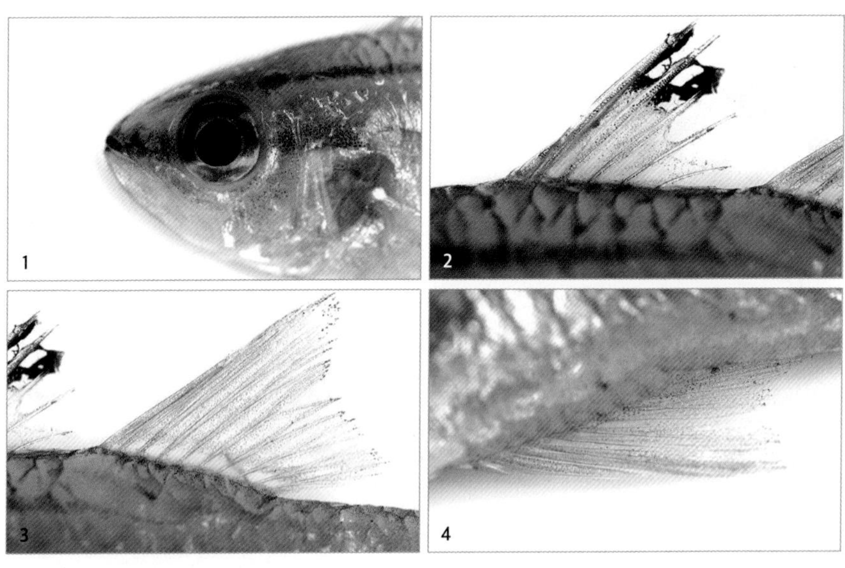

1 눈은 크고 아래턱이 위턱보다 길다. **2** 등지느러미는 2개로 제1등지느러미 기조 수는 7극이다. **3** 제2등지느러미 기조 수는 1극 9연조다. **4** 뒷지느러미 기조 수는 2극 8연조다.

형태 특성

몸길이 10~13㎝이다.
체색과 무늬 몸은 광택이 있는 분홍색이다. 주둥이 끝에서부터 아가미뚜껑 끝까지 검은 줄무늬가 가로로 있으며, 그 위로 눈 위쪽을 지나는 좀 더 가는 줄무늬가 제2등지느러미까지 이어진다. 꼬리지느러미 기저부에 검은 반점이 있다. 모든 지느러미는 투명하며, 등지느러미 극조 끝 가장자리에 검은 점이 있다.
주요 형질 긴 타원형이며 옆으로 납작하다. 비늘은 크고 약한 빗비늘로 이루어져 있다. 눈은 크고 아래턱이 위턱보다 길다. 양턱에 융털 모양 이빨이 있다. 등지느러미는 2개로 제1등지느러미 기조 수는 7극, 제2등지느러미는 1극 9연조이며, 뒷지느러미는 2극 8연조다. 등지느러미는 3번째가 가장 길다. 꼬리지느러미 끝 가장자리가 파였다.

생태 특성

서식지 3~100m 이내의 모래 바닥이나 갯벌 바닥, 바위 지대에 무리 지어 산다.
먹이 습성 주로 작은 새우류, 젓새우류, 작은 어류, 요각류를 먹는다.
행동 습성 야행성이고 무리를 이루어 산다. 산란기는 7~9월이고 암컷과 수컷이 짝을 알을 1만 2,000~1만 5,000개 낳는다. 알이 부화할 때까지 수컷이 입에 넣고 보호하며, 부화한 후에도 위험이 닥치면 새끼를 입속에 넣어 보호한다. 이런 습성 때문에 수컷은 암컷보다 턱이 크다.

국내 분포 제주도를 비롯한 남해
국외 분포 일본 중부 이남, 대만, 동중국해, 필리핀 등

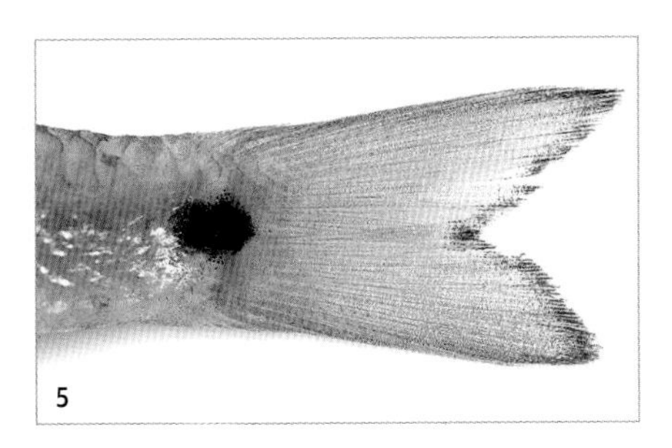

5 꼬리지느러미 기저부에 검은 반점이 있다.

청보리멸

Sillago japonica Temminck and Schlegel, 1843

몸은 길며, 앞쪽은 둥글고, 꼬리 쪽으로 갈수록 옆으로 납작해진다.

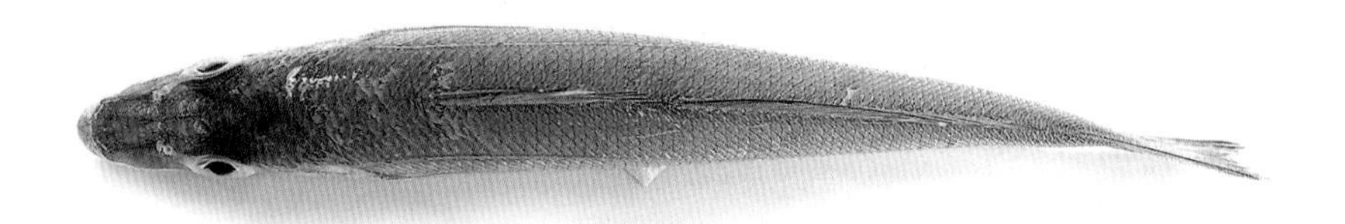

옆으로 납작하며, 등 쪽은 황록색이다.

1 머리는 약간 길고, 주둥이는 길게 튀어나왔다. 입은 작으며 거의 평탄하다. **2** 등지느러미는 2개이며, 뒷지느러미는 제2등지느러미와 거의 대칭이다.

형태 특성

몸길이 보통 15~30㎝이며, 최대 35㎝까지 자란다.
체색과 무늬 등 쪽은 황록색이며, 가운데에서부터 배 쪽은 흰색이다. 아가미 뚜껑의 윗부분은 약간 검다. 지느러미는 연한 노란색이지만 대부분 무색투명하다. 등지느러미 극조부의 제1~4가시의 막에는 깨알 같은 검은색 소포가 흩어져 있다.
주요 형질 몸은 길며, 앞쪽은 둥글고, 꼬리 쪽으로 갈수록 옆으로 납작해진다. 측선은 등 쪽에 치우쳐 있다가 점차적으로 몸 가운데를 가로지른다. 측선 위쪽의 비늘열이 3~4개여서 유사종인 보리멸과 구별된다. 머리는 약간 길고 눈앞에 콧구멍이 2쌍 있다. 주둥이의 앞과 양턱에는 비늘이 없다. 주둥이는 길게 튀어나왔고, 입은 작으며 거의 평탄하다. 위턱의 뒤 끝은 눈 앞가장자리에 거의 미치지 못한다. 위턱이 아래턱보다 튀어나왔고, 매우 작은 이빨이 띠를 이루듯이 나 있다. 등지느러미는 2개이며, 뒷지느러미는 제2등지느러미와 거의 대칭적이다. 기조 수는 제1등지느러미 10~13극조이고, 제2등지느러미는 1극조이며, 뒷지느러미는 2극조이다.

생태 특성

서식지 연안의 바닥이 모래나 펄인 곳에서 주로 살며, 낮에는 바닥에서 5㎝ 정도 떨어진 곳에서 생활한다.
먹이 습성 주로 새우류, 갯지렁이류, 게류, 조개류, 오징어류를 먹는다.
행동 습성 산란기는 4~9월이며, 2년생(몸길이 13.8㎝) 이상이 산란에 참여한다. 1년에 여러 번, 즉 산란기에 60~100회에 걸쳐 알을 낳는다. 소리에 민감해 위험을 느끼면 모래 속으로 숨는다.

국내 분포 제주도를 비롯한 남해와 서해
국외 분포 일본 홋카이도 이남, 대만, 필리핀, 대만 등 북서태평양의 아열대 해역

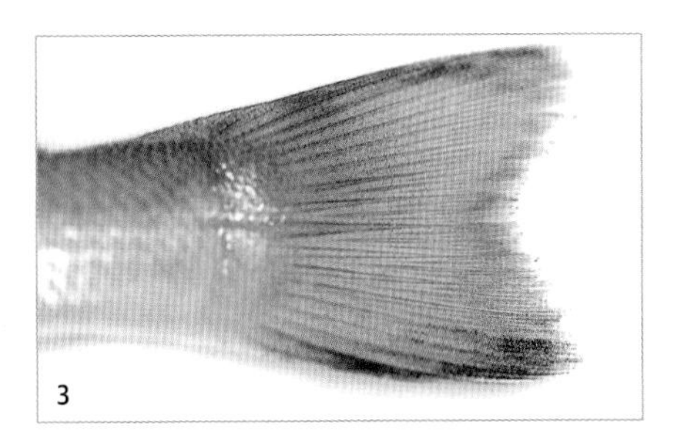

3 꼬리지느러미는 연한 노란색이지만, 양 가장자리 끝에는 검은 줄무늬가 있다.

옥돔

Branchiostegus japonicus (Houttuyn, 1782)

몸은 옆으로 납작하고 길며, 머리 바로 뒤의 체고가 가장 높고 뒤로 갈수록 낮아진다.

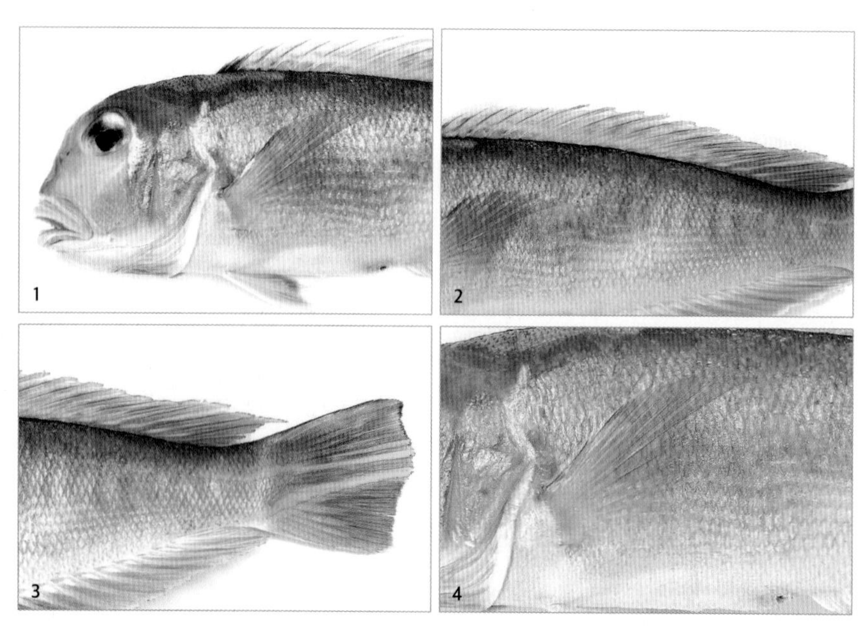

1 머리는 붉고, 눈 뒤 가장자리에 삼각형인 흰색 무늬가 있다. **2** 등지느러미는 1개로 꼬리자루까지 길게 이어진다. **3** 꼬리지느러미에는 세로 줄무늬가 5~6개 있으며, 위는 붉은색, 아래는 회청색이다. **4** 가슴지느러미는 투명하다.

형태 특성

몸길이 보통 30~45㎝이며, 100㎝가 넘는 개체도 있다.
체색과 무늬 붉은빛이 나며 노란색 가로 줄이 2~3개 있고, 배 쪽은 색이 연하다. 머리도 붉고, 눈 뒤쪽 가장자리에 삼각형인 흰색 무늬가 있다. 등지느러미는 투명하며 연한 노란색이나 분홍색이다. 꼬리지느러미에는 세로 줄무늬가 5~6개 있으며, 위는 붉은색, 아래는 회청색이다.
주요 형질 옆으로 납작하고 길다. 머리 바로 뒤의 체고가 가장 높고 뒤로 갈수록 낮아진다. 측선은 몸 위쪽에서 일직선으로 이어진다. 비늘은 큰 사각형 빗비늘로 덮여 있다. 눈앞에 콧구멍이 2쌍 있다. 주새개골에 약한 가시가 2개 있으며, 전새개골 뒤 가장자리에는 미세한 톱니가 있다. 등지느러미는 1개로 꼬리자루까지 길게 이어진다. 꼬리지느러미 가장자리는 이중으로 휘었다.

생태 특성

서식지 수심 50~300m의 모래 또는 진흙으로 이루어진 갯벌 바닥에 산다.
먹이 습성 주로 갯지렁이류, 조개류나 갑각류, 어류를 먹는다.
행동 습성 산란기는 대개 6~10월이지만 지역에 따라 차이를 보여 제주도 근해에서는 10~11월이다. 수온 18℃ 전후인 수심 100m 해저에서 여러 차례 알을 낳는다. 산란에 참여하려면 암컷은 13㎝, 수컷은 22.5㎝ 이상 자라야 한다. 암컷은 만 1년에 일부가, 만 2년부터는 모두 알을 낳지만 수컷은 만 3년이 되어야 한다. 몸길이 25㎝ 이하에서는 암컷이 많지만 27~28㎝에서는 수컷이 많으며, 30㎝ 이상은 대부분 수컷이다. 펄이나 모래 바닥에 구멍을 파고 그 속에서 생활한다. 행동반경이 넓지 않으나 가을에는 북쪽으로, 봄에는 남쪽으로 이동한다.

국내 분포 제주도
국외 분포 일본 중부 이남, 남중국해, 아라푸라 해

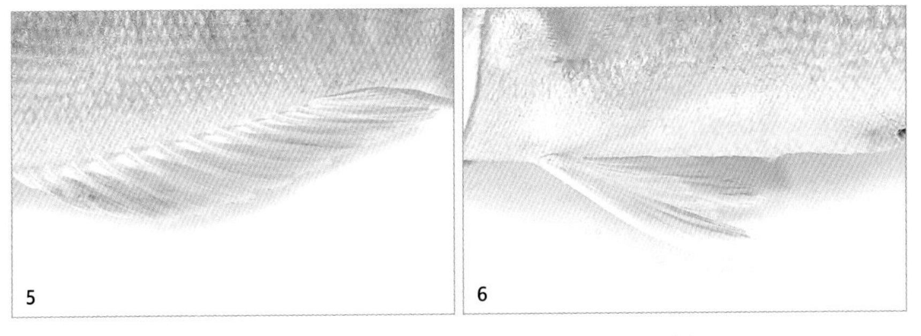

5 뒷지느러미는 흰색이며, 기조 수는 2극 12연조다. **6** 배지느러미는 흰색 바탕에 노란 빛을 띤다.

게르치

Scombrops boops (Houttuyn, 1782)

몸은 방추형이고 머리 위쪽과 배 쪽은 완만하다.

1 주둥이가 뾰족하며, 양턱에 매우 날카로운 송곳니가 1줄로 나 있다. **2** 등지느러미는 2개로 극조부와 연조부의 크기는 비슷하다. **3** 꼬리지느러미 안쪽으로 깊게 파였고, 가장자리가 검다. **4** 가슴지느러미 끝과 제1등지느러미 끝이 일치한다.

형태 특성

몸길이 3년생일 때 40㎝ 정도이며, 최대 100㎝까지 자란다.
체색과 무늬 등 쪽은 짙은 갈색이며, 배 쪽은 은백색이다. 측선은 등 쪽에 치우쳐 있다가 비스듬하게 꼬리지느러미 앞까지 이어진다. 눈 앞쪽에는 콧구멍이 2쌍 있다. 가슴지느러미는 황갈색이고, 뒤 가장자리가 검다. 등지느러미는 짙은 갈색이며, 배지느러미와 뒷지느러미는 노란색 바탕에 갈색 무늬가 고르게 분포한다. 꼬리지느러미는 황갈색으로 뒤 가장자리가 검은색이다.
주요 형질 방추형으로 주둥이가 뾰족하며, 머리 위쪽과 배 쪽은 완만하다. 눈은 크고, 양턱에 매우 날카로운 송곳니가 1줄로 나 있다. 등지느러미는 2개로 분리되었고, 극조부와 연조부의 크기는 비슷하다. 제1등지느러미 극조 수는 6개이며, 제2등지느러미와 뒷지느러미의 막은 육질처럼 두껍다.

생태 특성

서식지 치어는 연안 얕은 곳에 무리 지어 다니며, 성장하면 수심 200m 전후의 모래 바닥 또는 바위 지대에 산다.
먹이 습성 오징어류, 작은 어류, 갑각류를 먹는다.
행동 습성 산란기는 11월~3월이며, 산란기가 되면 얕은 바다로 이동한다.

국내 분포 남해
국외 분포 일본 홋카이도 이남, 동중국해, 대만 등의 태평양 서부 및 모잠비크, 아프리카 남부 등의 인도양

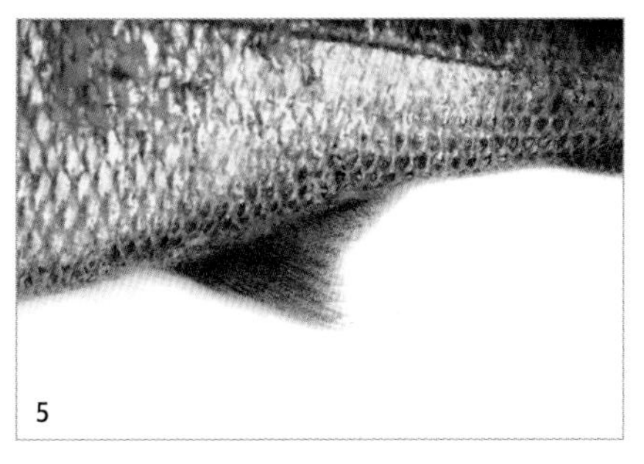

5 뒷지느러미는 황갈색을 띤다.

만새기
Coryphaena hippurus Linnaeus, 1758

몸은 길고, 옆으로 납작하다.

1 눈은 작고 위턱보다 아래턱이 더 길다. **2** 등지느러미는 암청색이며, 몸통에 암청색 작은 점이 흩어져 있다. **3** 뒷지느러미 **4** 가슴지느러미는 뒷면이 더 어둡다.

형태 특성

몸길이 최대 2m까지 자란다.

체색과 무늬 등 쪽은 회청색이며, 배 쪽은 황백색이다. 몸통에는 암청색 작은 점이 흩어져 있다. 등지느러미는 암청색이며, 그 외의 지느러미는 검은색이다. 어릴 때는 몸이 노랗지만 자라면서 노란색은 사라진다.

주요 형질 길고, 옆으로 납작하다. 머리 앞 가장자리가 거의 수직이며, 배지느러미 앞부분이 가장 높다. 눈은 작고 위턱보다 아래턱이 더 길다. 등지느러미는 눈 위쪽에서부터 나타나 꼬리자루까지 길게 이어진다. 꼬리지느러미 끝 가장자리가 깊게 파였다.

생태 특성

서식지 표층이나 중층에서 무리 지어 생활하며, 난대성으로 여름철에는 난류를 따라 고위도까지 나타난다.

먹이 습성 주로 멸치, 날치 등 작은 어류와 오징어류를 먹는다.

행동 습성 산란기는 7~9월로 대개 난바다에서 알을 낳는다. 수온이 상승하면 연안 가까이로 이동한다. 성적으로 성숙하기까지는 4~5개월이 걸린다.

국내 분포 동해, 제주도를 비롯한 남해

국외 분포 태평양, 대서양, 인도양의 열대 및 온대 해역

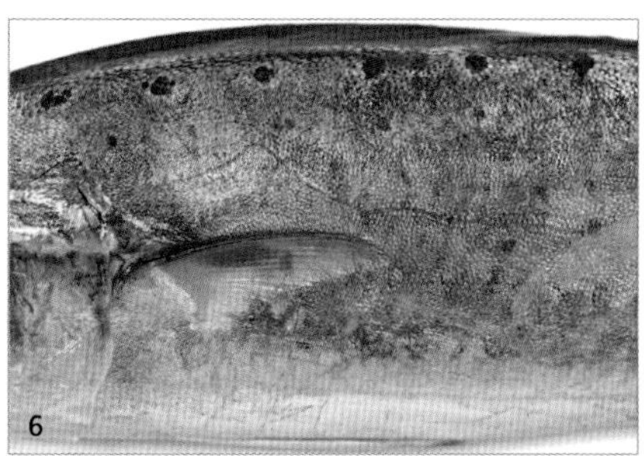

5 꼬리지느러미 끝 가장자리가 깊게 파였다. **6** 가슴지느러미가 매우 작다.

날쌔기

Rachycentron canadum (Linnaeus, 1766)

몸 앞부분은 원통형이나 뒤쪽으로 갈수록 옆으로 납작해지며 가늘어진다.

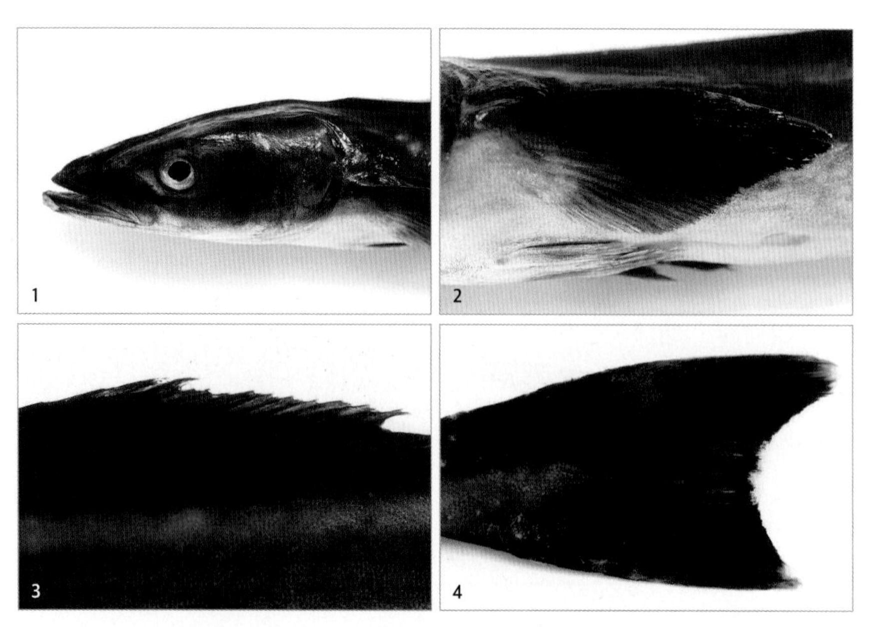

1 입가에는 콧구멍의 앞과 아래턱에 각각 수염이 1쌍 있다. **2** 가슴지느러미 가시의 바깥 가장자리에는 톱니가 있다. **3** 등지느러미는 분리된 짧은 가시 8개로 되어 있으며, 매우 작다. **4** 꼬리지느러미 초승달 모양으로 위쪽이 아래쪽보다 길다.

형태 특성

몸길이 보통 30~40㎝이며, 최대 1.5m까지 자란다.
체색과 무늬 전반적으로 검은색이며, 머리 밑면과 배 부분은 흰색이다. 몸통 옆면에 무늬가 없지만 구름처럼 얼룩한 암갈색 무늬가 있는 경우도 있다. 각 지느러미는 흑갈색이다.
주요 형질 몸의 앞부분은 원통형이나 뒤로 갈수록 옆으로 납작해지며 가늘어진다. 머리 앞부분은 위아래로 몹시 납작하다. 몸에는 비늘이 없고, 점액질이 발달했으며, 측선은 선명하고 몸통 옆면 가운데에 직선으로 나 있다. 위턱이 아래턱보다 짧아 입은 주둥이 끝에서 위를 향해 벌어진다. 입가에는 콧구멍의 앞쪽과 아래턱 부근에 각각 수염이 1쌍 있다. 가슴지느러미 가시의 바깥 가장자리에는 톱니가 나 있다. 등지느러미는 분리된 짧은 가시 8개로 이루어졌으며 매우 작다. 꼬리지느러미는 초승달 모양으로 위쪽이 아래쪽보다 길다.

생태 특성

서식지 수심 10~120m 연안의 표층이나 중층에 산다.
먹이 습성 주로 게류, 오징어류, 어류를 먹는다.
행동 습성 서부 대서양에서 수온이 따뜻한 몇 개월 동안 알을 낳는다. 주로 단독으로 생활한다. 빨판상어류와 같이 대형 어류를 따라 다니는 습성이 있다. 수명은 15년이다.

국내 분포 제주도를 비롯한 남해
국외 분포 동태평양을 제외한 세계의 열대와 아열대 해역

5 양 턱에 날카로운 이빨이 있다. **6** 뒷지느러미는 흑갈색이다.

유전갱이

Carangoides coeruleopinnatus (Rüppell, 1830)

동종이명: *Carangoides uii* (Wakiya, 1924)

몸은 옆으로 납작하며, 체고가 높다. 몸길이가 짧아서 체형은 원형에 가깝다.

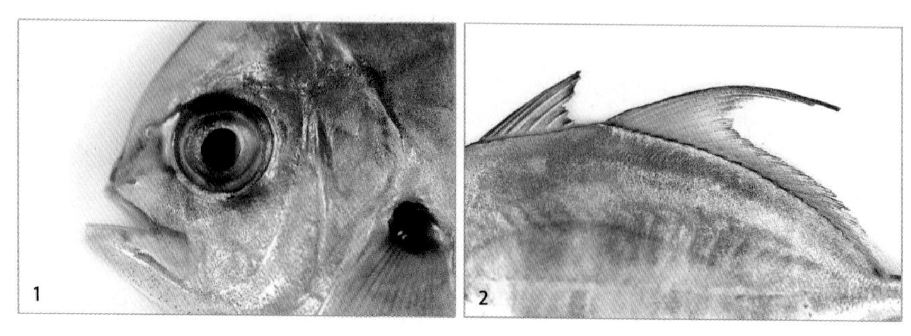

1 입은 끝이 약간 뭉툭하고 눈의 지름보다 짧으며, 아래턱과 위턱의 길이는 같다. **2** 등지느러미는 2개로 제1등지느러미 기조수는 8극조, 제2등지느러미는 1극 20~23연조다.

형태 특성

몸길이 40㎝ 정도다.
체색과 무늬 등 쪽은 청록색이며, 배 쪽은 은회색이다. 몸 전체에 작은 노란색 점들이 수없이 흩어져 있다. 아가미뚜껑 위 가장자리에 검은색 점이 있다. 지느러미에 무늬는 없고 등지느러미, 뒷지느러미는 어둡고 특히 끝부분이 검다. 가슴지느러미와 꼬리지느러미는 연한 노란색인 경우가 많다. 배지느러미는 투명하거나 회색이다. 어릴 때는 어두운 색 세로무늬가 나타나지만 자라면서 희미해진다.
주요 형질 몸은 옆으로 납작하며, 체고가 높다. 몸길이가 짧고 원형에 가까워 전갱이과 다른 종들과 구별된다. 측선은 선명하며, 눈 위쪽 아가미 끝에서부터 나타나 등의 윤곽선과 평행하게 지나간다. 직선 부분에 인판이 16~20개 있다. 꼬리부분 측선이 지나가는 자리에는 방패비늘이 있고, 비늘의 수는 19~23개다. 머리는 크고, 눈은 옆면 가운데에서 약간 위쪽에 있다. 입은 끝이 약간 뭉툭하고 눈의 지름보다 짧다. 아래턱과 위턱의 길이는 같다. 등지느러미는 2개로 뚜렷이 구분되며, 제1등지느러미 기조 수는 8극조, 제2등지느러미는 1극 20~23연조다. 등지느러미와 뒷지느러미 1번째 연조는 어렸을 때는 실처럼 길게 연장되다가 자라면서 연장부가 사라진다. 꼬리지느러미는 안쪽으로 깊이 파였다.

생태 특성

서식지 주로 연안에 산다.
먹이 습성 주로 새우, 플랑크톤, 연체류, 치어 등을 먹는다.
행동 습성 작은 무리를 짓거나 단독생활을 하며, 이빨이 약해 큰 먹이는 먹지 못한다. 생태에 관한 것은 거의 알려진 바가 없다.

국내 분포 남해
국외 분포 일본 남부, 사모아, 통가, 호주, 뉴칼레도니아, 동아프리카 등

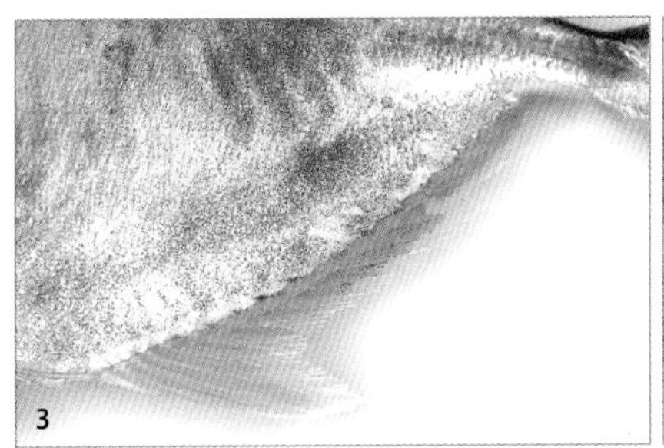

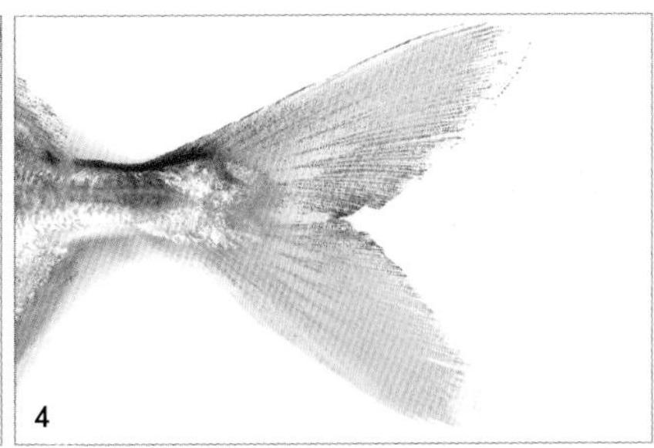

3 뒷지느러미 1번째 연조는 어렸을 때 실처럼 길게 연장되다가 자라면서 연장부가 없어진다. **4** 꼬리지느러미는 안쪽으로 깊이 파였다. 측선은 선명하며 직선 부분에 인판이 16~20개 있다.

갈전갱이

Kaiwarinus equula (Temminck and Schlegel, 1844)

몸은 옆으로 납작하며, 체고가 높고 길이가 짧은 난원형이다.

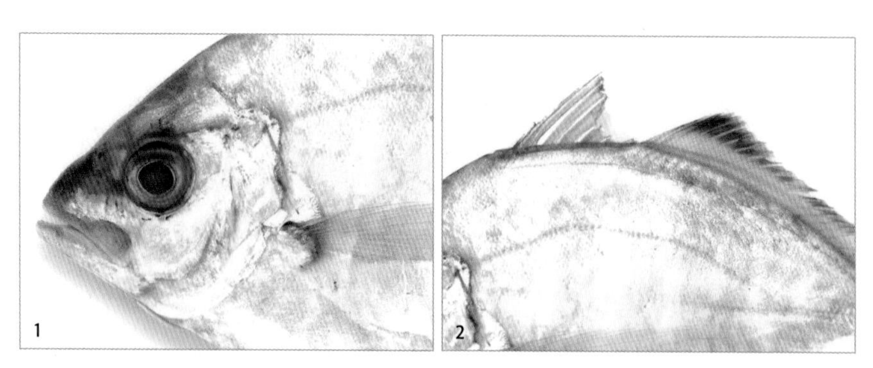

1 주둥이는 짧지만 뾰족하고 입은 약간 경사졌다. **2** 등지느러미의 극조부는 3번째 가시가 가장 길고, 연조부는 1번째가 가장 길다.

형태 특성

몸길이 최대 몸길이는 약 25㎝이다.
체색과 무늬 등 쪽은 푸른색이며, 가운데부터 점점 밝아져 배 쪽은 은백색을 띤다. 등지느러미 극조부는 투명한 바탕에 검은색 소포가 조밀하게 분포하며, 연조부는 중간 이후로 검고 끝 가장자리가 희다. 가슴지느러미는 투명하며, 뒷지느러미는 노란색이고, 가장자리는 흰색이다. 꼬리지느러미는 노란색이며, 가장자리는 검은색이다.
주요 형질 몸은 옆으로 납작하며 체고가 높고, 짧은 난원형이다. 측선은 몸 앞부분에서 둥글게 휘어졌고, 뒤쪽부터는 일직선이다. 측선이 일직선이 되는 지점에서부터 날카롭고 단단한 모비늘이 나타난다. 주둥이는 짧지만 뾰족하고 입은 약간 경사졌다. 가슴지느러미는 매우 길고, 낫처럼 약간 휘었다. 등지느러미는 2개로 제1등지느러미 기조 수는 8극조, 제2등지느러미는 1극 23~25연조다. 등지느러미의 극조부는 3번째 가시가 가장 길고, 연조부는 1번째 연조가 가장 길다. 뒷지느러미는 앞쪽 극조 2개가 분리되었으며, 등지느러미 연조부와 위치와 형태에서 대칭을 이룬다. 꼬리지느러미는 깊게 파였다.

생태 특성

서식지 연안성으로 수심 90~200m의 모래 바닥, 개펄 바닥에 많이 산다.
먹이 습성 주로 오징어류, 동물플랑크톤, 갑각류, 어류를 먹는다.
행동 습성 산란기는 9~11월로 구형 분리 부성란을 낳는다.

국내 분포 동해 남부와 남해
국외 분포 일본 남부에서 아라푸라 해, 호주, 피지에 이르는 태평양 및 인도양

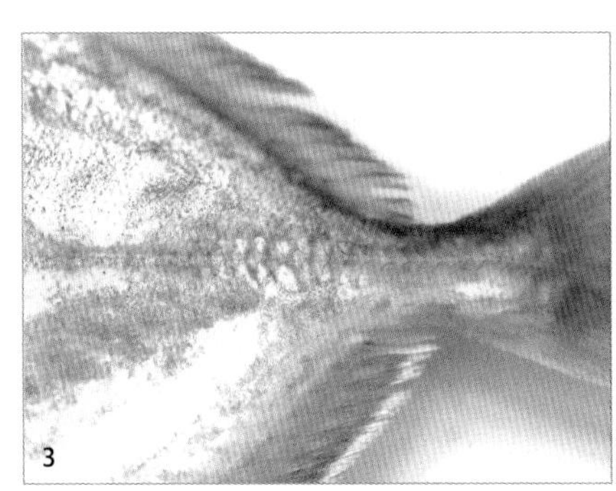

3 측선이 일직선이 되는 지점에서부터 날카롭고 단단한 모비늘이 나타난다. **4** 꼬리지느러미 끝부분은 깊게 파였다.

잿방어

Seriola dumerili (Risso, 1810)

몸은 방추형으로 짧고 통통하며, 체고가 높다.

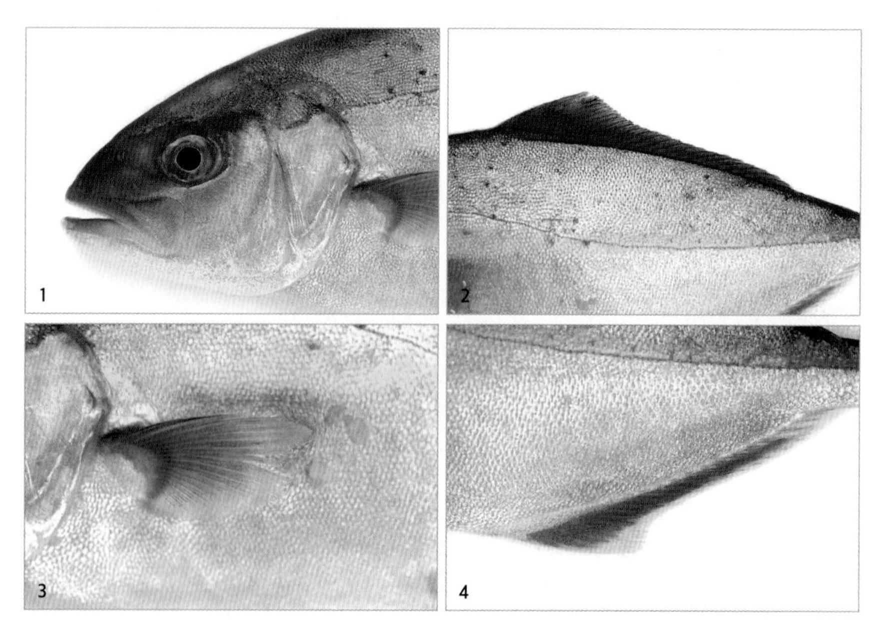

1 주둥이는 둥글고 아래턱과 위턱의 길이는 비슷하다. **2** 등지느러미는 2개로 제1등지느러미는 6~7극조, 제2등지느러미는 1극 29~35연조다. **3** 노란색 세로 줄무늬가 머리에서 꼬리지느러미 앞까지 이어진다. **4** 뒷지느러미 기조 수는 3극 18~22 연조다.

형태 특성

몸길이 보통 1~1.5m이며, 최대 2m까지 자란다.

체색과 무늬 등 쪽은 노란색이고 배 쪽은 은백색이다. 유사종인 방어는 바탕이 푸른색이기 때문에 서로 구별된다. 머리에 있는 검은색 팔자무늬도 방어와 다른 점이다. 노란색 세로 줄무늬가 머리에서 꼬리지느러미 앞까지 이어진다. 꼬리지느러미 끝 가장자리가 희다.

주요 형질 방추형으로 짧고 통통하며, 체고가 높다. 측선에는 모비늘이 없고, 몸의 중간까지는 등 쪽으로 휘어졌고 뒤쪽은 일직선이다. 비늘은 매우 작은 빗비늘이다. 주둥이는 둥글고 아래턱과 위턱의 길이는 비슷하다. 등지느러미는 2개로 제1등지느러미는 6~7극조, 제2등지느러미는 1극 29~35연조이며, 뒷지느러미는 3극 18~22연조다. 뒷지느러미의 극조 2개는 작고 분리되었다. 꼬리지느러미는 가다랑어형이다.

생태 특성

서식지 연안의 수심 20~70m 부근에 산다.

먹이 습성 육식성으로 주로 오징어류, 어류, 갑각류를 먹는다.

행동 습성 산란기는 3~8월이며, 수온이 22~25℃일 때 알을 낳는다. 알에 점성이 없어 서로 떨어지는 부성란을 낳는다. 부화한 새끼는 바다 위에 떠다니는 해조류 밑에서 생활하다가 몸길이가 10㎝ 이상으로 성장하면 연안의 중층, 하층 해역으로 옮겨가 생활한다. 유사종인 방어보다 따뜻한 물을 좋아하는 남방계 어류다.

국내 분포 동해, 제주도를 비롯한 남해

국외 분포 태평양 동부를 제외한 전 세계의 온대와 열대 해역

5 꼬리지느러미 끝 가장자리가 희다.

부시리

Seriola lalandi Valenciennes, 1833

몸은 방추형이다. 모양은 방어와 유사하지만 방어보다는 체고가 낮다.

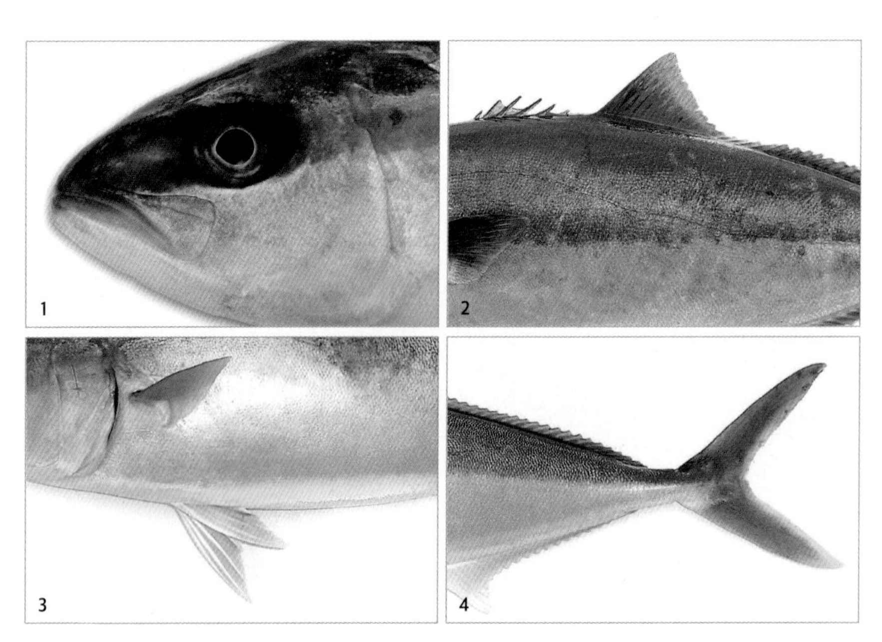

1 위턱의 가장자리 끝이 둥글다. **2** 등지느러미는 극조부와 연조부로 뚜렷하게 구분되며, 극조부의 기조 수는 6극조이다. **3** 가슴지느러미는 배지느러미보다 짧아서 유사종인 방어와 구별된다. **4** 꼬리지느러미는 노란색이다.

형태 특성

몸길이 보통 1~1.5m이며, 최대 2.2m까지 자란다.
체색과 무늬 등 쪽은 청록색이며 배 쪽은 은백색이다. 측선을 따라 노란색 세로띠가 꼬리자루까지 이어진다.
주요 형질 방추형이다. 모양은 방어와 비슷하지만 방어보다 체고가 낮다. 머리 앞에는 콧구멍이 2쌍 있으며 그 둘은 매우 가까이 있어 마치 1개로 보인다. 위턱의 가장자리 끝이 둥글다. 가슴지느러미는 배지느러미보다 짧아서 유사종인 방어와 구별된다. 등지느러미는 극조부와 연조부로 뚜렷하게 구분되며, 극조부의 기조 수는 6극조이다.

생태 특성

서식지 주로 수심 10~800m의 연안에 산다.
먹이 습성 주로 작은 오징어류, 갑각류, 어류를 먹는다.
행동 습성 산란기는 5~8월이며, 부유성 알을 낳는다. 단독 혹은 무리 지어 생활하며, 때때로 바위 주변에서도 산다. 조류의 흐름이 거의 없거나 수온이 급격하게 떨어지는 등 특수한 경우를 제외하고는 하층으로 내려가지 않는다. 연안의 표층에서 생활하다가 먹이를 발견하면 무리 지어 먹는다.

국내 분포 제주도를 비롯한 남해
국외 분포 일본, 대만을 포함한 남태평양 연안

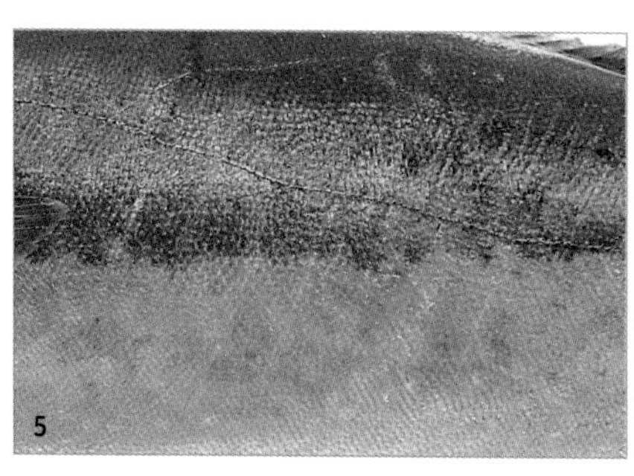

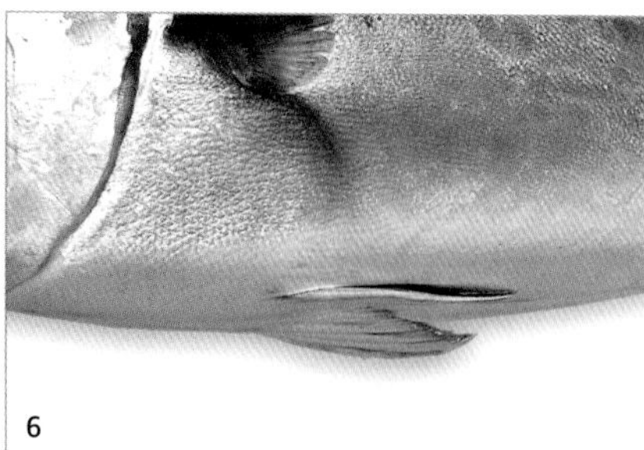

5 측선을 따라 노란색 가로 띠가 꼬리까지 이어진다. **6** 배지느러미가 매우 짧다.

방어

Seriola quinqueradiata Temminck and Schlegel, 1845

몸은 긴 방추형이며, 옆으로 납작하다.

1 위턱의 가장자리가 직각이라서 유사종인 부시리와 구별된다. **2** 등지느러미는 2개로 구분되며, 제1등지느러미는 작고, 기조 수는 6극이다. **3** 가슴지느러미와 배지느러미가 끝나는 선은 같다. **4** 가슴지느러미는 작은 편이다.

형태 특성

몸길이 생후 1년이면 25~30㎝까지 자라고, 보통 60~80㎝이며, 최대 110㎝까지 자란다.

체색과 무늬 등 쪽은 짙은 푸른색이고 배 쪽은 은백색이며 몸 가운데에는 희미한 노란색 가로띠가 나타난다.

주요 형질 긴 방추형이며, 옆으로 납작하다. 몸은 작은 원린으로 덮여 있지만, 눈과 눈 사이에는 비늘이 없다. 눈은 주둥이 앞쪽과 수평선상에 있다. 머리 앞에는 콧구멍이 2쌍 있으며, 두 콧구멍의 간격이 매우 좁아서 1개로 보인다. 위턱의 가장자리가 직각이라서 유사종인 부시리와 구별된다. 양턱에 융모형 이빨이 띠를 이루며 나 있다. 가슴지느러미, 배지느러미는 작은 편이다. 등지느러미는 2개로 나뉘며, 제1등지느러미는 작고, 기조 수는 6극이다. 제2등지느러미는 지느러미막으로 연결되어 꼬리지느러미까지 이어진다. 꼬리자루에는 희미한 융기선이 1줄 있다.

생태 특성

서식지 주로 연안부의 수심 5~20m인 중층이나 하층에서 유영하며 산다.

먹이 습성 치어 시기에는 요각류를 주로 먹으며, 성어 시기에는 오징어류 및 작은 어류를 먹는다.

행동 습성 온대성으로 산란기는 2~6월이며, 최소 60㎝ 정도 자라야 산란에 참여한다. 먼바다에서 부유성 알을 낳는다. 전체 길이 10㎝ 전후까지는 표층에 떠다니는 해조류 아래에서 생활한다. 봄~여름에는 먹이를 찾고자 북쪽으로 이동했다가 가을~겨울에 산란하고자 남쪽으로 돌아온다. 주로 밤에 활동하며, 겨울철이 되면 제주 서귀포, 모슬포 앞바다에서 큰 무리를 지어 나타난다. 몸무게는 2~8㎏이며, 수명은 8년 정도다.

국내 분포 제주도를 비롯한 남해

국외 분포 일본, 대만, 북서태평양의 남중국해, 동중국해 등

5 꼬리자루에는 희미한 융기선이 1줄 있다.

전갱이

Trachurus japonicus (Temminck and Schlegel, 1844)

몸은 방추형이며 옆으로 납작하고 체고가 낮다.

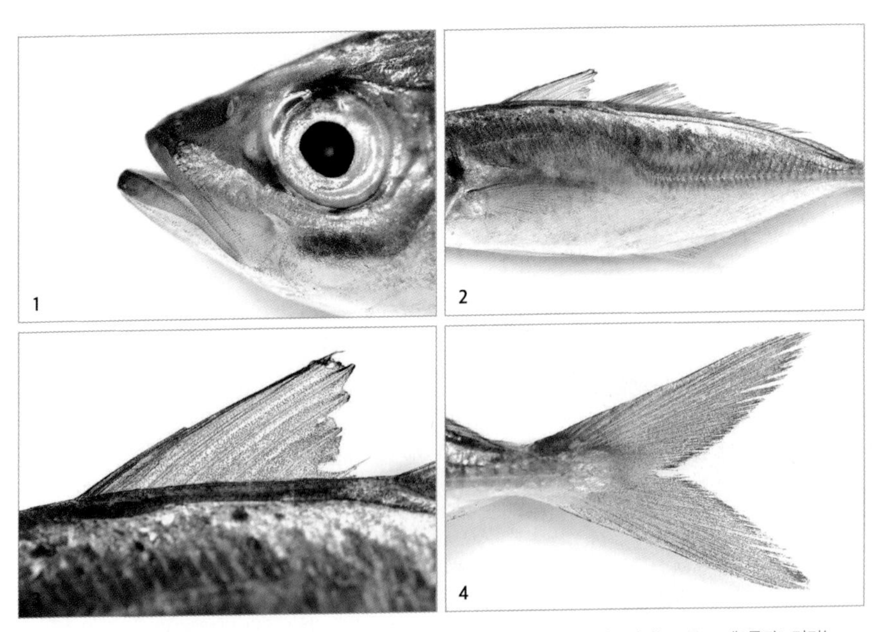

1 주둥이가 뾰족하고 위턱과 아래턱의 길이가 비슷하다. **2** 등지느러미는 2개로 제1등지느러미는 8극조, 제2등지느러미는 1극 30~35연조다. **3** 등지느러미는 투명하다. **4** 꼬리지느러미는 가다랑어형이며, 매우 잘록하다.

형태 특성

몸길이 보통 20~30㎝이며, 최대 40㎝까지 자란다.
체색과 무늬 등 쪽이 암청색이며, 배는 은백색이다. 몸통에 암색 가로 줄무늬가 여러 개 있다. 아가미 뚜껑 끝과 꼬리지느러미는 어둡고, 그 외의 지느러미는 투명하며 가장자리가 검다.
주요 형질 방추형이며 옆으로 납작하고 체고가 낮다. 측선은 등 쪽에 치우쳐 일직선으로 이어지다가 제2등지느러미 기부 아래에서 배 쪽으로 휘어진 뒤 몸 가운데를 가로지르며, 측선 전체는 모비늘로 덮여 있다. 주둥이가 뾰족하고 위턱과 아래턱의 길이가 비슷하다. 양턱에 이빨 1줄이 희미하게 나 있다. 눈 주위로 기름 눈꺼풀이 발달했다. 가슴지느러미는 매우 길다. 등지느러미는 2개로 제1등지느러미는 8극조, 제2등지느러미는 1극 30~35연조다. 뒷지느러미는 3극 26~30연조다. 뒷지느러미의 앞쪽 극조 2개는 작고 분리되었다. 꼬리지느러미는 가다랑어형이며, 매우 잘록하다.

생태 특성

서식지 연안의 중층과 저층에 산다.
먹이 습성 치어 시기에는 주로 동물플랑크톤을 먹으며, 성어 시기에는 주로 오징어류, 어류, 갑각류를 먹는다.
행동 습성 회유성 어종으로 온대성이다. 산란기는 4~7월이며, 수온이 15~26℃인 곳에서 점성이 없는 부성란을 낳는다. 부화한 새끼는 연안의 표층에 살다가 자라면서 깊은 곳으로 이동한다.

국내 분포 전 해역
국외 분포 전 세계의 온대해역

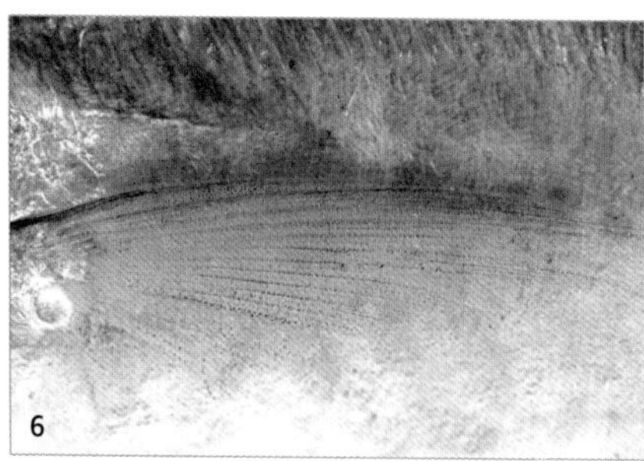

5 뒷지느러미 기조 수는 26~30 연조다. **6** 가슴지느러미는 투명하며, 비교적 길다.

주둥치

Nuchequula nuchalis (Temminck and Schlegel, 1845)

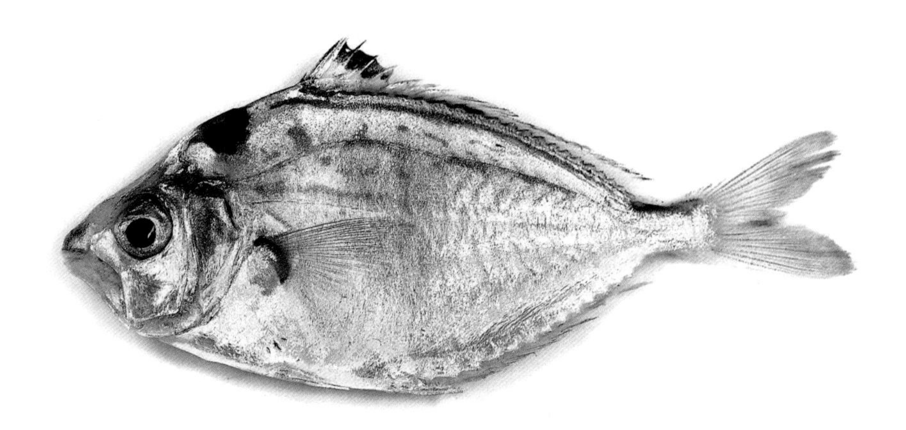

몸은 옆으로 매우 납작하다. 몸은 은백색이고 옆면 아래쪽과 배에는 작은 점들이 흩어져 있다.

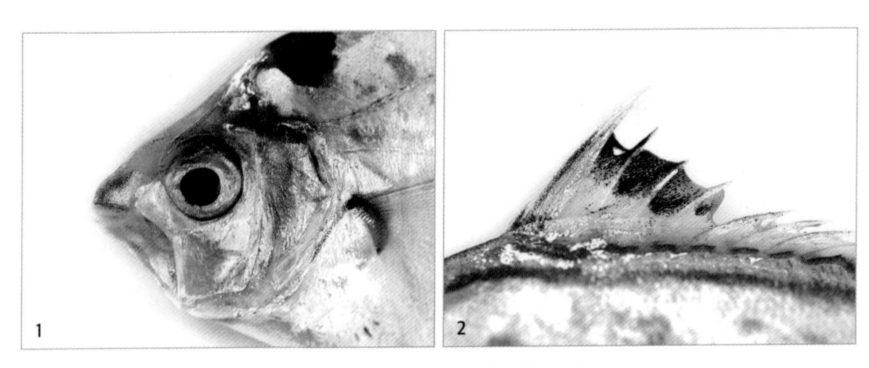

1 위턱은 아래턱보다 약간 길다. **2** 등지느러미 극조 앞부분에 눈 크기의 검은 점이 있다.

형태 특성

몸길이 보통 10~14㎝이며, 최대 17㎝까지 자란다.
체색과 무늬 몸 전체는 흰색이고, 옆면 아래쪽과 배에는 작고 검은 점들이 흩어져 있다. 등지느러미 시작점의 바로 아래, 몸통 가운데와 그 사이에 연한 갈색 가로무늬가 있다. 등지느러미 극조 앞부분에 눈 크기의 검은 점이 있다.
주요 형질 옆으로 아주 납작하다. 몸은 잘 떨어지는 작은 비늘로 덮여 있지만, 머리에는 비늘이 없다. 측선은 뚜렷하며 등 쪽으로 휘었다. 주둥이가 앞으로 길게 튀어나온 것이 특징이며, 위턱은 아래턱보다 약간 길다. 새파 수는 20~22개이고, 제2등지느러미 연조 수는 15개, 뒷지느러미 연조 수는 15개이다. 꼬리지느러미는 상·하엽이 뚜렷하게 구별된다.

생태 특성

서식지 수심이 얕은 강 하구에서 무리 지어 산다.
먹이 습성 주로 저서성 등각류, 단각류, 패류, 해조류를 먹는다.
행동 습성 난류성으로 내만에 무리를 이루어 살며, 때때로 기수역이나 하천으로 올라오기도 한다. 산란기는 6~7월이고, 수온 23℃에서 점성이 없는 원형 부성란으로 수정한 뒤 31시간을 전후해 부화한다. 수정란은 무색투명하다. 위턱의 앞 뼈와 액골을 마찰시켜 소리를 낸다.

국내 분포 서해와 남해의 연안이나 기수역
국외 분포 일본, 동중국해 및 태평양

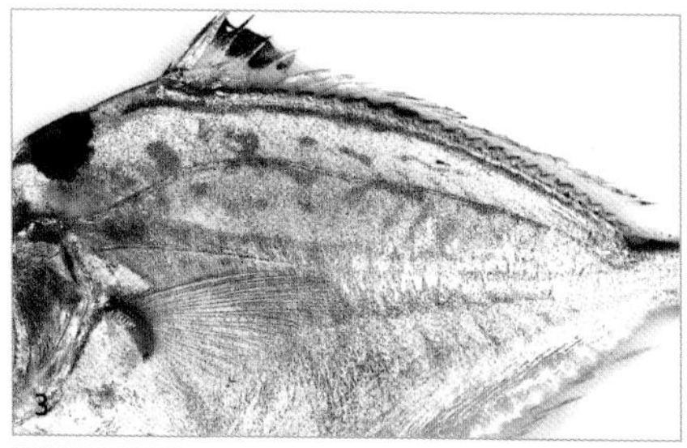

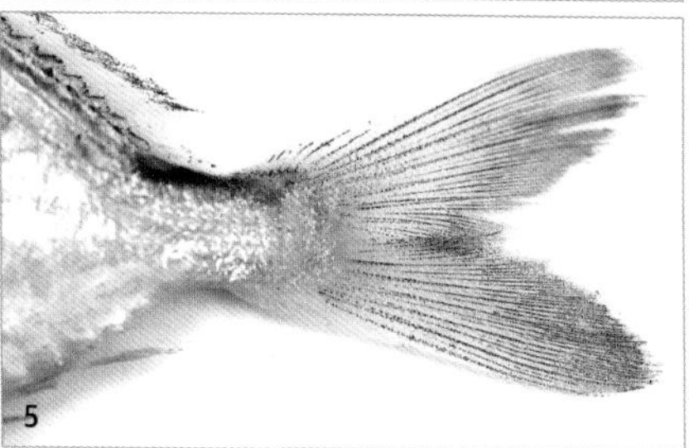

3 등지느러미 시작점의 바로 아래, 몸통 가운데와 그 사이에 연한 갈색 가로무늬가 있다. **4** 가슴지느러미는 투명하다. **5** 꼬리지느러미는 상·하엽이 뚜렷하게 구별된다.

선홍치

Erythrocles schlegelii (Richardson, 1846)

몸은 길고 약간 둥근 방추형에 가깝다.

1 눈은 비교적 크며 두 눈 사이는 넓다. 아래턱이 위턱보다 튀어나왔고, 양턱에 흔적 같은 이빨이 나 있다. **2** 등지느러미는 2개로 제1등지느러미 기조 수는 10~11극, 제2등지느러미는 10~12연조다. **3** 가슴지느러미는 선명하게 붉은색을 띤다. **4** 꼬리지느러미 끝이 깊게 파였다.

형태 특성

몸길이 보통 50~60㎝이며, 최대 72㎝까지 자란다.

체색과 무늬 등 쪽은 암적색이고, 몸통 가운데와 배 쪽은 은백색이다. 등지느러미와 뒷지느러미의 막은 투명하고, 그 외의 지느러미는 선명하게 붉다.

주요 형질 길고 약간 둥근 방추형이다. 몸은 큰 사각형 빗비늘로 덮여 있지만 입술 부위에는 비늘이 없다. 눈은 비교적 크며 두 눈 사이는 넓다. 아래턱이 위턱보다 튀어나왔고, 양턱에 흔적 같은 이빨이 나 있다. 주새개골에 뾰족한 극이 1개 있다. 등지느러미는 2개로 제1등지느러미 기조 수는 10~11극, 제2등지느러미는 10~12연조이며, 뒷지느러미는 3극 9~10연조다. 꼬리지느러미 끝이 깊게 파였다. 체색은 붉은선홍치와 비슷하지만, 붉은선홍치는 제1등지느러미와 제2등지느러미 사이에 분리된 가시가 있어 잘 구별된다.

생태 특성

서식지 수심 100~350m의 암초 지대에 산다.

먹이 습성 갑각류, 작은 어류를 먹는다.

행동 습성 난류성 어종으로 최근 많이 발견되지만, 생태에 대해 알려진 바는 없다.

국내 분포 동해 남부와 제주도를 비롯한 남해

국외 분포 일본 남부, 아프리카 남부 등의 인도양 해역

5 뒷지느러미 기조 수는 3극 9~10연조다.

군평선이

Hapalogenys mucronatus (Eydoux and Souleyet, 1850)

몸은 옆으로 납작하고, 체고가 높으며 짧다.

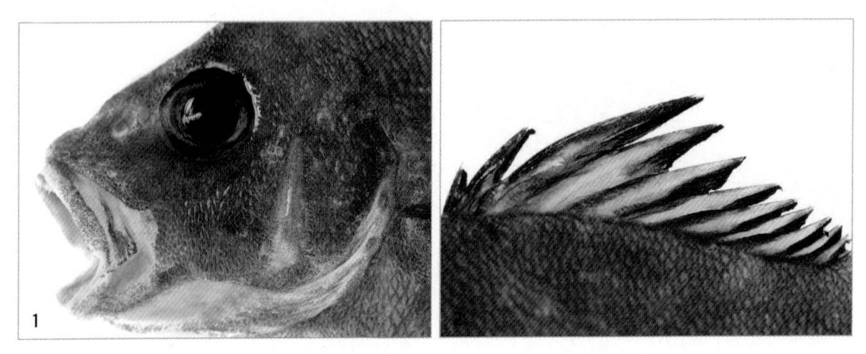

1 눈은 크며, 눈 사이가 약간 솟았다. **2** 등지느러미 극조의 제3가시가 가장 크고 단단하며, 기조 수는 11극 15연조다.

형태 특성

몸길이 27㎝ 정도다.

체색과 무늬 황갈색 바탕에 넓은 암갈색 무늬가 5~6개 있다. 가슴지느러미는 노란색이며, 배지느러미와 뒷지느러미는 어둡다. 등지느러미와 뒷지느러미 연조부의 끝, 꼬리지느러미 가장자리가 검다.

주요 형질 몸은 옆으로 납작하고, 체고는 높지만 몸길이는 짧다. 눈은 크며 눈 사이가 약간 솟았다. 위턱과 아래턱의 길이는 비슷하고, 양턱에 미세한 이빨이 무리 지어 나 있다. 아래턱 아래에 짧은 수염이 있으며 구멍이 4개 있다. 등지느러미 기조 수는 11극 15연조, 뒷지느러미 기조 수는 3극 9연조다. 등지느러미 극조의 제3가시가 가장 크고 단단하다. 꼬리지느러미 끝부분은 바깥쪽으로 삼각형을 이룬다.

생태 특성

서식지 겨울철에는 소코트라 남부 해역(수심 60~70m)에 살다가 봄이 되면 동중국 및 우리나라 연안의 얕은 바다로 이동해 모래나 개펄에 무리 지어 산다.

먹이 습성 주로 저서성 무척추동물을 먹는다.

행동 습성 산란기는 4월~8월이며, 연안에 알을 낳는다.

국내 분포 서해와 남해

국외 분포 일본 남부, 대만, 동중국해

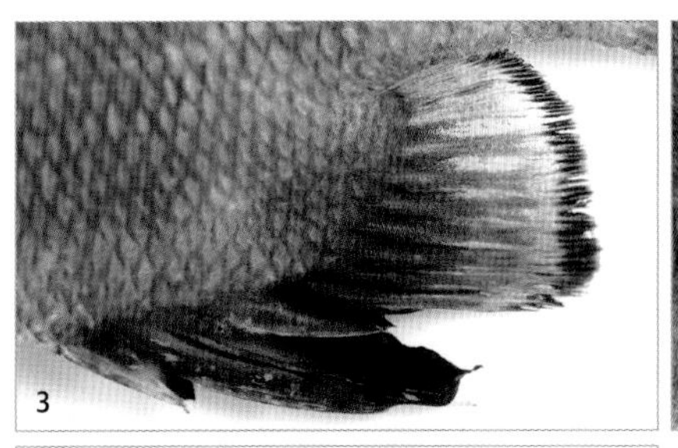

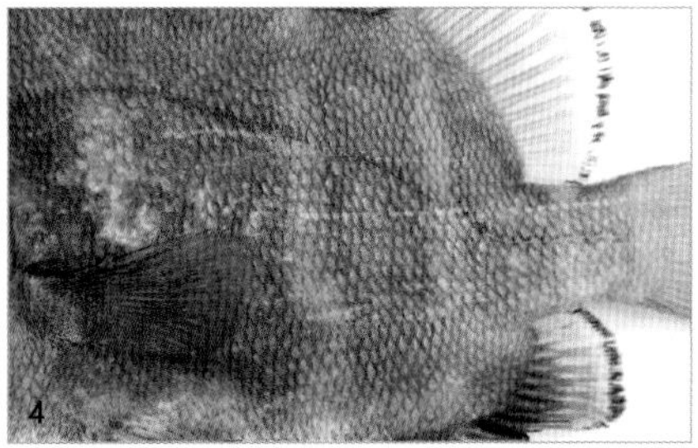

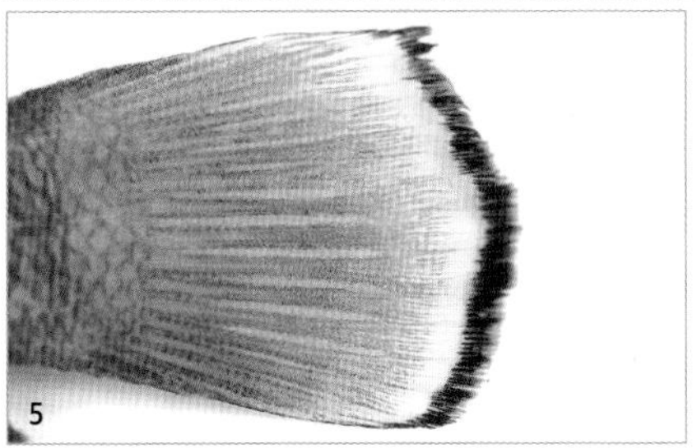

3 뒷지느러미 기조 수는 3극 9연조다. **4** 몸통에는 넓은 암갈색 무늬가 5~6개 있다. **5** 꼬리지느러미 끝부분은 삼각형이며, 가장자리가 검은색이다.

어름돔

Plectorhinchus cinctus (Temminck and Schlegel, 1843)

체고가 높고 옆으로 납작한 난형이다.

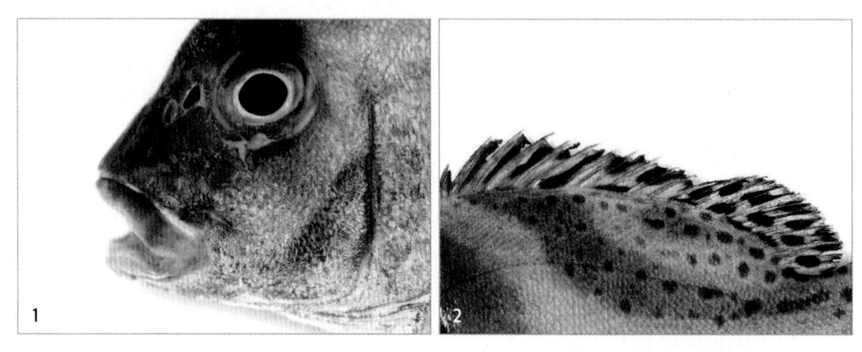

1 눈은 등 쪽에 치우쳐 있고, 입술은 두껍고 양턱에 작은 이빨이 있다. **2** 등지느러미 기조 수는 12극 15~17연조다.

형태 특성

몸길이 부화한 뒤 1년이면 10㎝, 2년생은 21㎝, 3년생은 32㎝, 7년이 되면 60㎝까지 자란다.

체색과 무늬 진회색 바탕에 넓은 흑갈색 줄무늬가 세로로 3개 있으며, 2번째와 3번째 줄무늬에는 검은색 반문이 흩어져 있다. 등지느러미와 꼬리지느러미는 연한 노란색 바탕에 검은색 반문이 있다. 배지느러미와 뒷지느러미는 검은색이다.

주요 형질 체고가 높고 옆으로 납작한 난형이다. 측선은 등의 외곽선과 평행하다가 꼬리자루에서 휘어져 내려온다. 눈은 등 쪽에 치우쳐 있고, 입술은 두꺼우며 양턱에 작은 이빨이 있다. 아래턱 아래 앞쪽에 작은 구멍이 3쌍 있다. 전새개골 뒤쪽 가장자리가 거칠다. 등지느러미 기조 수는 12극 15~17연조, 뒷지느러미 기조 수는 3극 7~8연조다. 꼬리지느러미는 직선이지만 가장자리는 약간 둥그스름하다.

생태 특성

서식지 저서성으로 치어는 해초가 많은 연안의 바위 지대에 살고, 성어가 되면 좀 더 깊은 곳으로 이동한다.

먹이 습성 주로 새우류, 젓새우류, 게류 등의 갑각류를 먹는다.

행동 습성 산란기는 5~6월이며, 부화한 치어는 무리를 이루어 내만에 살기도 한다.

국내 분포 서해와 남해

국외 분포 일본 남부, 남중국해, 아라비아 해(인도양)

3 뒷지느러미 기조 수는 3극 7~8연조다. **4** 꼬리지느러미는 직선이지만 가장자리는 약간 둥그스름하다.

네동가리

Parascolopsis inermis (Temminck and Schlegel, 1843)

몸과 머리는 옆으로 납작하며, 긴 타원형이다. 눈은 크고 앞쪽에 작은 콧구멍이 2쌍 있다.

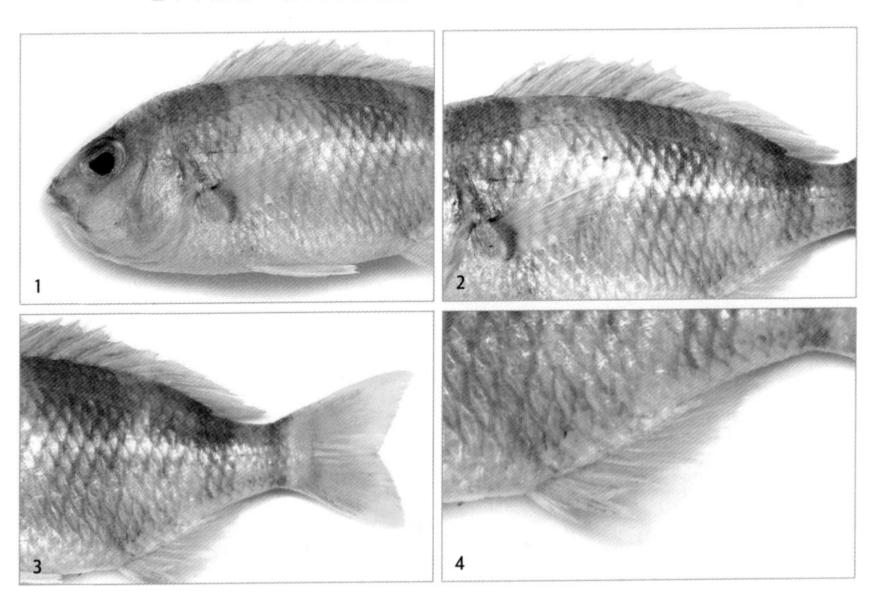

1 눈의 지름과 입의 길이는 비슷하다. 입은 작고, 양턱의 앞쪽에 송곳니가 있다. **2** 등지느러미 기조 수는 10극 9연조이며, 몸통에는 짙은 붉은색 가로무늬가 4줄 나 있다. **3** 꼬리지느러미는 노란색이며, 안쪽으로 얕게 파였다. **4** 뒷지느러미 기조 수는 3극 7연조다.

형태 특성

몸길이 보통 12~18㎝이며, 최대 35㎝까지 자란다.
체색과 무늬 몸은 오렌지색이며, 등 쪽으로 치우친 짙은 붉은색 가로무늬가 4줄 있다. 이 무늬는 극조부의 앞쪽과 가운데, 뒤쪽에 1개씩 있고, 꼬리 쪽에 1개가 있다. 모든 지느러미는 선명한 노란색이지만, 배지느러미와 뒷지느러미는 짙은 흰색이다.
주요 형질 몸은 옆으로 납작하며, 긴 타원형이다. 몸은 빗비늘로 덮여 있지만, 두 눈 사이와 그 앞쪽 안전골 부위, 입술, 아래턱의 아래에는 비늘이 없다. 측선은 등 쪽 외곽선과 평행하며, 측선의 비늘 수는 34~35개다. 눈은 크고 그 앞쪽에 작은 콧구멍이 2쌍 있다. 눈의 지름과 입의 길이는 비슷하다. 입은 작고, 양턱의 앞쪽에 송곳니가 있다. 등지느러미는 1개이고, 극조부와 연조부의 경계가 불명확하다. 극조 사이의 막은 다소 깊게 파였다. 등지느러미 기조 수는 10극 9연조, 뒷지느러미 기조 수는 3극 7연조다. 꼬리지느러미는 안쪽으로 얕게 파였다.

생태 특성

서식지 저서성으로 수심 60~130m의 암초 지대나 조개껍데기가 섞인 모래 바닥에 주로 산다.
먹이 습성 주로 저서성 무척추동물을 먹지만 일부 동물플랑크톤, 작은 어류 등도 먹는다.
행동 습성 아직까지 생태에 대해 알려진 바가 없다.

국내 분포 서해와 제주도를 비롯한 남해
국외 분포 일본 중부 이남, 동중국해, 남중국해, 인도양 동부 등

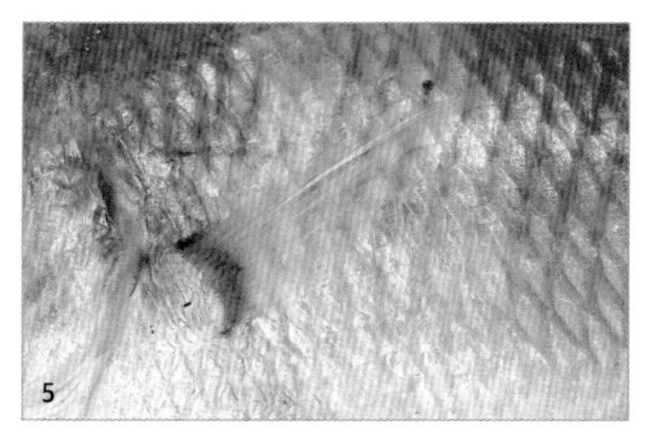

5 가슴지느러미는 노란색이다.

구갈돔

Lethrinus haematopterus Temminck and Schlegel, 1844

몸은 타원형이고 옆으로 납작하다.

1 입은 길게 튀어나왔으며, 눈 아래에는 비늘이 없다. **2** 등지느러미 기조 수는 10극 9연조다. **3** 뒷지느러미 기조 수는 3극 8연조다. **4** 꼬리지느러미는 안쪽으로 파였다.

형태 특성

몸길이 보통 40~50㎝이며, 최대 80㎝까지 자란다.
체색과 무늬 녹갈색 바탕에 노란빛이 도는 회갈색 띠가 흐릿하게 있다. 배 쪽은 색이 연하고, 머리와 각 지느러미는 노란색이다. 몸통 쪽의 각 비늘에는 푸른색 반점이 있다. 눈 아래에서 주둥이 쪽으로 푸른색 줄무늬가 여러 개 있다. 어린 시기에는 몸에 흑갈색 얼룩무늬가 있지만 자라면서 사라진다. 일부 개체는 아가미구멍 주변이 붉은빛을 띠는 경우도 있다. 등지느러미와 뒷지느러미 가장자리는 연한 적홍색을 띤다. 입 안 쪽은 붉은색이다.
주요 형질 타원형이고 옆으로 납작하며, 체고는 낮다. 측선은 등 쪽 외곽선과 평행하며, 등지느러미가 시작되는 기저부부터 측선 사이의 비늘열은 5개로 갈돔(6개)과 구별된다. 눈 아래에는 비늘이 없어 매끄럽다. 입은 길게 튀어나왔으며, 입술은 두껍고, 양턱 옆에 어금니가 있다. 등지느러미 기조 수는 10극 9연조, 뒷지느러미는 3극 8연조다. 꼬리지느러미는 깊게 파였으며 상엽과 하엽의 끝은 뾰족하다. 머리에는 비늘이 없고, 측선 비늘은 47~48개다.

생태 특성

서식지 연안의 바위와 산호초 주위에 무리를 이루어 산다.
먹이 습성 주로 갯이렁이류, 조개류, 갑각류 등 작은 저서성 무척추동물을 먹는다. 그래서 영어로는 'scavenger(청소부)'라고 불린다.
행동 습성 암컷이 수컷으로 성전환하는 것으로 알려졌으며, 수명은 20년 이상이다.

국내 분포 제주도를 비롯한 남해 및 동해 남부
국외 분포 일본, 대만, 인도양, 서태평양

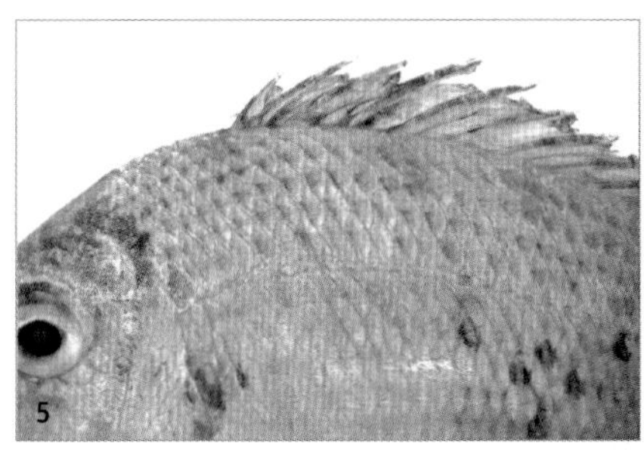
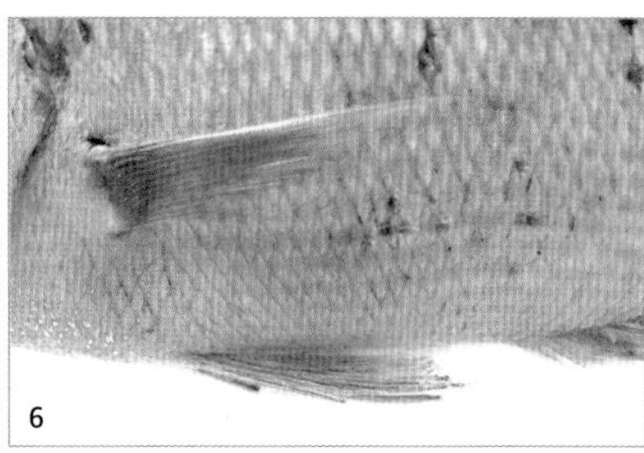

5 등지느러미가 시작되는 기저부부터 측선 사이의 비늘 수는 5개다. **6** 가슴지느러미와 배지느러미는 연한 적홍색을 띤다.

감성돔

Acanthopagrus schlegelii (Bleeker, 1854)

몸은 타원형이며 옆으로 납작하고, 주둥이는 약간 튀어나왔다.

1 턱 앞쪽에 송곳니 3쌍이 있으며, 눈 사이에는 비늘이 없다. **2** 등지느러미 기점에서부터 측선 사이의 비늘 수는 5.5~6.5개다. **3** 뒷지느러미 기조 수는 3극 8연조다. **4** 꼬리지느러미는 안쪽으로 파였고, 끝은 어둡다.

형태 특성

몸길이 부화한 뒤 1년 만에 15㎝까지 자라며, 9년생은 40㎝ 정도이고, 최대 60㎝까지 자란다. 성어의 최소 몸길이는 수컷 17㎝(2년), 암컷 20㎝이다.

체색과 무늬 금속성 광택을 띠는 회흑색으로 배 쪽은 색이 연하다. 윤곽이 뚜렷하지 않은 암회색 줄무늬가 머리부터 꼬리자루까지 여러 개 있다.

주요 형질 타원형이며 옆으로 납작하고, 주둥이는 약간 튀어나왔다. 몸은 빗비늘에 덮여 있지만, 두 눈 사이에는 비늘이 없다. 양턱 앞쪽에는 각각 앞니처럼 생긴 송곳니가 3쌍 있다. 어금니가 발달해 위턱 옆쪽에 4~5줄, 아래턱에 3~4줄 나 있다. 등지느러미 기점에서부터 측선 사이의 비늘열은 5.5~6.5개다. 등지느러미 가시는 짧고, 두꺼운 것과 가는 것이 교대로 배열된다. 기조 수는 11~12극 11연조, 뒷지느러미는 3극 8연조다.

생태 특성

서식지 수심 50m 이내 연안의 해조류가 있는 모래 지대나 암초 지대에 주로 산다.

먹이 습성 치어는 요각류와 갑각류의 유생을 먹으며, 성어는 갑각류와 기타 동물, 해조류도 먹는 잡식성이다.

행동 습성 산란기는 3월~7월로 바닥이 자갈, 펄, 모래 등인 비교적 복잡한 곳에 알을 낳는다. 5~6년이 되면 대부분이 성숙하며 산란기 동안에 수십 회 알을 낳는다. 1년생은 대부분 수컷이지만 2~3년생은 자웅동체(암수한몸)이다. 3년생의 50%는 정소가 성숙하며, 3~4년생은 암컷과 수컷으로 분리되는 경우도 있고, 자웅동체로 수컷의 기능을 가지는 것도 있다. 4~5년생부터는 암수가 완전히 분리되며, 대부분은 암컷으로 성전환한다. 내만성 어종으로 멀리 이동하지는 않지만 겨울철에는 깊은 곳으로 옮겨 간다.

국내 분포 전 해역

국외 분포 일본 홋카이도 이남, 대만

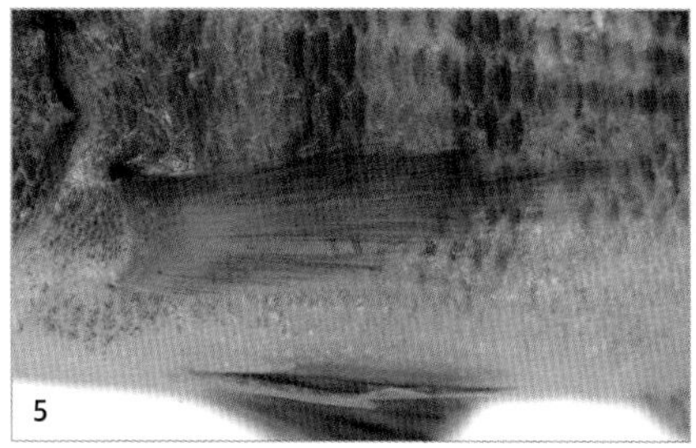

5 가슴지느러미는 길어서 뒷지느러미가 시작되는 부분까지 다다른다. **6** 몸통에는 뚜렷하지 않은 암회색 세로 줄무늬가 8~9개 있다.

황돔

Dentex tumifrons (Temminck and Schlegel, 1843)

몸은 난형이며, 체고는 높다.

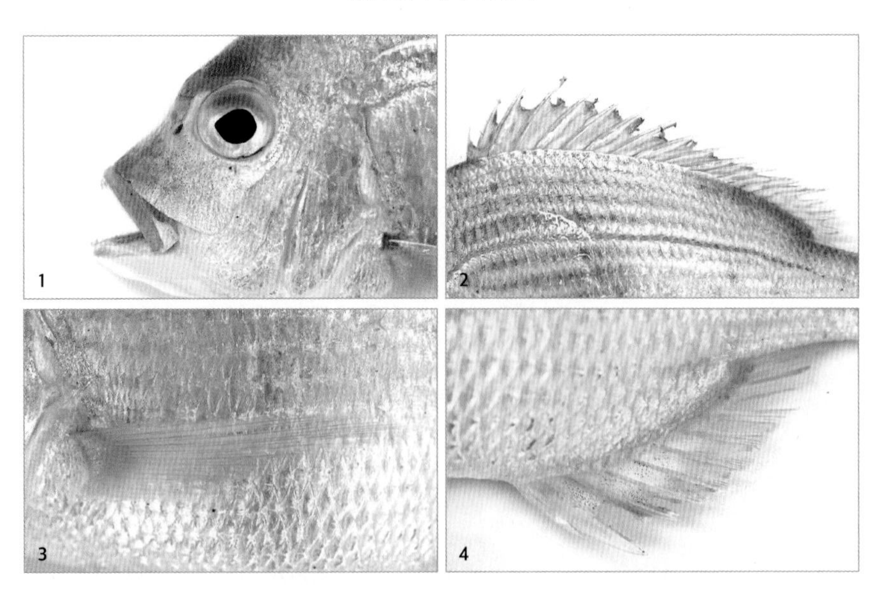

1 눈은 크고, 두 눈 사이가 앞쪽으로 솟았다. 주둥이는 노란색이다. **2** 등지느러미 극조 중 4번째가 가장 길고, 1번째에서 3번째 가시까지는 일정하게 길어진다. **3** 가슴지느러미는 연한 붉은색이다. **4** 뒷지느러미는 연한 노란색이다.

형태 특성

몸길이 보통 30~35㎝이며, 최대 40㎝까지 자란다.
체색과 무늬 몸 바탕색은 황적색이며, 배 쪽은 희다. 등지느러미 기저에 불분명한 노란색 무늬가 3개 있다. 주둥이도 노란색이다. 가슴지느러미는 연한 붉은색이고, 배지느러미는 희며 그 외의 지느러미는 연한 노란색이다.
주요 형질 난형이며, 체고는 높다. 눈은 크고 두 눈 사이는 앞쪽으로 솟았다. 양턱에 단단한 이빨이 1열로 나 있다. 위턱의 뒤쪽 끝이 눈의 앞쪽 가장자리를 조금 지난다. 등 쪽의 외곽선은 배 쪽보다 높게 솟았다. 배지느러미는 항문 가운데 지점까지 다다른다. 가슴지느러미는 매우 길어서 뒷지느러미 기부를 지난다. 등지느러미는 1개로 극조부와 연조부의 경계가 불확실하다. 등지느러미 극조 중 4번째 극조가 가장 길고, 1번째에서 3번째 가시까지는 일정하게 길어진다. 꼬리지느러미는 삼각형으로 깊게 파였다.

생태 특성

서식지 수심 50~250m에서 바닥이 진흙이나 모래진흙으로 이루어진 곳에 산다.
먹이 습성 주로 새우, 게, 오징어, 어류를 먹는다.
행동 습성 여름에는 얕은 곳에 살다가 겨울이 되면 깊은 곳으로 이동한다. 산란기는 1년에 2회로 6월, 11월이며, 3년생(15㎝ 이상)이 되면 산란에 참여한다. 암컷 한 마리가 1년에 알을 약 8,000개 낳는다. 주로 바다 바닥의 모래 속에 산다. 자웅동체(암수한몸)로, 어릴 때는 수컷이었다가 자라면서 암컷으로 성전환을 한다. 수명은 8~9년이다.

국내 분포 제주도를 비롯한 남해안
국외 분포 일본 남부, 대만, 동중국해 등

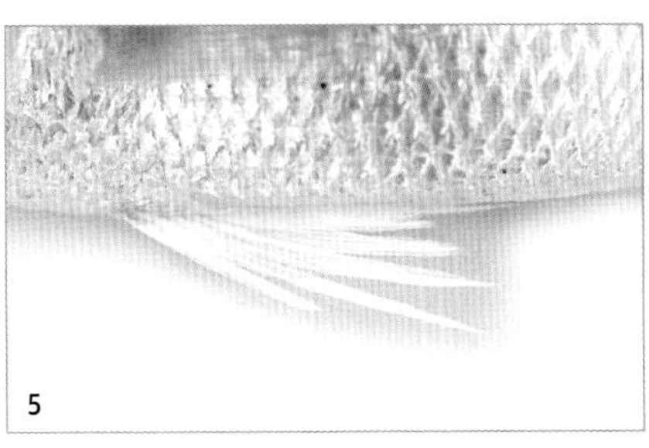
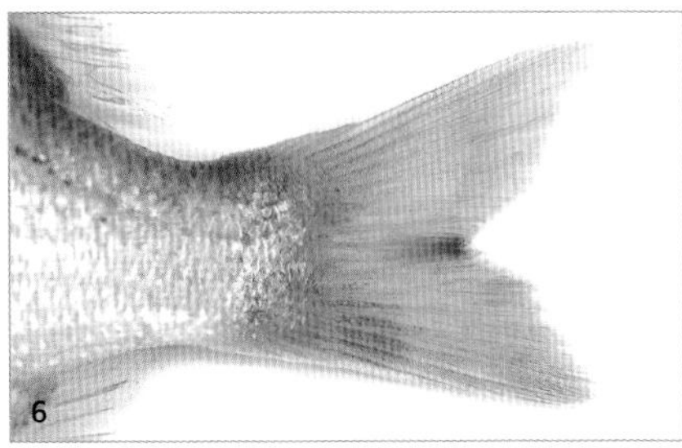

5 배지느러미는 흰색이다. **6** 꼬리지느러미는 삼각형으로 깊게 파였다.

참돔

Pagrus major (Temminck and Schlegel, 1843)

몸은 난형이며 체고가 높다.

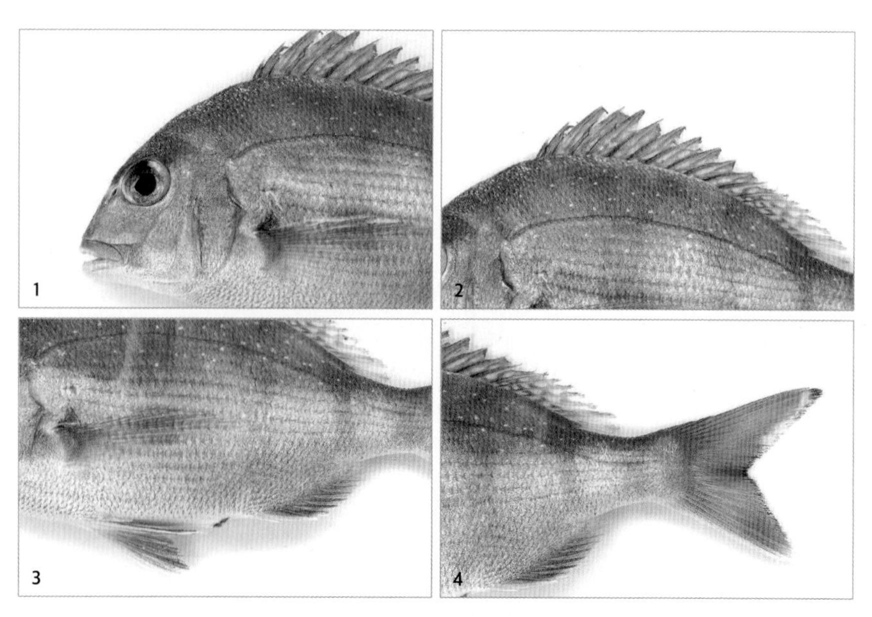

1 위턱의 뒤쪽 끝이 눈의 앞쪽 가장자리에 달하고, 양턱에 단단한 송곳니가 1줄로 나 있다. **2** 등지느러미 기조 수는 12극 10연조다. **3** 뒷지느러미는 연조의 길이가 짧고, 비교적 약하다. **4** 꼬리지느러미는 깊게 파였다.

형태 특성

몸길이 보통 40~60㎝이며, 최대 102㎝까지 자란다.

체색과 무늬 등 쪽은 붉은색이며, 배 쪽은 노란색이나 흰색이다. 측선 주위로 작은 푸른빛 반점이 흩어져 있다. 가슴지느러미와 배지느러미는 붉은색이며, 배지느러미와 뒷지느러미는 연한 분홍빛이다. 등지느러미 극조는 붉은색이지만 사이의 막은 연한 분홍빛이다. 가슴지느러미 기저의 안쪽 중심축은 검다. 꼬리지느러미 가장자리에는 검은 띠가 있다.

주요 형질 난형이며 체고가 높다. 위턱의 뒤쪽 끝이 눈의 앞쪽 가장자리에 달하고, 양턱에는 단단한 송곳니가 1줄로 나 있다. 등지느러미는 1개로 극조부와 연조부의 경계가 불확실하며, 4번째 가시가 가장 길다. 등지느러미 기조 수는 12극 10연조, 뒷지느러미는 연조의 길이가 짧고, 비교적 약하다.

생태 특성

서식지 수심 10~200m의 기복이 심한 암초 지대에 주로 산다.

먹이 습성 주로 다모류, 갑각류(요각류, 새우류, 단각류 등), 어류를 먹는다.

행동 습성 치어 시기에는 연안의 얕은 암초 지대에서 생활하다가 2~3년 성장한 뒤에는 수심이 30~200m인 깊은 곳으로 이동한다. 산란기는 3~6월이며, 산란 최적수온은 15~17℃ 이다. 산란기에는 군집성이 강하며, 산란 활동으로 야간에 중층 이상의 수심에서 유영한다. 부화한 뒤 1년 만에 10㎝ 이상으로 자라며, 40㎝ 이상 자라기까지는 8년 정도 걸린다. 수컷이 암컷보다 성장 속도가 빠르다. 계절에 따라서 회유하는 종으로, 겨울에 제주도 남방 해역에서 월동한 뒤 봄이 되면 서해안 일대 및 중국 연안으로 이동한다.

국내 분포 전 해역

국외 분포 일본 홋카이도 이남, 대만, 남중국해

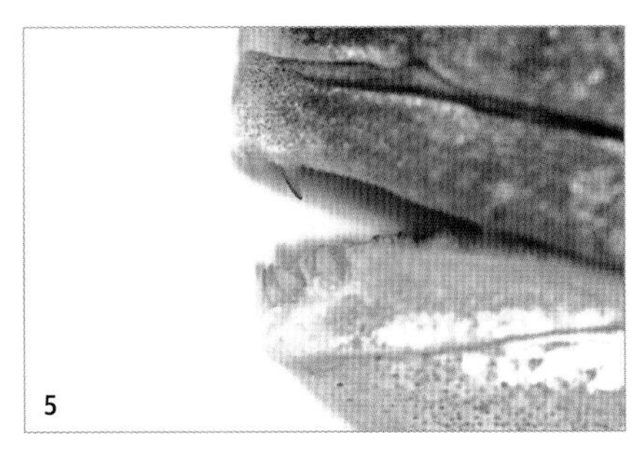

5 양 턱에 단단한 송곳니가 1줄로 나 있다.

보구치

Pennahia argentata (Houttuyn, 1782)

몸은 방추형이며 옆으로 납작하고, 체고가 약간 높다.

1 주둥이 끝은 약간 둥글고, 위턱과 아래턱의 길이는 비슷하다. **2** 등지느러미 기조 수는 10~11극 25~28연조다. **3** 뒷지느러미 기조 수는 2극 7~8연조다. **4** 꼬리지느러미 가장자리는 약간 둥그스름하다.

형태 특성

몸길이 30㎝이다.
체색과 무늬 등 쪽은 회갈색이고 배는 은백색이다. 아가미뚜껑에 검은 반점이 1개 있다.
주요 형질 방추형이며 옆으로 납작하고, 체고가 약간 높다. 몸 전체는 비늘로 덮여 있으나 비늘이 약해서 잘 떨어진다. 주둥이 끝은 약간 둥글고, 위턱과 아래턱의 길이는 비슷하다. 등지느러미 기조 수는 10~11극 25~28연조, 뒷지느러미는 2극 7~8연조다. 꼬리지느러미는 직선이지만 가장자리는 약간 둥그스름하다.

생태 특성

서식지 수심 20~140m의 모래와 개펄 지대 저층부에 산다.
먹이 습성 주로 오징어류, 갑각류, 작은 어류를 먹는다.
행동 습성 산란기는 5~8월로 몸길이 15㎝가 되면 30% 정도가 성숙해 산란을 시작한다. 부레를 이용해 "북북" 소리를 낸다. 야행성이지만 조류가 탁한 경우에는 아무 때고 활발하게 움직인다. 치어는 수심 2~5m의 연안이나 하구에 자주 나타난다. 우리나라 서해안에서는 가을철에 남쪽으로 이동해 1~3월에 제주도 서남 해역에서 겨울을 나고, 봄에는 다시 북쪽으로 이동해 서해안으로 돌아온다. 수명은 10년 정도다.

국내 분포 동해 남부와 서해, 제주도를 비롯한 남해
국외 분포 일본 남부, 동중국해 등

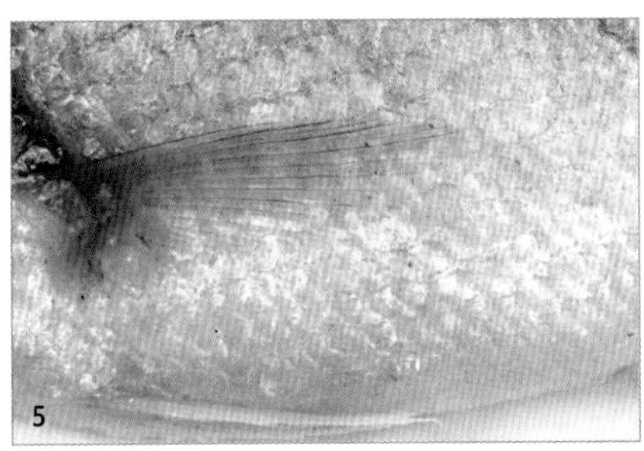

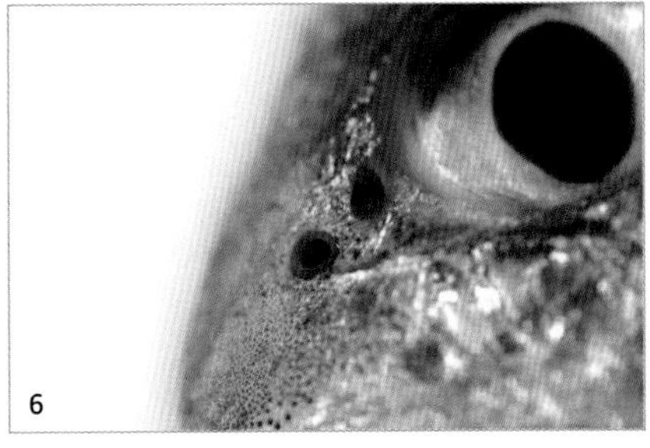

5 가슴지느러미는 투명하다. **6** 눈과 위턱 사이에 비공이 2개 있다.

민태

Johnius grypotus (Richardson, 1846)

몸은 길이가 비교적 짧은 방추형이다.

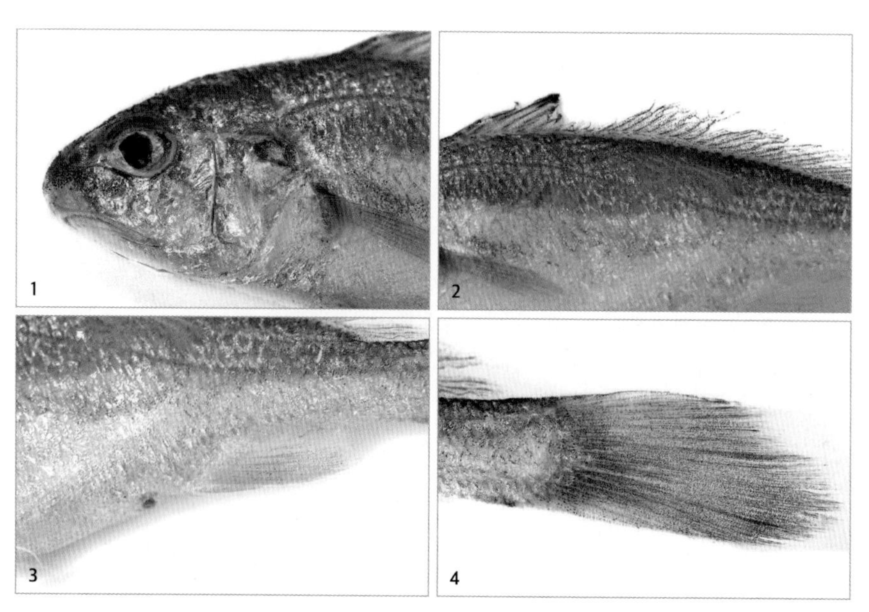

1 주둥이는 머리 끝으로 튀어나왔으며 끝은 둥글다. 아래턱이 위턱보다 짧다. **2** 등지느러미는 1개로 기조 수는 10~11극 24~29연조다. **3** 뒷지느러미는 연한 노란색이다. **4** 꼬리지느러미 가장자리는 바깥쪽으로 삼각형을 이룬다.

형태 특성

몸길이 20㎝ 정도다.
체색과 무늬 등 쪽은 연한 갈색이고, 배는 황백색이다. 각 지느러미는 연한 노란색이다.
주요 형질 길이가 비교적 짧은 방추형이다. 측선은 등 쪽으로 치우쳤으며 꼬리지느러미에 이른다. 주둥이는 머리끝으로 튀어나왔으며 끝은 둥글다. 콧구멍은 2쌍이다. 아래턱이 위턱보다 짧으며 아래턱에 구멍이 6개 있다. 등지느러미는 1개로 기조 수는 10~11극 24~29연조다. 꼬리지느러미 끝 가장자리는 바깥쪽으로 삼각형을 이루나 끝은 뾰족하지 않으며, 삼각형은 비대칭으로 아래쪽 길이가 짧다.

생태 특성

서식지 수심 25~100m의 모래나 개펄로 된 지대에 산다.
먹이 습성 주로 갯지렁이, 새우, 게, 오징어, 요각류를 먹는다.
행동 습성 겨울에 깊은 곳으로 이동하며, 봄에는 연안으로 이동해 알을 낳는다. 산란기는 4~7월이며, 포란 수는 7~10만 개이다. 부화한 뒤 15개월 정도 자라면 생식력이 생기며, 이 시기 전에는 무리 지어 활동한다. 같은 크기의 어류에 비해 유영 능력이 떨어진다. 수명은 2~3년이다.

국내 분포 서해와 남해
국외 분포 일본 남부, 동중국해, 대만 등 북서태평양의 열대 해역

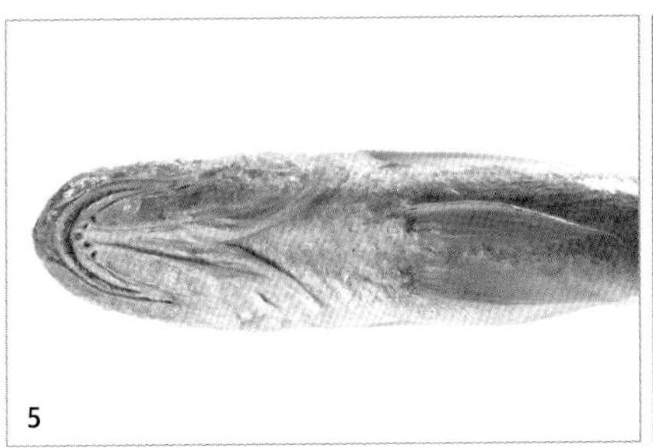
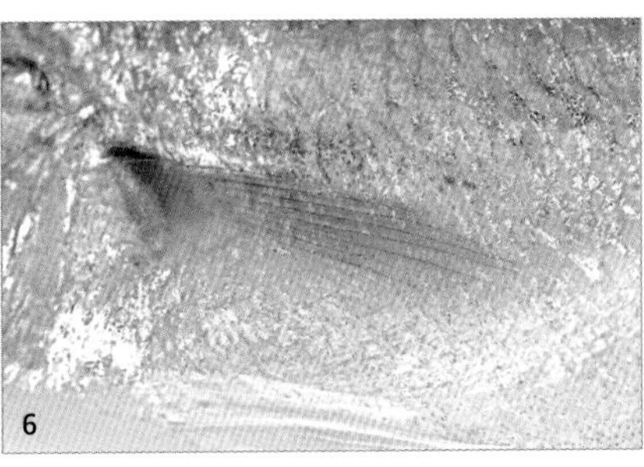

5 아래턱에 구멍이 6개 있다. **6** 가슴지느러미는 투명하나 위쪽은 노란색을 띤다.

참조기

Larimichthys polyactis (Bleeker, 1877)

몸은 옆으로 납작하며, 눈은 머리 위쪽에 있다.

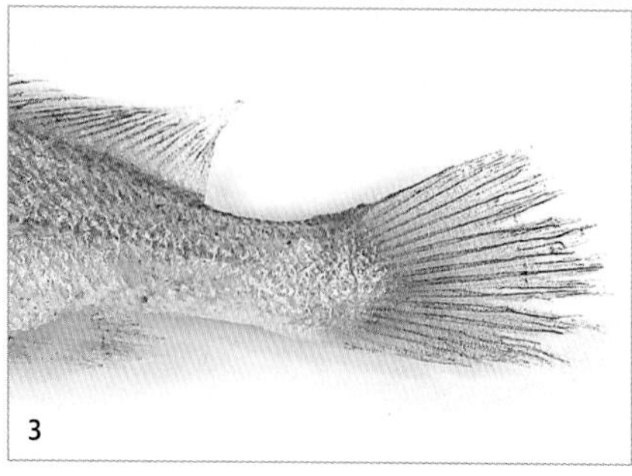

1 눈의 지름은 주둥이 길이보다 약간 짧다. 주둥이 앞쪽은 둥글고, 아래턱이 위턱보다 약간 길다. **2** 등지느러미 기조 수는 9~11극 31~36연조다. **3** 꼬리지느러미 끝부분은 바깥쪽으로 삼각형을 이룬다.

형태 특성

몸길이 40㎝ 이상까지 자라지만, 보통은 20~30㎝이다.
체색과 무늬 등 쪽은 암회색이지만, 배 쪽은 희거나 황금색에 가깝다. 등지느러미와 꼬리지느러미는 연한 노란색이나 갈색이지만, 가슴지느러미, 배지느러미, 뒷지느러미는 선명한 노란색이다.
주요 형질 옆으로 납작하다. 측선은 몸 가운데보다 위에 있으며, 측선 비늘은 53~59개다. 눈은 머리 위에 있고, 눈의 지름은 주둥이 길이보다 약간 짧다. 양눈 사이의 이마 부분에는 다이아몬드형의 융기선이 있어서 유사종인 부세와 구별된다. 주둥이 앞쪽은 둥글고, 아래턱이 위턱보다 약간 길다. 아래턱에 이빨이 1열로 나 있으며, 수염은 없다. 아래턱의 아래쪽 앞부분에는 감각공이 6개 있다. 등지느러미의 연조부와 뒷지느러미 기저부는 작은 비늘로 덮여 있다. 등지느러미 기조 수는 9~11극 31~36연조다. 뒷지느러미 기조 수는 2극 9~10연조로 유사종인 부세와 구별된다. 2번째 극조는 눈의 지름보다 짧다. 꼬리지느러미 끝부분은 바깥쪽으로 삼각형을 이룬다.

생태 특성

서식지 수심 40~200m 연안에서 바닥이 모래나 펄로 이루어진 해역에 주로 산다.
먹이 습성 주로 갑각류(요각류, 젓새우류, 새우류) 등의 동물플랑크톤을 주로 먹는다.
행동 습성 암수 모두 몸길이가 17㎝ 이상이 되면 산란에 참여한다. 겨울에는 남쪽으로 이동해 겨울을 나고, 산란기인 봄(3월~6월)에 다시 북쪽으로 이동해 알을 낳는다. 산란기에 중국 연안과 우리나라의 서해안 일대에 알을 낳는데, 최근에는 제주도 남서 해역에서 겨울을 나는 참조기를 대량으로 잡아들이는 바람에 서해안으로 알을 낳고자 돌아오는 무리는 많지 않다. 산란기에는 산란장에 모여 개구리 울음소리와 비슷한 소리를 내거나 물 위로 튀어 오른다.

국내 분포 동해 남부와 서해, 남해
국외 분포 일본 서부와 남부, 대만, 동중국해

민어

Miichthys miiuy (Basilewsky, 1855)

몸과 머리는 옆으로 납작하고, 긴 방추형이다.

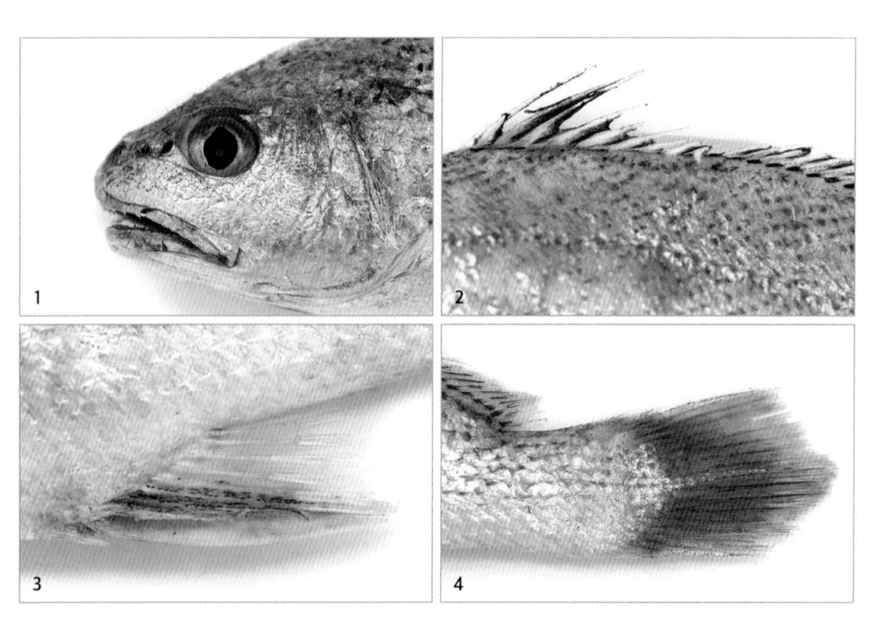

1 위턱과 아래턱의 길이는 비슷하다. 눈은 머리 앞의 등 쪽에 있으며, 비교적 크다. **2** 등지느러미 기조 수는 9~10극 28~31연조다. **3** 뒷지느러미 기조 수는 2극 7~8연조이고, 제2극조가 가장 길다. **4** 꼬리지느러미는 바깥쪽으로 삼각형을 이룬다.

형태 특성

몸길이 보통 50~60㎝이며, 최대 70㎝까지 자란다.

체색과 무늬 어두운 흑갈색이지만 배 쪽은 밝은 광택을 띠는 흰색이다. 등지느러미 극조부는 어둡고 연조부는 무색 바탕에 검은색 띠가 2줄 있다. 가슴지느러미와 꼬리지느러미는 약간 어둡고, 배지느러미와 뒷지느러미는 연한 노란색이다.

주요 형질 몸은 옆으로 납작하고, 긴 방추형이다. 측선은 몸 가운데보다 위에 있고, 측선 비늘은 50~57개다. 입술만 제외하고 몸 전체는 비늘로 덮여 있다. 눈은 머리 앞의 등 쪽에 있으며, 비교적 크다. 두 눈 사이의 간격은 눈보다 약간 넓으며, 조금 솟았다. 콧구멍은 2쌍이다. 양턱에 날카로운 송곳니가 1열로 나 있으며, 아래턱에 구멍이 4개 있다. 위턱과 아래턱의 길이는 비슷하다. 가슴지느러미 끝과 배지느러미 끝이 거의 일치한다. 극조부와 연조부 사이는 깊은 홈을 이루면서 막으로 연결되었으며, 등지느러미 기조 수는 9~10극 28~31연조다. 뒷지느러미 기조 수는 2극 7~8연조이고, 제2극조가 가장 길다. 꼬리지느러미는 바깥쪽으로 삼각형을 이룬다.

생태 특성

서식지 수심 40~120m의 펄 바닥에 주로 살며, 낮에는 저층에서 생활하다 밤이 되면 약간 부상한다.

먹이 습성 주로 새우류, 게류, 작은 어류 등 저서생물을 먹는다.

행동 습성 산란기는 7~9월이며, 산란장은 우리나라 인천 근해이다. 3년생이 되어야 산란에 참여한다. 가을에는 제주도 근해에서 월동을 하고 봄이 되면 북쪽으로 이동한다.

국내 분포 서해와 남해

국외 분포 일본 서남부, 남중국해 등

5 배지느러미는 연한 노란색이다. **6** 가슴지느러미는 투명하지만 약간 어둡다.

수조기

Nibea albiflora (Richardson, 1846)

몸은 방추형이고 옆으로 납작하고 길다.

1 주둥이 끝은 둥글고, 위턱이 아래턱보다 약간 길다. **2** 등지느러미 기조 수는 11~12극 27~31연조다. **3** 뒷지느러미 기조 수는 2극 7~8연조다. **4** 꼬리지느러미 가장자리는 바깥쪽으로 삼각형을 이룬다.

형태 특성

몸길이 1년생은 15~17㎝, 2년생은 23~24㎝, 3년생 31㎝, 4년생은 35㎝이며, 최대 45㎝까지 자란다.

체색과 무늬 등 쪽은 연한 황갈색 바탕에 검은색 띠가 비스듬히 있으며, 배 쪽은 연한 은백색이다. 가슴지느러미와 배지느러미, 뒷지느러미는 등황색이다. 가슴지느러미 기저부 위에 작은 검은색 무늬가 1개 있다. 등지느러미 줄기는 노란색이지만 막은 검고, 연조부의 기저에는 검은색 띠가 1줄 있다. 극조부의 가장자리는 검은색이다. 꼬리지느러미는 가장자리가 어둡다.

주요 형질 몸은 방추형이고 옆으로 납작하고 길다. 측선은 등의 외곽선과 평행한다. 눈은 크며 두 눈 사이가 솟았다. 주둥이 끝은 둥글고, 위턱이 아래턱보다 약간 길다. 아래턱 아랫면에 구멍이 5개 있다. 전새개골 뒤 가장자리에 단단한 톱니가 있다. 등지느러미 기조 수는 11~12극 27~31연조, 뒷지느러미는 2극 7~8연조다. 꼬리지느러미 가장자리는 바깥쪽으로 삼각형을 이룬다.

생태 특성

서식지 수심 40~150m의 모래 바닥과 갯벌 바닥에 산다.

먹이 습성 치어 때는 주로 젓새우류, 새우류, 게류 등의 갑각류를 먹으며, 성어가 되면 갑각류뿐만 아니라 어류를 먹는다.

행동 습성 산란기는 4~7월이며, 2년생부터 산란에 참여한다. 계절별로 회유하는 어종으로 가을에는 제주도 근처로 남하해 월동하고 봄이 되면 북쪽으로 이동한다.

국내 분포 서해와 남해

국외 분포 일본 남부, 남중국해

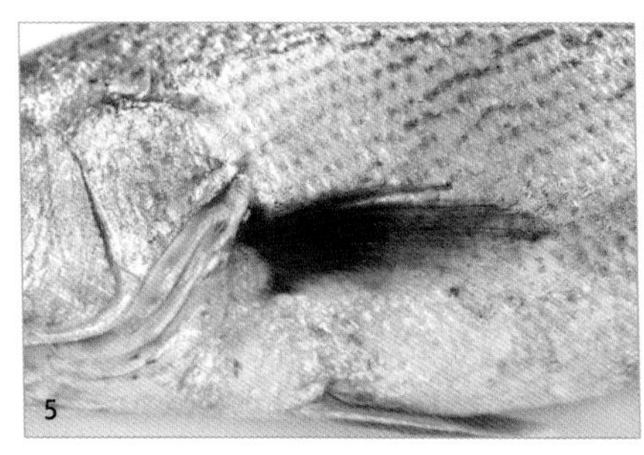

5 가슴지느러미는 등황색이다. **6** 배지느러미는 등황색이다.

황줄깜정이

Kyphosus vaigiensis (Quoy and Gaimard, 1825)

체고가 높고, 옆으로 납작하다.

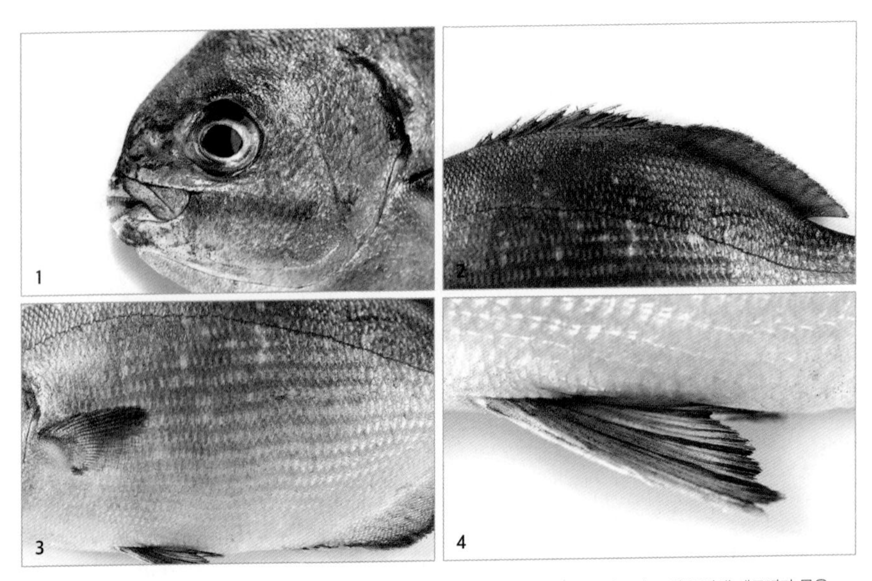

1 입은 참새 부리처럼 튀어나왔고, 짧은 편이다. **2** 등지느러미 기조 수는 10~11극 13~15연조다. **3** 짙은 갈색 세로띠가 몸을 지나는 것처럼 보인다. **4** 배지느러미는 비교적 작고, 배지느러미의 기부에는 보조 비늘이 1개 있다.

형태 특성

몸길이 보통 30~40㎝이며, 최대 70㎝까지 자란다.

체색과 무늬 몸 바탕색은 짙은 갈색이며, 모든 지느러미는 어둡다. 측선 아래쪽 비늘은 가운데 위쪽은 회갈색이지만, 바깥쪽 테두리는 짙은 갈색이어서 마치 짙은 갈색 세로띠가 몸을 지나는 것처럼 보인다. 노성어가 되면 검은색을 띤다.

주요 형질 체고가 높고 옆으로 납작하다. 측선은 등 쪽으로 완만한 곡선을 그리며 몸통 가운데를 가로지른다. 유사종인 벵에돔과 달리 몸은 잘 떨어지지 않는 사각형 빗비늘로 덮여 있으며, 아래턱 끝부분, 입술에는 비늘이 없다. 벵에돔과 비슷하게 생겼지만 입은 참새 부리처럼 튀어나왔고, 짧은 편이다. 입의 길이는 눈 지름의 1.5배 미만이다. 양턱에 옆으로 납작한 원뿔니가 1줄로 나 있다. 가슴지느러미와 배지느러미는 비교적 작고, 배지느러미의 기부에는 보조 비늘이 1개 있다. 배지느러미 기부는 가슴지느러미 기저의 끝보다 조금 뒤에 있다. 등지느러미 기조 수는 10~11극 13~15연조이고, 극조와 기조 사이의 경계가 불확실하다. 뒷지느러미 기조 수는 3극 12~13연조이며, 1번째 연조가 가장 길며, 뒤쪽으로 갈수록 서서히 짧아진다. 꼬리지느러미 끝부분은 안쪽으로 깊이 파였다.

생태 특성

서식지 주로 수심 24m 이내 연안의 암초나 산호초 지대에 산다.

먹이 습성 주로 작은 갑각류를 먹는다. 성어가 되면 잡식성이 되어 여름과 가을에 어류나 갑각류를 먹다가, 겨울에는 조간대의 녹조류를 먹는다.

행동 습성 부화한 뒤 5㎝ 정도로 성장한 치어는 해수면에 떠다니는 해조류를 따라다니며 살고, 성어는 연안의 바위가 많은 지대에 산다. 낚시나 그물에 걸리면 방어 본능에 따라 악취가 나는 배설물을 내뿜는다.

국내 분포 제주도를 비롯한 남해

국외 분포 일본 중부 이남, 호주, 홍해, 동아프리카, 남아프리카에서 미크로네시아, 하와이, 투아모투 제도 등에 이르는 서태평양과 인도양의 열대 및 온대 해역

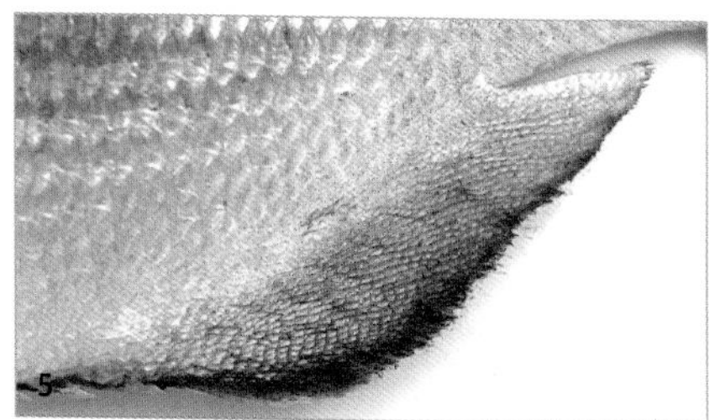

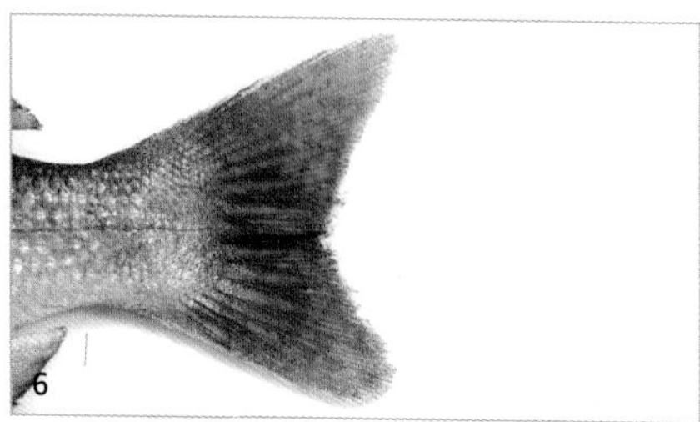

5 뒷지느러미 기조 수는 3극 12~13연조다. **6** 꼬리지느러미 끝부분은 안쪽으로 깊이 파였다.

범돔

Microcanthus strigatus (Cuvier, 1831)

체고가 높고 길이가 짧은 마름모꼴이며, 옆으로 납작하다.

1 눈은 크며, 주둥이는 짧고 입이 작다. **2** 등지느러미 기조 수는 11극 16~18연조다.

형태 특성

몸길이 보통 10~15㎝이며, 최대 20㎝까지 자란다.
체색과 무늬 회백색 바탕에 몸 전체를 가로지르는 노란색과 검은색 줄무늬 6줄이 교대로 나타난다. 등지느러미와 뒷지느러미에도 몸을 가로지르는 검은색 줄무늬가 있다.
주요 형질 체고가 높고 길이가 짧은 마름모꼴이며, 옆으로 납작하다. 눈은 크며, 주둥이는 짧고 입이 작다. 양턱에 날카로운 이빨이 있다. 등지느러미 기조 수는 11극 16~18연조, 뒷지느러미 연조 수는 3극 13~14연조다. 등지느러미와 뒷지느러미의 바깥쪽 가장자리는 둥글고, 꼬리지느러미 뒤쪽 가장자리는 직선에 가깝다.

생태 특성

서식지 수심 200m 이내 연안의 암초 지대에 산다.
먹이 습성 어린 시기에는 주로 동물플랑크톤을 먹다가 성어가 되면 새우류, 조개, 갯지렁이 등과 같은 작은 동물을 먹는다.
행동 습성 산란기는 지역에 따라 조금씩 다르며, 일본 근해에서는 4~5월에 알을 낳는다. 치어는 초여름에서 초겨울까지 나타나며, 조간대나 모래 연안 얕은 곳에서 떼를 지어 몰려다닌다.

국내 분포 동해, 제주도를 비롯한 남해
국외 분포 일본 중부 이남, 대만, 호주, 하와이 등 열대 및 온대 해역

3 몸 전체를 가로지르는 노란색과 검은색 줄무늬 6줄이 교대로 나타난다. **4** 뒷지느러미의 바깥쪽 가장자리가 둥글다. **5** 꼬리지느러미 뒤쪽 가장자리가 직선에 가깝다.

두동가리돔

Heniochus acuminatus (Linnaeus, 1758)

몸은 마름모꼴에 가깝고 체고가 높으며 옆으로 납작하다.

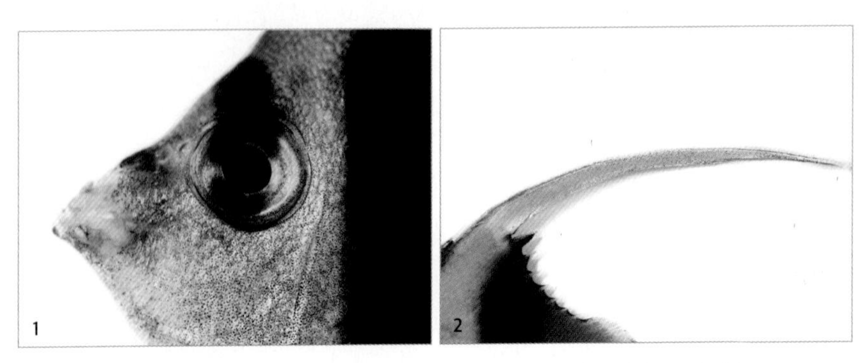

1 주둥이는 앞으로 튀어나왔고, 눈 사이에는 골질 돌기가 있다. **2** 등지느러미 극조부의 4번째 기조는 흰색이다.

형태 특성

몸길이 25㎝이다.

체색과 무늬 청백색 바탕에 검은 줄무늬가 가로로 3개 있다. 그중 첫째 줄무늬는 눈을 지나지만 눈 아래로는 이어지지 않고, 둘째 줄무늬는 등지느러미 앞쪽에서 배지느러미까지, 셋째 줄무늬는 등지느러미 극조부의 5번째 기조부에서부터 뒷지느러미 뒤쪽까지 이어진다. 등지느러미 극조부의 4번째 기조는 흰색이다. 등지느러미와 꼬리지느러미는 노란색이다.

주요 형질 마름모꼴에 가깝고, 체고가 높으며 옆으로 납작하다. 주둥이는 앞으로 튀어나왔고, 눈 사이에는 골질 돌기가 있다. 등지느러미 극조부의 4번째 기조가 매우 길게 이어진다. 꼬리지느러미 가장자리는 직선형이다.

생태 특성

서식지 수심 2~75m 연안의 바위나 산호가 있는 곳에 산다.

먹이 습성 주로 동물플랑크톤과 저서성 무척추동물을 먹는다.

행동 습성 어린 시기에는 단독생활을 하지만 성장하면 쌍을 이루어 지낸다.

국내 분포 제주도를 비롯한 남해

국외 분포 일본 남부, 남중국해, 인도양, 홍해, 호주 등지의 열대 해역

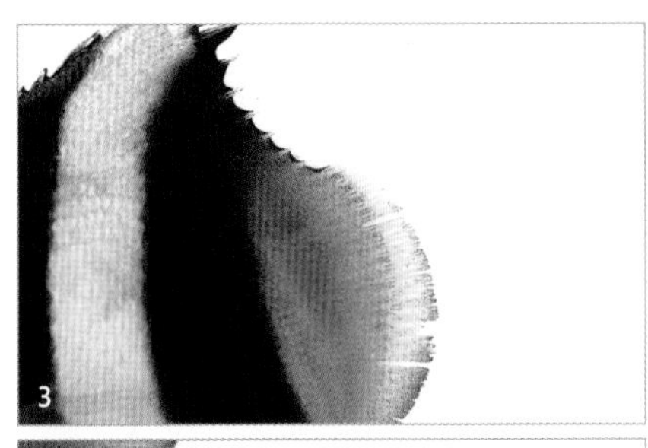
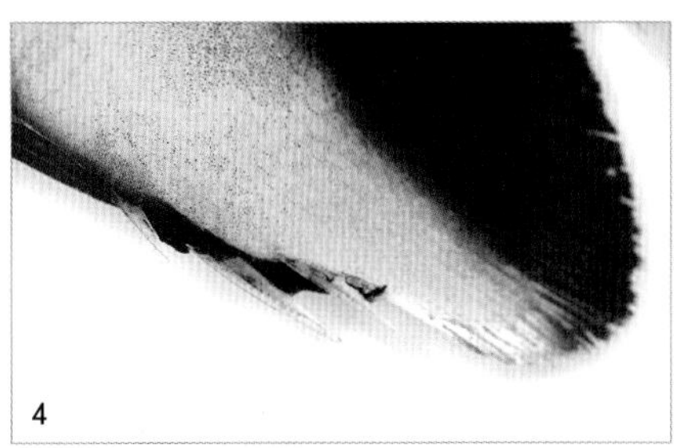
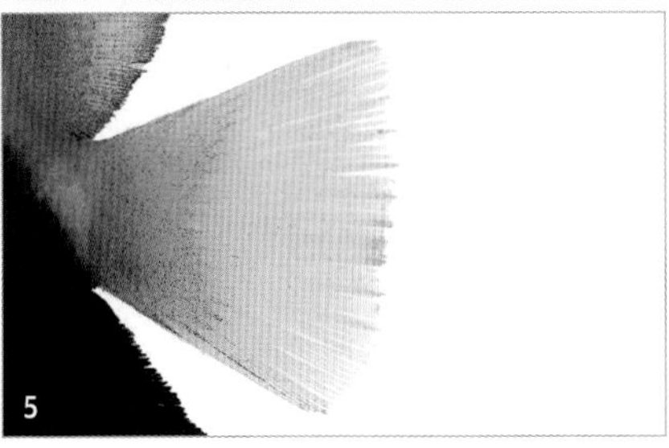

3 등지느러미 연조부는 노란색이다. **4** 뒷지느러미에는 단단한 가시가 3개 있다. **5** 꼬리지느러미는 노란색이며, 가장자리가 직선형이다.

살벤자리

Terapon jarbua (Forsskål, 1775)

몸은 타원형이고, 머리는 옆으로 납작하며, 꼬리자루가 굵다.

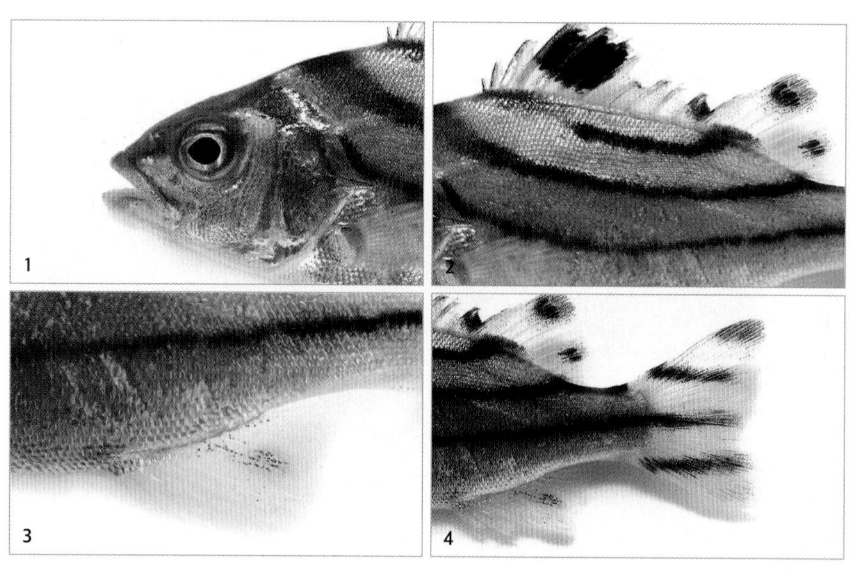

1 주둥이는 짧지만 뾰족하고 양턱의 길이는 비슷하다. **2** 등지느러미는 1개로 극조부와 연조부가 깊게 파여 있고, 기조 수는 10~12극 9~11연조다. **3** 뒷지느러미 기조 수는 3극 7~9연조다. **4** 꼬리지느러미에 일직선 줄무늬가 세로로 있고, 위아래로 줄무늬 2개가 나타난다.

형태 특성

몸길이 보통 20~25㎝이며, 최대 36㎝까지 자란다.
체색과 무늬 은회색 바탕이고, 등 쪽에 휘어진 암색 세로띠가 3개 나 있다. 1번째 띠는 등지느러미 기부에 있고, 2번째 띠는 머리 위쪽 끝에서 시작되며, 3번째 띠는 머리에서부터 아가미를 따라 휘어져 내려온 뒤 꼬리지느러미 끝까지 이어진다. 꼬리지느러미에는 일직선 줄무늬가 세로로 있고, 위아래로 줄무늬 2개가 있다. 등지느러미에는 검은색 무늬가 있다.
주요 형질 몸은 타원형이고, 빗비늘로 덮여 있다. 머리는 옆으로 납작하다. 측선은 몸 가운데에서 약간 등 쪽에 있다. 주둥이는 짧지만 뾰족하고 양턱의 길이는 비슷하다. 아가미뚜껑 뒤쪽 가장자리에 작은 가시 1개와 뒤로 향하는 큰 가시 1개가 있다. 두 눈 사이는 약간 솟았다. 가슴지느러미는 매우 작다. 등지느러미는 1개로 극조부와 연조부가 깊게 파여 있고, 기조 수는 10~12극 9~11연조다. 뒷지느러미 기조 수는 3극 7~9연조이며, 극조는 매우 단단하다. 꼬리자루는 굵고, 꼬리지느러미 뒤쪽 가장자리는 안쪽으로 파였다.

생태 특성

서식지 연안성 어종으로 기수역이나 민물에서도 산다.
먹이 습성 주로 작은 저서성 동물을 먹는다.
행동 습성 산란기는 여름으로 7~8월에 치어가 나타난다. 붙잡히면 부레에서 소리를 낸다. 몸길이 8㎜일 때는 체고가 낮지만, 17.5㎜가 되면 체고가 높아진다.

국내 분포 제주도를 비롯한 남해, 서해 남부 연안
국외 분포 일본 남부에서 사모아, 호주에 이르는 태평양 및 홍해, 아프리카를 포함하는 인도양

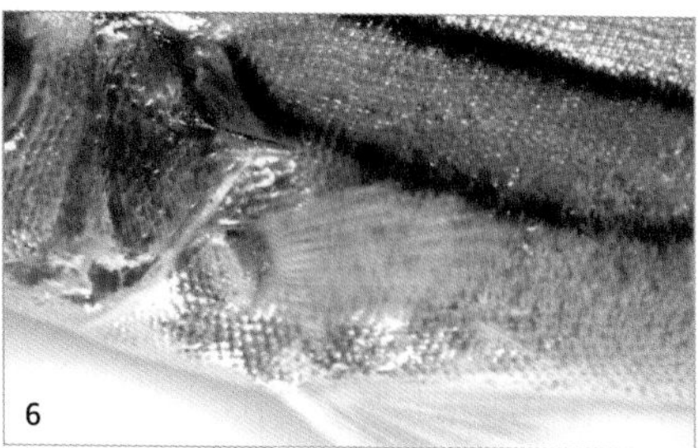

5 배지느러미는 연한 노란색이다. **6** 가슴지느러미는 투명하다.

돌돔

Oplegnathus fasciatus (Temminck and Schlegel, 1844)

몸은 긴 타원형이며 체고가 높고 옆으로 납작하다.

1 양턱의 이빨은 단단한 부리 모양이다. **2** 등지느러미 기조 수는 11~12극 17~18연조다.

형태 특성

몸길이 보통 30~40㎝이며, 최대 80㎝까지 자란다.

체색과 무늬 몸은 푸른색을 띠는 연한 검은색이고, 눈부터 꼬리지느러미까지 선명한 검은색 줄무늬가 가로로 6~7개 있으나, 자라면서 이 줄무늬는 희미해진다. 반면 주둥이는 검게 변한다.

주요 형질 긴 타원형이며 체고가 높고, 옆으로 납작하다. 몸은 작은 빗비늘로 덮여 있다. 양턱의 이빨은 단단한 부리 모양이다. 등지느러미 기조 수는 11~12극 17~18연조이고, 뒷지느러미는 3극 12~13연조다. 등지느러미 연조부의 앞부분은 극조부보다 길다. 꼬리지느러미 끝부분은 약간 안쪽으로 파였다.

생태 특성

서식지 온대성으로 주로 연안의 암초 지대에 산다.

먹이 습성 치어 시기에는 주로 동물플랑크톤과 작은 부유성 갑각류를 먹으며, 15㎝ 이상 자라면 조개류와 성게 같은 극피동물을 먹는다.

행동 습성 산란기는 4~7월이며 산란기에 30회 정도 산란한다.

국내 분포 전 해역

국외 분포 일본, 대만, 하와이

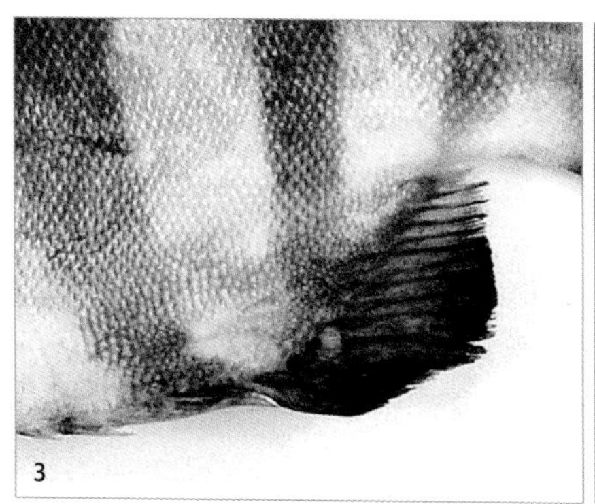

3 뒷지느러미 기조 수는 3극 12~13연조다. **4** 꼬리지느러미 끝부분은 약간 안쪽으로 파였으며, 가장자리는 검은색이다.

강담돔

Oplegnathus punctatus (Temminck and Schlegel, 1844)

몸은 갈색이고 크고 작은 검은 얼룩무늬로 덮여 있다.

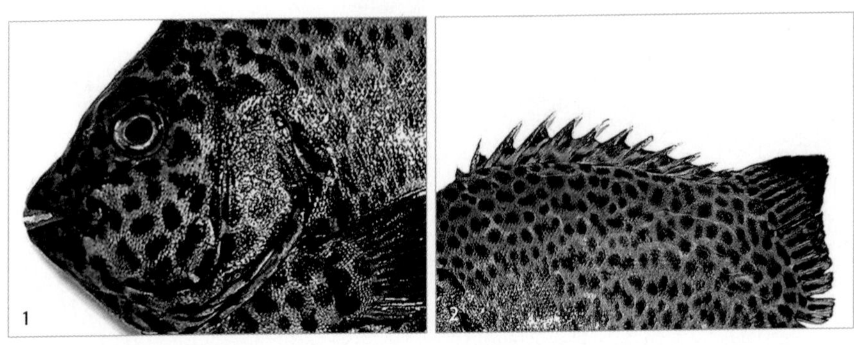

1 입은 작고, 양턱의 이빨은 서로 달라붙어 있어 새의 부리처럼 생겼다. **2** 등지느러미 기조 수는 12극 15~16연조다.

형태 특성

몸길이 보통 40~60㎝이며, 최대 88㎝까지 자란다.
체색과 무늬 몸은 회색이고 여기에 크고 작은 검은 얼룩무늬가 덮여 있다. 자라면서 얼룩무늬는 촘촘해지다가 성체가 되면 사라진다. 지느러미에도 작은 반점이 흩어져 있다. 자라면서 입술은 흰색으로 변한다.
주요 형질 체형과 이빨 모양은 돌돔과 비슷하다. 몸은 작은 빗비늘로 덮여 있으나, 두 눈 사이의 앞부분과 아래턱 아래쪽에는 비늘이 없다. 입은 작고, 양턱의 이빨은 서로 달라붙어 있어 새의 부리처럼 생겼다. 등지느러미 연조부의 앞부분은 극조부보다 길어서 훨씬 높다. 등지느러미 기조 수는 12극 15~16연조이며, 뒷지느러미는 3극 13연조다. 뒷지느러미 가장자리가 수직형이다. 꼬리지느러미는 일직선이며, 가장자리가 검다.

생태 특성

서식지 주로 수심 10m 연안의 암초가 많고, 물 흐름이 좋은 곳에 산다.
먹이 습성 이빨이 단단해서 바닥에 사는 성게류, 조개 같은 연체류를 먹는다.
행동 습성 산란기는 지역에 따라 차이는 있으나, 대개 수온이 25~28℃가 되는 4~7월으로 유사종인 돌돔보다 약간 늦게 알을 낳는다. 알은 무색이고, 바다 위를 흩어져 떠다니다가 수정되면 약 36시간 만에 부화한다. 자라면서 따뜻한 바다로 조금씩 이동하며, 몸길이 4~5㎝가 되면 해안 가까이로 이동해 떠다니는 통나무나 어선 등의 그늘에 무리 지어 모인다. 다른 물고기에 비해 지능이 높아서 학습을 통해 사물을 판단할 수 있다. 수족관으로 데려와 먹이훈련을 시킬 수 있고 사람에게 길들여지기도 한다. 남방성으로 유사종인 돌돔보다 따뜻한 바다에 주로 분포한다.

국내 분포 동해 남부와 제주도를 비롯한 남해
국외 분포 일본 중부 이남, 남중국해, 괌, 하와이 등 태평양 연안

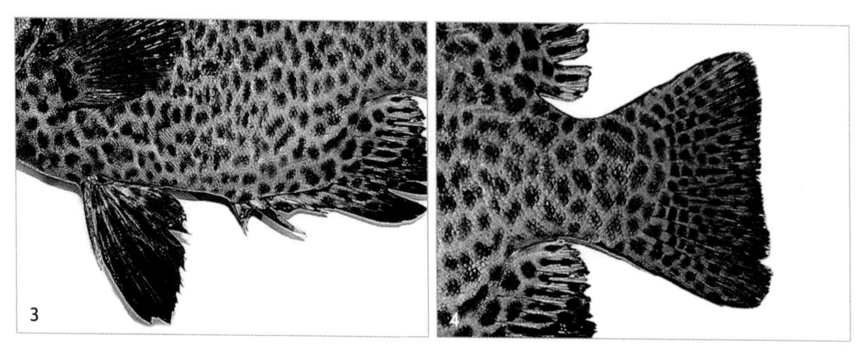

3 뒷지느러미 기조 수는 3극 13연조다. **4** 꼬리지느러미는 일직선이며, 가장자리가 검다.

여덟동가리

Goniistius quadricornis (Günther, 1860)

몸은 삼각형이고, 앞쪽의 체고가 높고 뒤로 갈수록 완만히 낮아지며 옆으로 납작하다.

1 양턱의 길이는 비슷하고 아래쪽으로 향한다. **2** 등지느러미의 극조부와 연조부 사이에는 얕은 홈이 있으며, 막으로 연결되어 있고, 3번째 기조가 가장 길다. **3** 꼬리지느러미 윗부분은 흰색이고, 아랫부분은 검은색이다. **4** 입술이 매우 두텁다.

형태 특성

몸길이 보통 25~30㎝이며, 최대 40㎝까지 자란다.
체색과 무늬 몸은 연한 회갈색이고, 폭이 넓은 흑갈색 가로띠가 8줄 비스듬히 나 있다. 배지느러미, 뒷지느러미는 검은색이고, 꼬리지느러미는 윗부분이 밝은 노란색, 아랫부분이 검은색이다.
주요 형질 삼각형으로, 앞부분은 체고가 높고 뒤로 갈수록 완만하게 낮아지며 옆으로 납작하다. 양턱의 길이는 비슷하고 아래쪽으로 향하며, 입술은 두껍다. 등지느러미의 극조부와 연조부 사이에는 얕은 홈이 있으며, 막으로 연결되어 있고, 3번째 기조가 가장 길다. 꼬리지느러미 끝이 깊게 파였다.

생태 특성

서식지 연안 얕은 곳의 바위 지대나 산호초 해역에 단독으로 산다.
먹이 습성 잡식성으로 새우류와 같은 저서동물뿐만 아니라, 식물성 먹이도 먹는다.
행동 습성 산란기는 10~12월로 해가 진 뒤 알을 낳으며, 알은 수정 뒤 2일 만에 부화한다. 낮에 주로 활동하며, 무리를 이루지 않고 홀로 생활한다. 빠른 속도로 유영하지 않으며, 상위포식자가 접근하면 지키고 있던 장소를 넘겨주고 이동한다.

국내 분포 제주도를 비롯한 남해
국외 분포 일본 중부 이남, 대만, 동중국해

5 뒷지느러미는 검은색이다. **6** 가슴지느러미는 어둡다.

아홉동가리
Goniistius zonatus (Cuvier, 1830)

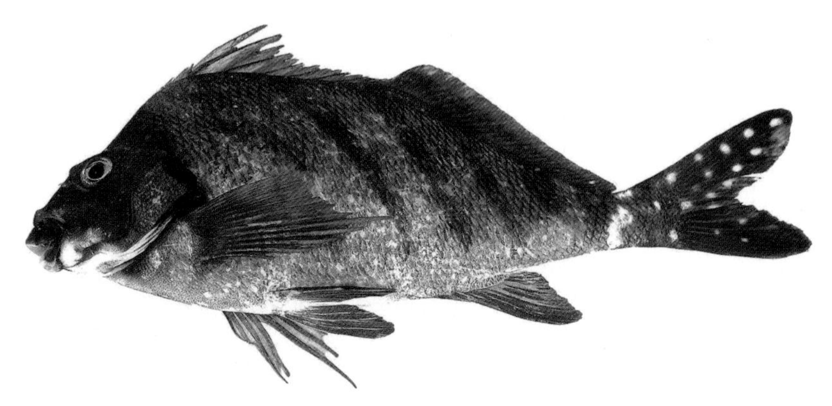

몸 앞쪽이 체고가 가장 높고, 뒤로 갈수록 서서히 낮아지며, 옆으로 납작하다.

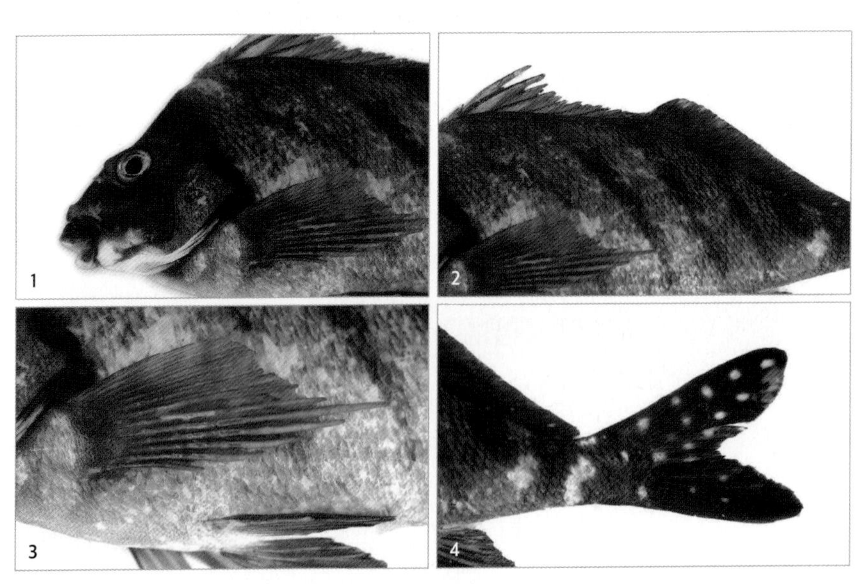

1 눈은 머리 위쪽에 치우쳐 있다. 주둥이는 작고, 두꺼우며 아래쪽으로 치우쳐 있다. **2** 등지느러미의 극조부와 연조부 사이에 얕은 홈이 있으며, 막으로 이루어져 있다. **3** 가슴지느러미는 담갈색이고 가장자리가 어둡다. **4** 꼬리지느러미는 가다랑어형이다.

형태 특성

몸길이 보통 35~40㎝이며, 최대 45㎝까지 자란다.
체색과 무늬 몸은 회청색 또는 암갈색이며, 배 쪽은 담황색이다. 머리에서 꼬리자루까지 넓은 흑갈색 사선무늬 9개가 나타난다. 각 지느러미는 담갈색 바탕에 가장자리가 어둡다. 꼬리지느러미는 황갈색이며 상엽에 작은 흰색 반점이 흩어져 있다.
주요 형질 몸 앞쪽이 체고가 가장 높고, 뒤로 갈수록 서서히 낮아지며, 옆으로 납작하다. 몸은 원린으로 덮여 있다. 눈은 머리 위쪽에 치우쳐 있다. 주둥이는 작고, 두꺼우며 아래쪽으로 치우쳐 있다. 등지느러미의 극조부와 연조부 사이에 얕은 홈이 있으며, 막으로 이루어져 있다. 꼬리지느러미는 가다랑어형이다.

생태 특성

서식지 연안의 얕고 바위가 많은 곳에 산다.
먹이 습성 새우류와 저서동물, 해조류를 먹는다.
행동 습성 산란기는 10~12월로 해가 진 뒤 알을 낳으며, 알은 수정 뒤 2일 만에 부화한다. 낮에 주로 활동하며, 무리를 이루지 않고 홀로 생활한다. 행동이 느리다. 보통 그늘 속이나 암초 위에서 움직이지 않고 가만히 있다가 적이 나타나면 마치 박자를 맞추듯이 도망가다가 멈추고 힐끗 보고는 다시 도망간다. 먹이를 먹다가 모래 같은 이물질이 입으로 들어가면 아가미를 통해 밖으로 내보낸다. 주로 암초에 서식하는 해조류를 먹어 살에서 갯바위 냄새가 난다.

국내 분포 울릉도를 비롯한 동해, 제주도를 비롯한 남해, 서해 중부 이남
국외 분포 일본 중부 이남, 대만, 동중국해

5 배지느러미는 담갈색이다. **6** 뒷지느러미 기조 수는 3극 7~8연조다.

망상어

Ditrema temminckii temminckii Bleeker, 1853

몸은 난형이며 체고가 높고 옆으로 매우 납작하다.

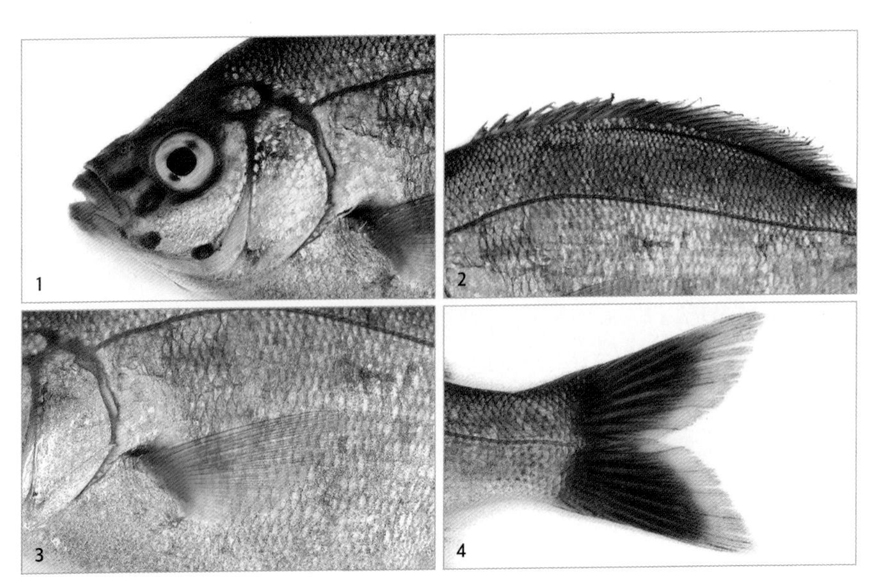

1 입은 작고, 아래턱이 위턱보다 약간 길며, 위턱에서 눈 쪽으로 흑갈색 줄무늬 2개가 있다. **2** 등지느러미 극조부의 기저는 연조부의 기저보다 짧고 붙어 있다. **3** 가슴지느러미는 투명하며, 측선은 선명하다. **4** 꼬리지느러미의 양엽은 뾰족하고 안쪽으로 깊이 파였다.

형태 특성

몸길이 보통 20~25㎝이며, 최대 35㎝까지 자란다.
체색과 무늬 황갈색 바탕에 푸른색을 띠며, 등 쪽은 색이 진하고 배 쪽은 연하다. 위턱에서 눈 쪽으로 흑갈색 줄무늬가 2개 있고, 배지느러미 기저부에 검은 점이 있다. 등지느러미 극조부 아래쪽은 노란색이며 위쪽은 검은색이다. 뒷지느러미의 극조부 지느러미막은 검고 가장자리가 더 어둡다.
주요 형질 난형이며 체고가 높고, 옆으로 매우 납작하다. 몸은 작고 원린에 덮여 있으며, 측선은 선명하다. 입은 작고, 아래턱이 위턱보다 약간 길다. 콧구멍은 양쪽에 2개씩 있다. 등지느러미는 극조부의 기저가 연조부의 기저보다 짧고 붙어 있다. 등지느러미 기조 수는 10~11극 19~22연조, 뒷지느러미 기조수 3극 25~27연조다. 배지느러미는 작고 뾰족하다. 등지느러미와 뒷지느러미 기저부에 잘 발달된 비늘초가 있다. 꼬리지느러미의 양엽은 뾰족하고 안쪽으로 깊이 파였다.

생태 특성

서식지 수심 30m 내외의 모래와 바위 지대에 무리 지어 산다.
먹이 습성 치어 시기에는 주로 작은 조개나 새우를 먹으며, 성어가 되면 갯지렁이류 등 작은 무척추동물을 먹는다.
행동 습성 태생어로 교미기는 11월경이고, 4~5월에 새끼를 10~30마리 낳는다.

국내 분포 동해, 남해, 서해 남부
국외 분포 일본 홋카이도 이남, 동중국해

5

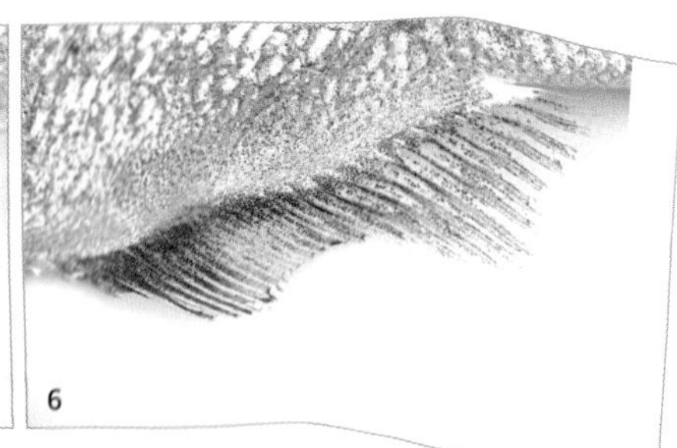
6

5 배지느러미는 작고 어둡다. **6** 뒷지느러미 연조 수는 25~27개다.

인상어

Neoditrema ransonneti Steindachner, 1883

몸은 타원형으로 망상어보다 체고가 낮으며 옆으로 납작하다.

1 입은 작고 뾰족하며 아래턱이 위턱보다 길다. **2** 등지느러미의 연조부가 극조부보다 길다. **3** 가슴지느러미는 투명하다.
4 뒷지느러미

형태 특성

몸길이 보통 10~15㎝이며, 최대 25㎝까지 자란다.
체색과 무늬 은백색을 띠는 황갈색이고 배 쪽은 색이 밝다. 유사종인 망상어는 검붉고, 눈 밑에 검은색 점이 있어 구별된다.
주요 형질 타원형이고, 망상어보다 체고가 낮으며 옆으로 납작하다. 측선은 등 쪽에 치우쳐 있다. 입은 작고 뾰족하며, 아래턱이 위턱보다 길다. 수컷은 위턱에 이빨이 1줄 나 있고 아래턱에는 이빨이 없으며, 암컷은 아예 이빨이 없다. 등지느러미의 연조부가 극조부보다 길다. 꼬리지느러미 끝이 뾰족하다.

생태 특성

서식지 연안 얕은 곳(유상종인 망상어보다 더 얕은 곳)의 해조류와 바위가 많은 지대에 산다.
먹이 습성 주로 동물플랑크톤을 먹으며, 작은 새우, 갯지렁이 등도 먹는다.
행동 습성 아열대성으로 무리 지어 생활하며, 가끔 유사종인 망상어와 무리를 이루기도 한다. 체내수정을 하는 어종으로 암컷 몸 안에서 알이 부화해 자라다가 5~7월 사이에 새끼가 암컷 몸 밖으로 나온다. 보통 한 번에 새끼 9~17마리를 낳는다. 알을 많이 낳은 다음 어느 정도의 새끼만 살아남도록 하는 대부분의 어종과 달리, 인상어는 알을 적게 낳고, 몸속에서 새끼가 생존 가능할 정도로 자란 다음에 출산하며 새끼의 생존율을 높이는 전략을 취한다.

국내 분포 동해와 남해
국외 분포 홋카이도 이남, 중국

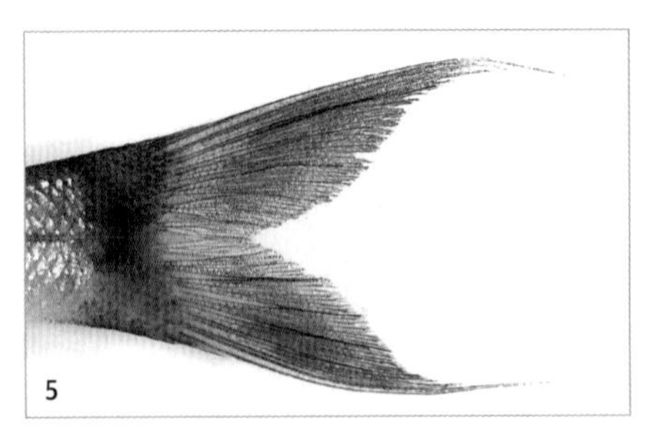

5 꼬리지느러미 끝이 뾰족하다.

해포리고기

Abudefduf vaigiensis (Quoy and Gaimard, 1825)

체고가 높고 난원형이다.

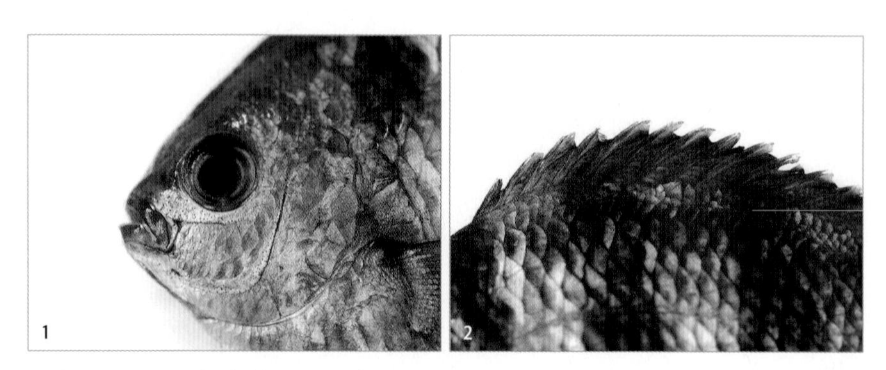

1 입은 작고, 등 쪽으로 치우쳐 있다. **2** 등지느러미 기조 수는 13극 14~15연조다.

형태 특성

몸길이 보통 5~8㎝이며, 최대 20㎝까지 자란다.
체색과 무늬 등 쪽은 옅은 노란색이고, 배 쪽으로 갈수록 색은 더 옅어진다. 검은 세로띠가 5개가 나 있다. 이 검은 띠 중에 제1띠는 등지느러미 앞쪽에서 가슴지느러미를 지나고, 제5띠는 꼬리지느러미 가운데에 나 있다. 산란기에는 이 검은 띠가 푸른색으로 변한다. 꼬리지느러미는 검은색이다.
주요 형질 체고가 높고 난원형이다. 측선은 등의 외곽선과 평행한다. 입은 작고, 등지느러미와 뒷지느러미의 뒤쪽은 뾰족하다. 꼬리지느러미는 안쪽으로 깊이 파인 양엽형이다. 등지느러미 기조 수는 13극 14~15연조, 뒷지느러미는 2극 11~13연조다.

생태 특성

서식지 수심 1~15m 연안의 산호가 많은 암초 지대에 산다.
먹이 습성 주로 동물플랑크톤, 저서성 조류, 무척추동물을 먹는다.
행동 습성 가끔 무리 지어 생활한다. 치어는 떠다니는 해초처럼 움직인다. 산란기 때 수컷은 바위나 산호에 둥지를 만들고, 암컷은 수컷이 만든 둥지에 알을 낳는다. 이후 수컷은 알이 부화할 때까지 물살을 이용해 산소를 공급하며 알을 지킨다.

국내 분포 제주도를 비롯한 남해, 동해
국외 분포 일본 중부 이남, 호주, 남아프리카, 인도양, 서태평양, 홍해

3 뒷지느러미 뒤쪽은 뾰족하다. **4** 가슴지느러미 은 뾰족하다. **5** 꼬리지느러미는 검은색이며, 안쪽으로 깊이 파인 양엽형이다.

자리돔

Chromis notata (Temminck and Schlegel, 1843)

몸은 난형이며 옆으로 납작하다.

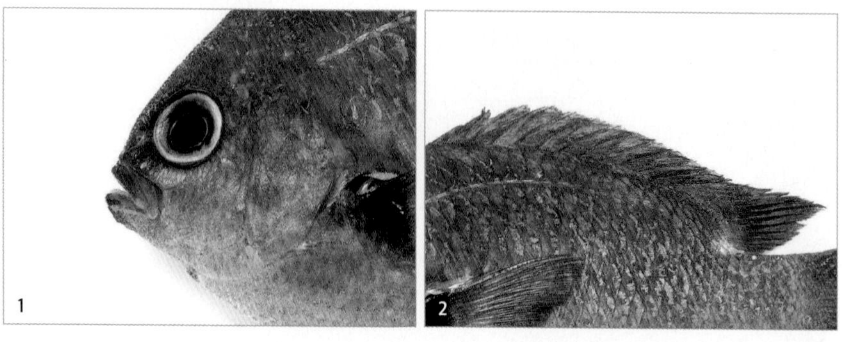

1 입은 작고 둥글며, 위턱과 아래턱의 길이는 비슷하다. **2** 구멍이 8~10개 난 비늘이 등지느러미 아래에서부터 꼬리지느러미 기저까지 나타난다.

형태 특성

몸길이 10~18㎝이다.

체색과 무늬 담황색, 황토색, 암갈색 등 체색 변화가 심하며, 배 쪽은 푸른빛이 도는 은색이다. 입은 흑갈색이고, 가슴지느러미 기부에 흑청색 반점이 있다. 등지느러미와 뒷지느러미는 짙은 갈색이며, 가장 긴 등지느러미와 뒷지느러미의 연조는 밝아서 둘의 경계가 분명하다. 꼬리자루 위쪽에 흰색 반점이 있으나 죽으면 없어진다.

주요 형질 난형이며 옆으로 납작하다. 양턱과 뺨을 제외하고 온몸은 큰 원린으로 덮여 있다. 측선은 등지느러미 극조부 아래에서 끝난다. 입은 작고 둥글며, 위턱과 아래턱의 길이는 비슷하다. 가슴지느러미는 크고 뾰족하다. 등지느러미는 극조부와 연조부가 이어지며, 둘은 모양이 거의 같다. 구멍이 8~10개 난 비늘이 등지느러미 아래에서부터 꼬리지느러미 기저까지 나타난다. 꼬리지느러미는 가다랑어형으로 가장자리가 뾰족하다.

생태 특성

서식지 수심 2~30m의 산호와 바위가 많은 지대에서 무리 지어 산다.

먹이 습성 주로 동물플랑크톤을 먹는다.

행동 습성 산란기는 6~7월이며, 수온이 20℃ 이상이 되면 알을 낳는다. 수컷이 암컷을 바위 위에 산란하도록 유도하고, 알을 바위에 붙인 다음 수컷은 부화할 때까지 알을 지킨다. 암컷은 한 번에 알을 약 2만 개 낳으며, 알은 수정 뒤 약 4일이 지나면 부화한다. 비교적 수심이 얕은 곳에서는 크기가 작은 개체들이 모여 있다면, 수심이 깊어질수록 큰 개체들이 모여 있다. 아열대성으로 행동반경이 넓지 않아서 한 장소에서 일생을 보낸다.

국내 분포 동해, 제주도를 비롯한 남해

국외 분포 일본 중부 이남, 동중국해

3 가슴지느러미는 크고 뾰족하다. **4** 꼬리지느러미는 가다랑어형으로 가장자리가 뾰족하다.

호박돔

Choerodon azurio (Jordan and Snyder, 1901)

긴 타원형으로 약간 길고 납작하다.

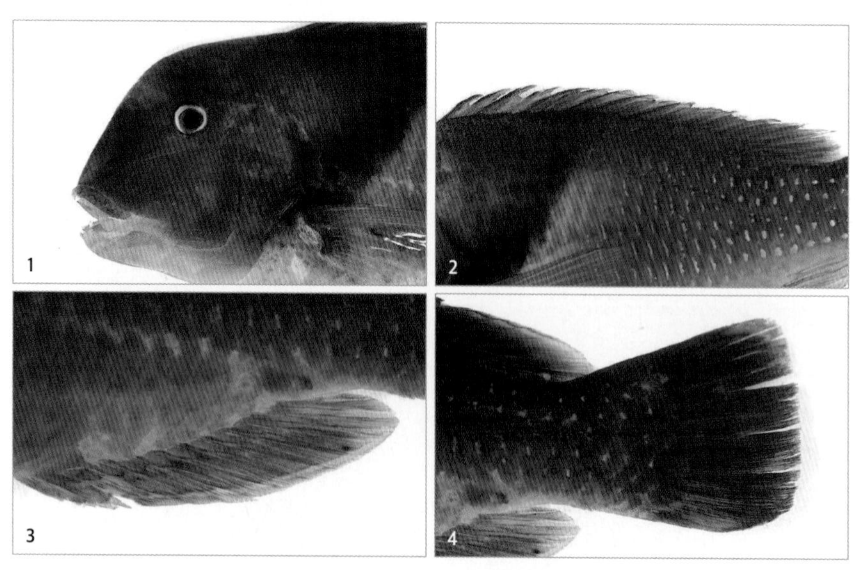

1 양턱에는 이빨이 2줄로 나 있고, 각 줄마다 송곳니가 4개 있고, 안쪽 줄의 이빨은 합쳐져 있다. **2** 등지느러미 극조부 앞쪽과 꼬리지느러미는 검은색이다. **3** 뒷지느러미 아랫부분에는 연한 파란색 세로띠가 있다. **4** 꼬리지느러미 뒤쪽 가장자리가 약간 둥글다.

형태 특성

몸길이 40~45㎝이다.
체색과 무늬 몸은 황적색이며 배 쪽은 희다. 등지느러미 극조부 가운데에서부터 가슴지느러미 기점까지 왼쪽으로 경사진, 폭이 넓은 짙은 검은색 띠가 나 있다. 등지느러미 극조부 앞쪽과 꼬리지느러미는 검은색이며, 나머지 지느러미는 선명한 노란색이고, 뒷지느러미 아랫부분에는 연한 파란색 세로띠가 있다.
주요 형질 긴 타원형으로 약간 길고 납작하며, 수컷은 자라면서 이마가 튀어나와 등 쪽 외곽선의 경사가 심하다. 커다란 비늘이 뺨과 아가미뚜껑을 비롯한 몸 전체를 덮고 있다. 양턱에는 이빨이 2줄로 나 있고, 각 줄마다 송곳니가 4개 있고, 안쪽 줄의 이빨은 합쳐져 있다. 등지느러미 기조 수는 13극 6~8연조, 뒷지느러미는 3극 9~11연조, 가슴지느러미는 12~14연조이다. 꼬리지느러미 뒤쪽 가장자리는 약간 둥글다.

생태 특성

서식지 연안의 약간 깊은 암초 지대에 주로 산다.
먹이 습성 조개류, 갯지렁이류, 새우류 등을 먹는다.
행동 습성 산란기는 6월이며, 낮에 주로 먹이활동을 하고, 밤에는 바위틈이나 바위 구멍에서 잠을 잔다. 대개 모래 속에서 먹이를 찾는다. 입안 가득히 모래를 넣고 있다가 뱉어 내는 동작을 4~5번 되풀이하며 먹이를 먹는다. 한 쌍 또는 단독으로 생활하는 경우가 많다. 암컷에서 수컷으로 성전환한다.

국내 분포 울릉도와 제주도를 비롯한 남해
국외 분포 일본 중부 이남, 대만, 동중국해

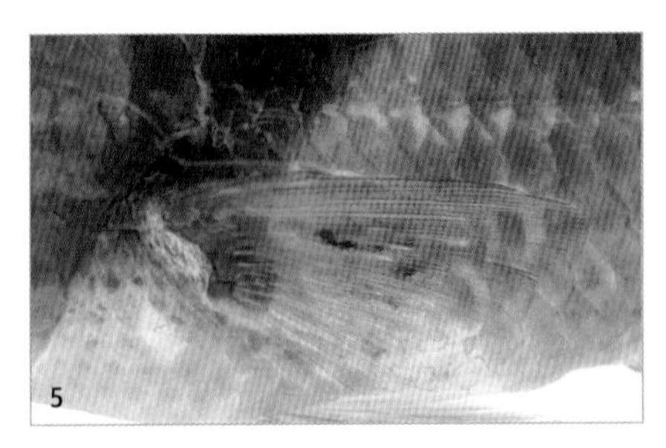

5 가슴지느러미는 12~14연조다.

용치놀래기

Parajulis poecilepterus (Temminck and Schlegel, 1845)

동종이명: *Halichoeres poecilopterus* (Richardson, 1846)

수컷. 몸 전체가 청록색이고 배 가운데에 폭이 넓은 갈색 세로띠가 있다.

암컷. 암청색 줄무늬가 머리끝에서 꼬리지느러미 앞까지 세로로 나타난다.

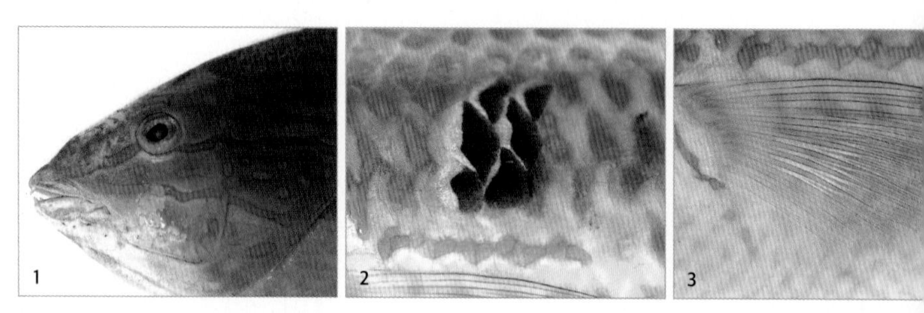

1 입은 머리 앞쪽 끝에 있으며, 양턱의 길이는 비슷하다. **2** 가슴지느러미가 끝나는 지점에 검은색 점이 나타난다. **3** 가슴지느러미는 투명하다.

형태 특성

몸길이 20~25㎝이다.
체색과 무늬 수컷은 몸 전체가 청록색이고, 배 쪽은 황록색이며, 배 가운데에는 폭이 넓은 갈색 세로띠가 있다. 가슴지느러미 끝에 검은색 점이 있다. 암컷은 붉은색이며, 암청색 줄무늬가 머리끝에서 꼬리지느러미 앞까지 세로로 나타나고, 그 위아래로 작은 적갈색 반점이 줄지어 있다. 등지느러미와 뒷지느러미, 꼬리지느러미에도 적갈색 반점이 줄지어 있다.
주요 형질 방추형이며 체고는 낮고 옆으로 납작하다. 측선은 등의 외곽선과 평행을 이루다가 등지느러미 연조부 밑에서 급격히 꺾이며 꼬리자루 가운데를 지난다. 입은 머리 앞쪽 끝에 있으며, 양턱의 길이는 비슷하며, 양턱에는 송곳니가 2~4줄 나 있다. 전새개골 끝은 완만하다. 꼬리지느러미 끝이 둥글다.

생태 특성

서식지 수심 3~5m의 연안에 산다.
먹이 습성 주로 성게류, 갯지렁이류, 조개류, 새우류, 알 등과 해파리도 먹는다.
행동 습성 산란기는 늦봄부터 여름까지로, 암컷과 수컷이 함께 수면 위로 떠올라 부유성 알을 낳는다. 대개 수컷 한 마리가 여러 마리 암컷과 함께 번식한다. 부화한 치어 중 수컷은 어느 정도 성장하면 독립하며, 만약 우두머리격인 수컷이 죽으면 암컷 중 한 마리가 수컷으로 성을 전환해 우두머리 수컷의 역할을 맡는다. 우두머리 수컷이 죽으면 1시간 정도 지난 뒤 남아 있는 암컷들 중 가장 큰 암컷에서 남성 호르몬이 분비되어 수컷의 행동을 하기 시작해서 2~3일이 지나면 완전한 수컷이 된다.

국내 분포 동해, 제주도를 비롯한 남해
국외 분포 일본 홋카이도 이남, 대만, 동중국해 등

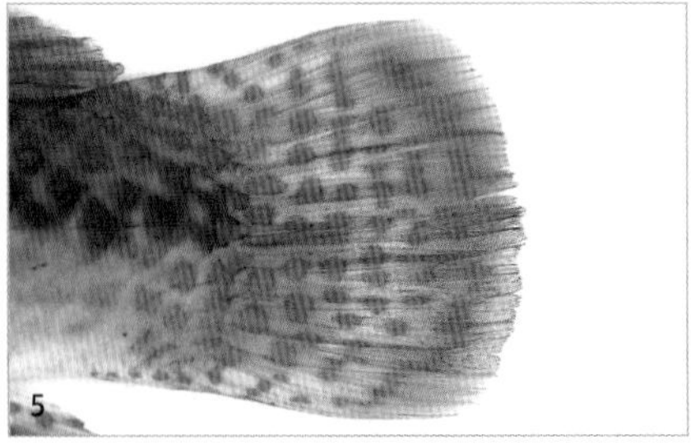

4 측선은 등의 외곽선과 평행을 이루다가 등지느러미 연조부 밑에서 급격히 꺾여 꼬리자루 가운데를 지난다. **5** 꼬리지느러미 끝이 둥글다.

황놀래기

Pseudolabrus sieboldi Mabuchi and Nakabo, 1997

동종이명: *Pseudolabrus japonicus* (Houttuyn, 1782)

몸은 긴 타원형으로 납작하다.

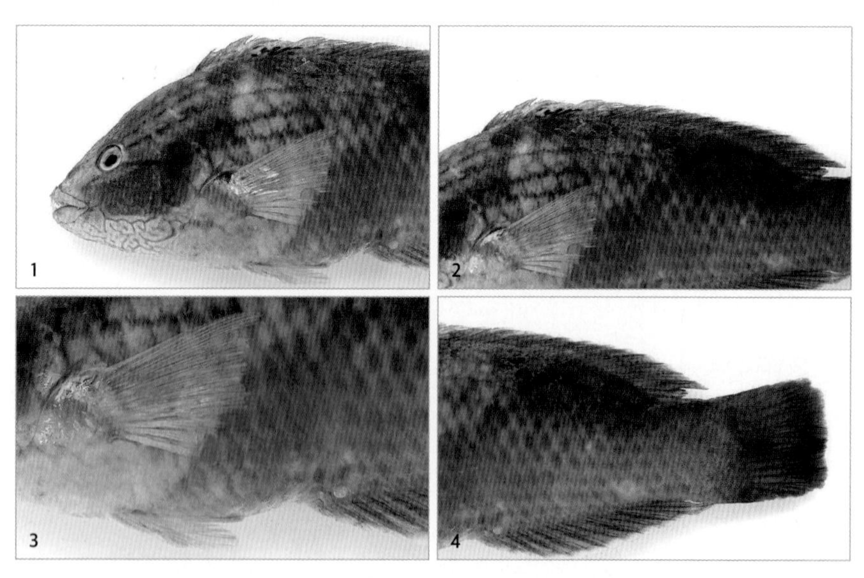

1 주둥이는 길고 뾰족하다. **2** 주둥이 끝에서부터 등지느러미의 앞쪽까지 암청색 가로띠가 2~3줄 있다. **3** 가슴지느러미, 배지느러미는 황갈색이다. **4** 꼬리지느러미는 약간 둥글다.

형태 특성

몸길이 20~25㎝이다.

체색과 무늬 서식 장소와 성별에 따라 체색이 다르다. 수컷은 청록색이며, 주둥이 끝에서부터 등지느러미 앞까지 암청색 세로띠가 2~3줄 있다. 등지느러미, 뒷지느러미, 꼬리지느러미의 기저부는 어두운 푸른색이다. 반면 암컷은 적황색이며, 적갈색 가로띠가 4~5줄 눈 위아래로 아가미 뚜껑까지 나타난다. 등지느러미는 선명한 노란색이며 시작 부위에 검은 반점이 있으나 뒤쪽으로 갈수록 옅어진다. 뒷지느러미는 적황색이다. 가슴지느러미, 배지느러미는 황갈색이며, 꼬리지느러미는 어둡다.

주요 형질 긴 타원형으로 납작하며, 주둥이는 길고 뾰족하다. 측선은 수컷의 경우 몸 뒤쪽에서부터 불분명한 반면, 암컷은 등의 외곽선과 평행하다가 등지느러미 뒤쪽에서 급격하게 기울어지며 아래쪽으로 휘어져서 내려온다. 양턱에는 송곳니가 앞쪽에 2열, 뒤쪽에 1열 나 있으며, 위턱 뒤쪽에도 긴 송곳니가 1~2개 나 있다. 꼬리지느러미는 약간 둥글다.

생태 특성

서식지 수심이 깊은 곳의 해조류와 암초 지대에 주로 산다.

먹이 습성 주로 패류, 작은 갑각류, 저서성 무척추동물을 먹는다.

행동 습성 주로 낮에 먹이활동을 하며, 밤에는 바위 밑에 숨어 휴식을 취한다. 겨울에는 모래 속에 몸을 숨기고 겨울잠을 잔다. 내만의 해초가 많은 얕은 암초 지대에서는 주로 소형종이 서식하는 반면, 먼바다의 수심이 깊은 암초 지대에서는 주로 대형종이 산다. 10~15㎝ 로 성장하면, 암컷이 수컷으로 성전환하며, 5년생 이후부터는 수컷의 비율이 높아진다.

국내 분포 제주도

국외 분포 일본 남부, 대만, 홍콩 등

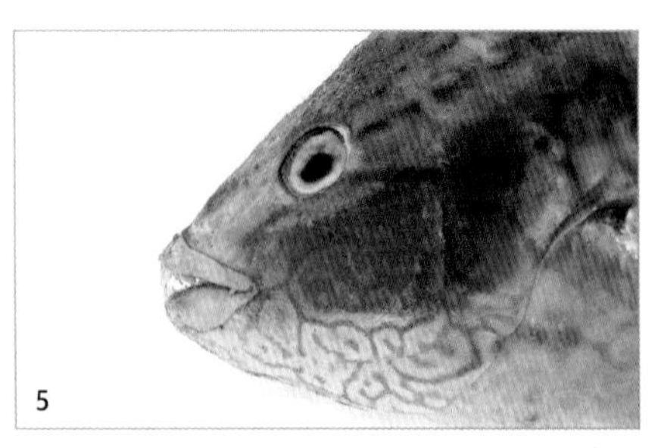

5 양 턱에 송곳니가 나 있으며, 특히 위턱에 긴 송곳니가 2개 정도 있다.

혹돔

Semicossyphus reticulatus (Valenciennes, 1839)

몸은 긴 타원형으로 납작하다.

1 양턱에 굵고 단단한 송곳니가 줄지어 있다. **2** 등지느러미 연조부의 뒤쪽은 어둡다. **3** 가슴지느러미는 적자색이다. **4** 꼬리지느러미 끝부분은 어릴 때는 바깥쪽으로 약간 둥글지만, 성어가 되면 직선형이나 안쪽으로 약간 오목하게 변한다.

형태 특성

몸길이 90~100㎝이다.

체색과 무늬 살아 있을 때는 온몸이 선홍색이나 청백색이지만, 죽으면 적자색으로 변한다. 미성어 시기에는 눈 아래부터 꼬리자루까지 흰색 선이 있으며, 지느러미에 검은색 반점이 뚜렷하게 나타난다.

주요 형질 납작한 긴 타원형이다. 양턱에 굵고 단단한 송곳니가 줄지어 있어 소라, 고둥을 쉽게 부수어 먹을 수 있다. 수컷은 성장하면 이마에 매우 큰 혹이 생긴다. 꼬리지느러미 끝부분은 어릴 때는 바깥쪽으로 약간 둥글지만, 성어가 되면 직선형이나 안쪽으로 약간 오목하게 변한다.

생태 특성

서식지 따뜻한 바다의 수심 20~30m 암반 지대에 산다.

먹이 습성 육식성으로 주로 소라, 고둥, 전복, 성개와 같은 저서성 무척추동물을 먹는다.

행동 습성 산란기는 봄부터 여름까지다. 암수가 함께 표층으로 접근해 암컷이 알을 낳으면, 수컷이 정자를 산포해 수정한다. 수컷이 세력권을 형성해 암컷 여러 마리를 거느리는 할렘형 사회 구조를 이룬다. 혹돔의 성전환은 매우 특이하다. 옆면에 흰 줄이 있는 미성어 시기에는 성이 구별되지 않다가 자라면서 흰 줄이 없어지면 모두 암컷으로 변하고, 여러 해에 걸쳐 천천히 수컷으로 성전환한다.

국내 분포 남해, 제주도, 울릉도, 동해 중부 이남 등
국외 분포 일본 중부 이남, 동중국해, 남중국해 등

5 미성어 시기에 눈 뒤부터 꼬리까지 흰 선이 있으며, 등지느러미와 뒷지느러미에 검은색 반점이 뚜렷하게 있다가 자라면서 점차 사라진다. **6** 수컷은 성아가 되면 이마에 큰 혹이 생기며, 양 턱에 굵고 단단한 송곳니가 발달한다.

등가시치

Zoarces gillii Jordan and Starks, 1905

몸은 길고 체고는 낮으며 옆으로 납작하다.

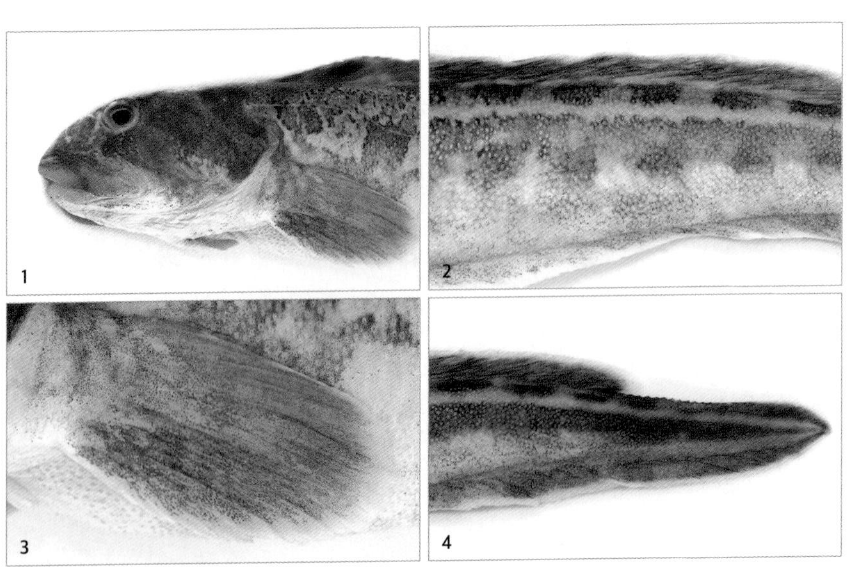

1 눈은 작고, 위턱이 아래턱보다 튀어나왔으며, 양턱에 짧고 단단한 이빨이 1~2줄 나 있다. **2** 몸 가운데에 암갈색 구름무늬가 일정한 간격으로 8~10개 나타난다. **3** 가슴지느러미는 끝이 둥글다. **4** 꼬리지느러미 가장자리는 약간 뾰족하다.

형태 특성

몸길이 보통 30~40㎝이며, 최대 50㎝까지 자란다.
체색과 무늬 등 쪽은 어두운 갈색이고, 몸통 가운데에서부터 색이 밝아져 배 쪽은 밝은 갈색을 띤다. 몸 가운데에 암갈색 구름무늬가 일정한 간격으로 8~10개 나타난다. 가슴지느러미와 배지느러미는 연한 노란색이다. 등지느러미는 회색이며, 앞부분에 검은 반점이 1개 있다. 뒷지느러미는 흰색이지만 2/3 지점부터는 어두워진다.
주요 형질 길고, 체고는 낮으며 옆으로 납작하다. 원린은 작고 피부에 묻혀 있다. 눈은 작고 두 눈 사이는 편평하다. 위턱이 아래턱보다 튀어나왔으며, 양턱에 짧고 단단한 이빨이 1~2줄 나 있다. 가슴지느러미는 끝이 둥글다. 등지느러미와 뒷지느러미가 꼬리지느러미와 연결되며, 등지느러미 가운데에 극조부가 있다. 뒷지느러미는 몸의 1/3 지점에서부터 나타나 꼬리지느러미와 연결된다. 꼬리지느러미 가장자리는 약간 뾰족하다.

생태 특성

서식지 연안성 어종으로 연안의 모래, 개펄 지대에 살며, 기수역에도 나타난다.
먹이 습성 주로 새우류, 옆새우류, 올챙이새우류 및 이매패류, 작은 어류를 먹는다.
행동 습성 위협을 받으면 몸을 돌돌 말아서 물고기가 아닌 것처럼 위장한다.

국내 분포 전 연안
국외 분포 일본 중부 이남, 중국 등의 북서태평양

5 등지느러미는 회색이며, 앞부분에 검은색 반점이 1개 있다.

왜도라치

Chirolophis wui (Wang and Wang, 1935)

몸은 길고 두꺼우며 뒤로 갈수록 옆으로 납작하다.

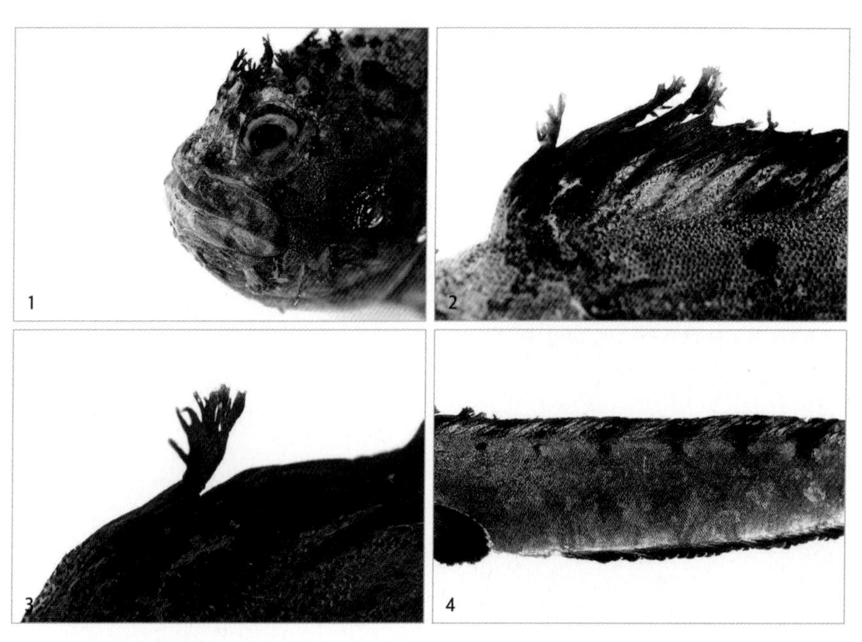

1 눈 위쪽과 뺨, 아가미뚜껑 위에 촉모가 있다. **2** 등지느러미의 극조에 촉모가 있다. **3** 촉모 **4** 등지느러미와 뒷지느러미에는 검은 줄무늬 약 7개가 비스듬하게 나 있다.

형태 특성

몸길이 보통 25~30㎝이며, 최대 40㎝까지 자란다.
체색과 무늬 노란색 바탕에 넓은 갈색 줄무늬가 7~8개 있다. 가슴지느러미는 노란색이고 기저부는 어둡다. 등지느러미와 뒷지느러미에는 검은 줄무늬 7개가 비스듬하게 있고, 꼬리지느러미의 가운데에도 검은색 줄무늬가 세로로 2~3개 있다.
주요 형질 몸통은 길고 두꺼우며 뒤로 갈수록 옆으로 납작해진다. 눈 위쪽과 뺨, 아가미뚜껑 위, 등지느러미의 극조에 촉모가 있다. 등지느러미는 머리 뒤쪽에서부터 나타나 꼬리지느러미까지 이어진다. 가슴지느러미 기조 수는 13~15연조, 배지느러미는 1극 3~4연조, 등지느러미 는 55~58극, 뒷지느러미는 1극 40~42연조이다. 꼬리지느러미 가장자리는 둥글다.

생태 특성

서식지 연안의 바위 지대에 산다.
먹이 습성 주로 갯지렁이와 조개류를 먹는다.
행동 습성 산란기는 겨울이다. 생태에 대해서는 알려진 바가 없다.

국내 분포 서해와 남해
국외 분포 중국 동북부

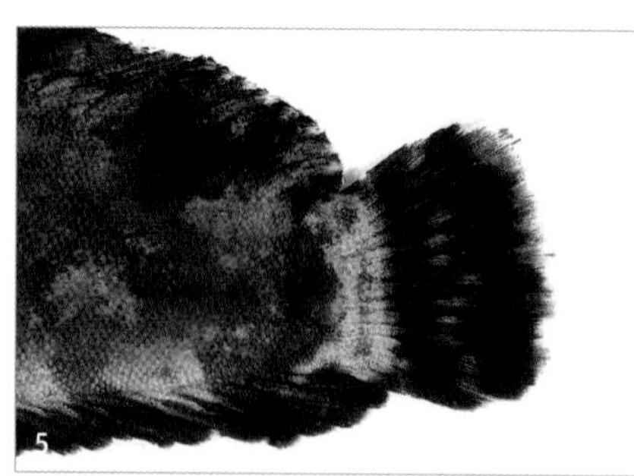

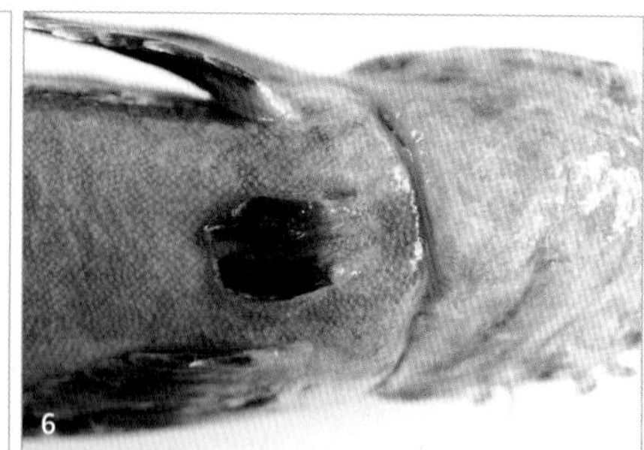

5 꼬리지느러미 가장자리는 둥글다. **6** 배지느러미는 매우 작다.

그물베도라치

Dictyosoma burgeri van der Hoeven, 1855

몸은 길고, 머리는 위아래로 납작하며, 뒤로 갈수록 옆으로 납작해진다.

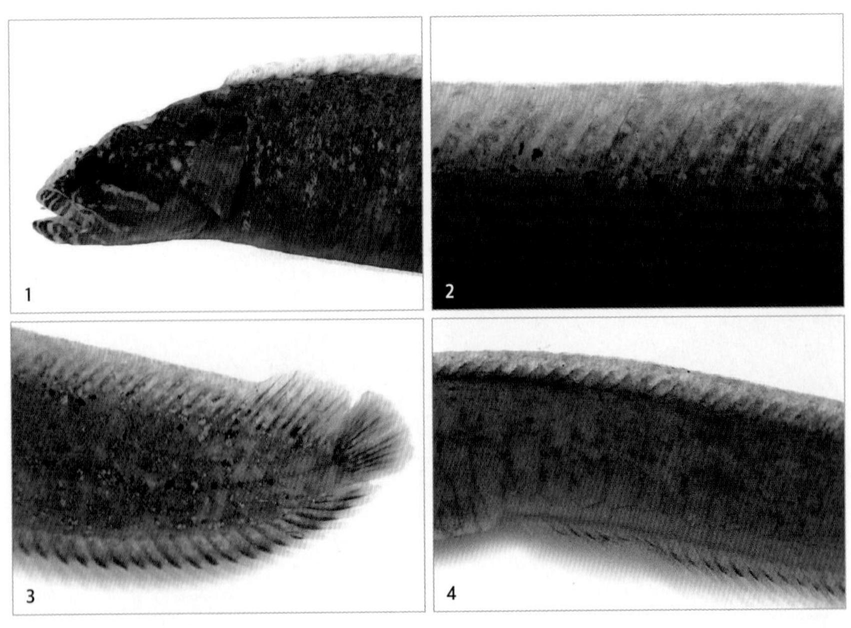

1 머리에 검은색 반점이 있다. **2** 등지느러미와 꼬리지느러미는 막으로 연결되며, 몸에는 반점이 흩어져 있다. **3** 꼬리지느러미 가장자리가 둥글다. **4** 몸 옆면의 측선 4개는 복잡한 망사형이다.

형태 특성

몸길이 보통 20~25㎝이며, 최대 35㎝까지 자란다.
체색과 무늬 다갈색 바탕에 진한 갈색 반점이 흩어져 있다. 서식지에 따라서 노란색, 청동색 등 다양하다. 몸 가운데를 따라 사각형 세로무늬가 배열된다. 가슴지느러미 위쪽으로 검은 점이 2개 있다. 눈 아래쪽에는 아가미 쪽을 향하는 흰색 줄무늬가 있으며, 눈 주변과 아가미 뚜껑에는 검은색 점들이 흩어져 있다.
주요 형질 몸은 길다. 머리는 위아래로 납작하며 뒤로 갈수록 옆으로 납작해진다. 배지느러미는 흔적만 남아 있다. 몸 옆면에 있는 측선 4개는 망사형으로 복잡하게 얽혀 있다. 원린은 피부 속에 묻혀 있다. 등지느러미는 가슴지느러미가 기조부 선에서 시작되며, 꼬리지느러미와 막으로 연결된다. 뒷지느러미는 몸 가운데에서부터 나타나 꼬리지느러미와 막으로 연결된다. 치어 때는 배지느러미가 있으나 자라면서 사라진다. 꼬리지느러미 끝부분은 둥글다.

생태 특성

서식지 조간대의 바위 밑이나 돌 틈새에 산다.
먹이 습성 패류, 갑각류, 작은 어류를 먹는다.
행동 습성 산란기는 겨울에서 이듬해 봄이고, 암컷이 알을 낳으면 알이 부화할 때까지 수컷이 알 덩어리를 몸으로 감싸 안고 알이 부화할 때까지 보호한다.

국내 분포 전 연안
국외 분포 일본

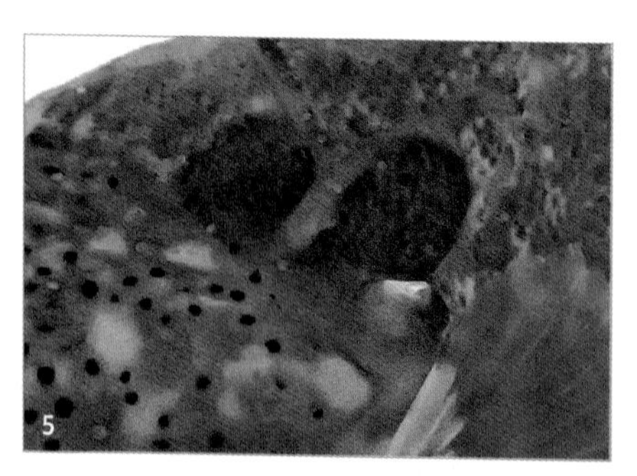

5 가슴지느러미 위쪽으로 검은색 반점이 2개 있다.

황점베도라치

Dictyosoma rubrimaculatum Yatsu, Yasuda and Taki, 1978

몸은 옆으로 아주 납작하며, 띠처럼 생겼다.

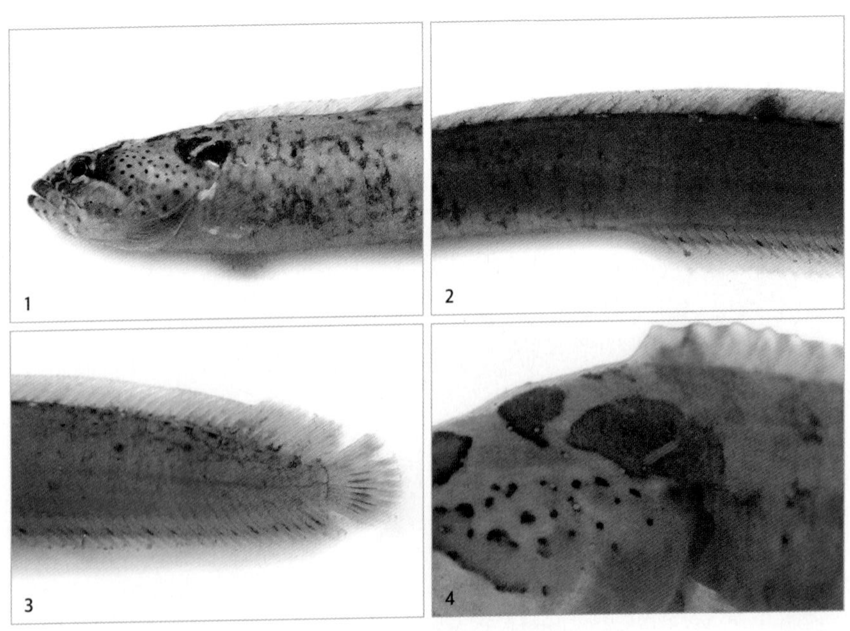

1 가슴지느러미 기부 위쪽에 검은색 점이 2개 있고, 살아 있을 때는 그 사이에 붉은색 점이 있다. **2** 비늘은 피부에 파묻혀 있고, 측선은 복잡한 그물무늬이다. **3** 등지느러미와 뒷지느러미가 꼬리지느러미와 연결된다. **4** 가슴지느러미 위쪽에 검은색 반점이 2개 있으며, 살아 있을 때는 큰 반점 사이에 붉은 줄이 나타난다.

형태 특성

몸길이 12~15㎝이다.

체색과 무늬 몸은 어두운 갈색이고 반점은 없다. 가슴지느러미의 기부 위쪽에 검은색 점이 2개 있고, 살아 있을 때는 그 사이에 붉은색 점이 있어 그물베도라치와 구별된다.

주요 형질 몸은 옆으로 매우 납작하며, 띠처럼 생겼다. 비늘은 피부에 파묻혀 있다. 측선은 뒷지느러미 앞쪽에 복잡한 그물무늬로 나타나고 지속적으로 이어져 측선이 불분명한 그물베도라치와 구별된다. 배지느러미는 흔적만 남아 있으며, 등지느러미와 뒷지느러미가 꼬리지느러미와 연결된다. 가슴지느러미 기조 수는 10~11연조, 배지느러미는 1극, 등지느러미는 51~53극, 뒷지느러미는 2극 38~40연조이다.

생태 특성

서식지 조하대의 해조류 사이와 바위 지대에 산다.

먹이 습성 주로 작은 저서성 무척추동물을 먹는다.

행동 습성 산란기는 그물베도라치와 마찬가지로 겨울에서 봄 사이이다.

국내 분포 남해와 서해의 조하대

국외 분포 일본 홋카이도 남부 등

5 눈 위쪽에도 검은 반점이 있다.

흰베도라치

Pholis fangi (Wang and Wang, 1935)

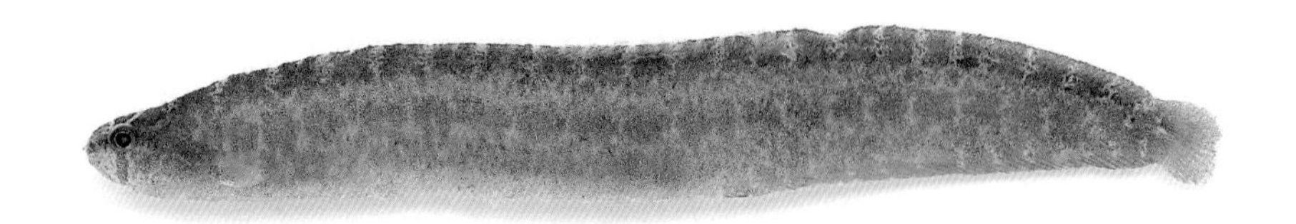

몸은 길고 옆으로 매우 납작하다.

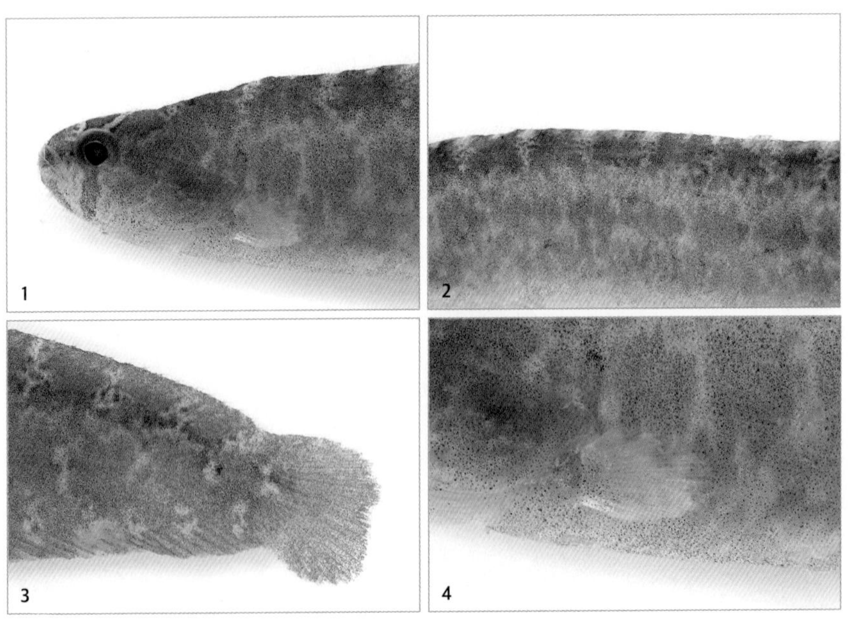

1 머리는 비교적 작고, 눈 밑에 검은색 줄무늬가 1줄이 있다. **2** 등지느러미에 'H'자처럼 생긴 무늬가 있어 유사종인 베도라치, 점베도라치와 구별된다. **3** 꼬리지느러미 가장가리는 직선형이다. **4** 가슴지느러미는 투명하며, 매우 작다.

형태 특성

몸길이 보통 8~10㎝이며, 최대 17㎝까지 자란다.

체색과 무늬 몸은 연한 황갈색이며, 옆면에는 어두운 무늬가 15개 정도 있다. 등지느러미에 'H'자처럼 생긴 무늬가 있어 유사종인 베도라치, 점베도라치와 구별된다. 등지느러미에는 검은 가로무늬가 쌍을 이뤄 배열하며, 뒷지느러미와 꼬리지느러미에는 무늬가 없다. 가슴지느러미는 작고 투명하다.

주요 형질 몸은 길고 옆으로 매우 납작해 성어는 미꾸라지와 비슷하다. 눈은 작고 주둥이는 짧다. 등지느러미는 아가미구멍 위에서 시작되어 꼬리지느러미까지 길게 이어지고, 뒷지느러미는 몸 중앙에서 시작해 꼬리지느러미까지 이어진다. 꼬리지느러미 가장자리는 직선형이며, 뒷지느러미 기조 수는 2극 42~45연조다. 등지느러미 기조 수는 78~81극이며, 배지느러미는 1극 1연조다. 비늘이 피부 아래에 묻혀 있어 피부가 매끄럽다.

생태 특성

서식지 주로 연안의 모래와 펄로 구성된 지역에 산다.

먹이 습성 치어 시기에는 주로 동물플랑크톤을 먹으며, 45㎜ 정도로 자라면서부터는 주로 요각류, 어류의 알, 십각목의 유생을 먹는다.

행동 습성 산란기는 11~1월이며, 산란장은 서해 전역이다. 치어 시기에는 부유생활을 하다가 4㎝ 이상이 되면 저층에 살기 시작하며, 6~7㎝ 정도로 자라면 저층의 냉수역으로 돌아온다. 매년 1~4월 사이에 전장 3~5㎝인 치어가 많이 나타나며, 이 치어들은 다른 어종 및 동물의 먹이가 되어 먹이사슬에서 매우 중요한 역할을 하는 것으로 알려졌다.

국내 분포 서해와 남해
국외 분포 중국에 분포

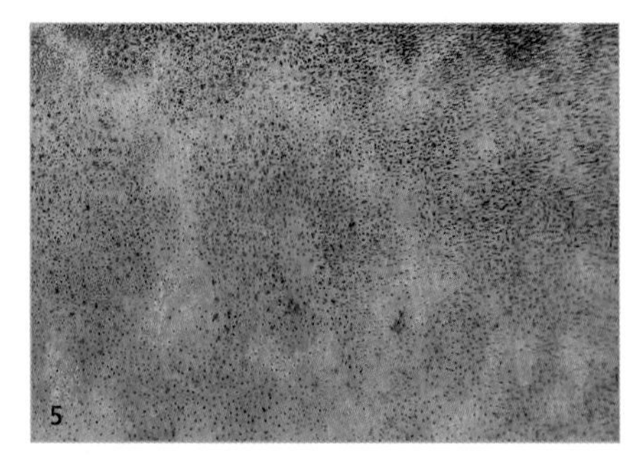

5 비늘이 피부 아래에 묻혀 있어 매끄럽다.

베도라치

Pholis nebulosa (Temminck and Schlegel, 1845)

몸은 가늘고 길며, 옆으로 납작하다.

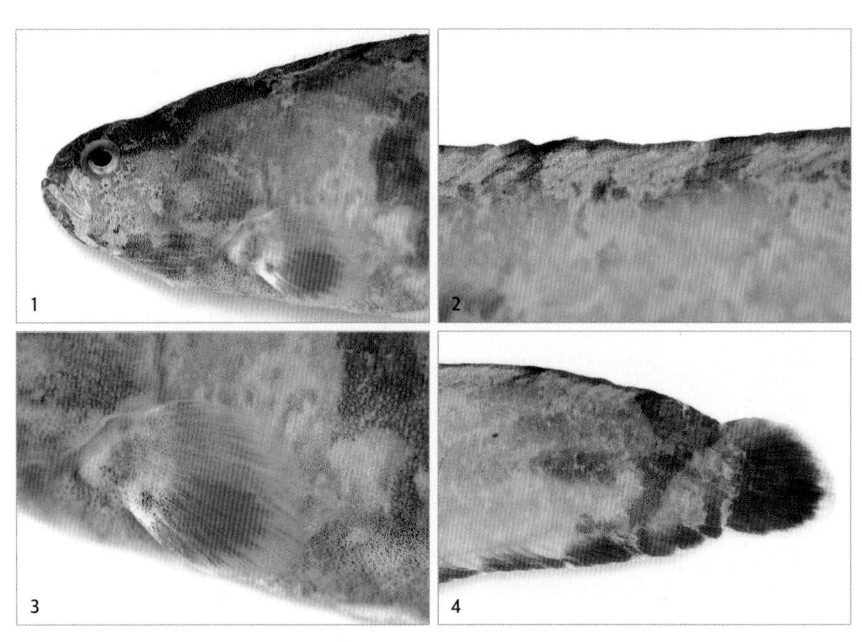

1 머리와 눈은 작고, 주둥이는 짧다. **2** 등지느러미에 줄무늬가 있다. **3** 가슴지느러미는 붉은색이다. **4** 꼬리지느러미 가장자리에 흰색 테두리가 있다.

형태 특성

몸길이 보통 25~30㎝이다.
체색과 무늬 몸 전체는 갈색이고 윤곽이 뚜렷하지 않은 가로무늬가 15개 정도 있다. 머리에는 눈 위아래로 좁고 어두운 띠가 있다. 등지느러미와 뒷지느러미에도 줄무늬가 있다. 등지느러미 기부에는 삼각무늬가 줄지어 있어 유사종인 흰베도라치, 점베도라치와 구별된다. 꼬리지느러미 가장자리에는 흰색 테두리가 있다.
주요 형질 몸은 가늘고 길며, 옆으로 납작하다. 비늘은 피부에 묻혀 있어 표면이 매끄럽고, 측선은 없다. 머리와 눈은 작고, 주둥이는 짧다. 위턱은 아래턱보다 짧으며, 양턱에 짧은 이빨이 나 있다. 등지느러미가 꼬리지느러미 앞까지 길게 이어진다. 뒷지느러미는 몸 가운데에서부터 나타나 꼬리지느러미 앞까지 이어진다. 꼬리지느러미 가장자리는 둥글다.

생태 특성

서식지 조간대의 수심 20m 이내인 바위와 돌 아래에 주로 산다.
먹이 습성 주로 알, 갑각류 유생, 동물플랑크톤을 먹는다.
행동 습성 산란기는 9~10월이다. 물풀이 무성한 연안 근처에 알을 낳는다. 베도라치의 치어는 '실치'라 부른다.

국내 분포 동해와 남해
국외 분포 일본 홋카이도 이남, 중국

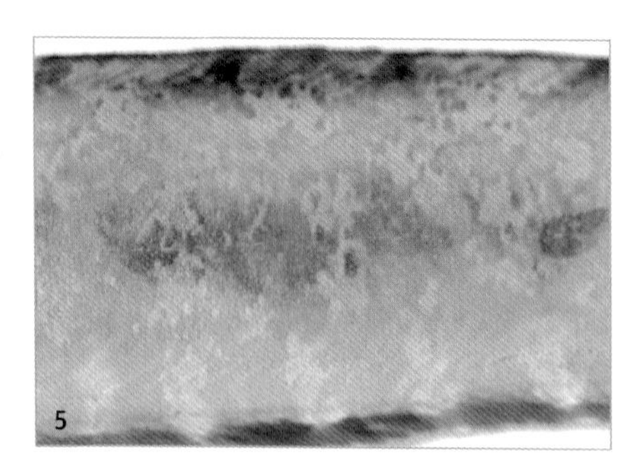

5 비늘이 피부 아래에 묻혀 있어 매끄럽다.

도루묵

Arctoscopus japonicus (Steindachner, 1881)

몸은 옆으로 납작하고, 제1등지느러미 앞쪽의 체고가 가장 높으며, 뒤로 갈수록 낮아진다.

1 머리는 작고, 눈은 비교적 크며, 눈의 위쪽 가장자리가 등 쪽에 접해 있다. **2** 등지느러미는 2개로 분리되었으며, 제2등지느러미에는 극조가 없다. **3** 뒷지느러미는 항문 바로 뒤에부터 나타나 꼬리지느러미 가까이까지 길게 뻗었다. **4** 꼬리지느러미는 수직형이며, 투명하지만 뒤쪽에 검은색 점들이 흩어져 있어 어둡게 보인다.

형태 특성

몸길이 부화 1년이면 10㎝, 2년이면 15㎝, 4년이면 20㎝ 이상, 최대 30㎝까지 자란다.
체색과 무늬 등 쪽은 짙은 갈색 바탕에 얼룩무늬가 흩어져 있으며, 측선을 중심으로 배 쪽은 은백색이다. 등지느러미막은 대체로 투명하지만 앞쪽 1/2 지점의 바깥쪽에는 작고 검은 점이 흩어져 있다. 가슴지느러미는 투명하지만 등 쪽은 노란색이다. 배지느러미와 뒷지느러미는 투명하다. 꼬리지느러미는 투명하지만 뒤쪽에 검은색 점들이 흩어져 있어 어둡게 보인다.
주요 형질 몸은 옆으로 납작하다. 제1등지느러미 앞쪽 체고가 가장 높으며, 뒤로 갈수록 낮아진다. 측선은 등 쪽에 치우쳐 일직선으로 뻗었다. 머리는 작고 몸통과의 경계 지점은 부드럽다. 눈은 비교적 크며, 눈의 위쪽 가장자리가 등 쪽에 접해 있다. 입은 거의 수직으로 위를 한다. 아래턱이 위턱보다 튀어나왔으며 양턱에 매우 작은 이빨이 1줄로 나 있다. 가슴지느러미는 크지만 배지느러미는 매우 작아서 항문에 달하지 못한다. 등지느러미는 2개로 분리되었으며, 제2등지느러미에는 극조가 없다. 뒷지느러미는 항문 바로 뒤에서부터 나타나 꼬리지느러미 가까이까지 길게 뻗었다. 꼬리지느러미는 수직형이다.

생태 특성

서식지 수심 200~400m의 모래가 섞인 펄 바닥에서 주로 산다.
먹이 습성 주로 작은 새우류, 요각류, 오징어류, 해조류를 먹는다.
행동 습성 산란기는 11~12월이다. 수온이 13~14℃일 때, 수심 2~10m의 해초가 많은 지대에 알을 덩어리로 부착시킨다. 부화 직후 치어의 전체 길이는 7~11㎜이다. 암수 모두 부화한 지 2년이면 산란에 참여한다. 몸의 일부를 바닥에 묻은 채 지낸다.

국내 분포 동해 중부 이북에 분포한다고 알려졌으나 최근에는 남해(부산)에도 나타난다.
국외 분포 알래스카 주, 사할린 섬, 캄차카 반도 등 북태평양 해역

열쌍동가리

Parapercis multifasciatus Döderlein, 1884

몸 전체의 횡단면은 원통형에 가깝고 뒤로 갈수록 옆으로 납작해진다.

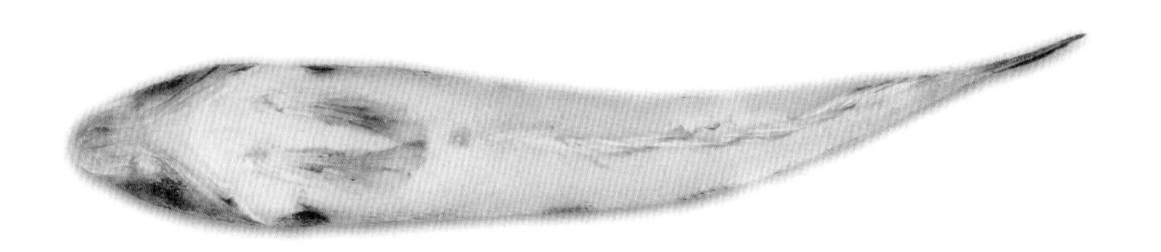

배면

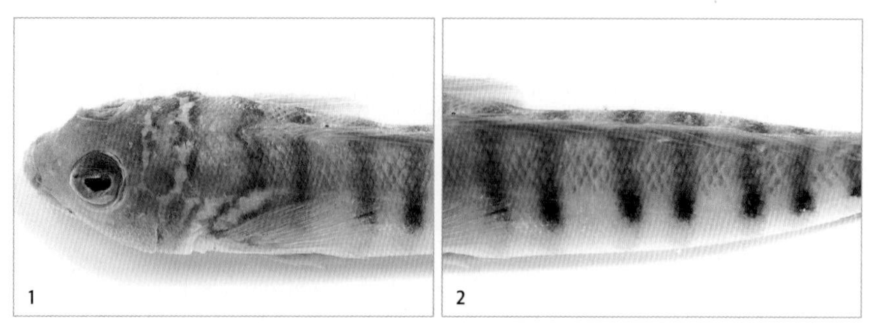

1 입은 작고, 눈 뒤쪽에 노란 줄무늬가 2개 있어 유사종인 쌍동가리와 구별된다. **2** 등 쪽은 붉은색이고 몸통에는 가로로 줄무늬 8~10개가 있다.

형태 특성

몸길이 최대 17㎝까지 자란다.

체색과 무늬 등 쪽은 붉은색이며, 몸통에는 가로로 줄무늬가 8~10개 있다. 눈 뒤쪽에 노란 줄무늬가 2개 있어 유사종인 쌍동가리와 구별된다. 배 쪽은 흰색 바탕에 노란색 줄무늬가 이어진다. 모든 지느러미는 노란색 계열이며, 꼬리지느러미에 가로로 줄무늬가 6~7줄 나타난다. 꼬리지느러미 기저의 가운데에 희미하게 타원형인 갈색 무늬가 나타난다.

주요 형질 몸 전체의 횡단면은 원통형에 가깝고 뒤로 갈수록 옆으로 납작해진다. 측선의 앞쪽은 비스듬하지만 몸 가운데에서부터는 일직선으로 이어진다. 입은 작고, 양턱에는 작지만 날카로운 이빨이 무리 지어 나 있다. 전새개골은 부드럽고, 주새개골에는 가시 1개가 있다. 등지느러미의 극조는 매우 작고, 연조는 길게 발달했다. 꼬리지느러미 끝은 둥글다.

생태 특성

서식지 수심 140m 이내의 모래 바닥과 갯벌 바닥에 산다.

먹이 습성 작은 조개류와 갑각류를 먹는다.

행동 습성 연안성 어류이며, 산란기는 여름으로 추정된다. 10㎝ 정도로 성장하면 산란에 참여한다. 산란 장소는 서식 장소와 동일한 것으로 보이며, 수컷이 암컷보다 발육 상태가 좋다. 산란기인 여름철에는 수컷이 암컷보다 4배 이상 많은 것으로 나타난다.

국내 분포 제주도를 비롯한 남해

국외 분포 일본 중부 이남, 대만, 동중국해

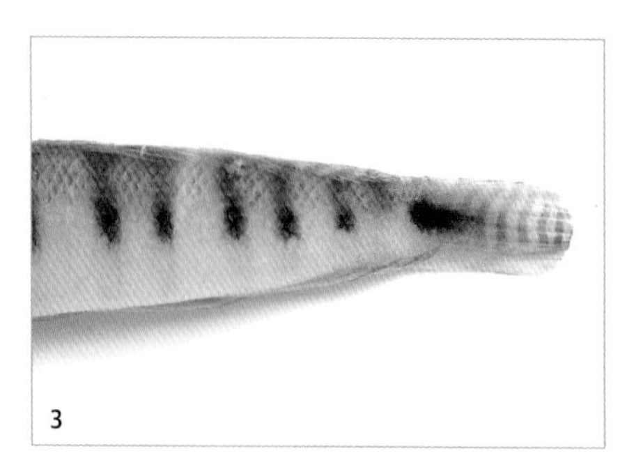

3 꼬리지느러미 끝은 둥글다.

쌍동가리

Parapercis sexfasciata (Temminck and Schlegel, 1843)

몸은 가늘고 길며, 옆으로 납작하다.

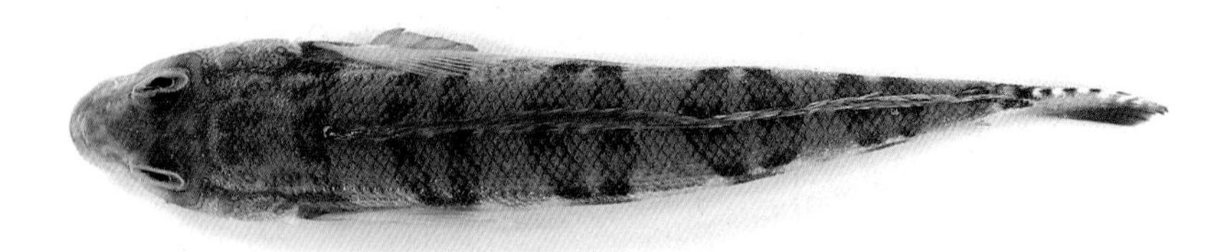

등 쪽은 회갈색 바탕이고, 등지느러미 기조 앞에서부터 꼬리자루까지 검은색 줄무늬가 가로로 있다.

1 눈은 머리 위쪽에 있고 약간 튀어나왔다. **2** 등지느러미는 1개로 가슴지느러미 위쪽에서 꼬리자루까지 길게 이어진다.

형태 특성

몸길이 10~20㎝이다.

체색과 무늬 등 쪽은 회갈색이고, 배 쪽은 희다. 눈 아래에 진한 줄무늬가 1개 있다. 주둥이 앞쪽부터 꼬리자루까지 불규칙한 노란색 줄이 가로로 나 있다. 등지느러미 기조 앞에서부터 꼬리자루까지 'V'자형 검은색 줄무늬가 가로로 5개 있다. 등지느러미, 뒷지느러미, 꼬리지느러미는 담갈색 바탕에 노란색 띠가 있다. 배지느러미는 암갈색이다. 꼬리지느러미의 기부 위쪽에 검은 점이 1개 있다.

주요 형질 긴 원통형이며, 뒤로 갈수록 옆으로 납작해진다. 측선은 아가미구멍 뒤에서부터 나타나 등의 외곽선과 평행한다. 눈은 머리 위쪽에 있고, 약간 튀어나왔다. 입은 주둥이 아래에 있으며 양턱의 길이는 거의 같다. 등지느러미는 1개로 가슴지느러미 위쪽에서 꼬리자루까지 길게 이어진다. 등지느러미 기조 수는 5~6극 22~23연조, 뒷지느러미는 1극 19~20연조다. 등지느러미 기조는 5번째가 가장 길다. 꼬리지느러미는 가운데가 약간 튀어나왔고, 가장자리가 둥글다.

생태 특성

서식지 따뜻한 바다의 모래와 갯벌 바닥에 산다.

먹이 습성 주로 작은 조개류, 새우류, 갯지렁이류, 갯가재류를 먹는다.

행동 습성 산란기는 2회로 2~6월, 10~11월이다. 몸길이가 13㎝ 이상으로 자라면 산란을 시작한다. 알은 각각 떨어져서 물속을 떠다닌다.

국내 분포 제주도를 비롯한 남해

국외 분포 일본 중부 이남, 대만, 동중국해 등의 북태평양

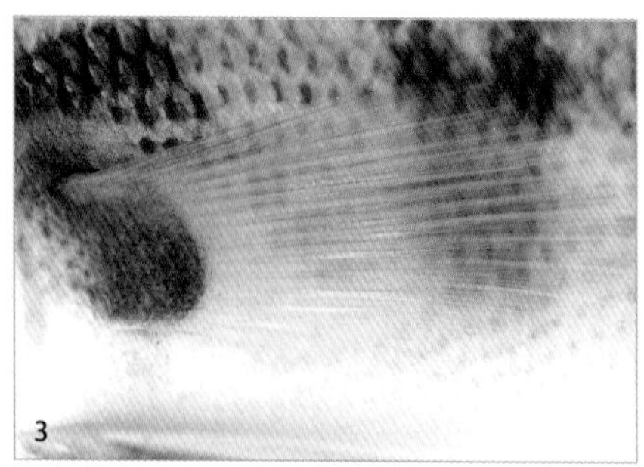

3 가슴지느러미는 투명하다. **4** 꼬리지느러미는 가운데가 약간 튀어나왔고, 가장자리가 둥글다.

얼룩통구멍

Uranoscopus japonicus Houttuyn, 1872

원통형에 가깝고, 뒤로 갈수록 옆으로 납작하다.

등 쪽에 진한 담황색 그물무늬가 있다.

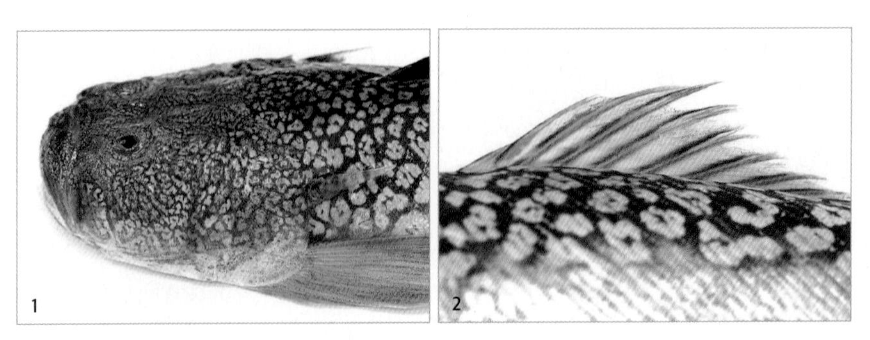

1 주둥이는 뭉툭하고, 아래턱이 위턱 앞으로 돌출되어 입은 위를 향해 열린다. **2** 등지느러미는 2개로 제1등지느러미는 작다.

형태 특성

몸길이 보통 20~25㎝이며, 최대 35㎝까지 자란다.

체색과 무늬 짙은 갈색이고, 등 쪽에 진한 담황색 그물무늬가 있으며, 배 쪽은 희다. 제1등지느러미는 검고 여기에 크고 검은 반점이 있으며, 그 외의 지느러미는 희거나 연한 노란색이다. 꼬리지느러미는 검다.

주요 형질 몸은 원통형에 가깝고, 뒤로 갈수록 옆으로 납작해진다. 비늘은 45°로 경사졌다. 눈은 작고 두 눈 사이에는 드러난 골질판이 있다. 주둥이는 뭉툭하고, 아랫입술 앞쪽 가장자리를 따라 촉수 같은 돌기가 나 있다. 아래턱이 위턱 앞으로 돌출되어 입은 위를 향해 열린다. 양턱에는 작지만 날카로운 이빨이 무리 지어 나 있다. 전새개골의 아래쪽 가장자리에 작은 가시가 3개 있다. 등지느러미는 2개로 제1등지느러미는 작다. 꼬리지느러미는 수직형에 가깝다.

생태 특성

서식지 수심 30~250m의 바닥에 산다.

먹이 습성 유영성 생물(80% 이상)과 저서생물을 먹는다.

행동 습성 산란기는 4~10월로 길다. 대부분의 시간을 모래나 진흙 속에 숨어서 보내며, 눈과 입의 일부분만을 밖으로 내민 채 먹이가 접근하기를 기다리다가 먹이가 앞으로 지나가면 재빨리 잡아챈다. 행동반경이 넓지 않다.

국내 분포 서해와 남해

국외 분포 일본 남부, 동중국해, 남중국해

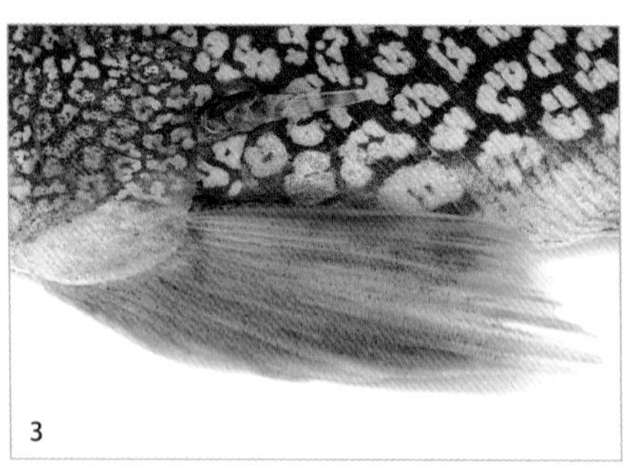

3 가슴지느러미는 연한 노란색이다. **4** 꼬리지느러미는 수직형에 가깝다.

푸렁통구멍

Xenocephalus elongatus (Temminck and Schlegel, 1843)

몸은 크고 원통형이지만, 머리와 몸통 앞쪽은 위아래로 납작하다.

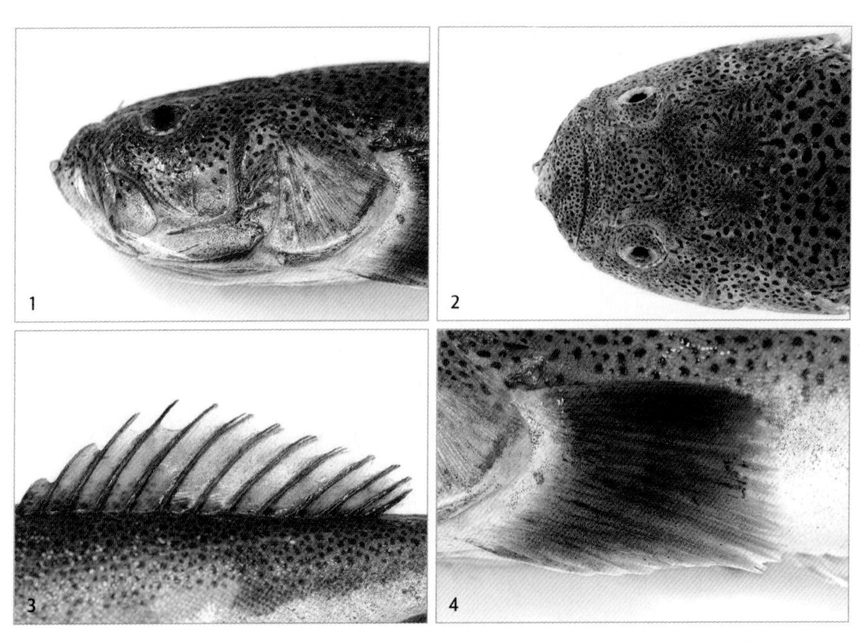

1 입은 위쪽을 향해 수직으로 열린다. **2** 눈은 작고, 두 눈 사이의 간격은 넓다. **3** 등지느러미는 몸 가운데에서부터 나타나며, 뒷지느러미보다 짧다. **4** 가슴지느러미는 끝이 둥글다.

형태 특성

몸길이 보통 25~35㎝이며, 최대 50㎝까지 자란다.

체색과 무늬 등 쪽은 청록색 바탕에 작은 갈색 반문이 빽빽하며, 가운데에서부터 돌연 밝아져 배 쪽은 희다. 모든 지느러미는 붉은색 바탕에 작고 검은 점들이 흩어져 있지만, 꼬리지느러미만은 검은색이다.

주요 형질 큰 원통형이고, 머리와 몸 앞쪽은 위아래로 납작하다가 뒤로 갈수록 옆으로 납작해진다. 비늘이 피부에 묻혀 있어 표면이 매끈하다. 눈은 작고, 두 눈 사이의 간격은 넓다. 입은 위쪽을 향해 수직으로 열린다. 양턱에 날카로운 송곳니가 있고, 아래턱 아래에는 앞을 향하는 극이 1쌍 있다. 가슴지느러미는 끝이 둥글고, 등지느러미는 몸 가운데에서부터 나타나며, 뒷지느러미보다 짧다. 꼬리지느러미는 수직형에 가깝지만, 약간 둥글다.

생태 특성

서식지 저서성으로 수심이 30~400m 연안의 펄 바닥 또는 모래가 섞인 펄 바닥에 산다.

먹이 습성 주로 어류를 먹으며, 새우류, 게류 등도 먹는다.

행동 습성 산란기는 8~10월이며, 산란 장소는 서식 장소와 동일한 것으로 추정된다. 모래 위로 눈만 나오게 몸을 숨기고 있다가 가까지 다가온 어류를 잡아먹는다.

국내 분포 서해와 남해

국외 분포 일본 남부, 대만, 동중국해

5 꼬리지느러미만 검은색이다.

앞동갈베도라치

Omobranchus elegans (Steindachner, 1876)

머리는 위아래로 약간 납작하고, 몸통은 가늘고 길며 뒤로 갈수록 옆으로 납작하다.

등면

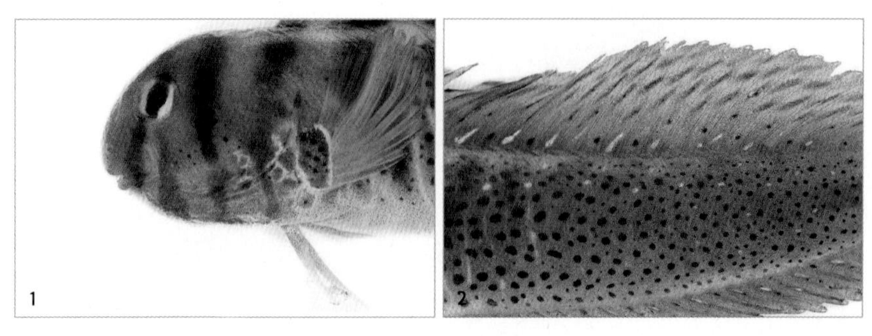

1 머리의 윗부분은 좁고, 두 눈 사이는 볼록하다. **2** 몸 뒤쪽에는 흑갈색 점들이 흩어져 있다.

형태 특성

몸길이 보통 8㎝ 정도이며, 최대 10㎝까지 자란다.

체색과 무늬 몸 앞쪽은 갈색, 뒤쪽은 밝은 노란색이다. 머리와 몸통 앞쪽에는 넓은 흑갈색 줄무늬가 가로로 있고, 몸 뒤쪽에는 흑갈색 점들이 흩어져 있다. 모든 지느러미는 노란색이다.

주요 형질 머리는 위아래로 약간 납작하고, 몸통은 가늘고 길며 뒤로 갈수록 옆으로 납작해진다. 머리 윗부분은 좁고, 두 눈 사이는 볼록하다. 눈은 머리 앞쪽 위로 치우쳐 있고, 주둥이 앞 외곽선은 경사가 심하며, 입은 머리 아래쪽으로 열린다. 턱에 난 이빨은 18개로 빗살모양이며, 송곳니가 1쌍 있다. 등지느러미 극조부와 연조부 사이에 홈이 없으며, 꼬리지느러미 가장자리는 바깥쪽으로 둥글다.

생태 특성

서식지 바위가 많은 해안의 해초가 무성한 곳이나 조수 웅덩이에 산다.

먹이 습성 주로 작은 갑각류나 죽은 동물의 사체 등 유기퇴적물을 먹는다.

행동 습성 늦봄에 암컷이 바위 구멍이나 빈 조개껍데기에 알을 낳고, 수컷이 알을 지킨다. 집으로는 큰뱀고둥의 빈 껍질을 좋아하며, 행동반경이 좁다. 집으로 들어갈 때 우선 굴 입구를 살펴보고, 몸을 돌려 꼬리 쪽부터 들어간다.

국내 분포 전 연안

국외 분포 일본, 중국

3 꼬리지느러미 가장자리는 바깥쪽으로 둥글다. **4** 아가미 아래쪽으로 검은 반점이 산재한다.

청베도라치

Parablennius yatabei (Jordan and Snyder, 1900)

몸은 길며, 옆으로 납작하다.

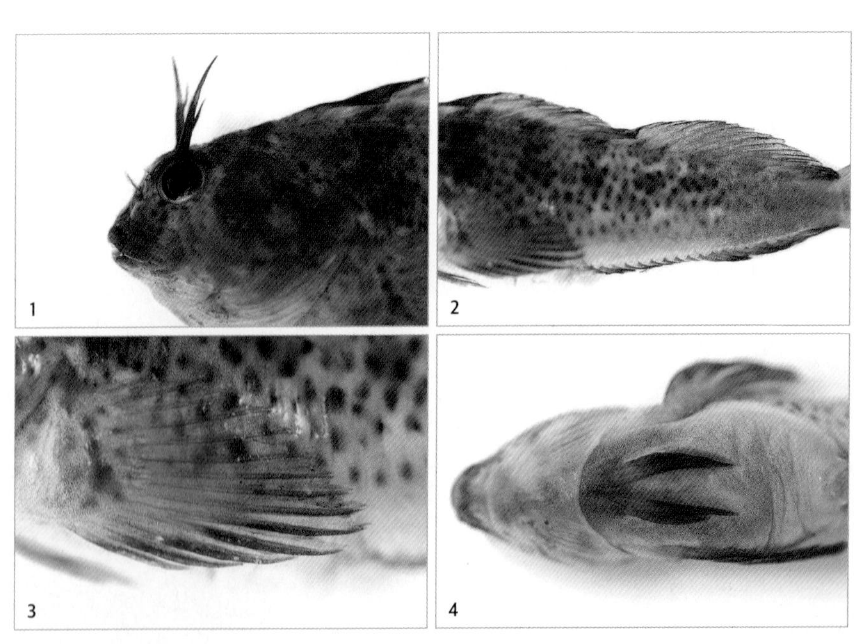

1 머리는 크고, 눈의 위쪽 가장자리에는 낙엽처럼 생긴 커다란 피질돌기가 1개 있다. **2** 몸에는 작은 반점들이 흩어져 있고, 등지느러미 기조 수는 12극 16~17연조다. **3** 가슴지느러미 기조 수는 14연조다. **4** 배지느러미 기조 수는 1극 3연조다.

형태 특성

몸길이 7~9㎝이다.
체색과 무늬 체색은 매우 다양하나 대개 수컷은 자주색, 암컷은 녹갈색이다. 몸에는 작은 반점들이 흩어져 있고, 배 쪽은 색이 연하다. 등지느러미 앞쪽의 가시부 가장자리에는 윤곽이 뚜렷하지 않은 검은색 얼룩무늬가 1개 있다.
주요 형질 몸은 길며, 옆으로 납작하다. 몸에는 비늘이 없으며, 측선은 뚜렷하지 않다. 입은 매우 짧으며, 아래턱에 작은 이빨이 있고, 턱의 양끝에 송곳니가 있다. 아가미구멍은 크다. 머리는 크고, 눈은 머리 위쪽에 있다. 눈의 위쪽 가장자리에는 낙엽처럼 생긴 커다란 피질돌기가 1개 있다. 그 한쪽은 눈 위 피판의 변화가 뚜렷해 미성어와 암컷에서는 길이가 눈지름과 거의 같지만, 수컷 성어에서는 길이가 눈지름의 약 3배에 가깝다. 가슴지느러미는 아래쪽으로 휘어져 내려오고, 그 뒤쪽의 측선은 분리된 구멍으로 나타난다. 등지느러미는 머리에서부터 나타나 꼬리지느러미 기부까지 길게 이어지며, 극조부와 연조부 사이에는 작은 홈이 있고 막으로 연결된다. 등지느러미 기조 수는 12극 16~17연조, 뒷지느러미는 2극 18~19연조, 배지느러미 기조 수는 1극 3연조이며, 꼬리지느러미 끝부분은 둥글다.

생태 특성

서식지 연안의 조수 웅덩이나 조간대의 바위 지대에 산다.
먹이 습성 주로 조류나 유기퇴적물은 먹는다.
행동 습성 빈 조개껍데기에 수정란을 낳아 붙이고, 부화할 때까지 암컷이 지킨다. 바위 사이나 모래, 펄 바닥에 굴을 만들어 다른 동물들과 함께 산다.

국내 분포 동해 남부와 서해의 중부 이남(보령), 제주도를 비롯한 남해
국외 분포 일본 이남, 중국, 대만

5 꼬리지느러미 끝부분은 둥글다.

강주걱양태

Repomucenus olidus (Günther, 1873)

몸은 작고 머리와 가슴 부분은 위아래로 심하게 납작하며, 뒤쪽은 가늘어 원통형을 이룬다.

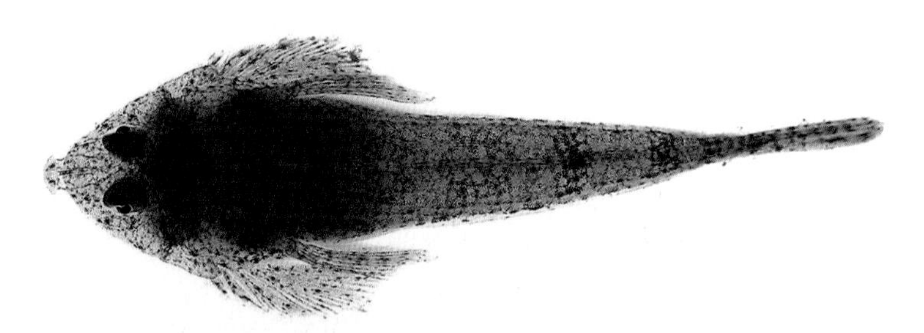

등면은 모래와 비슷한 연한 갈색이며, 주둥이가 뾰족해 삼각형을 이룬다.

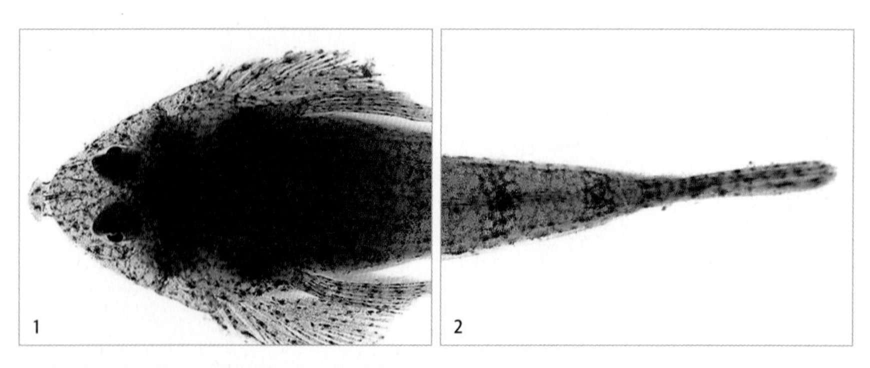

1 아가미구멍은 등 쪽으로 2개가 있다. **2** 꼬리지느러미

형태 특성

몸길이 7㎝ 정도다.

체색과 무늬 몸 전체는 모래와 비슷한 연한 갈색이며, 배 아랫부분은 흰색이다. 몸에는 흰색과 검은색 반점이 흩어져 있다. 제1등지느러미는 전체가 검고, 제2등지느러미와 뒷지느러미는 거의 투명하다. 꼬리지느러미, 가슴지느러미 및 배지느러미에는 작은 반점이 흩어져 있다.

주요 형질 크기가 작고 머리와 가슴 부분은 위아래로 심하게 납작하며, 뒤쪽은 가늘어 원통형을 이룬다. 측선은 선명하며, 아가미구멍 바로 뒤에서부터 나타나 꼬리자루까지 이어진다. 아가미구멍은 등 쪽으로 2개가 나 있고, 새파 수는 9개다. 아가미뚜껑 부근에는 끝이 3~5개로 나뉜 작은 톱니가 있으며, 전새개골은 튀어나왔다. 주둥이가 뾰족하고, 위턱이 아래턱보다 길다. 눈은 머리 위로 튀어나왔으며, 크기가 작다. 배지느러미는 가슴지느러미 제일 마지막 연조와 막으로 연결되어 배를 감싸고 있다. 제1등지느러미는 아주 미약하고, 제2등지느러미도 작다. 암컷은 제1등지느러미 극조가 3개로 제1극조가 짧아서 둥근 반면, 수컷은 제1등지느러미 극조가 2개로 제1극조가 길어서 더 길쭉하게 발달했으며, 검은색이다. 제2등지느러미 연조 수는 9개, 뒷지느러미 연조 수는 9개이다. 꼬리지느러미 가장자리는 둥글다.

생태 특성

서식지 강 하류와 연안의 모래 바닥에 살며, 염분이 없는 중류역까지 올라온다. 위험에 처했을 때나 쉴 때는 모래 속으로 숨는다.

먹이 습성 갯지렁이, 작은 갑각류 등 저서생물을 먹는다.

행동 습성 산란기는 알려지지 않았으며, 암컷과 수컷이 함께 중층으로 올라오며 산란한다. 아가미구멍이 등 쪽으로 나 있어 호흡할 때마다 아가미구멍이 밸브처럼 열리고 닫힌다. 아가미구멍에서 물을 뿜어 올리는 독특한 행동을 하며, 몸 크기에 비해 빠르게 유영할 수 있다. 보호색을 띠며 위험을 감지했을 때는 모래속에 몸을 숨기고 두 눈만 내놓은 채 가만히 있는다. 최근 주요 서식지인 강 하구 모래 바닥이 줄어들면서 개체수가 감소하는 추세다.

국내 분포 한강, 임진강, 금강 강경, 파주, 동진강 하구 등

국외 분포 중국 남부인 양자강 하구

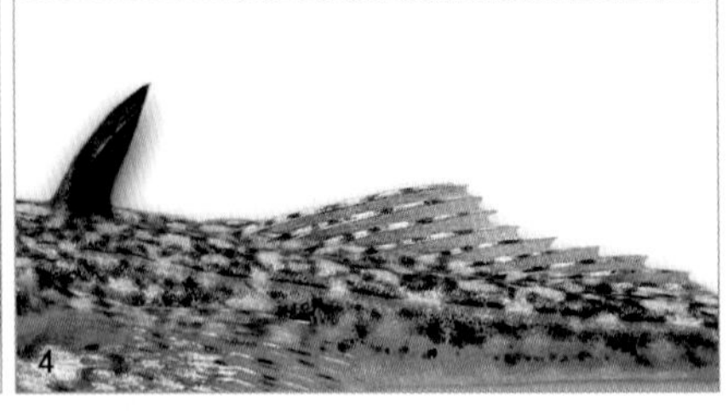

3 눈은 머리 쪽으로 튀어나왔으며, 주둥이는 뾰족하고, 위턱이 아래턱보다 길다. **4** 등지느러미는 2개로 제1등지느러미 기조 수는 2극조이며, 어두운 반면, 제2등지느러미는 9연조이며, 투명하다.

문절망둑

Acanthogobius flavimanus (Temminck and Schlegel, 1845)

몸 앞쪽은 원통형이며, 꼬리는 작고 옆으로 납작하다.

등면

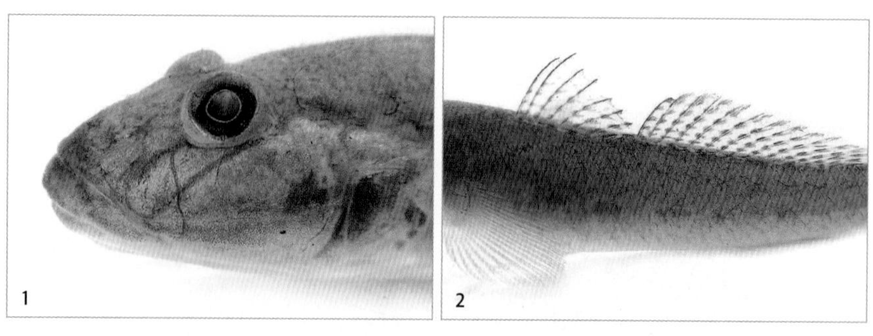

1 위턱이 아래턱보다 길며, 입이 크고 주둥이 끝에서 열린다. **2** 등지느러미에는 검은 반점이 비스듬히 열을 이룬다.

형태 특성

몸길이 보통 10~20㎝이며, 최대 25㎝까지 자란다.
체색과 무늬 담황갈색, 담회황색이고, 등 쪽은 색이 짙으며 배 쪽은 연하다. 옆면 가운데에 불규칙한 암갈색 반문이 이어진다. 등지느러미에는 검은 반점이 비스듬히 열을 이루고, 꼬리지느러미의 위쪽 2/3는 톱니처럼 생긴 반점이 열을 이룬다.
주요 형질 몸 앞쪽은 원통형이며, 꼬리는 작고 옆으로 납작하다. 위턱이 아래턱보다 길고, 입은 크고 주둥이 끝에서 열린다. 몸통은 즐린으로, 뺨과 아가미뚜껑 위쪽, 후두부는 아주 작은 원린으로 덮여 있다. 배지느러미끼리 붙어서 흡반을 형성하며, 가슴지느러미 기부보다 약간 뒤쪽에서 나타난다. 등지느러미는 2개이며, 제1등지느러미 기조 수는 8극, 제2등지느러미 연조 수는 12~14개, 뒷지느러미 연조 수는 10~12개, 종렬 비늘 수는 45~61개다. 꼬리지느러미 뒤쪽 가장자리는 바깥쪽으로 둥근 타원형을 이룬다.

생태 특성

서식지 강 하구의 기수역과 연안 개펄이나 모래 지대에 살며, 여름에는 어린 개체 다수가 하구의 간석지나 하천의 하류역까지 분포한다.
먹이 습성 주로 저서성 조류, 갯지렁이, 작은 갑각류, 어류를 먹는다.
행동 습성 산란기는 2~5월로 수컷은 진흙을 파서 'Y'자 모양으로 암컷이 알을 낳을 공간을 마련하며, 암컷이 적당한 장소를 정하면 짝짓기가 이루어진다. 수컷은 알이 부화할 때까지 알을 지키고, 암컷은 짝짓기를 마치면 곧 죽는다.

국내 분포 서해, 남해에 인접한 강 하구
국외 분포 일본, 중국

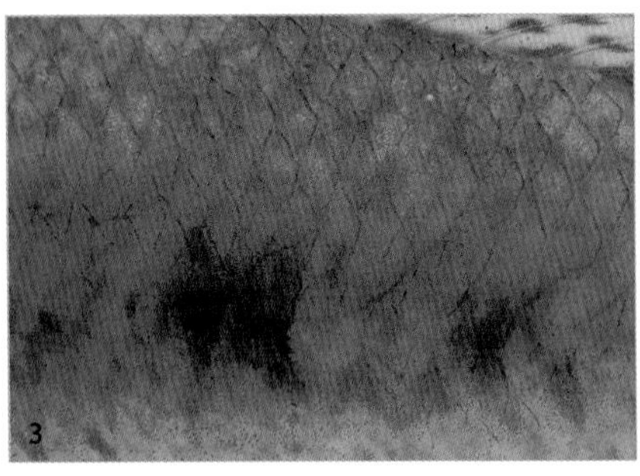
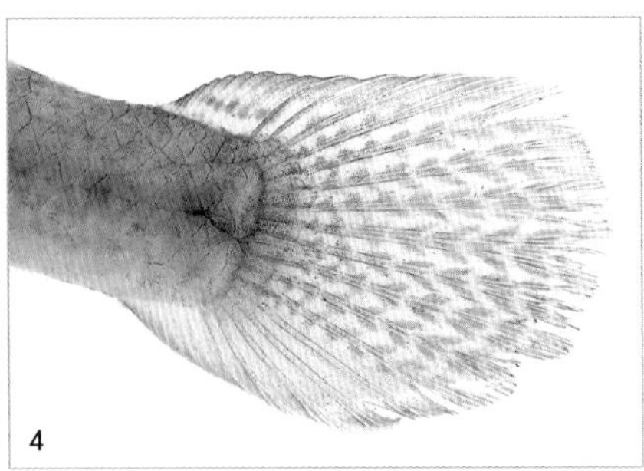

3 옆면 가운데에 불규칙한 암갈색 반문이 이어진다. **4** 꼬리지느러미 뒤쪽 가장자리는 바깥쪽으로 둥근 타원형을 이룬다.

흰발망둑

Acanthogobius lactipes (Hilgendorf, 1879)

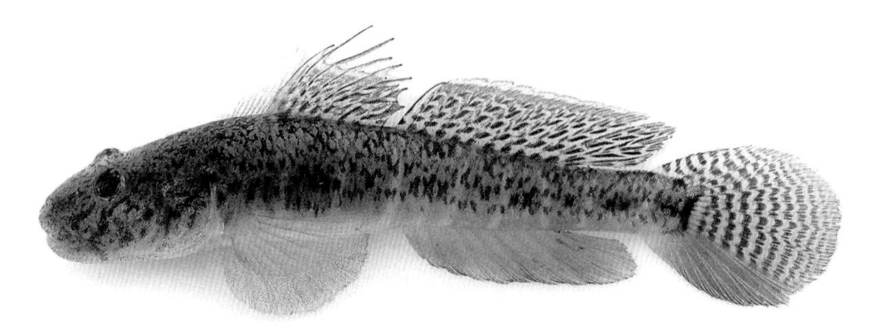

수컷. 몸은 원통형이지만, 머리는 둥글고 가슴지느러미부터는 옆으로 약간 납작해진다.

암컷

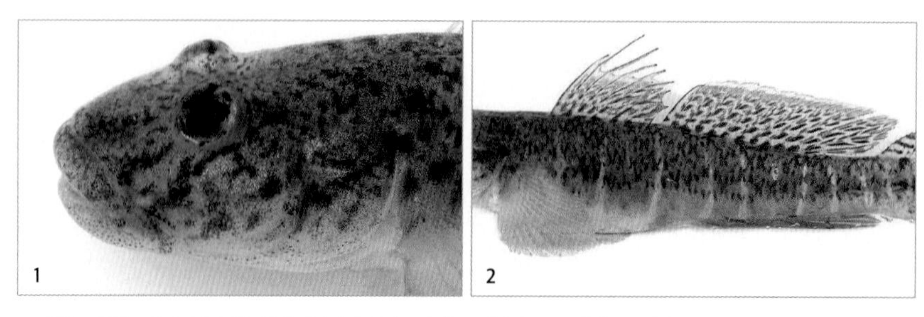

1 뺨은 도톰하고, 눈은 머리 위로 튀어나왔다. **2** 등지느러미는 2개이며, 몸통 위에 불규칙한 반문이 꼬리지느러미 시작부분까지 이어진다.

형태 특성

몸길이 7㎝이다.

체색과 무늬 황갈색이고, 등 쪽에서부터 꼬리지느러미 기점까지 불규칙한 반문이 이어진다. 등에서 배로 이어지는 지점에 흰 줄무늬가 10~14개 있다. 등지느러미에는 희미한 반점이 있고, 꼬리지느러미 위쪽 2/3 지점에는 검은 반문이 있다. 흡반을 형성하는 배지느러미는 성장하면서 검은색으로 변한다. 산란기에는 성적 이형이 뚜렷하게 나타난다.

주요 형질 원통형이지만, 머리는 둥글고 가슴지느러미부터는 옆으로 약간 납작해진다. 몸통은 즐린으로 덮여 있지만, 뺨, 아가미뚜껑 주변, 후두부에는 비늘이 없다. 측선 비늘 수는 33~37개, 새파 수는 10~13개다. 뺨은 도톰하고, 눈은 머리 위쪽으로 튀어나왔다. 입은 크며, 위턱과 아래턱의 길이는 같다. 등지느러미는 2개이다. 산란기에 암컷은 제1등지느러미 뒤쪽에 검은색 반점이 1개 나타나고, 수컷은 몸통에 담황색 줄무늬가 세로로 11~12개가 나타나며, 배지느러미 가운데를 제외한 가장자리와 뒷지느러미가 검게 변한다. 또한 산란기에 수컷은 제1등지느러미의 가시가 실 모양으로 길어지고, 제2등지느러미와 뒷지느러미도 길어져 그 끝이 꼬리지느러미 기점까지 달한다. 제2등지느러미 연조 수는 10~11개, 뒷지느러미 연조 수는 9~11개이다.

생태 특성

서식지 갯벌의 웅덩이나 모래와 자갈이 깔린 강 하구에 살며, 거의 민물인 곳에서부터 해수까지 살고 있어 염분 농도 변화에 잘 적응한다.

먹이 습성 잡식성으로 갯지렁이, 조류, 갑각류, 저서동물을 먹는다.

행동 습성 산란기는 5~9월이다. 하천에서 부화해 바다로 이동하지만 일생을 하천에서만 사는 개체도 있다.

국내 분포 전 연안의 기수역과 하천 중하류

국외 분포 일본과 중국, 연해주

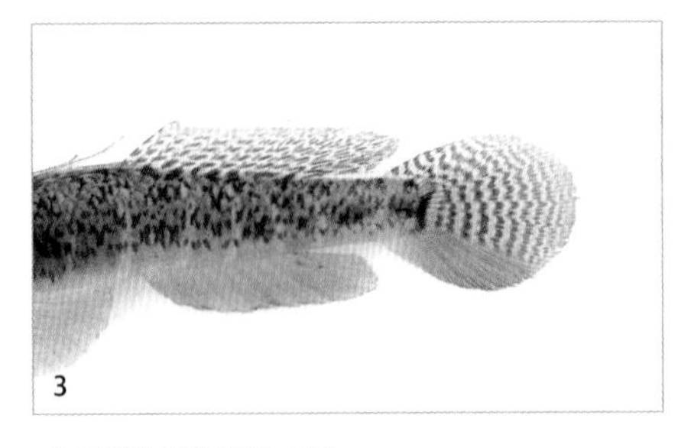

3 꼬리지느러미 끝이 둥글다.

짱뚱어

Boleophthalmus pectinirostris (Linnaeus, 1758)

몸은 길며, 앞부분은 원형에 가까우나 뒤로 갈수록 옆으로 납작하고 가늘어진다.

배 쪽은 색깔이 연하다.

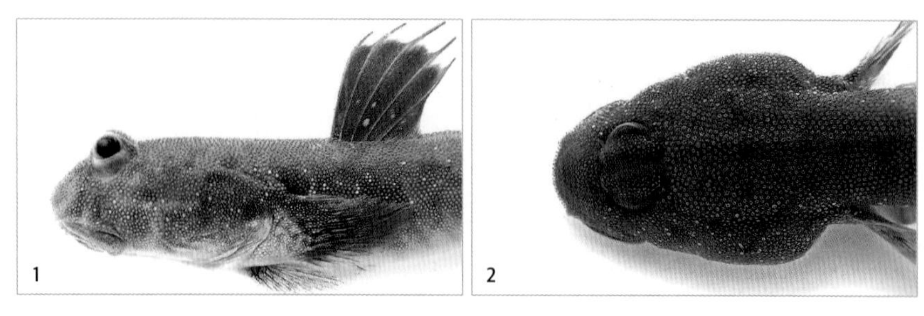

1 머리는 크고 위아래로 납작해 머리의 폭이 몸의 폭보다 넓다. **2** 눈은 머리 위쪽으로 튀어나왔다.

형태 특성

몸길이 15~20㎝이다.
체색과 무늬 회청색이고, 등 쪽은 색이 짙으며 배 쪽은 연하다. 푸른색 반점이 몸통을 중심으로 등 쪽과 배 쪽에 넓게 흩어져 있다. 등지느러미, 뒷지느러미, 꼬리지느러미에 파란색 점이 흩어져 있다.
주요 형질 몸은 길며, 앞부분은 원형에 가까우나 뒤로 갈수록 옆으로 납작하고 가늘어진다. 머리는 크고 위아래로 납작해 머리의 폭이 몸의 폭보다 넓다. 눈은 머리 위쪽으로 튀어나왔다. 주둥이는 끝이 뭉툭하고, 입은 아래쪽에 수평으로 열린다. 아래턱과 위턱의 길이는 거의 같고, 앞쪽에는 크고 날카로운 송곳니가 3~4개 있으며, 뒤쪽에는 작고 날카로운 이빨이 빼곡히 나 있다. 종렬 비늘 수는 100~130개, 새파 수는 6~7개다. 가슴지느러미는 육질과 단단한 기조막으로 형성된다. 등지느러미는 2개로 제1등지느러미의 극조는 끝이 길며 부채 모양이다. 제2등지느러미 연조 수는 23~25개, 뒷지느러미 연조 수는 22~23개이다. 꼬리지느러미 끝부분은 밖으로 튀어나왔다.

생태 특성

서식지 강 하구나 연안의 개펄에 구멍을 파고 산다. 50~90㎝로 파고 내려가면서 출입공이 2개인 'Y'자형 서식공을 만든다.
먹이 습성 개펄 표면의 동물플랑크톤과 부착 조류를 먹는다.
행동 습성 산란기는 5~8월로 개펄 구멍 안에 알을 낳고, 수컷은 수정된 알을 지킨다. 수컷은 암컷에게 구애하고자 높이 점프를 한다. 활동 중 몸이 마르면 고인 물에 몸을 굴려 골고루 적시고, 다른 개체를 만나면 입을 크게 벌려 물어뜯거나 모든 지느러미를 활짝 펴서 위협한다. 낮의 간조 때 활동한다.

국내 분포 서해와 남해로 흐르는 하천 하구와 연안, 연안 일대의 섬
국외 분포 일본, 중국, 대만, 미얀마

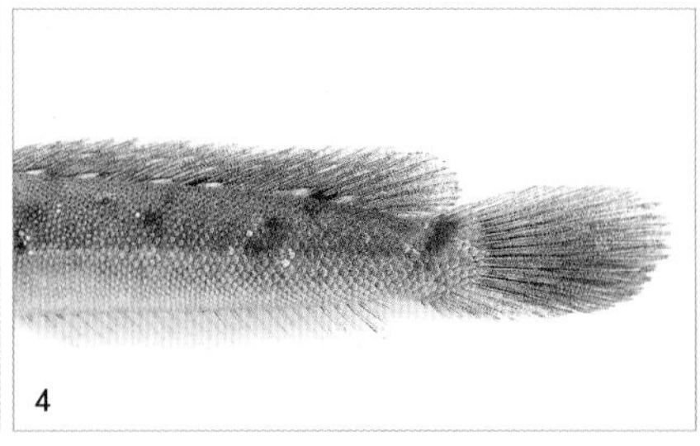

3 등지느러미는 2개로 제1등지느러미의 극조는 끝이 길고 부채 모양이며, 파란색 점이 흩어져 있다. **4** 꼬리지느러미 끝부분은 밖으로 튀어나왔다.

점망둑

Chaenogobius annularis Gill, 1859

몸은 길고 뒤로 갈수록 옆으로 납작해지며, 머리는 위아래로 납작하다.

등면

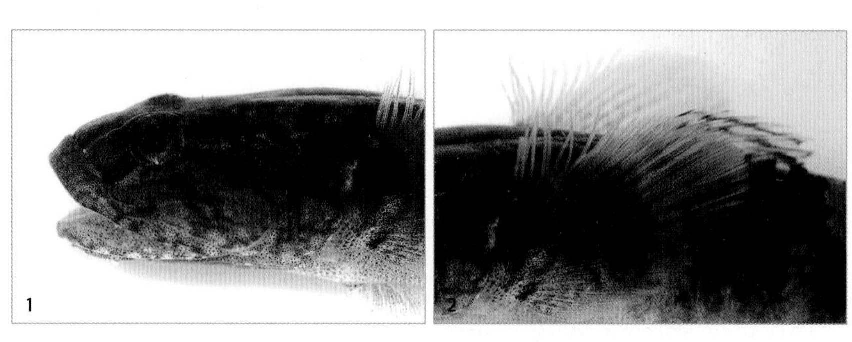

1 눈은 작고 옆에 있다. 입은 크고, 아래턱이 위턱보다 짧다. **2** 가슴지느러미 윗부분은 분리되었다.

형태 특성

몸길이 7~8㎝이다.

체색과 무늬 몸은 연녹색 바탕에 불규칙한 흑갈색 구름무늬가 있고, 작고 검은 점들이 흩어져 있다. 등지느러미와 꼬리지느러미에는 검은 반점들이 열을 지어 가로띠를 이룬다. 꼬리지느러미 기점에는 커다란 검은색 점이 하나 있다.

주요 형질 몸은 길고 뒤로 갈수록 옆으로 납작해지며, 작은 원린으로 덮여 있다. 머리는 위아래로 납작하며 비늘이 없다. 눈은 작고 옆에 있다. 입은 크고, 아래턱이 위턱보다 짧다. 혀 끝은 약간 파였다. 가슴지느러미 윗부분은 분리되었고, 배지느러미는 합쳐져서 흡반을 이룬다. 등지느러미는 2개로 제1등지느러미 기조 수는 6극조, 제2등지느러미는 1극 10연조다.

생태 특성

서식지 바위와 암벽으로 이루어진 조간대의 돌 틈 및 웅덩이에 산다.

먹이 습성 잡식성으로 치어 시기에는 주로 요각류, 만각류를 먹고, 성어가 되면 옆새우류, 갯지렁이류, 게류처럼 작은 동물을 먹는다.

행동 습성 산란기는 3~5월로 추정된다. 주로 바닥에 분포하며, 탐식성이 강하다. 자세한 생태에 대해서는 아직까지 알려진 바가 없다.

국내 분포 전 연안

국외 분포 일본 홋카이도 남부 전 해역

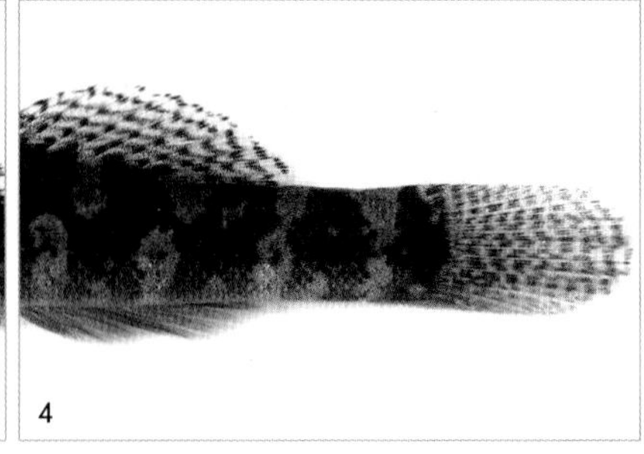

3 등지느러미는 2개로 제1등지느러미 기조 수는 6극조, 제2등지느러미는 1극 10연조다. **4** 꼬리지느러미 기점에 커다란 검은색 점이 하나 있다.

별망둑

Chaenogobius gulosus (Sauvage, 1882)

몸은 원통형이며, 머리는 위아래로 매우 납작하고 꼬리는 옆으로 납작하다.

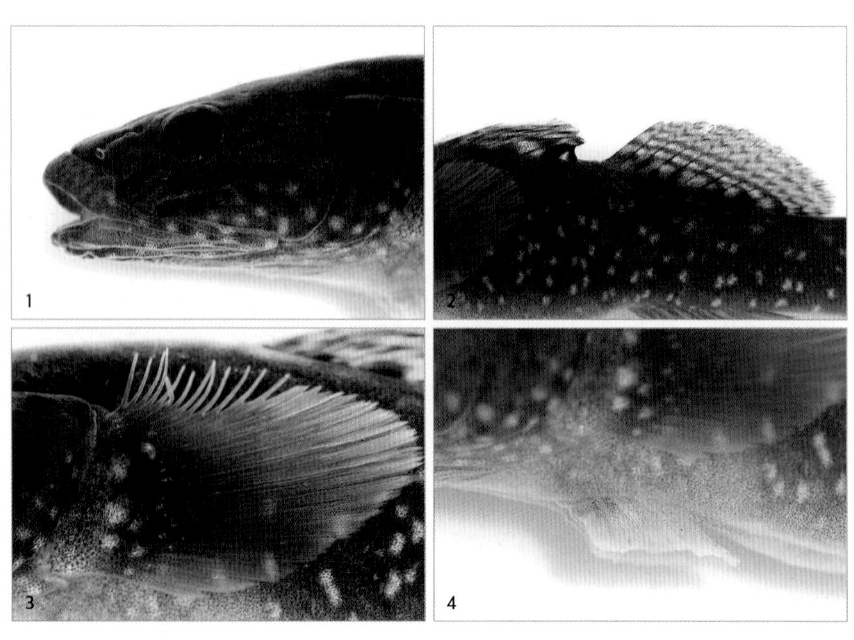

1 눈은 작고 머리 위쪽에 있으며, 주둥이는 길다. **2** 제1등지느러미 기조 수는 6극조, 제2등지느러미 기조 수는 1극 11연조다. **3** 가슴지느러미 위쪽에는 분리된 실 모양 기조가 있다. **4** 배지느러미는 흡반으로 변형되었다.

형태 특성

몸길이 보통 15~20㎝이며, 최대 25㎝까지 자란다.

체색과 무늬 몸은 푸른색을 띠는 진한 흑갈색이어서 전체가 검게 보이며, 몸에는 흰색 점들이 흩어져 있다. 꼬리지느러미가 시작되는 부분에는 검은색 점무늬가 있고, 가장자리는 밝다.

주요 형질 원통형이며, 머리는 위아래로 매우 납작하고, 꼬리는 옆으로 납작하다. 눈은 작고 머리 위쪽에 있으며, 주둥이는 길다. 가슴지느러미 위쪽에는 분리된 실 모양 기조가 있으며, 배지느러미는 흡반으로 변형되었다. 종열 비늘 수는 83~87개, 등지느러미 기점의 앞쪽 비늘 수는 25~28이다. 제1등지느러미 기조 수는 6극조, 제2등지느러미 기조 수는 1극 11연조, 뒷지느러미는 1극 16~17연조다. 꼬리지느러미 뒤쪽 가장자리는 바깥쪽으로 둥글다.

생태 특성

서식지 해안의 바위와 돌 사이에 산다.

먹이 습성 잡식성으로 해조류, 게류, 복족류를 먹는다.

행동 습성 산란기는 12~4월이다. 햇볕이 내리쬐어 따뜻해진 조수 웅덩이나 염분이 높고 오물이 섞인 곳에 살며, 생존력이 강하다.

국내 분포 전 연안

국외 분포 일본 홋카이도 이남

5 꼬리지느러미가 시작되는 부분에 검은색 점무늬가 있다.

쉬쉬망둑

Chaeturichthys stigmatias Richardson, 1844

몸은 원통형으로 뒤로 갈수록 옆으로 납작해진다. 머리는 작고 위아래로 납작하다.

1 눈은 머리 뒤쪽에 있다. 주둥이는 비교적 길고 입은 크며, 위턱이 아래턱보다 약간 길다. **2** 배지느러미는 합쳐져 흡반을 이룬다. **3** 연한 갈색이고 몸 위쪽에 어두운 갈색 점이 흩어져 있다. **4** 꼬리지느러미 끝이 뾰족하다.

형태 특성

몸길이 보통 20~30㎝이다.
체색과 무늬 몸은 연한 갈색이고, 몸 위쪽에 어두운 갈색 점이 흩어져 있다. 배 쪽은 색이 밝다. 제1등지느러미의 제6기조부터 뒤쪽으로 크고 검은 점이 하나 있다.
주요 형질 머리는 작고 위아래로 납작하며, 몸 전체는 뒤로 갈수록 옆으로 납작해지는 원통형이다. 눈은 머리 뒤쪽에 있다. 주둥이는 비교적 길고 입은 크며, 위턱이 아래턱보다 약간 길다. 아래턱의 아래에 수염이 3쌍 있다. 가슴 안쪽에 돌기가 3개 있고, 배지느러미는 합쳐져 흡반을 이룬다. 등지느러미는 2개로 제1등지느러미 기조 수는 8극, 제2등지느러미는 1극 20연조다. 꼬리지느러미 끝이 뾰족하다.

생태 특성

서식지 갯벌로 이루어진 연안에 산다.
먹이 습성 주로 작은 곤충을 비롯한 절지동물, 동물플랑크톤을 먹는다.
행동 습성 산란기는 봄에서 여름이며, 조개껍데기나 돌 밑, 진흙에 구멍을 파고 알을 부착시킨다. 수컷이 입구에서 알을 보호한다. 여름철 연안부의 수온이 상승하면 수심이 깊은 곳으로 이동하는 냉수성 어종이어서 여름에는 채집이 어렵다. 가을에 연안부의 수온이 낮아지면 다시 돌아온다.

국내 분포 서해와 남해
국외 분포 일본, 동중국해, 남중국해 등 서태평양의 온대 해역

5 등지느러미는 2개이며, 제1등지느러미는 8극, 제2등지느러미는 1극 20연조다.

날개망둑

Favonigobius gymnauchen (Bleeker, 1860)

몸은 길고 원통형이며, 몸 뒷부분은 옆으로 납작하다.

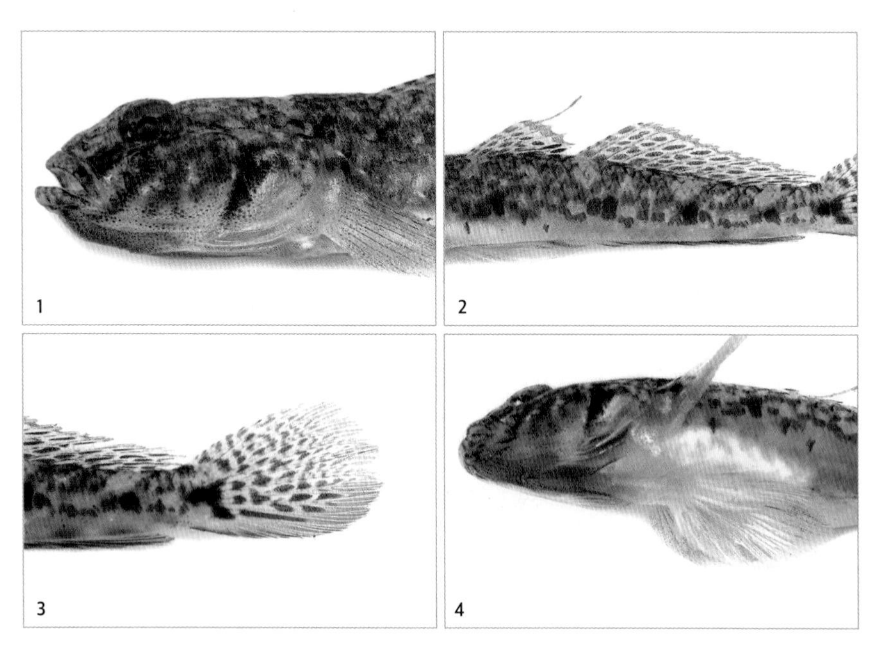

1 눈은 머리 약간 앞쪽 위에 있다. **2** 등지느러미는 2개로 분리되었다. **3** 꼬리지느러미는 둥글게 퍼지고 길지 않다. **4** 배지느러미는 하나로 합쳐서 흡반 형태가 된다.

형태 특성

몸길이 7~10㎝이다.

체색과 무늬 등 쪽은 암갈색이며, 배 쪽은 색이 밝고 무늬가 없다. 몸 옆면에 진갈색 반점들이 세로로 있고, 진한 자갈색 반점들이 불규칙하게 흩어져 있다. 눈 밑, 뺨, 아가미뚜껑 위쪽에는 검은색 무늬가 아래로 뻗었다. 눈 뒤쪽에는 어두운 줄무늬가 세로로 있다.

주요 형질 길고 원통형이며, 꼬리 쪽으로 갈수록 옆으로 납작해진다. 측선 비늘 수는 25~28개이고, 머리에는 비늘이 없다. 머리 약간 앞쪽 위에 눈이 있다. 두 눈 사이는 매우 좁고, 입의 길이는 눈의 지름과 같다. 주둥이는 앞쪽으로 약간 튀어나왔으며 위턱이 아래턱보다 약간 짧다. 등지느러미는 2개로 분리되었으며, 제1등지느러미 기조 수는 6극조로 2극이 실처럼 길다. 제2등지느러미 기조 수는 1극 9연조, 뒷지느러미 극조 수 9연조다. 등지느러미 앞의 비늘 수는 7개다. 꼬리지느러미는 둥글게 퍼지고 길지 않다.

생태 특성

서식지 기수역이나 연안에서 바위나 모래가 많고 얕은 곳의 바닥에 산다.

먹이 습성 갯지렁이, 실지렁이, 갑각류를 먹는다.

행동 습성 산란기는 4~8월로 조개껍데기 안쪽에 알을 낳고 수컷이 지킨다. 번식을 마치면 암컷과 수컷 모두 죽는다.

국내 분포 서해와 제주도를 비롯한 남해

국외 분포 북한, 중국, 일본, 러시아, 필리핀

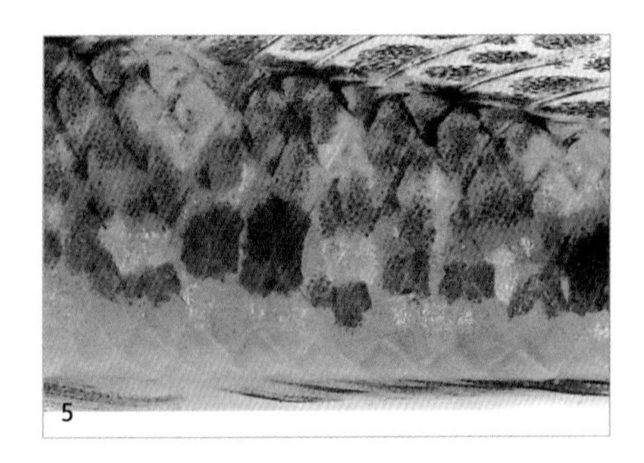

5 유사종인 날망둑에 비해 비늘이 크다.

날망둑

Gymnogobius breunigii (Steindachner, 1879)

수컷. 몸은 긴 원통형이며, 앞쪽은 둥글고 뒤쪽은 옆으로 납작하다.

암컷

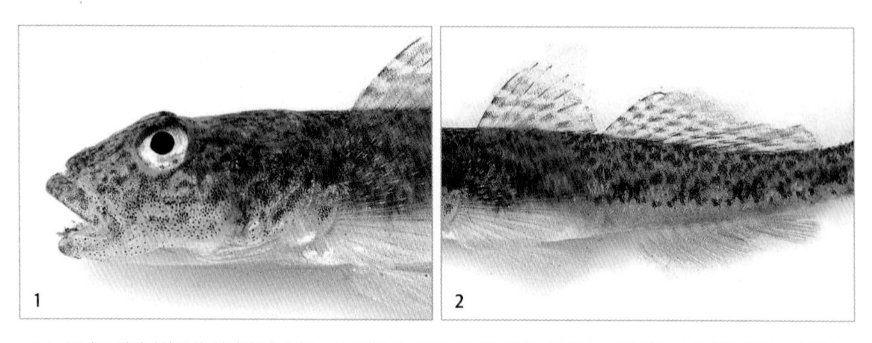

1 눈은 작고 튀어나왔으며, 위턱과 아래턱은 거의 같다. **2** 등지느러미와 뒷지느러미에는 5열 종대로 암갈색 무늬가 있으며, 끝에 까만 반점이 있다.

형태 특성

몸길이 부화 뒤 1년이면 4~5㎝, 2년이면 5~6㎝, 3년이 지나면 6㎝ 이상으로 자라지만, 10㎝까지 성장하는 개체는 없다.

체색과 무늬 등은 갈색 바탕에 가로로 담황색 줄무늬가 여러 줄 있다. 몸 옆면에 폭이 좁은 노란색 줄무늬가 가로로 나타난다. 꼬리지느러미와 등지느러미에는 암갈색 반점 여러 개가 띠를 이룬다. 등지느러미와 뒷지느러미 끝에 검은 반점이 있다. 산란기가 되면 암컷의 아가미막과 등지느러미와 배지느러미, 뒷지느러미가 검은색으로 변한다.

주요 형질 긴 원통형이며, 앞쪽은 둥글고, 뒤쪽은 옆으로 납작하다. 머리에 비늘이 없다. 위턱과 아래턱의 길이는 거의 같지만 아래턱이 약간 더 튀어나왔으며, 턱의 뒤쪽은 눈 앞쪽 아래에 도달한다. 눈은 아주 작고 약간 튀어나왔다. 종렬 비늘 수는 68개이고, 등지느러미 앞쪽 비늘 수는 7개다. 제1등지느러미 기조 수는 7극조, 제2등지느러미와 뒷지느러미는 1극 9~10연조다. 꼬리지느러미 가장자리는 둥글다.

생태 특성

서식지 강 하구와 가까운 연안의 모래 바닥에 무리 지어 산다.

먹이 습성 주로 동물플랑크톤을 먹지만, 해조류, 작은 어류, 저서동물 등도 먹는다.

행동 습성 산란기는 1~4월이다. 하구의 모래흙 바닥에 난 빈 구멍에 암컷과 수컷이 함께 들어가 벽에 산란하며, 수컷은 수정된 알을 지킨다. 강에서 부화한 치어는 바다로 이동해 부유생활을 하다가 6~7월에 몸길이가 2㎝ 이상으로 성장하면 다시 강으로 올라온다. 암컷이 수컷보다 빨리 자란다. 대부분이 1년이면 성숙한다.

국내 분포 동해로 흐르는 하천을 제외한 전국의 하천과 댐 등

국외 분포 일본, 중국, 시베리아

3 배지느러미가 분리되었다. **4** 꼬리지느러미 가장자리는 둥글다.

사백어

Leucopsarion petersii Hilgendorf, 1880

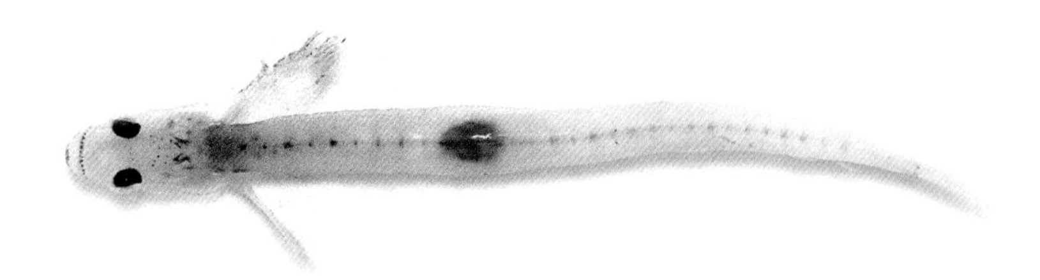

몸은 가늘고 길며, 머리는 위아래로 납작하고, 아가미뚜껑 뒷부분부터는 옆으로 납작하다.

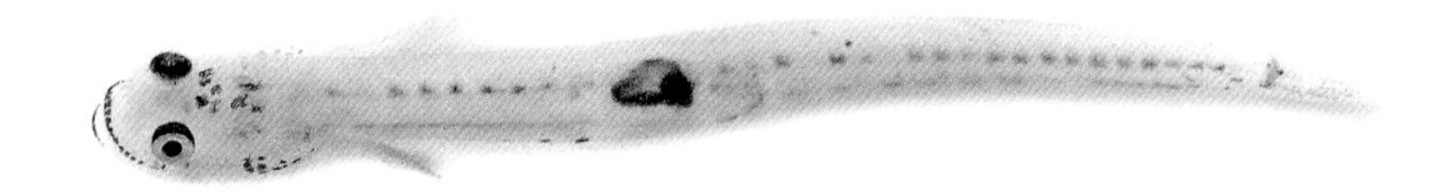

살아 있을 때는 반투명해 몸속에 있는 부레가 체벽을 통해 보인다.

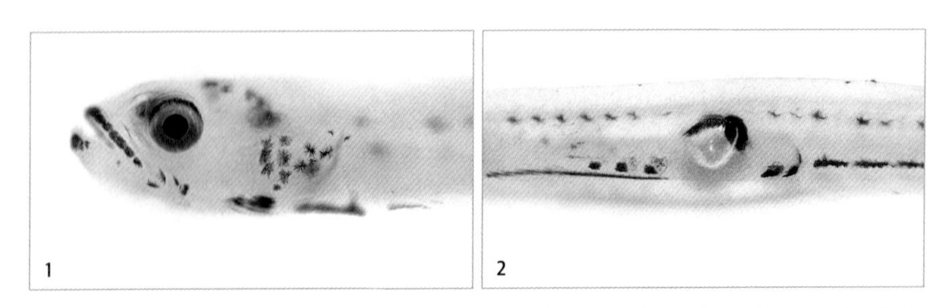

1 아래턱이 위턱보다 길고, 아가미갈퀴는 가늘고 길며, 아가미구멍은 넓다. **2** 등지느러미는 1개로 몸 뒤쪽에 있으며 그 기저는 뒷지느러미 기저보다 짧다.

형태 특성

몸길이 4~5㎝이다.
체색과 무늬 몸 표면에는 색소가 없어 살아 있을 때에는 반투명해 몸속에 있는 부레가 체벽을 통해 보인다. 표본을 고정하거나 죽으면 체색이 흰색으로 변한다. 배쪽에 붉은 점들이 열을 지어 있다. 입술이나 머리 뒷부분에 작은 갈색 점이 있다.
주요 형질 암컷이 수컷보다 크다. 몸은 가늘고 길며, 머리는 위아래로 납작하고, 아가미뚜껑 뒷부분부터는 옆으로 납작하다. 몸에 비늘이 없다. 눈은 비교적 크며 머리 옆면에 있다. 주둥이는 짧고 둔하며 입은 크다. 아래턱이 위턱보다 길다. 양턱에 이빨이 1줄 있고 아래턱에 송곳니가 없으며, 혀끝은 깊이 갈라져 있다. 아가미는 가늘고 길며, 아가미구멍은 넓다. 배지느러미는 좌우가 합쳐져서 작은 흡반을 이룬다. 가슴지느러미는 크고, 나뭇잎처럼 생겼다. 등지느러미는 1개로 몸 뒤쪽에 있으며, 그 기저는 뒷지느러미 기저보다 짧다. 등지느러미 연조 수는 13~14개, 뒷지느러미 연조 수는 18개다. 꼬리지느러미 뒤쪽 가장자리 가운데는 안쪽으로 약간 오목하다.

생태 특성

서식지 해안선이 움푹 들어가서 파도의 영향을 받지 않는 깨끗한 연안에 산다. 봄이 되면 알을 낳으려고 하천 하류로 거슬러 올라간다.
먹이 습성 주로 작은 갑각류를 먹는다.
행동 습성 연안에 살다가 산란기인 3~4월에 하구로 몰려와 하천을 거슬러 오르며 큰 돌 밑에 산란한다. 민물에 올라온 성어는 전혀 먹지 않아 소화관은 퇴화한다. 암컷은 알을 낳고 나면 죽고, 수컷은 알이 깰 때까지 보호하다가 죽는다. 부화한 치어는 바다로 흘러가서 파도가 일지 않는 조용한 연해의 거머리말이 우거진 곳에서 중층을 헤엄치며 생활한다.

국내 분포 동해안으로 유입되는 경남 일대의 하천과 남해 연안 및 하구
국외 분포 일본과 중국

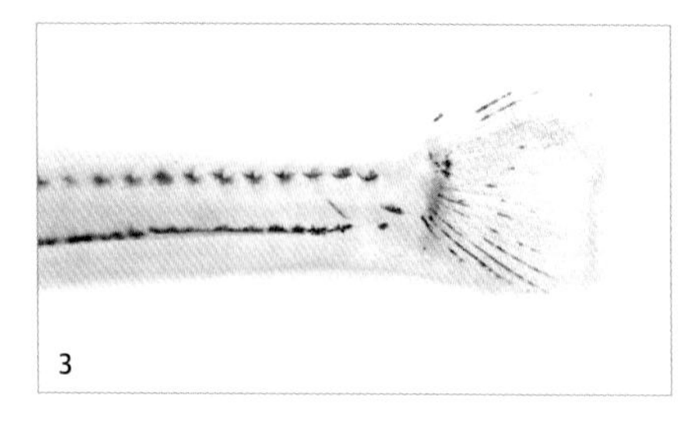

3 꼬리지느러미 뒤쪽 가장자리 가운데는 안쪽으로 약간 오목하다.

미끈망둑

Luciogobius guttatus Gill, 1859

등지느러미 기부 앞쪽은 원통형이며, 등지느러미 쪽은 옆으로 납작하다.

배지느러미 흡반은 매우 작다.

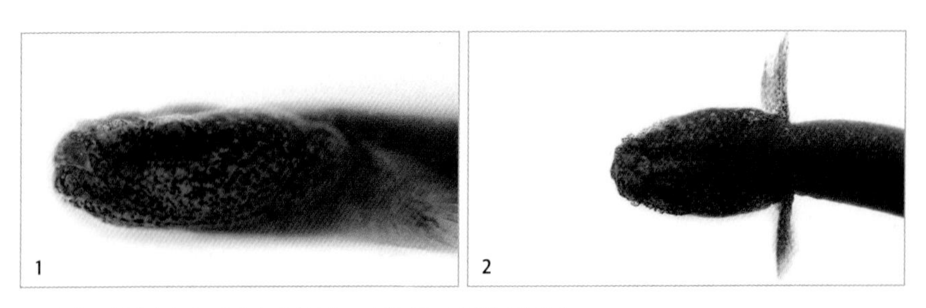

1 머리는 평평하다가 가운데 골이 파여 있다. **2** 머리에 작고 짙은 반점이 있다.

형태 특성

몸길이 8㎝이다.
체색과 무늬 몸 전체는 황갈색 또는 적갈색이고, 등 쪽은 흑갈색, 배는 연한 갈색이다. 머리와 몸통 전체에 연하거나 짙은 작은 반점들이 있으며, 각 지느러미는 안쪽이 약간 어둡다.
주요 형질 등지느러미 기부 앞쪽은 원통형이며, 등지느러미 쪽은 옆으로 납작하다. 몸에 비늘이 없어 미끈거린다. 머리는 평평하다가 가운데에 골이 파였다. 입은 크고 수평으로 열린다. 아래턱은 위턱보다 약간 크거나 거의 동일하고, 턱뼈에는 매우 작고 부드러운 융모형 이빨이 조금 나 있다. 새파 수는 7~8개다. 가슴지느러미 가장 위쪽에 있는 연조 1개는 분리되었고, 아랫부분에는 분리된 연조가 없다. 배지느러미 흡반은 매우 작다. 등지느러미는 1개로 몸의 뒷부분에 있다. 등지느러미 연조 수는 10~13개, 뒷지느러미 연조 수는 11~13개이다. 꼬리지느러미의 끝부분은 둥글고 꼬리지느러미와 접하는 부위는 육질로 덮여 약간 두툼하다.

생태 특성

서식지 연안성으로 바다로 유입되는 하천 하류의 자갈이 있는 기수역, 1m 이내 조수 웅덩이의 자갈과 돌이 많은 조간대에 살며, 때때로 민물까지도 올라간다.
먹이 습성 작은 무척추동물을 먹는다.
행동 습성 산란기는 6~7월로 저녁부터 새벽 사이에 알을 낳고, 알은 진흙이나 모래 속에 묻는다. 비가 온 뒤에 산란 행동을 보인다. 암컷 한 마리에 수컷 5~6마리가 달라붙어 암컷의 배와 가슴을 쪼다가 그중 수컷 한 마리가 암컷의 배를 휘감고 눌러서 알을 배출하도록 해 수정한다. 이때 수컷은 가슴지느러미 기부에 있는 골질반을 암컷 옆구리에 고정해 암컷 몸에서 떨어지지 않도록 한다.

국내 분포 울릉도를 비롯한 동해, 남해, 서해의 연안과 기수역
국외 분포 일본, 연해주

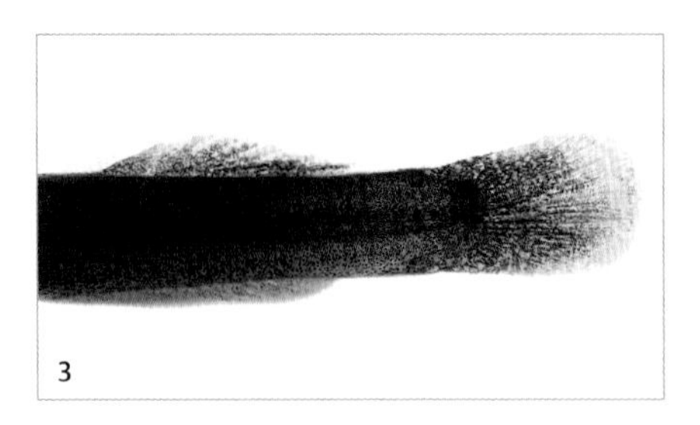

3꼬리지느러미 끝부분은 둥글고 꼬리지느러미와 접하는 부위는 육질로 덮여 있어 약간 두툼하다.

모치망둑

Mugilogobius abei (Jordan and Snyder, 1901)

머리는 원통형이나 약간 위아래로 납작하고 몸 전체는 뒤로 갈수록 옆으로 납작해진다.

1 주둥이는 둥글고, 위턱과 아래턱의 길이는 거의 비슷하다. **2** 등지느러미는 2개이며, 제1등지느러미의 제2번째 지느러미 줄기는 실처럼 길게 늘어나 있다. **3** 꼬리지느러미의 가장자리는 둥글며 노란색이고, 기조를 따라 검은색 띠가 있다. **4** 가슴지느러미는 회색이며 둥글다.

형태 특성

몸길이 보통 4~5㎝이며, 최대 6㎝까지 자란다.
체색과 무늬 전반적으로 회갈색이다. 몸의 앞쪽 절반에는 암갈색 줄무늬가 세로로 약 5개 있고, 뒤쪽 절반에는 암색 띠 2줄이 꼬리지느러미 앞까지 이어진다. 제1등지느러미 뒷부분에는 검은 점이 1개 있고, 제2등지느러미, 뒷지느러미, 가슴지느러미, 배지느러미는 회색이다. 꼬리지느러미는 노란색이며, 기조를 따라 검은색 띠가 있다.
주요 형질 머리는 원통형이나 약간 위아래로 납작하고, 몸 전체는 뒤로 갈수록 옆으로 납작해진다. 주둥이는 둥글고, 위턱과 아래턱의 길이는 거의 비슷하다. 옆면을 향하는 눈은 보통 크기이고 두 눈 사이는 약간 볼록하다. 등지느러미는 2개이며 제1등지느러미의 제2번째 지느러미 줄기는 실처럼 길게 늘어나 있다. 제2등지느러미 연조 수는 8개, 뒷지느러미 연조 수는 8개, 종렬 비늘 수는 37~40개다. 꼬리지느러미의 가장자리가 둥글다.

생태 특성

서식지 강 하구의 기수역과 연안 개펄이나 모래 지대에 산다.
먹이 습성 주로 수서곤충과 작은 동물을 모래와 같이 먹은 후, 모래는 아가미 밖으로 뱉어 내고 먹이만 먹는다.
행동 습성 산란기는 5~7월이다. 죽은 조개껍데기 안쪽에 알을 낳고 모래로 덮는다. 수온 21℃에서 6일이면 몸길이가 4㎜인 새끼가 깨어난다. 위협을 느끼면 모래를 파고 들어가 숨는다.

국내 분포 서해 및 남해 일부
국외 분포 중국, 일본

5 배지느러미는 빨판 형태다.

개소겡

Odontamblyopus lacepedii (Temmink and Schlegel, 1845)

몸은 전반적으로 가늘고 긴 원통형이지만 뒤쪽으로 갈수록 옆으로 납작해진다.

등지느러미와 뒷지느러미는 꼬리지느러미와 이어진다.

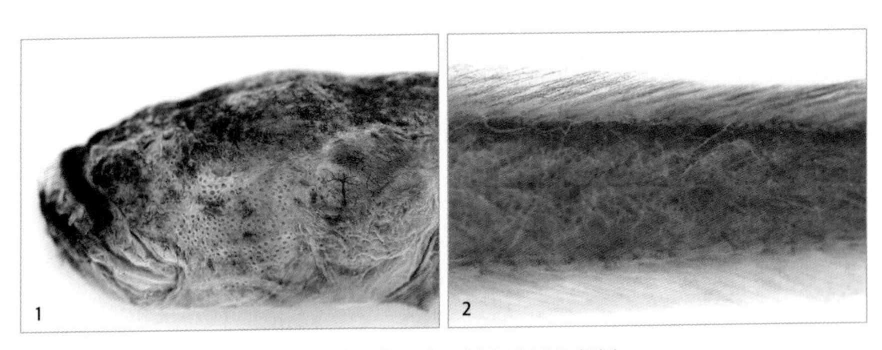

1 주둥이는 짧고, 아래턱에 큰 송곳니가 1쌍 있다. **2** 비늘은 작고 퇴화해 피부에 묻혀 있다.

형태 특성

몸길이 30~35㎝이다. 암컷 몸통은 회색 바탕에 검은 반점이 많고, 배는 노란색인 반면, 수컷은 암회색 바탕에 새개부가 볼록하고 가늘며, 반점이 거의 없다.
체색과 무늬 보랏빛을 띠는 청회색이고, 배 쪽은 약간 붉다.
주요 형질 매우 길고 가는 원통형이지만 뒤로 갈수록 옆으로 납작해진다. 머리와 옆구리를 제외하고 온몸이 작고 얇은 비늘로 덮여 있지만, 비늘은 퇴화해 피부에 묻혀 있다. 눈은 작고 머리 위쪽으로 치우쳐 있으며, 역시 피부에 묻혀 있다. 자어기까지는 정상적인 눈을 가지고 있으나 치어 말기에 점점 퇴화하기 시작해 구멍 속에 들어가 동면하고 난 뒤에는 완전히 퇴화한다. 주둥이는 짧고, 아래턱에 큰 송곳니가 1쌍 있다. 가슴지느러미는 아주 작고 배지느러미는 좌우가 합쳐져 흡반을 이룬다. 등지느러미와 뒷지느러미가 꼬리지느러미와 이어지고, 꼬리지느러미는 길고 끝부분이 뾰족하다. 측선은 직선 형태이며, 구멍이 27개 있다.

생태 특성

서식지 기수역과 연안의 수심 10㎝ 되는 실트질과 점토질 입자가 많은 펄 바닥에 산다.
먹이 습성 육식성으로 주로 새우, 갯지렁이, 민챙이, 게를 먹으며, 작은 어류도 먹는다.
행동 습성 산란기는 5~7월 중순이며, 간석지의 연한 펄 속 120㎝ 부근에 구경이 3~4㎝인 대롱 모양 굴을 5~12개 파고서 살며, 굴의 가장 끝부분에서 동면한 후 3월 말경에 굴에서 빠져 나온다. 암컷은 알에 산소를 원활히 공급하기 위해 굴 천장 부분에 단층으로 알을 3,000~4,000개 낳으면 수컷이 방정하고, 수정된 알은 수컷이 보호한다. 수정된 알은 수온 26℃, 염분농도 20%에서 가장 잘 부화한다. 수컷에 비해 암컷의 수명이 길다.

국내 분포 서해와 남해
국외 분포 일본 남부, 중국, 인도, 필리핀 등의 아열대 지방

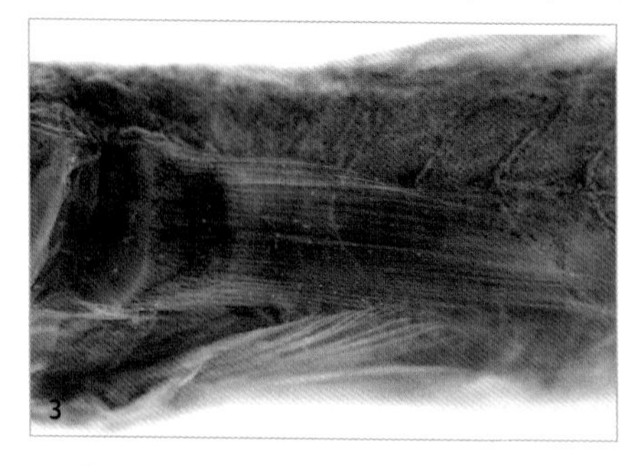

3 가슴지느러미와 배지느러미는 무색투명하다.

큰볏말뚝망둥어
Periophthalmus magnuspinnatus Lee, Choi and Ryu, 1995

수컷. 몸은 길며, 몸 뒷부분은 옆으로 약간 납작하다. 등지느러미가 암컷보다 약간 길다.

암컷

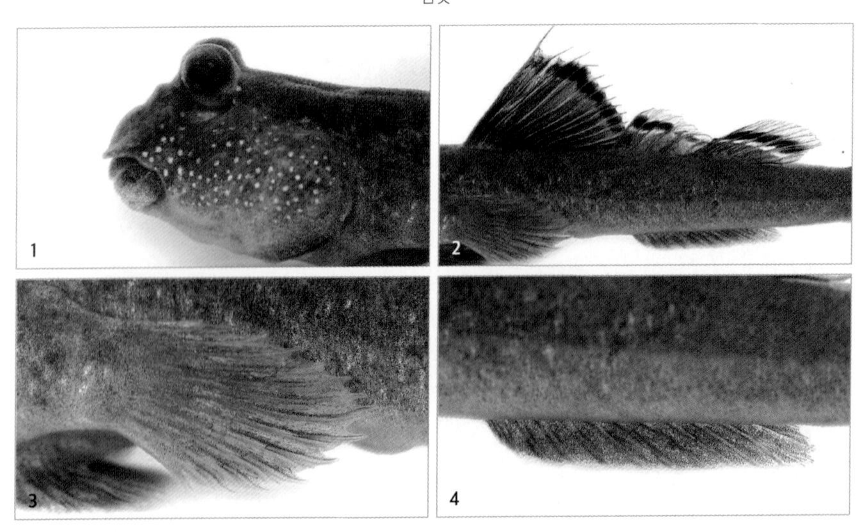

1 뺨에는 흰색 작은 반점이, 몸에는 검은색 작은 반점이 흩어져 있다. **2** 제1등지느러미는 전반적으로 연한 검은색이지만, 가장 바깥쪽의 가장자리는 흰색이고, 그 안쪽의 가장자리는 짙은 검은색이며, 가장 안쪽은 연한 검은색이다. **3** 가슴지느러미 끝이 뾰족하게 튀어나왔다. **4** 뒷지느러미 기조 수는 11연조다.

형태 특성

몸길이 8~10㎝이다.

체색과 무늬 흑갈색이고, 배 쪽은 색깔이 연하다. 뺨에는 흰색 작은 반점이, 몸통에는 검은색 작은 반점이 흩어져 있다. 제1등지느러미는 전반적으로 연한 검은색이지만, 가장 바깥쪽의 가장자리는 흰색이고, 그 안쪽의 가장자리는 짙은 검은색이며, 가장 안쪽은 연한 검은색이다. 제2등지느러미 가운데에는 검은색 줄무늬가 있고, 그 안쪽은 연한 검은색이다.

주요 형질 몸은 길며, 몸 뒷부분은 옆으로 약간 납작하다. 뺨을 제외한 몸 전체는 원린으로 덮여 있다. 종렬 비늘 수는 86~90개다. 머리는 높고, 눈은 머리 위로 튀어나왔다. 위턱이 아래턱보다 길다. 가슴지느러미 앞부분은 육질로, 바깥 부분은 기조막으로 이루어진다. 유사종인 말뚝망둥어보다 몸집이 크고, 제1등지느러미가 커 쉽게 구별된다. 제2등지느러미 연조 수는 12~14개, 뒷지느러미 연조 수는 11~12개이다. 꼬리지느러미 끝부분은 둥글다. 성적이형이 뚜렷하게 나타난다. 수컷의 등지느러미는 암컷보다 약간 길고, 수컷의 생식기는 뾰족하며 암컷의 생식기는 삼각형에 가깝다.

생태 특성

서식지 강 하구나 연안의 개펄에 구멍을 파고 살며, 개펄 위를 기어 다닌다. 말뚝망둥어와 서식지가 거의 동일하지만 미소 서식지가 달라 생태적으로 나뉘는 것으로 추정된다.

먹이 습성 주로 갑각류나 곤충, 개펄 표면의 조류를 먹는다.

행동 습성 산란기는 5~8월로 개펄 구멍에 알을 낳으며 수컷은 수정된 알을 지킨다. 겨울에는 구멍 안에서 지낸다. 짱뚱어, 말뚝망둥어와 함께 물 밖에서도 생존하는 수륙양서어종(amphibious fish)이다.

국내 분포 서해와 남해로 흐르는 하천 하구와 연안

특이 사항 한국 고유종

5 배지느러미는 하나로 합쳐져 있다. **6** 꼬리지느러미 끝부분은 둥글다.

말뚝망둥어

Periophthalmus modestus Cantor, 1842

몸은 길며 머리는 원통형이다.

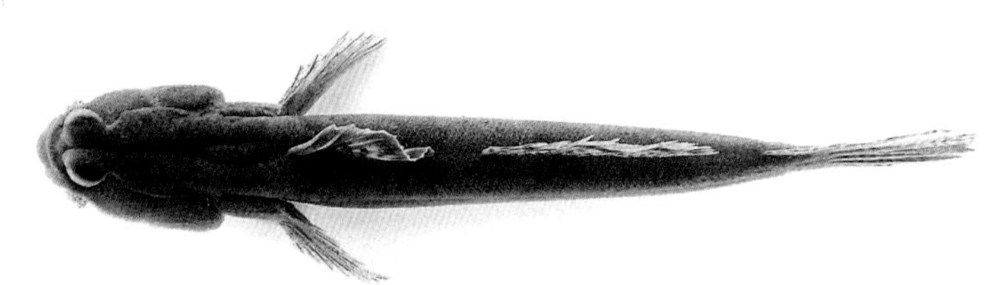

가슴지느러미 부근은 옆으로 약간 납작하다.

배지느러미는 가슴지느러미 기점보다 앞쪽에서 나타나고, 뒷부분은 'V'자 모양이다.

1 눈은 머리 위에 있으며, 튀어나왔다. 뺨에는 흰색, 몸에는 검은색 반점이 흩어져 있다. **2** 등지느러미는 2개이며, 제2등지느러미 기부는 뒷지느러미 기부와 동일한 지점에 있다.

형태 특성

몸길이 10㎝이다.
체색과 무늬 몸 전체는 진한 갈색이고, 등 쪽은 색이 짙으며, 배 쪽은 연하다. 뺨에는 흰색, 몸통에는 검은색 반점이 흩어져 있다. 등에는 커다란 반점이 5~6개 있다.
주요 형질 몸은 길며 머리는 원통형이고, 가슴지느러미 부근은 옆으로 약간 납작하다. 짱뚱어나 큰볏말뚝망둥어보다 몸집이 작고, 제1등지느러미도 작다. 주둥이, 뺨, 눈 사이의 간격을 제외하고 몸 전체가 즐린으로 덮여 있으며, 꼬리 쪽의 비늘이 약간 더 크다. 종렬 비늘 수는 75~84개다. 눈은 머리 위에 있으며, 튀어나왔다. 위턱이 아래턱보다 길고, 아래턱 아래쪽에 육질 돌기 1쌍이 마치 수염처럼 나 있다. 턱에는 이빨이 여러 개 있다. 가슴지느러미 앞부분은 육질로, 바깥 부분은 기조막으로 이루어져 있다. 배지느러미는 가슴지느러미 기점보다 앞쪽에서 나타나고, 뒷부분은 'V'자 모양이다. 등지느러미는 2개이며, 제2등지느러미 기부는 뒷지느러미 기부와 동일한 지점에 있다. 제2등지느러미 연조 수는 10~12개, 뒷지느러미 연조 수는 10~11개이다. 꼬리지느러미는 둥글다.

생태 특성

서식지 강 하구나 연안 또는 기수역의 개펄에 구멍을 파고 살며, 썰물 때에는 개펄 위를 기어 다니며 활동한다.
먹이 습성 주로 작은 갑각류나 개펄 표면의 규조류, 곤충을 먹는다.
행동 습성 산란기는 5~8월로 개펄 구멍에 알을 낳으며, 수컷은 수정된 알을 지킨다. 개펄에 물이 차오르거나 기온이 낮은 겨울철에는 구멍 안에서 지낸다. 피부가 건조해지면 고인 물에 몸을 굴려 적신다.

국내 분포 서해와 남해로 흐르는 하천 하구와 연안
국외 분포 일본과 중국, 호주, 인도, 홍해

3 꼬리지느러미는 둥글다.

바닥문절
Sagamia geneionema (Hilgendorf, 1879)

머리는 위아래로 납작하고 뒤로 갈수록 옆으로 납작해진다.

1 머리는 위아래로 납작하다. **2** 아래턱에 짧은 수염이 20개 이상 있다. **3** 제1지느러미 기조 수는 8극조, 제2등지느러미는 1극 14연조다. **4** 배지느러미는 하나로 합쳐져 있으며, 흡반 형태를 이룬다.

형태 특성

몸길이 10㎝ 정도다.
체색과 무늬 몸은 연한 갈색이고, 몸 가운데에 진한 갈색 반점 7~9개가 흩어져 있으며, 배 쪽은 색이 연하다. 등지느러미와 꼬리지느러미 기부에 흑갈색 점이 있다.
주요 형질 머리는 위아래로 납작하고, 뒤로 갈수록 옆으로 납작해진다. 아래턱에 짧은 수염이 20개 이상 있다. 가슴지느러미 윗부분은 분리된 지느러미 줄기로 이어진다. 제1지느러미 기조 수는 8극조, 제2등지느러미는 1극 14연조다. 꼬리지느러미 가장자리는 둥글다.

생태 특성

서식지 수심 5~6m 연안의 조간대 모래 바닥에 무리를 지어 서식하는 연안 정착성 어류로서, 환경 적응력이 우수해 해수와 기수 등 광범위한 지역에 서식한다.
먹이 습성 어릴 때는 요각류를 먹지만 성어가 되면 새우류를 먹는다.
행동 습성 산란기는 1~3월이다. 수심 20~30m까지 여러 마리가 무리 지어 유영한다. 아래턱에 있는 짧은 수염을 이용해 모래 속에 숨은 먹이를 찾는다. 산란관을 모래 속으로 넣어서 알을 낳는다.

국내 분포 제주도를 비롯한 남해
국외 분포 일본 중부 이남 등 서북태평양 온대 해역

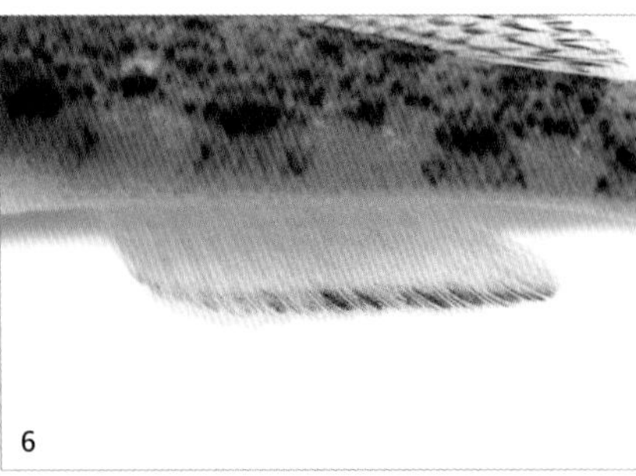

5 꼬리지느러미 가장자리는 둥글다. **6** 뒷지느러미는 노란색이며, 가장자리는 검다. 연조 수는 15개다.

풀망둑

Synechogobius hasta (Temminck and Schlegel, 1845)

몸은 긴 원통형이며, 꼬리는 가늘고 옆으로 납작하다.

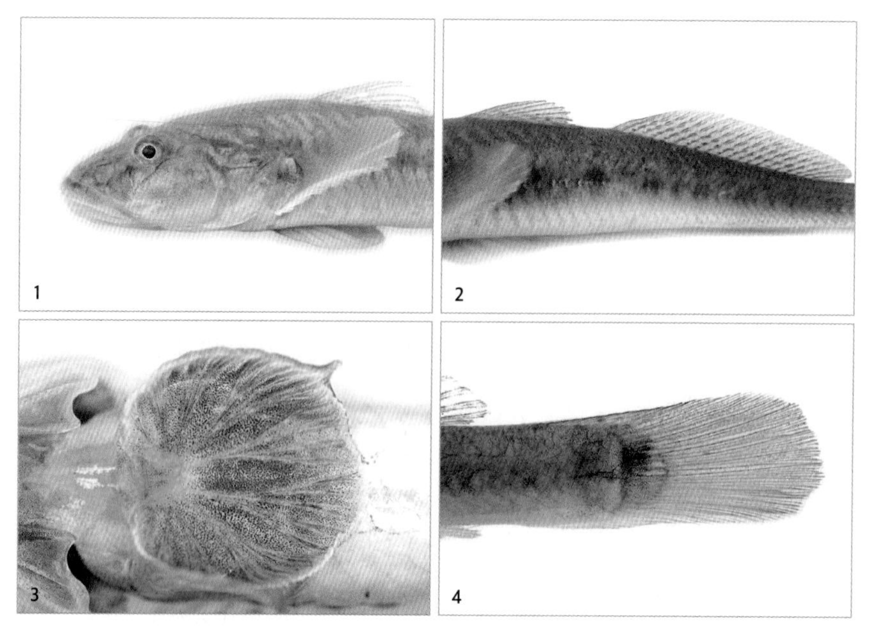

1 머리와 주둥이는 길고, 위턱과 아래턱의 길이가 거의 비슷하다. **2** 등지느러미에는 희미한 반점이 비스듬히 배열된다. **3** 배지느러미가 합쳐져 바닥이나 돌 등에 붙게 하는 흡반을 만들지만 뒤로 가면서는 갈라진다. **4** 꼬리지느러미에는 반문이 없고, 약간 짙은 회갈색이다.

형태 특성

몸길이 보통 20~30㎝이며, 최대 50㎝까지 자란다.

체색과 무늬 황갈색 바탕에 배 쪽은 희고, 약간 푸른색을 띤다. 등지느러미에는 희미한 반점이 비스듬히 있으며, 꼬리지느러미에는 반문이 없고, 약간 짙은 회갈색이다. 몸통 가운데에 불분명한 갈색 반점이 9~12개 있다.

주요 형질 긴 원통형이며, 꼬리는 가늘고 옆으로 납작하다. 망둑어과 중에서 가장 크다. 머리를 제외한 부분은 비늘로 덮여 있다. 종렬 비늘 수는 56~69개, 새파 수는 10~14개다. 머리와 주둥이는 길고, 위턱과 아래턱의 길이가 거의 비슷하다. 아래턱 봉합부 바로 뒤의 양쪽에 짧은 수염 같은 돌기가 1개씩 있다. 배지느러미가 합쳐져 바닥이나 돌 등에 붙게 하는 흡반이 되었지만 뒤로 가면서는 갈라진다. 제2등지느러미 연조 수는 18~20개, 뒷지느러미 연조 수는 14~17개이다. 번식기의 암컷은 주둥이와 가슴지느러미, 꼬리지느러미가 노랗게 변한다.

생태 특성

서식지 기수역이나 연안의 개펄에 살며 때로는 강을 거슬러 오르기도 한다.

먹이 습성 육식성으로 주로 갯지렁이, 실지렁이나 두족류, 새우 같은 갑각류, 작은 어류를 먹는다.

행동 습성 산란기는 4~5월이다. 수컷이 진흙을 파서 알을 낳을 수 있는 'Y'자 산란장을 만들어 놓으면, 암컷이 산란장으로 들어와 알을 낳은 뒤 수컷이 방정해 수정시킨다. 수정된 알이 부화할 때까지 수컷이 알을 지킨다. 대부분 5월 중순 이후 산란을 끝내고 나면 배 부위가 검게 변하며 곧바로 죽는다.

국내 분포 서해와 남해 연안

국외 분포 일본, 중국, 대만, 인도네시아

5 가슴지느러미는 투명하다.

검정망둑

Tridentiger obscurus (Temminck and Schlegel, 1845)

몸은 길고, 앞부분이 약간 옆으로 납작한 원통형이다.

1 머리에 푸른 반점이 있다. **2** 가슴지느러미 기점에 노란색 띠가 있다. **3** 제1등지느러미 기조 중 제2, 3기조가 매우 길다. **4** 꼬리지느러미 끝이 둥글다.

형태 특성

몸길이 8~10㎝이다.
체색과 무늬 등 쪽은 암갈색, 배는 담황색이며, 머리에 푸른색 반점이 있다. 가슴지느러미 기점에 노란색 띠가 있다.
주요 형질 길고, 앞부분이 약간 옆으로 납작한 원통형이다. 측선은 선명하며, 몸통 옆면 가운데에서 직선으로 이어진다. 제1등지느러미 옆쪽에서부터 머리 중간 부분 옆쪽까지 즐린이 많지만, 머리 앞쪽에는 없다. 후두부 뒤쪽과 배에도 비늘이 있다. 종렬 비늘 수는 34~57개다. 주둥이는 뭉툭하고, 위턱과 아래턱의 길이는 같다. 입가에 수염이 1쌍 있다. 성숙한 수컷의 제1등지느러미 2, 3기조는 매우 길어서 등 뒤쪽으로 길게 펼 경우 제2등지느러미 중간 부분을 지난다. 등지느러미 기조 수는 10~11연조, 뒷지느러미는 1극 10~11연조다.

생태 특성

서식지 하구나 하구와 이어진 하천 하류의 돌, 바위, 구조물 틈, 방파제 등에 산다.
먹이 습성 조류나 작은 어류, 무척추동물을 먹는다.
행동 습성 산란기는 5~9월이다. 검정망둑 산란에는 하상이 돌로 구성된 서식지가 반드시 필요하다. 수컷이 돌 밑에 자리를 차지하고 몸을 흔들어 구애하면 암컷이 다가와 알을 낳는다. 수정된 알은 수온 25℃에서 55시간이 지난 뒤 발생이 시작된다. 세력권에 다른 물고기가 침입하면 쫓아낸다.

국내 분포 전 해역
국외 분포 일본, 중국

5 뒷지느러미는 어둡고, 기조 수는 1극 10~11연조다.

독가시치

Siganus fuscescens (Houttuyn, 1782)

체고가 약간 높고 꼬리자루 쪽으로 갈수록 가느다래지는 타원형이다.

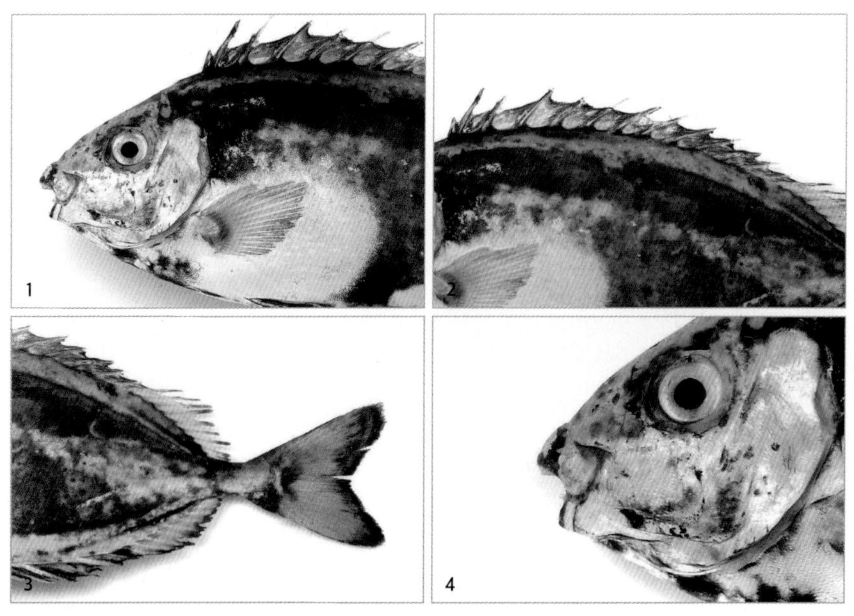

1 주둥이는 매우 작고 입술은 매우 두껍다. **2** 등지느러미 기조 수는 13극 10연조다. **3** 꼬리지느러미 양엽 끝이 뾰족하고 안쪽으로 파였으며, 가장자리가 어둡다. **4** 주둥이는 두텁고, 양 턱에 앞니 모양 이빨이 1열로 나란히 배열한다.

형태 특성

몸길이 30㎝이다.

체색과 무늬 몸은 다갈색 또는 녹갈색이며, 여기에 작고 타원형인 흰 점들이 흩어져 있다. 배 쪽은 연한 노란색이거나 회색 바탕에 흰 점들이 흩어져 있다. 꼬리지느러미 가장자리가 어둡다.

주요 형질 체고가 약간 높고, 꼬리자루 쪽으로 갈수록 가느다래지는 타원형이다. 주둥이는 매우 작고, 입술은 매우 두껍다. 배지느러미의 안쪽 가시 길이가 바깥쪽 가시의 길이보다 짧다. 등지느러미와 배지느러미 가시는 날카롭고, 독이 있어서 찔리면 심한 통증을 유발한다. 등지느러미 기조 수는 13극 10연조, 뒷지느러미는 7극 9연조다. 꼬리지느러미 양엽 끝이 뾰족하고 안쪽으로 파였다.

생태 특성

서식지 해조류가 무성하고 바위가 많은 연안의 얕은 곳에 산다.

먹이 습성 주로 낮에 활동하며, 물 위를 떠다니는 어린 시기에는 주로 동물플랑크톤을 먹지만 성어가 되면 조류를 먹는다.

행동 습성 아열대성 어류로 산란기는 7~8월이며, 연안의 암초나 해조류가 많은 곳에 알을 낳는다. 알은 구형으로 무색투명하며 침성 점착란이다.

국내 분포 울릉도를 비롯한 동해, 제주도를 비롯한 남해

국외 분포 일본 남부, 대만, 호주

5 뒷지느러미 기조 수는 7극 9연조다.

창꼬치

Sphyraena obtusata Cuvier, 1829

몸은 가늘고 길며 옆으로 납작하다.

1 머리는 길고 뾰족하다. 주둥이가 길게 뻗었으며 입은 크고 수평이다. **2** 제1등지느러미 기조 수는 5극조이다. **3** 제2등지느러미 기조 수는 10연조다. **4** 뒷지느러미는 노란색이다.

형태 특성

몸길이 보통 30~40㎝이며, 최대 55㎝까지 자란다.

체색과 무늬 등 쪽은 녹갈색이며, 배 쪽은 은색이다. 등지느러미와 꼬리지느러미 끝부분은 노란색이고, 꼬리지느러미 끝에는 검은 테두리가 있다.

주요 형질 몸은 가늘고 길며 옆으로 납작하다. 몸 전체는 작은 원린에 덮여 있다. 측선은 몸 가운데보다 약간 위쪽으로 수평하게 배열된다. 머리는 길고 뾰족하다. 주둥이가 길게 뻗었으며 입은 크고 수평을 이룬다. 아래턱 끝이 위턱보다 튀어나왔다. 가슴지느러미 뒤쪽은 제1등지느러미의 기점보다 뒤까지 도달하고, 꼬리지느러미 끝부분은 안쪽으로 깊이 파였다.

생태 특성

서식지 수심 5~25m의 내만이나 하구 바닥이 모래나 해초로 덮인 지대, 암초 지대에 산다.

먹이 습성 주로 작은 어류를 먹는다.

행동 습성 산란기는 4~7월이다. 물속에서 시속 40㎞/h가 넘는 속력을 낼 수 있으며, 수백에서 수천 마리가 무리 지어 다니며 생활한다. 주로 낮 동안에 활동하고 공격성이 강한 편이다.

국내 분포 서해와 제주도를 비롯한 남해

국외 분포 일본 남부, 인도양, 서태평양의 열대 해역

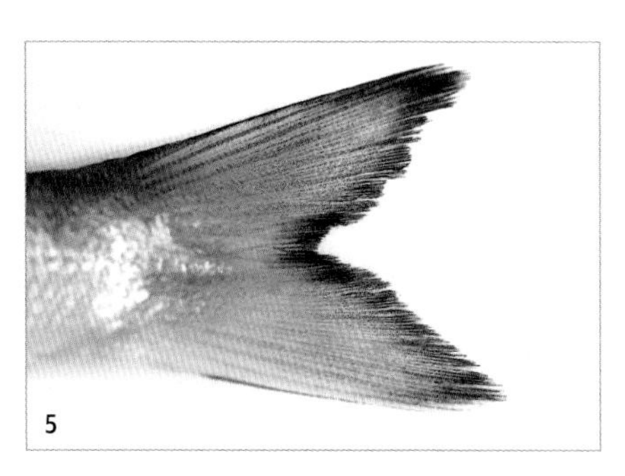

5 꼬리지느러미 끝에는 검은 테두리가 있다.

꼬치고기

Sphyraena pinguis Günther, 1874

몸의 단면은 타원형에 가깝지만 꼬리 쪽으로 갈수록 옆으로 납작해진다.

1 주둥이가 앞으로 길고 뾰족하며, 아래턱이 위턱보다 튀어나왔다. **2** 등지느러미는 2개로 분리되었다. **3** 꼬리지느러미 끝부분은 안쪽으로 깊게 파였으며, 가장자리가 검은색이다. **4** 가슴지느러미는 작고, 연한 노란색이다.

형태 특성

몸길이 1년생 25㎝, 2년생 30㎝이며, 최대 50㎝까지 자란다.

체색과 무늬 등 쪽은 황갈색이고, 배 쪽은 은백색이다. 몸 가운데에 희미한 암갈색, 갈색 줄무늬가 세로로 있다. 등지느러미와 꼬리지느러미는 연한 노란색이다. 꼬리지느러미 가장자리는 검은색이다.

주요 형질 몸의 단면은 타원형에 가깝지만 꼬리 쪽으로 갈수록 옆으로 납작해진다. 주둥이가 앞으로 길고 뾰족하며, 아래턱이 위턱보다 튀어나왔다. 눈은 크고 머리 가운데에 있으며, 두 눈 사이는 편평하다. 등지느러미는 2개로 분리되었으며, 제1등지느러미 극조 수는 5극조이며, 제2등지느러미는 8~9연조다. 꼬리지느러미 끝부분은 깊게 파였다.

생태 특성

서식지 수심 40~140m의 모래가 많은 곳에 산다.

먹이 습성 오징어류(90%)와 갑각류, 작은 어류를 먹는다.

행동 습성 산란기는 6~8월로 여러 번에 걸쳐 산란한다. 겨울에는 제주도 남부 해역에서 월동하다가, 수온이 상승하면 산란하고 먹이를 찾고자 북쪽으로 올라온다. 여름과 가을에 우리나라 남해 및 동해안 일대에 많이 나타난다.

국내 분포 제주도를 비롯한 남해 및 동해

국외 분포 일본 중부 이남, 대만, 호주, 남중국해

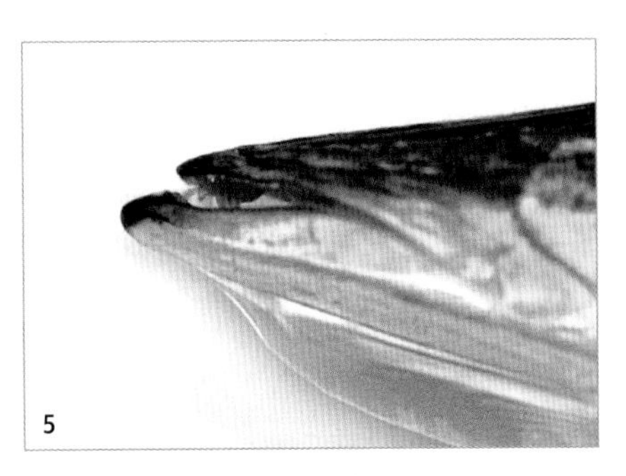

5 양 턱에 날카로운 이빨이 나 있다.

갈치

Trichiurus lepturus Linnaeus, 1758

몸은 매우 길고, 옆으로 납작한 리본형이다.

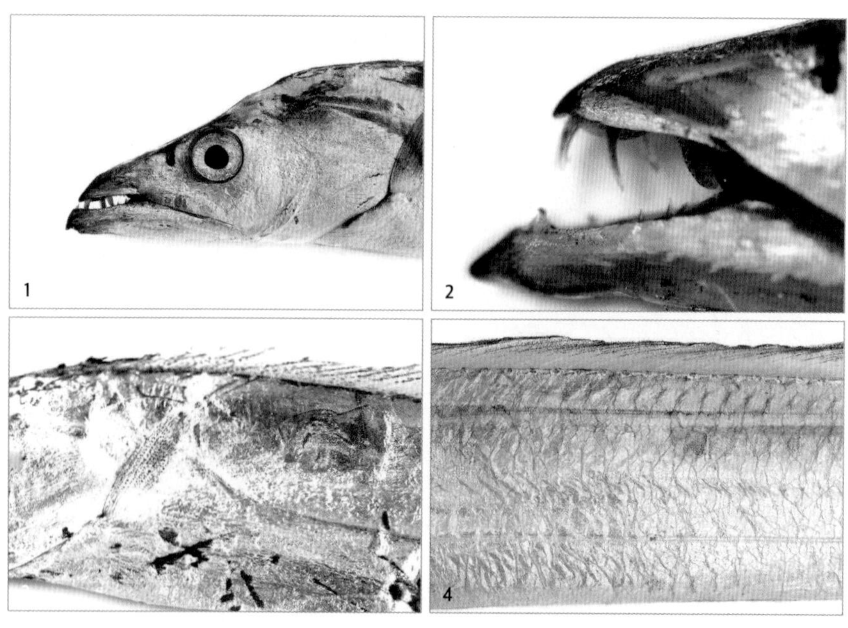

1 눈은 크며, 아래턱이 위턱보다 약간 튀어나왔다. **2** 양턱 앞에는 갈고리처럼 생긴 단단한 이빨이 나 있다. **3** 등지느러미는 눈 뒤쪽에서부터 나타나 꼬리까지 이어진다. **4** 몸은 금속성 광택을 띠는 은백색이다.

형태 특성

몸길이 5년생은 보통 40㎝이며, 최대 150㎝까지 자란다.
체색과 무늬 몸 전체는 금속성 광택을 띠는 은백색이며, 등지느러미는 황록색이다.
주요 형질 매우 길고 옆으로 납작한 리본형이며, 배지느러미와 꼬리지느러미는 없고, 꼬리 끝이 뾰족하다. 측선은 등지느러미가 시작되는 부근 아래에서부터 나타나 완만하게 휘었고, 가슴지느러미의 뒤쪽에서 일직선으로 이어진다. 눈은 매우 크며 머리 위쪽 가장자리 가까이에 있다. 아래턱이 위턱보다 약간 튀어나왔으며, 양턱 앞에는 갈고리처럼 생긴 단단한 이빨이 나 있다. 등지느러미는 눈 뒤쪽에서부터 나타나 꼬리까지 이어진다. 기조 수는 131~140연조이고, 뒷지느러미 기조 수는 2극 91~106연조다.

생태 특성

서식지 대륙붕상의 전 수층에서 살지만 주로 연안 수역에 많다.
먹이 습성 주로 오징어류, 갑각류, 어류를 먹으며, 몸길이에 따라 공식현상도 일어난다.
행동 습성 산란기는 4~8월이다. 육지와 먼바다의 저층에 살고, 밤에는 표층으로 올라온다. 꼬리지느러미가 없고 끝이 가늘기 때문에 헤엄치는 것이 어렵다. 그래서 먹이를 찾아 유영할 때는 꼬리는 아래쪽으로 하고 수직으로 서서 지그재그로 이동하며 머리 위로 지나가는 어류만을 먹는다. 그러나 산란장이나 월동장소로 옮겨 갈 때는 수평이동을 하기도 한다. 암컷은 알을 낳고 알이 깰 때까지 주위를 맴돌며 보호하고, 이때 아무것도 먹지 않는다.

국내 분포 서해와 남해
국외 분포 전 대양의 열대, 온대 해역 등

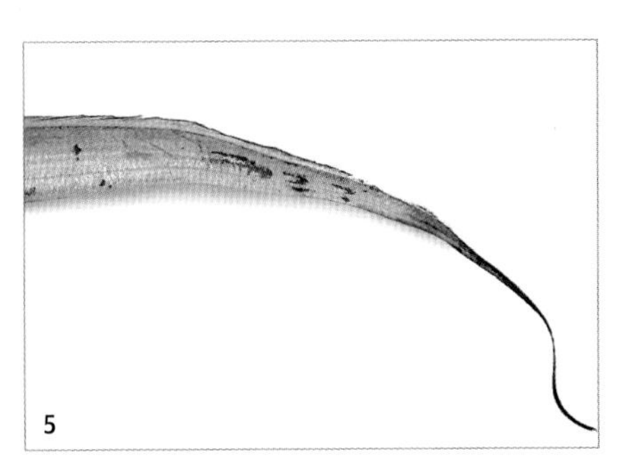

5 배지느러미와 꼬리지느러미는 없고, 꼬리 끝이 뾰족하다.

줄삼치

Sarda orientalis (Temminck and Schlegel, 1844)

체고가 낮고, 꼬리자루 쪽으로 갈수록 가늘어지는 방추형이다.

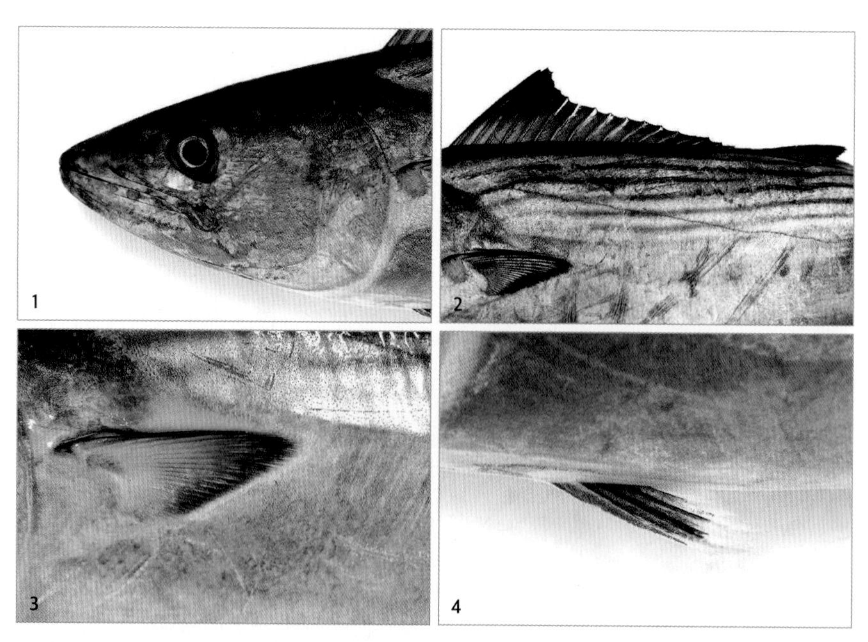

1 머리가 크고 눈이 작다. 주둥이가 뾰족하다. **2** 등 쪽은 푸른색 바탕에 뚜렷한 검은색 줄무늬가 세로로 6~7개 있다. **3** 가슴지느러미는 작고, 가장자리가 어둡다. **4** 배지느러미는 작다.

형태 특성

몸길이 보통 60~70㎝이며, 최대 100㎝까지 자란다.
체색과 무늬 등 쪽은 푸른색 바탕에 뚜렷한 검은색 줄무늬가 세로로 6~7개 있으며, 배 쪽은 은백색이다. 제1등지느러미 1극조와 꼬리지느러미 가장자리는 어둡다.
주요 형질 체고가 낮고, 꼬리자루 쪽으로 갈수록 가늘어지는 방추형이다. 몸에 부레가 없으며 원린으로 덮여 있다. 머리가 크고 눈이 작다. 주둥이가 뾰족하며, 양턱에는 크고 단단한 이빨이 나 있다. 등지느러미의 연조부 뒤에 7~8개, 뒷지느러미 뒤에 6~7개의 분리 기조가 있다.

생태 특성

서식지 연안의 표층 근처에서 활동하는 부유성 어종으로 무리 지어 산다.
먹이 습성 오징어류, 갑각류, 작은 어류를 먹는다.
행동 습성 수온이 14~23℃가 되는 해역에서 생활하며, 다랑어과의 작은 어종들과 함께 생활한다. 난류가 강해지면 큰 무리를 형성해 난류를 따라 동해 북부까지도 이동한다. 먹이를 찾아 끊임없이 유영하며, 먹이를 쫓을 때 물 위로 튀어 오르기도 한다. 어린 시기에는 주로 연안에서 살다가 자라면서 점차 먼바다로 이동한다.

국내 분포 남해 서부
국외 분포 일본 남부, 인도양, 태평양의 열대, 온대 해역

5 꼬리지느러미 가장자리가 어둡다.

고등어

Scomber japonicus Houttuyn, 1782

몸은 긴 방추형이고 옆으로 약간 납작하다.

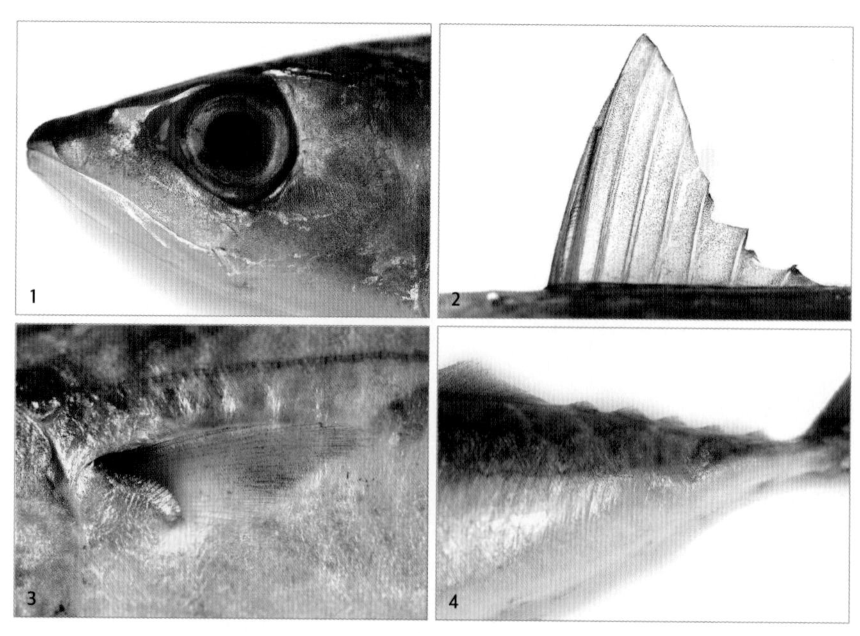

1 눈은 크며 기름 눈꺼풀이 발달했으며 동공 부위가 드러난다. **2** 등지느러미는 2개로 떨어져 있고 제1등지느러미의 제2가시가 가장 길다. **3** 가슴지느러미는 짧고 투명하며, 기조부 위쪽은 검은색이다. **4** 제2등지느러미와 꼬리지느러미의 뒷부분에는 토막지느러미가 5개 있다.

형태 특성

몸길이 1년이면 25~30㎝까시 자라고 최대 40㎝까지 자란다.
체색과 무늬 등은 연한 파란색 바탕에 암청색 얼룩무늬가 흩어져 있으며, 이 무늬는 측선까지 분포한다. 배는 은백색이다. 등지느러미는 투명하지만, 극조부는 어둡다. 배지느러미와 뒷지느러미는 무색투명하며, 꼬리지느러미는 바깥쪽 자장자리가 검다.
주요 형질 긴 방추형이고 옆으로 약간 납작하다. 눈은 크며, 기름 눈꺼풀이 발달했고, 동공 부위가 드러난다. 등지느러미는 2개로 떨어져 있으며, 제1등지느러미 극조 수는 8극이며, 제2극조가 가장 길다. 제2등지느러미와 꼬리지느러미의 뒷부분에는 토막지느러미가 5개 있다. 꼬리지느러미는 발달한 가다랑어형으로 양엽은 뾰족하고, 안쪽으로 깊이 파였다.

생태 특성

서식지 부어성 어종으로 표층 또는 표층에서부터 300m 이내 중층에 산다.
먹이 습성 오징어, 부유성 갑각류, 작은 어류, 동물플랑크톤을 먹는다.
행동 습성 산란기는 3~6월로 3㎝ 이상 성장하면 크기별로 무리를 이루어 생활한다. 봄부터 북상하고 가을에는 다시 남하하는 계절적 수평이동을 하고, 봄~여름에는 얕은 곳으로, 가을~겨울에는 깊은 곳으로 이동하는 계절적 수직이동을 한다.

국내 분포 전 해역
국외 분포 전 대양의 아열대와 온대 해역 등

5 꼬리지느러미 양엽은 뾰족하고, 안쪽으로 깊이 파였다.

평삼치

Scomberomorus koreanus (Kishinouye, 1915)

몸은 전형적인 방추형이고, 등지느러미 기점이 가장 높다.

1 주둥이 앞부분은 뾰족한 편이며, 입은 약간 경사졌다. **2** 제1등지느러미 앞쪽은 검은색이지만 뒤쪽은 무색투명하다. **3** 가슴지느러미는 검은색이다. **4** 등지느러미와 뒷지느러미 뒤쪽으로 토막지느러미가 7~9개 발달했다.

형태 특성

몸길이 보통 1m 내외이며, 최대 1.5m까지 자란다.

체색과 무늬 등 쪽은 짙은 푸른색이며, 몸통 가운데와 배 쪽은 은백색이다. 몸통 가운데에는 둥근 푸른색 반점들이 흩어져 있다. 제1등지느러미 앞쪽은 검은색이지만 뒤쪽은 무색투명하다. 제2등지느러미는 회백색이며, 바깥쪽 테두리는 검다. 가슴지느러미와 꼬리지느러미는 검고, 배지느러미와 뒷지느러미는 흰색이다.

주요 형질 전형적인 방추형이고, 등지느러미 기점이 가장 높다. 측선은 등 쪽으로 치우쳐 시작하고, 뒤쪽으로 갈수록 서서히 경사지며 내려온다. 눈은 작고 두 눈 사이는 솟았다. 주둥이 앞부분은 뾰족한 편이며, 입은 약간 경사졌다. 양턱에 삼각형 이빨이 1줄로 나 있다. 가슴지느러미는 몸 가운데에 있으며 작다. 등지느러미와 뒷지느러미 뒤쪽으로 토막지느러미 7~9개가 발달했다. 꼬리지느러미 양엽은 뾰족하고, 안쪽으로 깊게 파여 초승달처럼 생겼다.

생태 특성

서식지 연안성 어종으로 주로 표층에 산다.

먹이 습성 주로 정어리, 멸치 등의 부어성 어류와 새우류를 먹는다.

행동 습성 산란기는 6~7월이며, 산란장은 우리나라 서해 연안이다.

국내 분포 남해 서부, 서해

국외 분포 일본 남부, 인도양, 서태평양인 인도네시아, 중국, 싱가포르의 온대와 열대 해역

5 꼬리지느러미 양엽은 뾰족하고, 안쪽으로 깊게 파여 초승달처럼 생겼다.

삼치

Scomberomorus niphonius (Cuvier, 1832)

체고가 낮으며, 몸은 방추형이다.

등 쪽은 청회색이며 옆으로 납작하다.

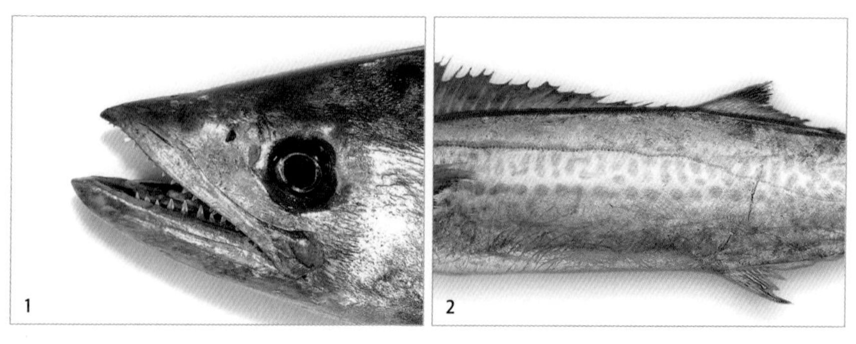

1 아래턱이 위턱보다 튀어나왔으며, 콧구멍은 2쌍이다. 양턱에 발달한 삼각형 이빨이 1줄로 나 있다. **2** 제1등지느러미의 앞부분은 검은색이다.

형태 특성

몸길이 최대 1m까지 자란다.
체색과 무늬 등 쪽은 청회색이며, 배 쪽은 은백색이다. 몸에는 동공 크기만 한 원형 또는 타원형인 짙은 갈색 반문이 6~8줄 나타난다. 제1등지느러미 앞부분은 검은색이다. 가슴지느러미와 꼬리지느러미는 어둡고, 배지느러미는 안쪽은 검고 바깥쪽은 희다. 측선의 아래 위에 직각으로 가느다란 가지가 많이 갈라져 나와 유사종인 평삼치와 구별된다.
주요 형질 체고가 낮으며, 몸은 방추형이다. 몸은 매우 작은 비늘로 덮여 있고, 부레는 없다. 측선은 약간 물결무늬 같은 일직선이며, 측선 주위로는 갈라져 나온 가지가 없다. 아래턱이 위턱보다 튀어나왔으며, 콧구멍은 2쌍이다. 양턱에 발달한 삼각형 이빨이 1줄로 나 있다. 제1등지느러미는 뒤에 7~9개, 뒷지느러미 뒤에 6~9개의 분리 기조가 있다.

생태 특성

서식지 주로 연근해의 아표층(수심 100~300m)에 산다.
먹이 습성 육식성으로 어릴 때는 갑각류, 작은 어류를 먹다가 성어가 되면 멸치, 까나리 등 작은 어류를 먹는다.
행동 습성 봄(3~6월)에는 산란회유를 하며, 가을(9~11월)에는 일본 근해로 이동한다. 거문도 주변 해역에서는 1년 내내 분포한다. 산란기는 4~6월로 서해와 남해의 연안에 몰려와 새벽녘에 알을 낳는다. 성장 속도가 매우 빨라 부화한 뒤 6개월이면 몸길이가 33~46㎝까지 자란다.

국내 분포 제주도를 비롯한 남해와 서해
국외 분포 일본의 홋카이도 이남, 중국의 아열대 해역, 러시아

3 꼬리지느러미는 어둡고, 깊게 파였다.

백다랑어

Thunnus tonggol (Bleeker, 1851)

몸은 방추형이며, 꼬리자루 쪽은 아주 가늘고 양쪽에 융기선이 있다.

1 머리 앞부분은 뾰족하며, 입은 약간 경사지고 양턱에 작은 이빨이 1줄로 나 있다. **2** 가슴지느러미는 길어서 제2등지느러미 기점에 달한다. **3** 뒷지느러미는 회백색이다. **4** 꼬리지느러미 양엽은 가늘고 뾰족하다. 등지느러미와 뒷지느러미 뒤에 분리 기조가 8~9개 있다.

형태 특성

몸길이 보통 40~70㎝이며, 최대 144㎝까지 자란다.
체색과 무늬 등 쪽은 짙은 푸른색이고, 배 쪽은 회백색 바탕에 작은 타원형 흰 반점들이 흩어져 있다. 제1등지느러미와 제2등지느러미는 회갈색이다. 가슴지느러미와 배지느러미는 검은색이고 뒷지느러미와 꼬리지느러미는 회백색이다.
주요 형질 방추형이며, 꼬리자루 쪽은 아주 가늘고 양쪽에 융기선이 있다. 머리 앞부분은 뾰족하며, 입은 약간 경사지고 양턱에 작은 이빨이 1줄로 나 있다. 가슴지느러미는 길어서 제2등지느러미 기점에 달한다. 유사종인 참다랑어는 가슴지느러미 끝이 제2등지느러미 기점에 달하지 않기 때문에 쉽게 구별된다. 등지느러미와 뒷지느러미 뒤에 분리 기조가 8~9개 있다. 꼬리지느러미 양엽은 가늘고 뾰족하다.

생태 특성

서식지 먼바다의 표층에서 산다. 하구처럼 염분이 낮고 혼탁도가 심한 해역에서는 살지 않는다.
먹이 습성 주로 두족류, 갑각류, 어류를 먹는다.
행동 습성 대만 서쪽 해역에서는 1~4월, 8~9월에 산란하며, 우리나라에서는 6~7월 초에 산란하는 것으로 추정된다. 크기가 다양한 무리를 이루고 산다.

국내 분포 제주도를 비롯한 남해
국외 분포 일본 남부, 호주 동서부, 서태평양, 인도양, 홍해 등의 열대 및 아열대 해역

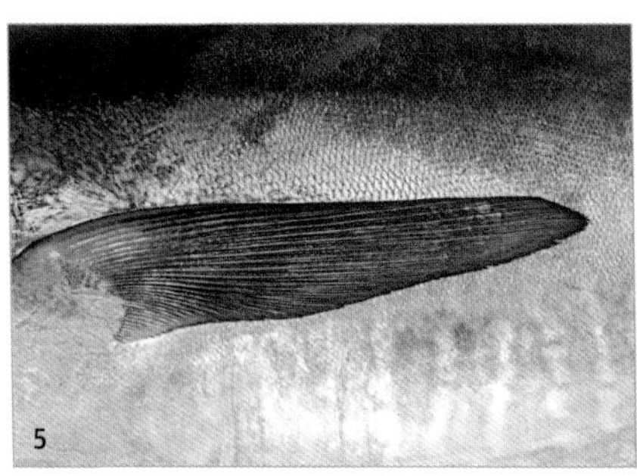

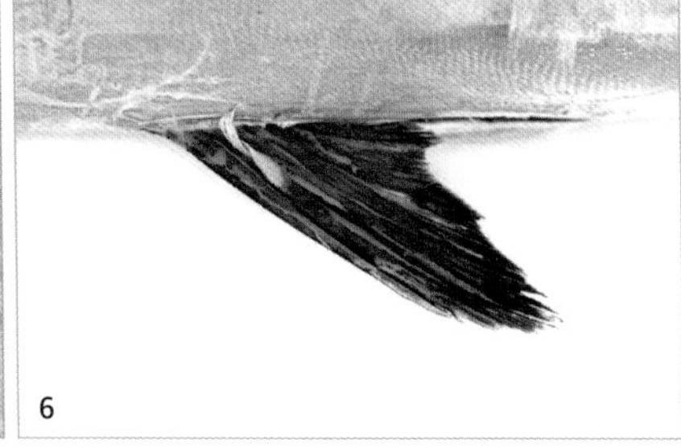

5 가슴지느러미는 검다. **6** 배지느러미도 검은색이다.

샛돔

Psenopsis anomala (Temminck and Schlegel, 1884)

몸은 난형이며 체고가 높고, 옆으로 납작하다.

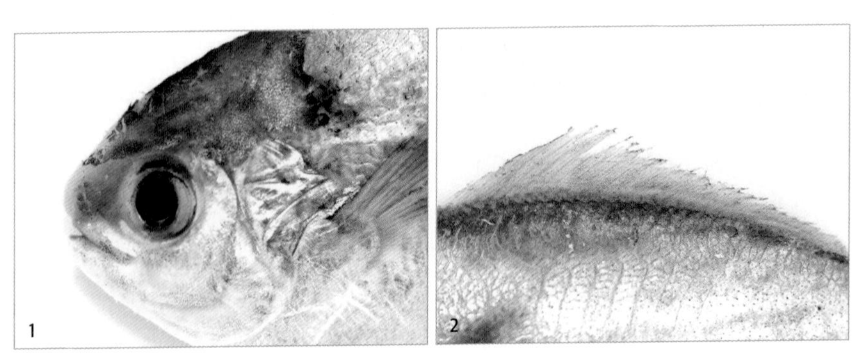

1 눈은 크며 머리 옆면에 있다. 주둥이는 짧고 끝은 둥글다. **2** 등지느러미는 1개로 극조부와 연조부가 이어진다.

형태 특성

몸길이 보통 20~25㎝이며, 최대 35㎝까지 자란다.
체색과 무늬 은백색이며, 등 쪽이 약간 어둡다. 아가미뚜껑 뒤에 눈보다 큰 검은 점이 있다. 각 지느러미는 희며 뒷지느러미 기저부만 검다. 꼬리지느러미 가장자리는 검다.
주요 형질 난형이며 체고가 높고, 옆으로 납작하다. 몸에는 비늘이 없고, 측선은 일직선으로 꼬리까지 이어진다. 눈은 크며 머리 옆면에 있다. 주둥이는 짧고 끝은 둥글다. 배지느러미는 매우 작고, 가슴지느러미보다 조금 뒤쪽에서 나타난다. 등지느러미는 1개로 극조부와 연조부가 이어진다. 꼬리지느러미는 가장자리가 깊게 파였다.

생태 특성

서식지 저서성 어류이다. 낮에는 저층에서 유영하다가 밤에 포식자를 피해 표층으로 이동한다.
먹이 습성 주로 갯지렁이류, 작은 새우류, 동물플랑크톤 등 저서생물을 먹는다.
행동 습성 산란기는 4~8월로 동중국해의 남부 연안으로 회유해 산란한다. 3년생(몸길이 20㎝)이 되어야 산란에 참여한다. 식도주머니가 있어서 먹이가 위 속으로 들어가기 전에 잠깐 저장한다. 수명은 4년 정도다.

국내 분포 동해, 남해, 서해 남부
국외 분포 일본, 동중국해 등 북서태평양

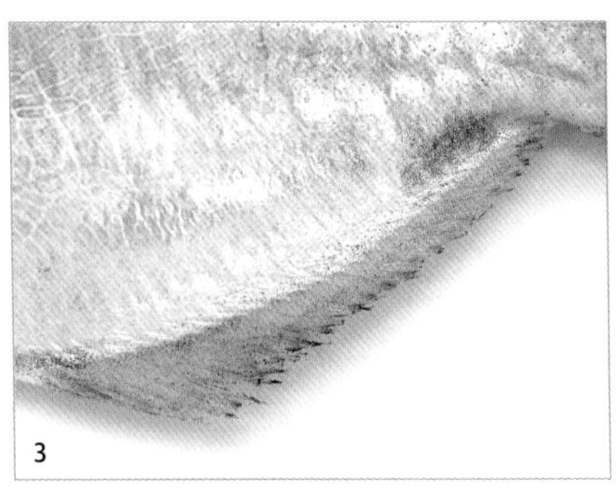

3 뒷지느러미 기저부만 검다. **4** 꼬리지느러미는 가장자리가 깊게 파였다.

병어

Pampus argenteus (Euphrasen, 1788)

마름모꼴로 머리는 옆으로 납작하고, 몸 가운데가 가장 높다.

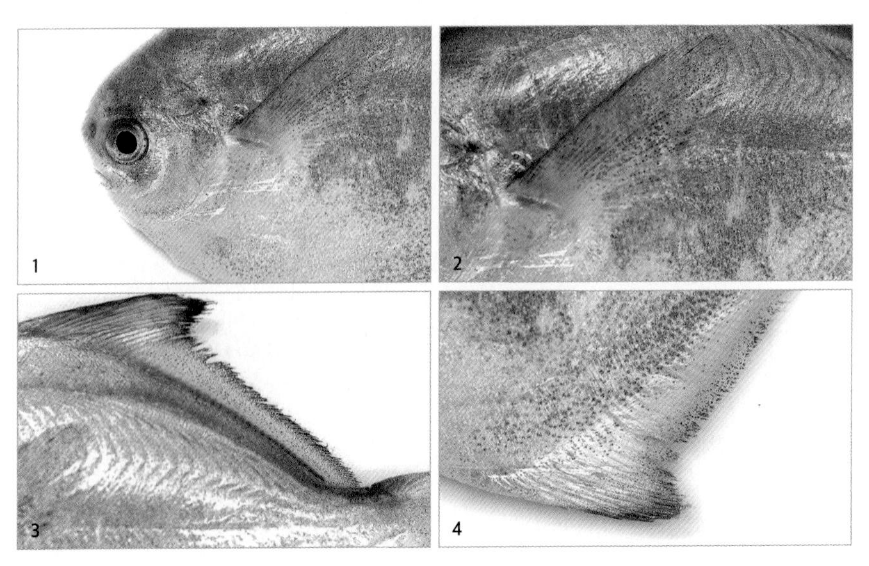

1 주둥이는 짧고 끝은 둥글다. **2** 몸 전체가 금속성 광택을 띠는 은백색이다. **3** 등지느러미는 희거나 연한 노란색이며 가장자리가 어둡다. **4** 뒷지느러미는 안쪽으로 파였다.

형태 특성

몸길이 60㎝ 정도이다.
체색과 무늬 몸 전체가 금속성 광택을 띠는 은백색으로 등 쪽은 청회색, 배 쪽은 백색이다. 각 지느러미는 희거나 연한 노란색이며, 가장자리가 어둡다.
주요 형질 마름모꼴로 머리는 옆으로 납작하고, 몸 가운데가 높다. 측선은 등 쪽 가장자리를 따라 나 있으며, 측선이 나타나는 부위에는 파도무늬 주름이 뒤쪽으로 이어진다. 머리 위쪽이 심하게 경사졌으며, 입은 작고 머리 앞쪽으로 치우쳤다. 주둥이는 짧고 끝은 둥글다. 눈 앞쪽에 콧구멍 2쌍 있으며 전비공은 둥글고, 후비공은 길쭉하다. 가슴지느러미는 뒷지느러미의 기부를 지나며 배지느러미가 없다. 등지느러미와 뒷지느러미는 안쪽으로 파였고, 꼬리지느러미는 비대칭이며, 양 끝이 뾰족하고 깊게 파였다.

생태 특성

서식지 수심 5~110m 바닥이 모래, 개펄로 된 연안에 산다.
먹이 습성 젓새우류, 갯지렁이, 동물플랑크톤을 먹는다.
행동 습성 산란기는 5~8월로 6월이 산란성기이다. 수심 10~20m의 암초 지대나 모래 바닥 주변에서 알을 낳는다. 1년 주기로 계절 변화에 따라 이동한다. 산란이 끝나면 흩어져 동중국해 북부 해역에서 살다가, 가을이 되면 남쪽으로 이동하는 것으로 추정된다.

국내 분포 남해, 서해
국외 분포 일본의 중부 이남, 동중국해, 인도양

5 꼬리지느러미의 양 끝이 뾰족하고 깊게 파였으며, 아래쪽이 더 길다.

점넙치

Pseudorhombus pentophthalmus Günther, 1862

체고는 높고 몸은 위아래로 심하게 납작하다.

눈이 없는 쪽은 흰색이다.

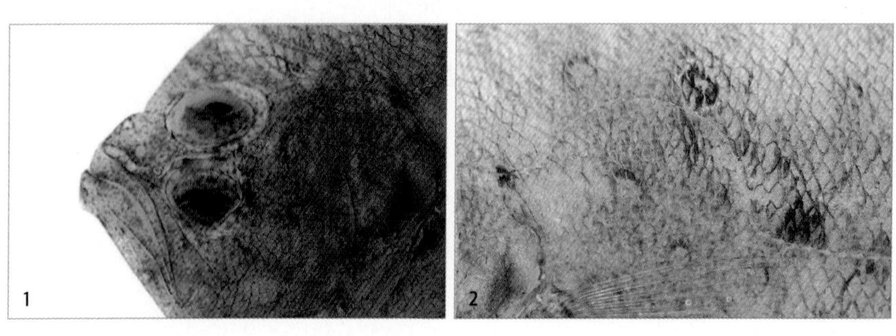

1 눈은 크고 몸 왼쪽에 있으며, 특히 위쪽 눈은 머리 위쪽으로 치우쳐 있으며 아래쪽 눈보다 크다. **2** 측선을 중심으로 둥근 검은색 점무늬가 위쪽에 3개, 아래쪽에 2개로 총 5개 선명하게 있다.

형태 특성

몸길이 보통 70~80㎝이며, 120㎝가 넘는 개체도 있다. 19㎝ 이상은 대부분 암컷, 17㎝ 이하는 수컷인 경우가 많다.

체색과 무늬 눈이 있는 쪽은 밝은 노란색이지만 눈이 없는 쪽은 흰색이다. 측선을 중심으로 둥근 검은색 점무늬가 위쪽에 3개, 아래쪽에 2개, 총 5개 선명하게 있고, 반점 주위에는 밝은 테두리가 있다. 모든 지느러미는 연한 회갈색이다.

주요 형질 체고는 높고 몸은 위아래로 심하게 납작하다. 측선은 가슴지느러미 위쪽에서 둥글게 휘어져 있으나 가슴지느러미 뒤쪽부터 꼬리지느러미 기저까지는 일직선으로 이어진다. 눈이 있는 쪽에는 빗비늘이, 눈이 없는 쪽에는 원린(둥근비늘)이 있다. 눈은 크고 몸 왼쪽에 있으며, 특히 위쪽 눈은 머리 위쪽으로 치우쳐 있으며 아래쪽 눈보다 크다. 두 눈 사이는 매우 좁다. 위턱이 아래턱보다 더 튀어나왔고 위턱의 뒤쪽 끝이 눈 가운데에 달한다. 등지느러미는 눈 앞쪽 가장자리에서부터 나타나며, 배지느러미는 전새개골 끝에 있다. 꼬리지느러미는 가운데가 튀어나왔다.

생태 특성

서식지 저서성으로 수심 40~80m에서 저질이 펄이거나 모래인 곳에 많이 산다.

먹이 습성 주로 갯지렁이류, 갑각류(요각류, 새우류, 유생 등)를 먹는다.

행동 습성 산란기는 3~8월이며, 산란성기는 5~6월이다. 1년생(10㎝ 이상)이 되면 산란에 참여한다.

국내 분포 동해와 남해

국외 분포 일본, 동중국해, 남중국해

3 배지느러미는 전새개골 끝에 있다. **4** 꼬리지느러미는 가운데가 튀어나왔다.

점가자미

Pseudopleuronectes schrenki (Schmidt, 1904)

동종이명: *Pleuronectes schrenki* (Schmidt, 1904)

몸은 긴 난형에 가깝고 입이 작다.

눈이 없는 쪽은 흰색이다.

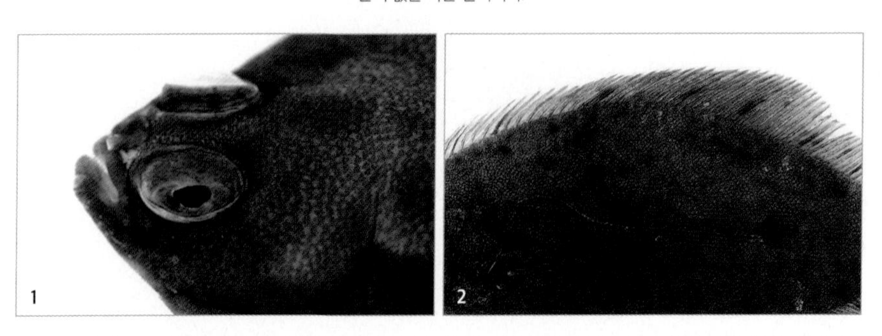

1 두 눈 사이는 좁고 예리한 융기선을 이룬다. 비늘이 없으며 위쪽 눈 뒤에 골질 돌기가 있다. **2** 등지느러미에 검은 반점이 10~11개 있다.

형태 특성

몸길이 40~50㎝이다.
체색과 무늬 눈이 있는 쪽은 진한 갈색이고, 눈이 없는 쪽은 흰색이다. 눈이 없는 쪽의 등지느러미에 10~11개, 뒷지느러미에 7개, 꼬리지느러미에 3~4개의 검은 반점이나 줄무늬가 있다.
주요 형질 긴 난형에 가깝고 비늘이 없다. 측선은 가슴지느러미 위에서 반원처럼 부드럽게 구부러져 있다. 수컷은 빗비늘이 촘촘히 나 있고, 암컷은 원린(둥근비늘)이 매끄럽게 나 있다. 두 눈 사이는 좁고 예리한 융기선을 이루며, 위쪽 눈 뒤에 골질 돌기가 있다. 입이 작다.

생태 특성

서식지 수심 50~200m의 모래 바닥과 갯벌 바닥에 살며, 기수역에도 들어온다.
먹이 습성 주로 갑각류, 연체류의 유생, 극피동물류를 먹는다.
행동 습성 봄에 수심 10~30m의 연안으로 이동해 산란한다.

국내 분포 동해와 남해
국외 분포 일본 중부 이북, 러시아의 연해주

3 뒷지느러미에 검은 반점이 7개 있다. **4** 꼬리지느러미에 검은 반점이나 줄무늬가 3~4개 있다.

문치가자미

Pleuronectes yokohamae (Günther, 1877)

동종이명: *Pleuronectes yokohamae* (Günther, 1877)

몸은 타원형이며 위아래로 납작하다.

눈이 없는 쪽은 흰색이다.

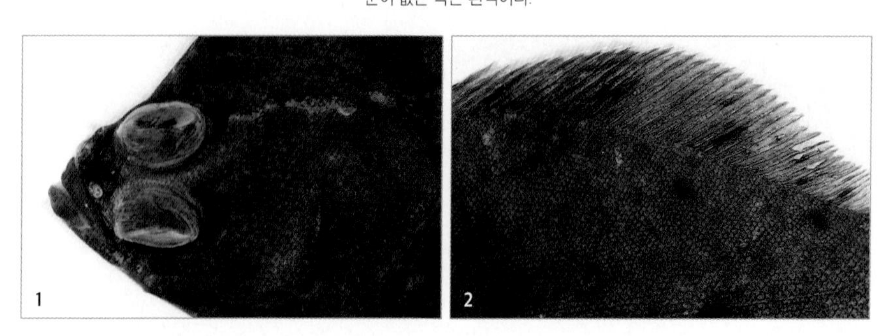

1 두 눈은 몸 오른쪽에 달려 있다. **2** 등지느러미는 눈에서부터 나타나 꼬리자루까지 길게 이어진다.

형태 특성

몸길이 수컷 30㎝, 암컷 50㎝ 정도다.
체색과 무늬 눈이 있는 쪽은 진한 갈색 바탕에 흑갈색 반점이 흩어져 있고, 눈이 없는 쪽은 흰색이다. 모든 지느러미는 짙은 갈색이다. 꼬리지느러미 가운데에 암갈색 점이 2개 있다. 서식 환경에 따라서 나타나는 색깔이나 무늬가 다르다.
주요 형질 타원형이며, 위아래로 납작하다. 측선은 가슴지느러미 부위에서 등 쪽으로 약간 휘어진 뒤 직선을 이룬다. 두 눈은 몸 오른쪽에 달려 있으며, 두 눈 사이는 좁고 솟았다. 양턱에 작은 이빨 8~20개가 1줄로 나 있으며, 아래턱이 위턱보다 길다. 등지느러미는 눈에서 시작해 꼬리자루까지 길게 이어진다. 꼬리지느러미 가장자리는 둥그스름한 직선이다.

생태 특성

서식지 주로 수심 200m 이하의 모래나 개펄로 이루어진 곳이나 암반이 섞여 있는 연안의 저층에 산다.
먹이 습성 주로 갯지렁이류, 작은 갑각류, 연체류를 먹는다.
행동 습성 산란기는 지역에 따라서 차이를 보인다. 남해는 12~2월, 서해는 3~5월, 동해는 2~4월에 산란한다. 일반적으로 3년생이 되면 산란을 시작한다.

국내 분포 전 해역
국외 분포 일본 홋카이도 이남, 동중국해

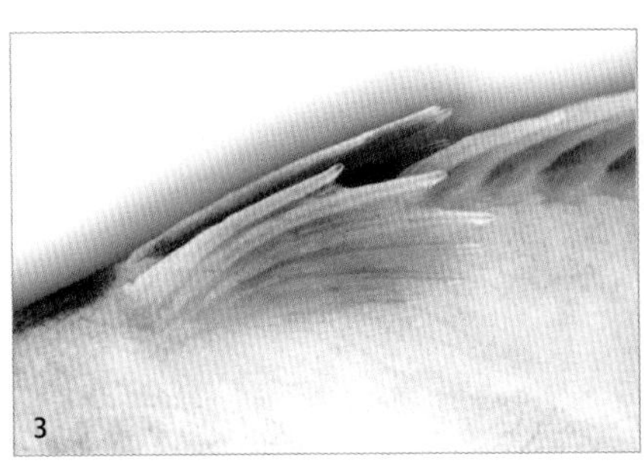

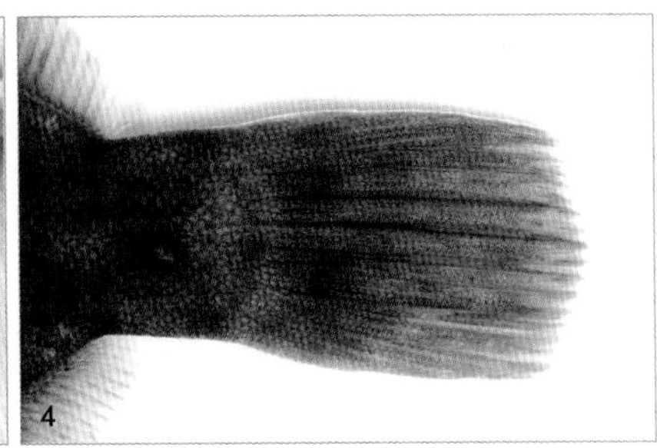

3 배지느러미는 연한 갈색이다. **4** 꼬리지느러미 가운데에 암갈색 점이 2개 있다.

도다리

Pleuronichthys cornutus (Temminck and Schlegel, 1846)

몸은 납작하고 마름모꼴에 가깝다.

눈이 없는 쪽은 흰색이며, 가슴지느러미를 제외한 지느러미들은 어둡다.

형태 특성

몸길이 30㎝이다.
체색과 무늬 눈이 있는 쪽은 갈색 바탕에 흑갈색 반점이 흩어져 있고, 이 반점은 지느러미까지 이어진다. 눈 없는 쪽은 흰색이며, 가슴지느러미, 배지느러미를 제외한 지느러미 끝이 어둡다. 꼬리지느러미 가장자리는 검은색이다.
주요 형질 몸은 납작하고 마름모꼴에 가깝다. 측선은 아가미뚜껑 뒤에서부터 나타나 꼬리지느러미 앞까지 직선으로 이어진다. 두 눈은 오른쪽에 모여 있고 그 사이는 약간 솟았다. 입은 뾰족하다. 배지느러미는 작고, 등지느러미는 눈 위쪽에서부터 나타나 꼬리자루까지 길게 이어진다. 등지느러미 연조 수는 72~74개, 뒷지느러미 연조 수는 53~56개다. 꼬리지느러미 가장자리가 둥글다.

생태 특성

서식지 수심 100m 미만의 모래나 개펄 바닥에 산다.
먹이 습성 주로 갯지렁이류, 작은 연체류, 갑각류를 먹는다.
행동 습성 산란기는 가을에서 겨울 사이이고, 여러 번에 걸쳐서 산란한다. 암컷 한 마리가 알을 9만~39만 개 낳는다. 치어는 저서생활을 한다.

국내 분포 전 해역
국외 분포 일본 홋카이도 이남, 대만, 동중국해

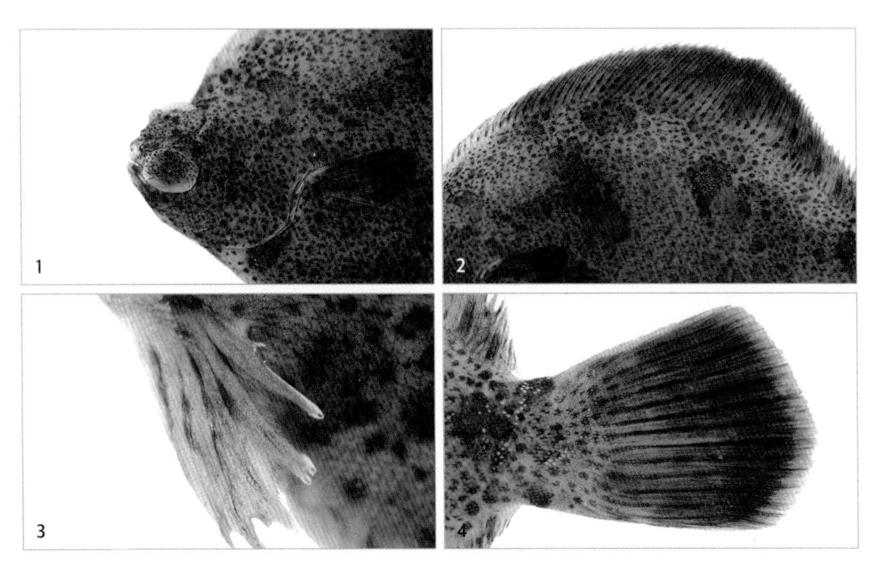

1 두 눈은 오른쪽에 모여 있고, 그 사이는 약간 솟았다. **2** 등지느러미 연조 수는 72~74개다. **3** 배지느러미 **4** 꼬리지느러미 가장자리는 검은색이다.

갈가자미

Tanakius kitaharae (Jordan and Starks, 1904)

몸은 긴 타원형이며, 위아래로 납작하다.

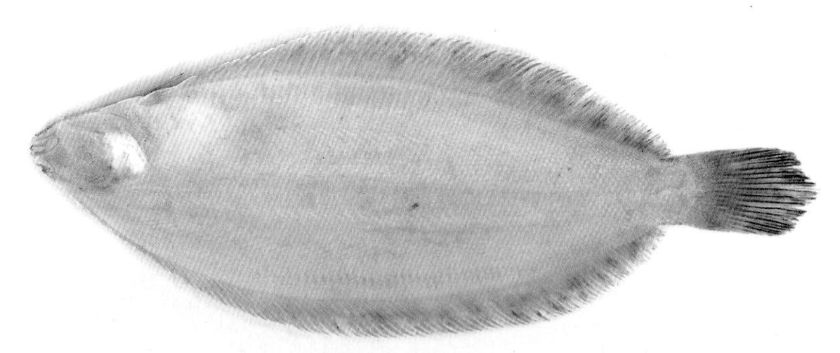

눈이 없는 쪽은 흰색이다.

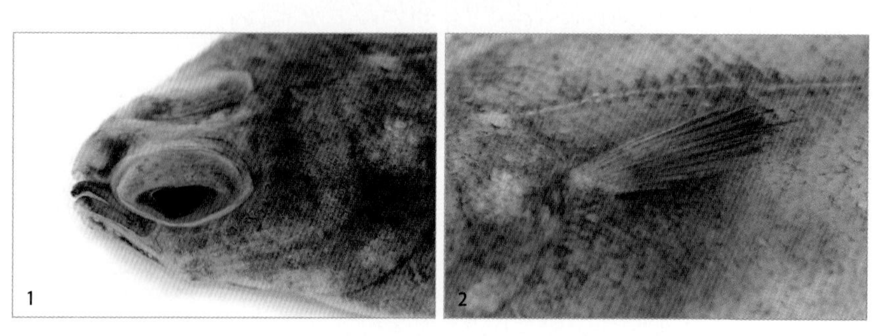

1 두 눈 사이는 매우 좁고 솟아 있으며, 입은 아래쪽에서 열린다. **2** 가슴지느러미 끝은 검은색이다.

형태 특성

몸길이 암컷 1년생은 8㎝, 3년생 15㎝, 5년생 20㎝, 8년생은 24㎝까지 자란다.
체색과 무늬 눈이 있는 쪽은 황갈색, 눈이 없는 쪽은 흰색이며, 가슴지느러미와 꼬리지느러미의 뒷부분은 검은색이다.
주요 형질 긴 타원형으로 매우 납작하다. 몸은 작은 원린으로 덮여 있다. 측선은 가슴지느러미 위쪽에서 약간 구부러져 있다. 꼬리지느러미 뒤쪽 끝부분은 둥글다. 눈 없는 쪽과 머리 부분에는 오목한 점액구멍이 없다. 위쪽 눈은 머리 위쪽 가장자리에 있으며, 아래쪽 눈보다 약간 뒤쪽에 있다. 두 눈 사이는 좁고 안구 표면에 비늘이 있다. 입은 작고, 위턱의 뒤 끝이 아래쪽 눈동자의 앞쪽 가장자리까지 도달한다. 아래턱 봉합부에는 골질돌기가 있다. 양턱 이빨은 앞니처럼 생겼고 둔하고 짧으며, 1줄이다. 등지느러미와 뒷지느러미 뒤쪽의 20연조는 갈라졌으며, 다소 가는 편이다.

생태 특성

서식지 수심 200m 이내의 모래와 개펄 바닥에 산다.
먹이 습성 주로 갯지렁이류, 거미불가사리류, 작은 갑각류 등 저서동물을 먹으며, 수온이 높은 여름철보다 수온이 낮은 시기에 섭식률이 높다.
행동 습성 산란기는 12~4월이며 1년에 1회 산란한다. 성숙한 암컷의 최소 몸길이는 약 13㎝(2년생)이지만, 15㎝ 이상(3년생)이면 대부분 산란한다. 포란 수는 몸길이 18㎝이면 6만 개, 20㎝이면 7만 5,000개, 26㎝이면 25만 개다. 10~3월에는 소흑산도 서방 해역에서 월동하고, 황해(서해) 북부 연안 해역으로 이동하는 것으로 추정된다. 암컷과 수컷의 몸길이는 다르지만, 암컷의 경우 만 1년이면 8㎝, 2년 12㎝, 3년 15㎝, 4년 18㎝, 5년 20㎝, 6년 21㎝, 7년 23㎝, 8년이면 24㎝로 자란다. 수명은 10년 이상으로 추정된다.

국내 분포 제주도를 비롯한 남해
국외 분포 일본 홋카이도 이남, 동중국해 등

3 꼬리지느러미 끝은 뾰족하며 검다.

노랑각시서대

Zebrias fasciatus (Basilewsky, 1855)

몸은 긴 난형이며, 심하게 납작하다.

배 쪽은 흰색이며, 눈이 없다.

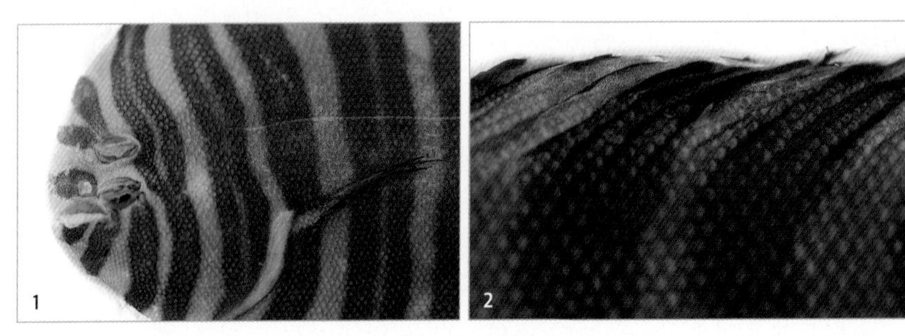

1 주둥이 끝은 둥글고, 입은 주둥이 아래에 있다. **2** 등지느러미 끝까지 짙은 갈색 띠가 있다.

형태 특성

몸길이 3년생은 15㎝ 내외이며, 최대 25㎝까지 자란다.
체색과 무늬 눈이 있는 쪽은 연한 갈색이고, 짙은 갈색 띠가 수십 개가 몸 전체를 가로지른다. 이와는 반대로 눈이 없는 쪽의 배는 흰색이다. 등지느러미와 뒷지느러미의 바깥 가장자리가 검고, 꼬리지느러미는 검은색 바탕에 모양이 일정하지 않은 황백색 무늬가 5~6개 나타난다.
주요 형질 긴 난형이며, 아주 납작하다. 측선은 위쪽 눈 뒤에서 일직선으로 몸 가운데를 가로지른다. 눈은 작고 몸 오른쪽에 있으며, 아래쪽 눈 앞쪽에 콧구멍이 1쌍 있다. 눈이 있는 쪽과 없는 쪽 모두 작은 빗비늘로 덮여 있다. 두 눈 사이에도 비늘이 있다. 주둥이 끝은 둥글고, 입은 주둥이 아래에 있다. 아가미뚜껑은 가슴지느러미 기저 위쪽 가장자리의 조금 아래쪽에서 끝난다. 등지느러미와 뒷지느러미는 꼬리지느러미와 연결된다. 뒷지느러미 연조 수는 70~78개다. 같은 속에 속하는 유사종인 궁제기서대와 형태와 체색이 같지만, 궁제기서대의 뒷지느러미 연조 수가 56~70개이므로 이 점을 확인하면 쉽게 구별할 수 있다.

생태 특성

서식지 수심 100m 이내에서 바닥이 모래와 진흙으로 된 대륙붕에 산다.
먹이 습성 갯지렁이류, 갯가재류, 단각류를 먹는다.
행동 습성 산란기는 5~6월이다. 생태에 대해서는 알려진 바가 없다.

국내 분포 서해와 남해
국외 분포 일본 남부와 대만, 동중국해 등의 북서태평양

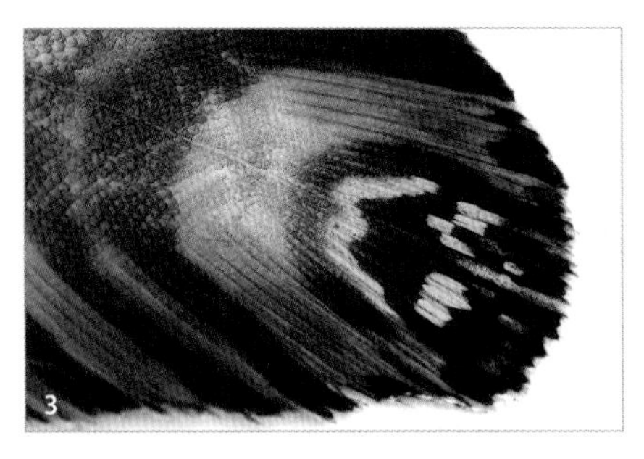

3 등지느러미와 뒷지느러미는 꼬리지느러미와 연결된다.

용서대

Cynoglossus abbreviatus (Gray, 1834)

몸은 심하게 납작하며, 긴 타원형이다.

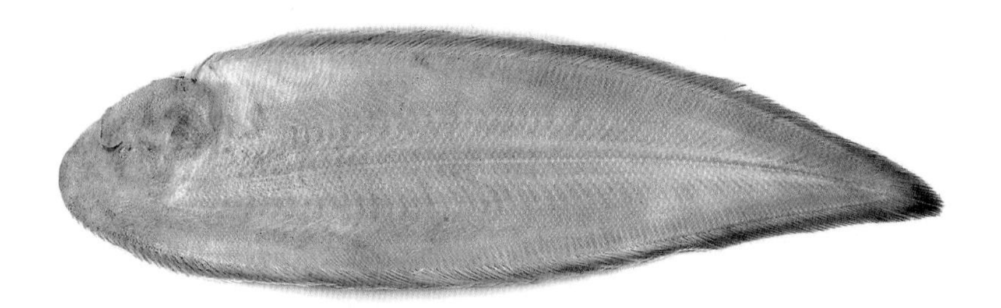

눈이 없는 쪽은 흰색이다.

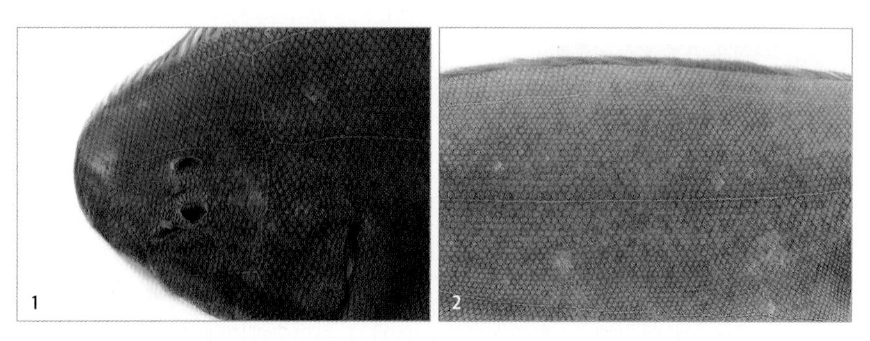

1 두 눈 사이와 아래쪽 눈 앞쪽에 콧구멍이 각각 1개 있다. **2** 눈이 있는 쪽에만 몸을 가로지르는 측선이 3줄 있다.

형태 특성

몸길이 보통 25㎝ 내외이며, 최대 30㎝까지 자란다.
체색과 무늬 눈이 있는 쪽은 갈색 또는 적갈색이고, 눈이 없는 쪽은 흰색이다. 등지느러미와 뒷지느러미는 연한 노란색이며, 꼬리지느러미는 어둡다.
주요 형질 심하게 납작하며, 긴 타원형이다. 몸 전체는 빗비늘로 덮여 있다. 눈이 있는 쪽에만 몸을 가로지르는 측선이 3줄 있다. 측선 사이의 비늘 수는 18~19개이다. 두 눈 사이와 아래쪽 눈 앞쪽에 콧구멍이 각각 1개 있다. 입은 심하게 휘어져 있으며, 입 끝은 위쪽 눈보다 아래에 있다. 등지느러미와 뒷지느러미가 꼬리지느러미와 이어진다. 꼬리지느러미는 끝이 뾰족하다.

생태 특성

서식지 수심 25~85㎝의 모래 바닥과 갯벌 바닥에 산다.
먹이 습성 주로 게류, 조개류, 갯지렁이류, 작은 어류를 먹는다.
행동 습성 산란기는 3~4월이며, 연안으로 이동해 산란한다. 봄~여름에는 수심 40~50m 이내의 연안으로 이동해 살다가 가을~겨울에는 제주도 서남방 해역의 깊은 곳으로 이동하는 계절회유를 한다. 25㎝(3년생) 정도 자라야만 산란에 참여한다.

국내 분포 남해 서부
국외 분포 일본 중부 이남, 남중국해, 인도네시아

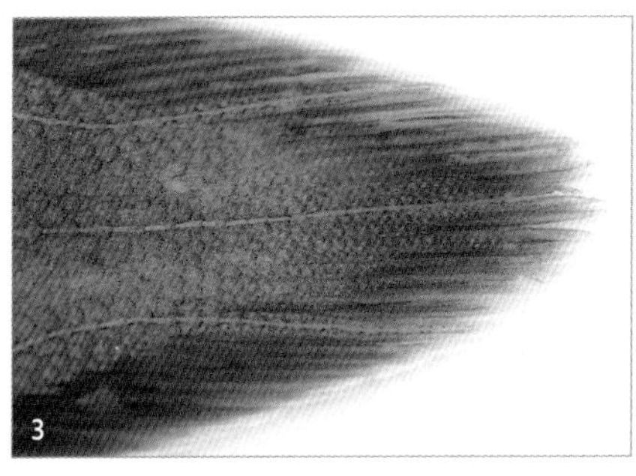

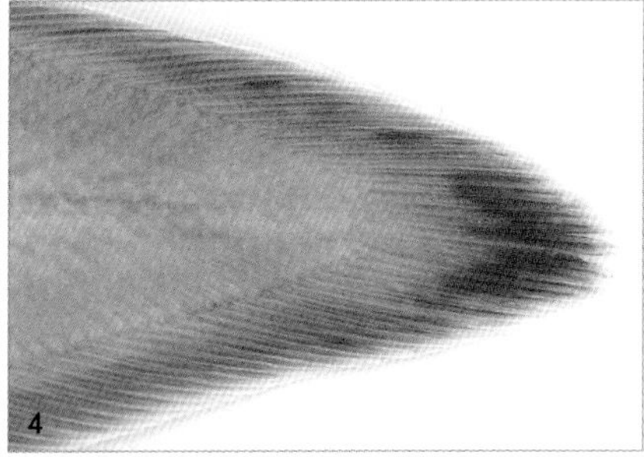

3 꼬리지느러미는 끝이 뾰족하며, 측선이 3개 있다. **4** 꼬리지느러미는 어둡다.

칠서대
Cynoglossus interruptus Günther, 1880

몸은 긴 타원형이다.

눈이 없는 쪽은 흰색이며, 지느러미는 담갈색이다.

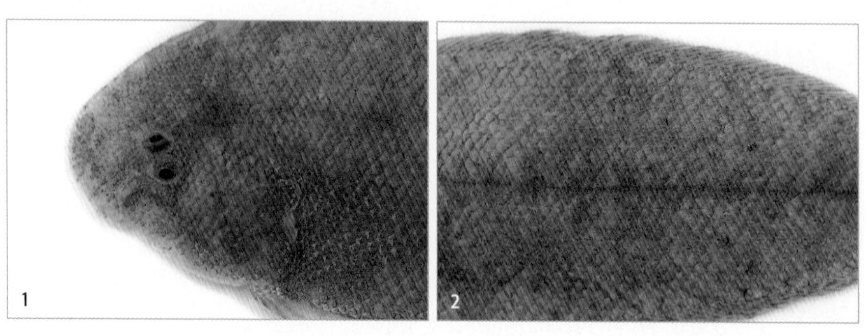

1 눈은 아주 작으며, 두 눈의 간격이 눈 지름의 1/2 이하일 만큼 서로 가까이에 있다. **2** 눈이 있는 쪽에는 측선이 3개 있지만, 가운데 측선을 제외한 위쪽과 아래쪽 측선은 불분명하다.

형태 특성

몸길이 17~20㎝이다.

체색과 무늬 눈이 있는 쪽은 황갈색 바탕에 불분명한 암갈색 무늬가 있고, 등지느러미와 뒷지느러미에도 갈색 점이 흩어져 있다. 반면에 눈이 없는 쪽은 희며, 지느러미는 담갈색이다.

주요 형질 긴 타원형이다. 눈이 있는 쪽에는 측선이 3개 있지만, 가운데 측선을 제외한 위쪽과 아래쪽 측선은 불분명하다. 이 점이 유사종인 참서대와 구별된다. 눈은 아주 작으며, 두 눈의 간격이 눈 지름의 1/2 이하일 정도로 서로 가까이 있다. 입은 눈 밑에서 아가미 방향으로 심하게 구부러져 있으며, 등지느러미와 뒷지느러미, 꼬리지느러미는 연결된다.

생태 특성

서식지 수심이 100m 미만의 모래나 펄로 이루어진 바닥에 산다.

먹이 습성 주로 갯지렁이나 작은 갑각류 등 저서성 무척추동물을 먹는다.

행동 습성 산란기는 6~7월이며, 생태에 대해서는 거의 알려진 바가 없다.

국내 분포 남해(부산, 여수)

국외 분포 일본 홋카이도 이남, 동중국해, 남중국해, 필리핀

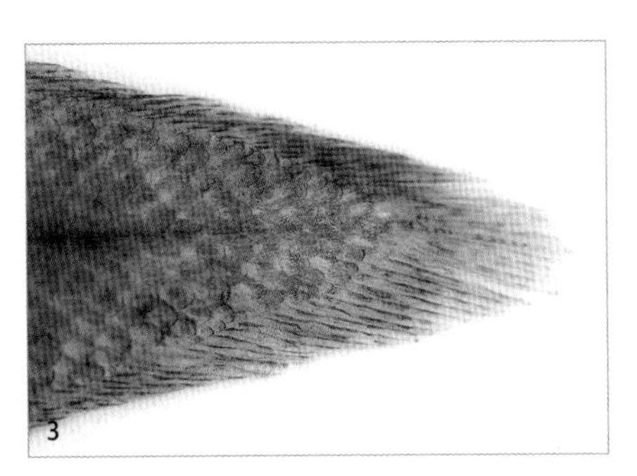

3 등지느러미와 뒷지느러미, 꼬리지느러미는 연결된다.

개서대

Cynoglossus robustus Günther, 1873

몸은 긴 타원형이며 위아래로 매우 납작하다.

눈이 없는 쪽은 흰색이며, 꼬리지느러미는 조금 검다.

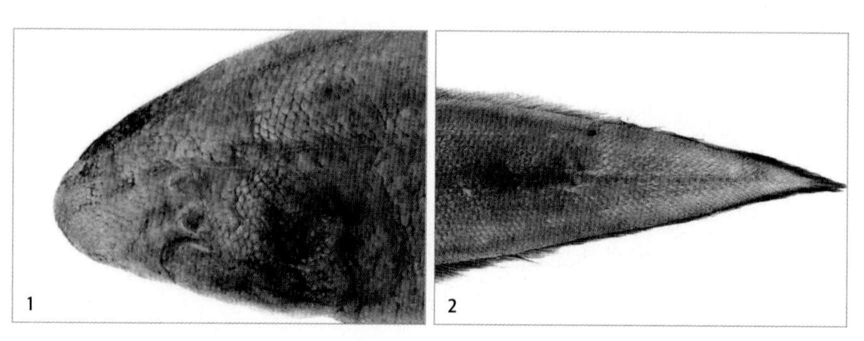

1 눈은 작고, 두 눈 사이 간격은 동공 크기와 비슷하며, 입은 눈 아래에서 심하게 굽어 있다. **2** 등지느러미와 뒷지느러미는 꼬리지느러미와 연결되었으며, 측선은 2줄이다.

형태 특성

몸길이 26㎝(3년생) 이상이다.

체색과 무늬 눈이 있는 쪽은 연한 노란색이나 붉은색이고, 눈이 없는 쪽은 흰색이다. 등지느러미와 뒷지느러미는 담색이고, 꼬리지느러미는 조금 어둡다.

주요 형질 긴 타원형이며 위아래로 매우 납작하다. 눈이 있는 쪽에는 측선이 2줄 있다. 눈은 작고, 두 눈 사이 간격은 동공 크기와 같다. 눈이 있는 쪽은 빗비늘, 눈이 없는 쪽은 원린(둥근비늘)으로 덮여 있다. 입은 눈 아래에서 배지느러미 쪽으로 심하게 굽어 있다. 등지느러미와 뒷지느러미는 꼬리지느러미와 연결된다.

생태 특성

서식지 수심 20~120m의 모래와 개펄 바닥에 산다.

먹이 습성 갯지렁이류를 주로 먹고, 다음으로 갑각류를 먹는다.

행동 습성 산란기는 6~8월이며, 몸길이 26㎝ 이상(약 3년생)이면 산란한다.

국내 분포 제주도를 비롯한 남해와 서해 중부 이남 해역

국외 분포 일본 남부, 동중국해, 남중국해 등의 태평양 서부

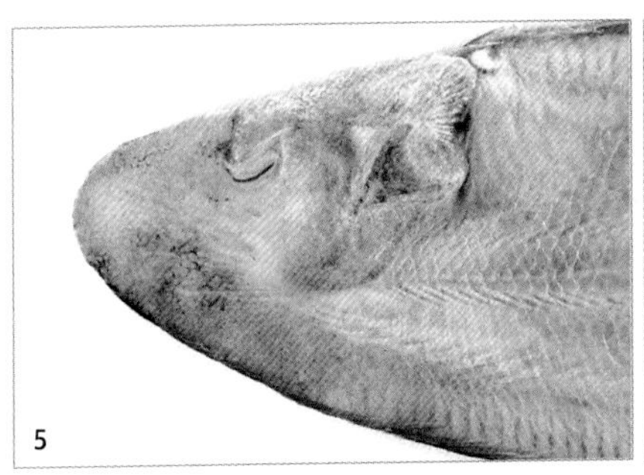

5 머리 아랫면 **6** 배 쪽은 둥근 비늘로 덮여 있다.

객주리

Aluterus monoceros (Linnaeus, 1758)

몸은 긴 타원형이며, 회청색 바탕이다. 등 쪽에 암청색 작은 점들이 흩어져 있다.

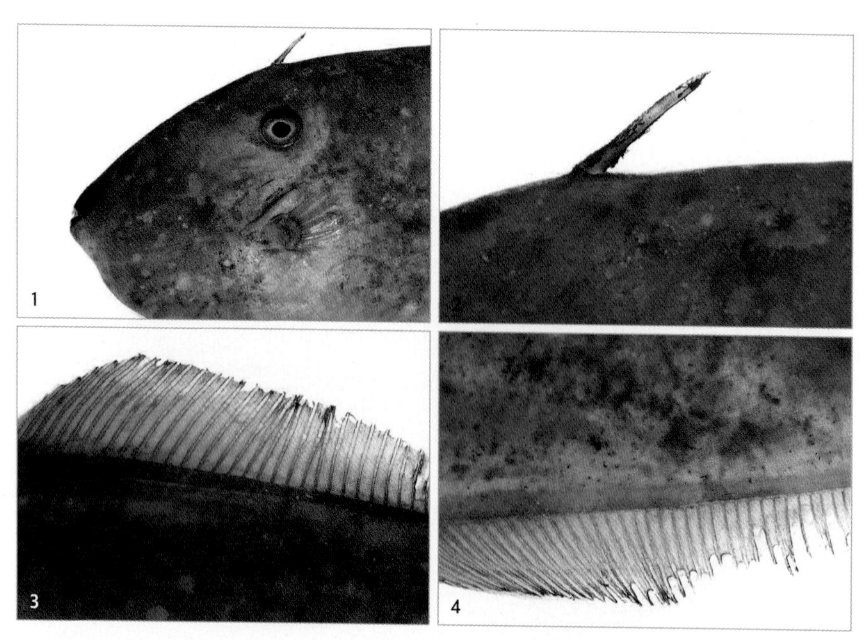

1 입은 작고, 머리 앞쪽으로 열려 있으며, 약간 튀어나왔다. **2** 등지느러미의 극조부는 1개로 가늘고 길며 약하다. **3** 등지느러미 연조부는 담황색이다. **4** 뒷지느러미는 담황색이다.

형태 특성

몸길이 보통 30~35㎝이며, 최대 70㎝까지 자란다.
체색과 무늬 회청색 바탕에 작은 암청색 점이 등 쪽에 흩어져 있지만, 성어에서는 이 반점이 불분명하다. 등지느러미 가슴지느러미, 뒷지느러미는 담황색이며, 꼬리지느러미는 암청색을 띤다.
주요 형질 긴 타원형이다. 비늘이 매우 작아 몸 표면이 매끄럽다. 측선은 수직을 이루며, 측선에는 구멍이 27개 있다. 주둥이는 약간 튀어나왔다. 입은 작고, 아래쪽이 약간 오목하며 머리 앞으로 열려 있다. 눈은 제1극조 아래쪽에 있다. 가슴지느러미는 아주 작고, 아가미뚜껑 바로 뒤쪽에서 나타난다. 배지느러미가 흡반을 이룬다. 어릴 때는 배지느러미 가시가 있으나 자라면서 사라진다. 등지느러미는 극조부와 연조부로 구분되고, 기조 수는 2극 45~52연조다. 제1극은 가늘고 길다. 꼬리지느러미는 짧고, 뒤쪽 가장자리가 직선이다.

생태 특성

서식지 연안 주변의 얕은 수역에 산다.
먹이 습성 해파리와 작은 갑각류를 먹는다.
행동 습성 산란기는 6월경으로 추정되며 연안에 무리 지어 유영생활을 한다.

국내 분포 동해와 남해
국외 분포 전 대양의 열대, 온대 해역 등

5 꼬리지느러미는 짧고 뒤쪽 가장자리가 직선이며, 암청색이다.

쥐치

Stephanolepis cirrhifer (Temminck and Schlegel, 1850)

몸은 타원형이며, 옆으로 납작하고 체고가 높다.

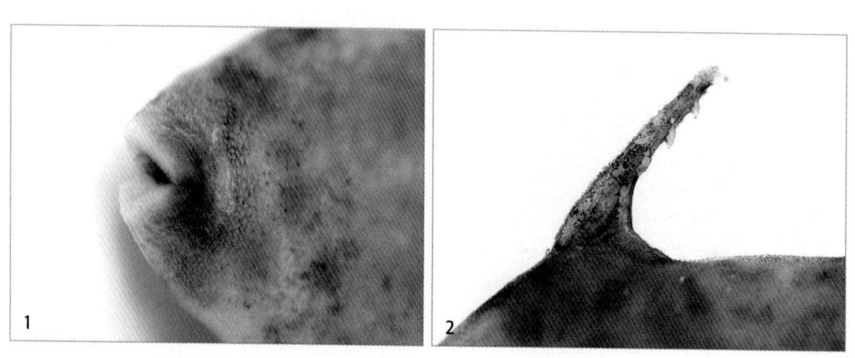

1 주둥이가 뾰족하고, 단단한 앞니가 있다. **2** 등지느러미는 2개로 제1극조는 크고 강하다.

형태 특성

몸길이 보통 20㎝ 내외이며, 최대 30㎝까지 자란다.
체색과 무늬 변이가 심해 바탕색은 노란색, 회갈색, 황갈색, 다갈색 등으로 다양하며 여기에 흑갈색 줄무늬가 세로로 여러 개 나 있다. 각 지느러미는 노란색이며, 꼬리지느러미에는 암갈색 띠가 2~3줄로 나타난다.
주요 형질 타원형이며 옆으로 납작하고, 체고가 높다. 온몸은 작고 거친 비늘에 덮여 있다. 주둥이가 뾰족하고, 단단한 앞니가 있다. 등지느러미는 2개로 제1극조는 크고 강하다. 꼬리지느러미 가장자리가 둥글다.

생태 특성

서식지 수심 100m 미만의 바위 지대에 무리 지어 산다.
먹이 습성 새우, 게, 갯지렁이, 조개류, 해조류를 먹는다.
행동 습성 산란기는 5~8월이고, 산란기에는 수심 10m 깊이로 이동해 알을 약 15만 개 낳는다. 부화한 뒤 5㎝까지는 해조류 사이를 유영하다가 5㎝ 이상으로 자라면 수심이 8~30m 정도 깊은 곳으로 이동한다.

국내 분포 울릉도를 비롯한 동해 중부 이남과 남해
국외 분포 일본, 동중국해

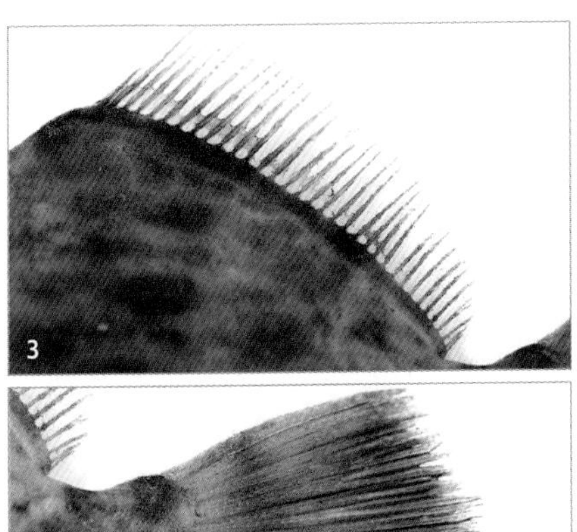
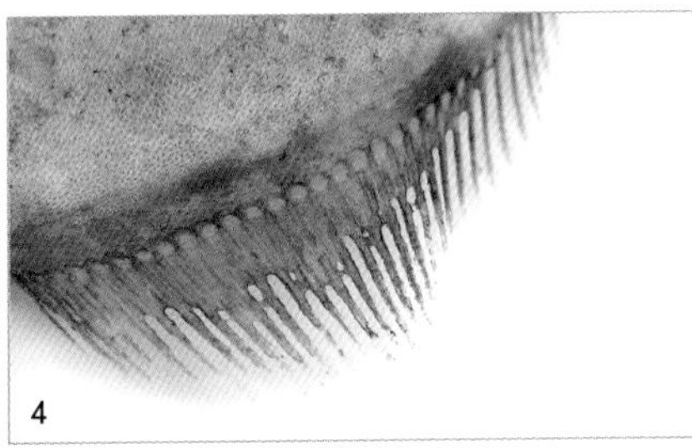

3 등지느러미 연조 수는 34개다. **4** 뒷지느러미 연조 수는 33개다. **5** 꼬리지느러미 가장자리가 둥글다.

말쥐치

Thamnaconus modestus (Günther, 1877)

몸은 긴 타원형이고, 옆으로 매우 납작하며, 배지느러미 기부가 가장 높다.

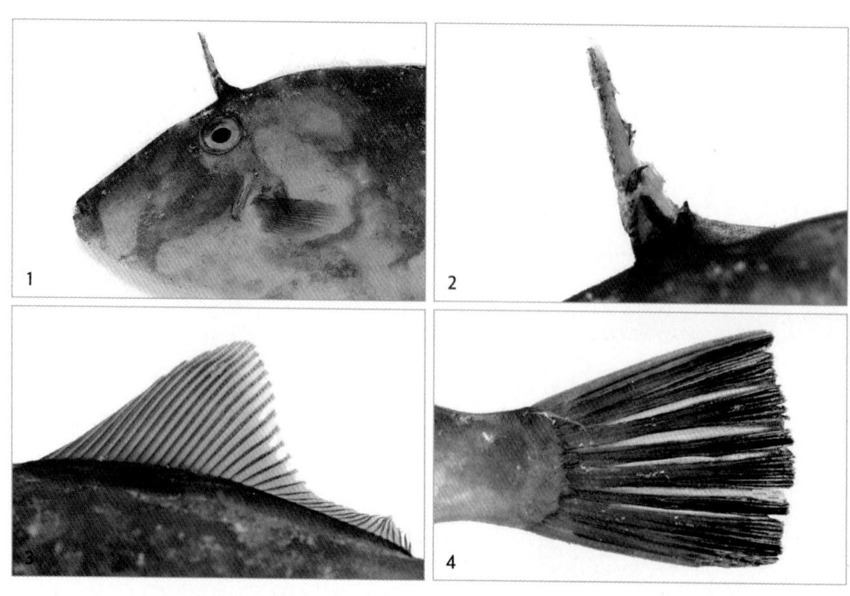

1 머리 앞쪽이 뾰족하고 주둥이는 길게 튀어나왔으며, 입은 작다. **2** 눈 위쪽으로 긴 등지느러미 가시가 1개 있으며, 바로 뒤에 작은 2번째 가시가 있다. **3** 제2등지느러미 기조 수는 2극 32~38연조이며, 몸 가운데에서부터 나타난다. **4** 꼬리지느러미가장자리는 둥그스름한 직선이다.

형태 특성

몸길이 최대 35㎝까지 자란다.
체색과 무늬 등 쪽은 회청색이며, 배 쪽은 회갈색이다. 몸에 흑갈색 무늬가 불규칙하게 흩어져 있다. 가슴지느러미와 배지느러미는 암청색이고, 등지느러미와 뒷지느러미는 녹청색이다.
주요 형질 긴 타원형이고 심하게 옆으로 납작하며, 배지느러미 기부가 가장 높다. 비늘이 매우 작은 가시로 변형되어 피부가 거칠다. 눈 위쪽으로 긴 등지느러미 가시가 1개 있으며, 바로 뒤에 작은 2번째 가시가 있다. 머리 앞쪽이 뾰족하고, 주둥이는 길게 튀어나왔으며, 입은 작다. 등지느러미 기조 수는 2극 32~38연조다. 제2등지느러미는 몸 가운데에서 나타난다. 뒷지느러미 연조 수는 35개다. 꼬리지느러미 가장자리는 둥그스름한 직선이다.

생태 특성

서식지 수심 70~100m 저층에서 무리를 이루어 산다.
먹이 습성 주로 젓새우, 요각류, 단각류 및 식물플랑크톤을 먹는다.
행동 습성 산란기는 4~7월로 연안이나 암초 지대에 산란한다.

국내 분포 전 연안
국외 분포 일본 홋카이도 이남, 남중국해, 남아프리카

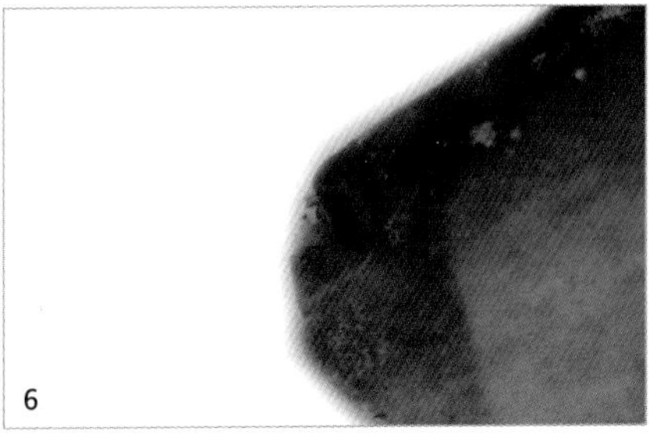

5 뒷지느러미는 녹청색이다. **6** 양 턱에 날카로운 이빨이 1줄로 나 있다.

별복

Arothron firmamentum (Temminck and Schlegel, 1850)

몸의 단면은 원통형으로 둥글고, 전체는 꼬리자루 쪽으로 갈수록 가늘어지는 곤봉형이다.

배의 뒷부분에 비늘이 없다.

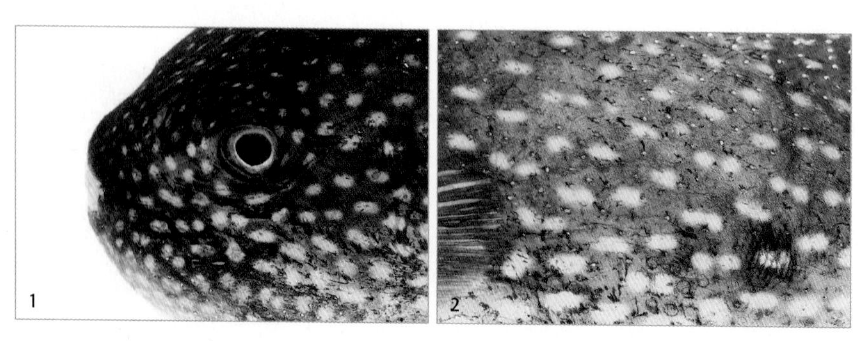

1 콧구멍의 피부 끝이 2개로 갈라져 있다. **2** 몸에 동공보다 작은 흰 점들이 균일하게 흩어져 있다.

형태 특성

몸길이 보통 25~35㎝이며, 최대 45㎝까지 자란다.
체색과 무늬 암청색 바탕에 동공보다 작은 흰 점들이 균일하게 흩어져 있으며, 배 쪽으로 갈수록 흰 점이 커지고 밝아진다. 각 지느러미는 색이 연하다.
주요 형질 몸의 단면은 원통형으로 둥글고, 전체는 꼬리자루 쪽으로 가면서 가늘어지는 곤봉형이다. 몸에 작은 가시들이 돋아 있어서 피부가 거칠다. 콧구멍의 피부 끝이 2개로 갈라져 있다. 등지느러미 뒤쪽과 배 뒤쪽에는 비늘이 없다. 등지느러미 기조 수는 11~14연조, 뒷지느러미 기조 수는 13~14연조다. 꼬리지느러미 가장자리가 둥글다.

생태 특성

서식지 수심 100~400m의 깊은 바다에 산다.
먹이 습성 주로 게, 조개류, 성게, 해조류, 해면류를 먹는다.
행동 습성 아열대성으로 복어류 중에서 가장 깊은 곳에 산다. 근육, 껍질, 정소 등에 신경을 마비시키는 패독인 삭시톡신(saxitoxin)이라는 독성 성분이 있어 식용 불가능하다.

국내 분포 제주도를 비롯한 남해에 주로 분포했으나 최근에는 지구온난화 때문에 울릉도를 비롯한 동해에도 분포한다.
국외 분포 일본 남부, 남중국해, 호주, 남아프리카에서 뉴질랜드까지

3 꼬리지느러미 가장자리가 둥글다.

청밀복

Lagocephalus lagocephalus oceanicus (Jordan and Evermann, 1903)

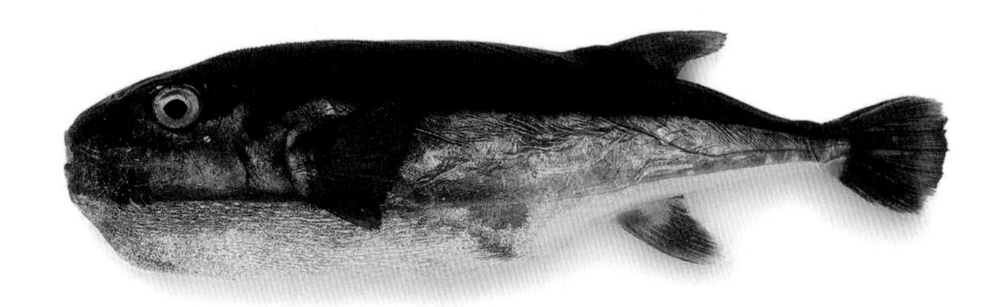

몸은 긴 타원형이고, 등 쪽은 검은색이며, 배 쪽은 은색이다.

배면

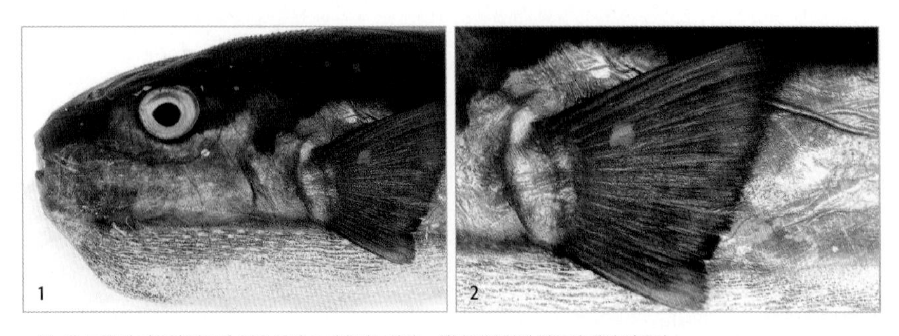

1 눈은 등 쪽에 치우쳐 있으며, 입은 작다. **2** 가슴지느러미는 옆면 가운데에 있으며 색이 어둡다.

형태 특성

몸길이 보통 40~50㎝이며, 최대 60㎝까지 자란다.
체색과 무늬 등 쪽은 검은색이며, 배 쪽은 은색이다. 가슴지느러미 위쪽은 검고, 아래쪽 1/3은 희다. 등지느러미와 뒷지느러미, 꼬리지느러미는 검은색이다. 치어 시기(juvenile)에는 등 쪽에 수직 띠가 약 9개 있다. 33㎝ 미만의 미성어는 옆면 중앙선 아래쪽으로 검은 점들이 흩어져 있다.
주요 형질 긴 타원형이고, 입은 작다. 몸 표면에는 작은 가시들이 돋아 있다. 등지느러미는 1개로 삼각형이며, 몸 뒤쪽에 있다. 등지느러미와 뒷지느러미 끝이 뾰족하다. 꼬리지느러미의 양끝도 뾰족하며, 아래쪽 꼬리지느러미가 위쪽 꼬리지느러미보다 약간 길다.

생태 특성

서식지 얕은 연안부에서부터 수심이 깊은 곳(수심 10~476m)까지 산다.
먹이 습성 주로 오징어와 갑각류를 먹는다.
행동 습성 표층성 어류로 행동반경이 넓다. 독성은 확인되지 않았다.

국내 분포 제주도
국외 분포 일본 중부 이남, 하와이, 인도양, 서태평양

3 등지느러미와 뒷지느러미 끝이 뾰족하다. **4** 꼬리지느러미의 양끝도 뾰족하며, 아래쪽 꼬리지느러미가 위쪽 꼬리지느러미보다 약간 길다.

은밀복

Lagocephalus wheeleri Abe, Tabeta and Kitahama, 1984

몸은 긴 곤봉형으로 배가 매우 볼록하다.

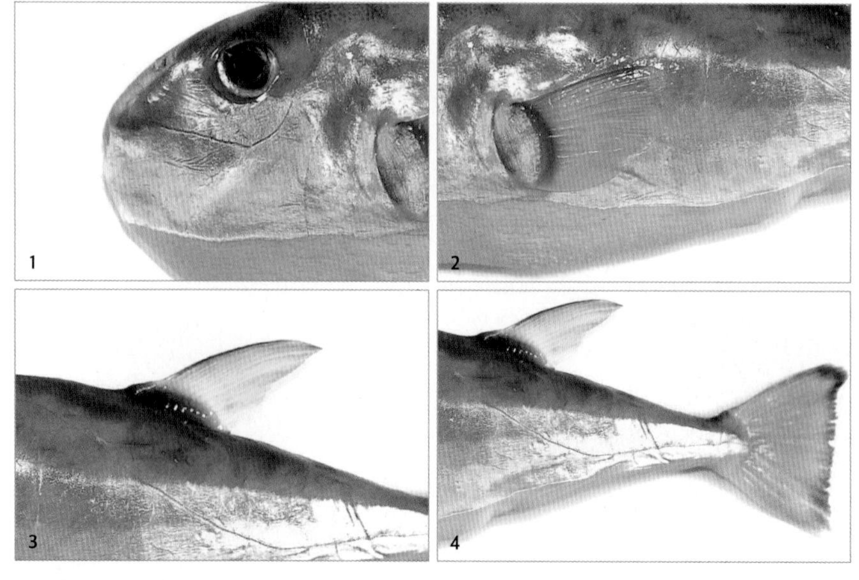

1 주둥이는 둥글고 입은 작다. 눈은 크다. **2** 가슴지느러미는 노란색이다. **3** 등지느러미는 몸 뒤쪽으로 치우쳐 있다. **4** 꼬리지느러미 끝이 약간 오목하다.

형태 특성

몸길이 부화 뒤 1년생은 16~17㎝, 2년생은 23㎝ 정도이며, 최대 35㎝까지 자란다.
체색과 무늬 등 쪽이 어두운 갈색인 반면, 배 쪽은 은백색이다. 등지느러미와 가슴지느러미는 노란색 또는 흰색이며, 뒷지느러미는 흰색이다. 꼬리지느러미는 노란색이지만 아랫부분은 흰색이다.
주요 형질 긴 곤봉형으로 배가 매우 볼록하다. 주둥이는 둥글고 입은 작다. 눈은 크다. 등과 배 쪽은 작은 가시로 덮여 있고, 등 쪽 가시는 등지느러미에 다다르지 않는다. 등지느러미와 뒷지느러미는 서로 마주보며, 몸 뒤쪽으로 치우쳐 있다. 꼬리지느러미 끝이 약간 오목하다.

생태 특성

서식지 연안성 어종으로 중층 해역에 유영하며 산다.
먹이 습성 주로 조개류, 새우류, 게류, 갑각류, 작은 어류를 먹는다.
행동 습성 산란기는 5~7월이고, 수심 50~60m 되는 바위 지대에 산란하는 것으로 추정된다. 몸길이가 4~10㎝인 치어 때는 9월경 내만으로 이동해서 초겨울까지 지내다가 수온이 더욱 떨어지면 먼바다로 옮겨 간다. 독성이 없어 식용할 수 있는 어종이다.

국내 분포 제주도를 비롯한 남해
국외 분포 일본 남부, 중국, 대만 등

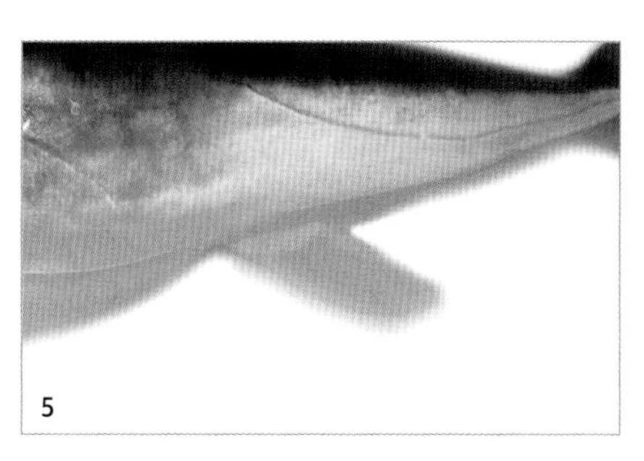

5 뒷지느러미는 흰색이다.

참복

Takifugu chinensis (Abe, 1949)

몸은 곤봉형으로 다소 길며, 꼬리자루는 가늘다.

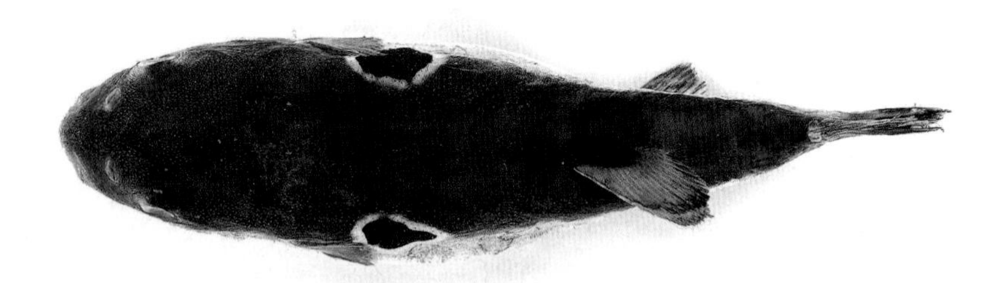

가슴지느러미 뒤쪽 윗부분에 검은 반점이 있다.

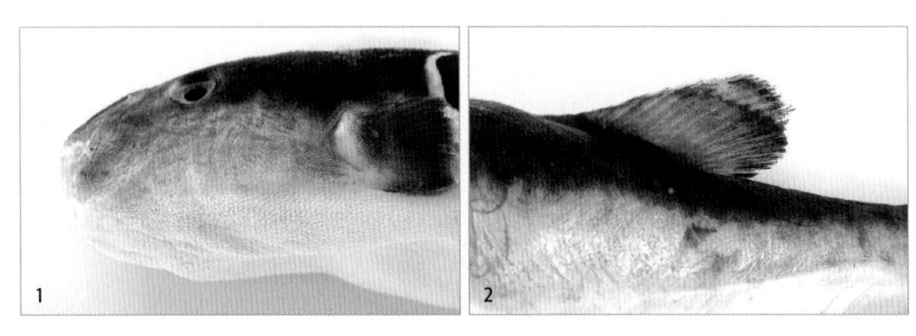

1 입은 작고, 이빨은 옆으로 밀착되어 새 부리처럼 생겼다. **2** 등지느러미 기조 수는 17~18연조다.

형태 특성

몸길이 보통 40~50㎝이며, 최대 60㎝까지 자란다.
체색과 무늬 등 쪽은 검은색이고, 배 쪽은 백색이다. 가슴지느러미 밝고, 뒤쪽 윗부분에 검은 반점이 있고, 가장자리에 흰색 테두리가 있다. 등지느러미와 꼬리지느러미는 검은색이다. 뒷지느러미는 흰색이지만 가장가리는 약간 검은색이다. 몸통 뒤쪽에는 검은색 반점이 없다.
주요 형질 다소 긴 곤봉형이고, 꼬리자루는 가늘다. 입은 작고, 이빨은 옆으로 밀착되어 새 부리처럼 생겼다. 작은 가시들이 있어 피부가 거칠다. 가슴지느러미 기조 수는 16~18연조이고, 등지느러미는 17~18연조, 뒷지느러미는 14~15연이다. 몸의 단면은 원통형으로 둥글고, 전체는 꼬리자루 쪽으로 가면서 가늘어지는 곤봉형이다. 몸에 작은 가시들이 돋아 있어서 피부가 거칠다. 콧구멍의 피부 끝이 2개로 갈라져 있다. 등지느러미 뒤쪽과 배 뒤쪽에는 비늘이 없다. 등지느러미 기조 수는 11~14연조, 뒷지느러미 기조 수는 13~14연조다. 꼬리지느러미 가장자리가 둥글다.

생태 특성

서식지 먼바다의 중층이나 저층에서 주로 살며, 내만이나 연안으로는 잘 들어오지 않는다.
먹이 습성 주로 오징어류, 새우류, 게류, 조개류, 어류를 먹는다.
행동 습성 산란기는 4~5월이며, 성숙 연령은 만 4년생 전후로 보인다. 서해안에서 8월 중순경 청도~격렬비 열도에 살다가 9~10월경 서해 중부로 이동하고, 12~2월경에는 제주도 서방 해역까지 남하해 월동한 뒤 봄이 되면 다시 북상하는 것으로 추정된다. 난소와 간장에 테트로도톡신(tetrodotoxin)이라는 맹독이 들어 있다. 지역, 개체 및 계절에 따라 차이가 있어 정소, 근육, 피부에는 독이 없는 경우도 있다.

국내 분포 전 해역
국외 분포 일본의 서부 연안

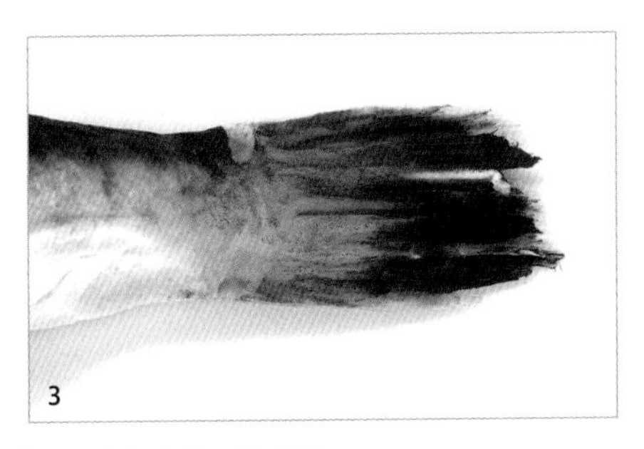

3 꼬리지느러미는 검은색이다.

복섬

Takifugu niphobles (Jordan and Snyder, 1901)

몸은 곤봉형이다. 눈은 작고, 머리 가운데 위쪽에 있다.

청갈색이거나 황갈색이며, 군데군데 눈동자보다 작고 둥근 흰색 점이 흩어져 있다.

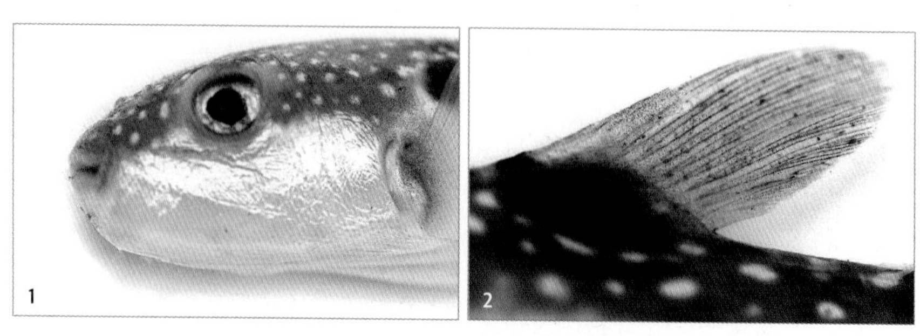

1 주둥이는 길지만 뭉툭하다. 위턱과 아래턱에 단단하고 납작한 이가 있다. **2** 등지느러미 기조 수는 12~14연조다.

형태 특성

몸길이 최대 15㎝까지 자란다.
체색과 무늬 등 쪽은 청갈색이거나 황갈색이며, 군데군데 눈동자보다 작은 둥근 흰색 점이 흩어져 있다. 배 쪽은 흰색이고, 가슴지느러미 윗부분 뒤쪽과 등지느러미 밑에는 크고 검은 점이 있다. 등지느러미, 가슴지느러미 및 꼬리지느러미는 연한 노란색이며, 뒷지느러미는 흰색이다.
주요 형질 곤봉형이다. 작은 가시들이 돋아 있어 피부가 거칠다. 눈은 작고, 머리 가운데 위쪽에 있다. 주둥이는 길지만 뭉툭하다. 위턱과 아래턱에 납작한 단단하고 이가 나 있다. 등지느러미 기조 수는 12~14연조, 뒷지느러미 기조 수는 10~12연조다. 꼬리지느러미 가장자리가 직선에 가깝다.

생태 특성

서식지 주로 연안 주변에 살지만, 기수역과 민물에도 많이 산다.
먹이 습성 주로 갯지렁이류, 패류, 작은 갑각류 및 작은 어류를 먹는다.
행동 습성 산란기는 5~7월이고, 연안의 자갈밭에 만수위 1~2시간 전에 산란한다. 민물이나 지하수가 유입되는 기수역에 매우 많은 무리가 모여 알을 낳는다. 전체 길이 10㎝ 이상이면 성숙한다. 난소와 간장, 내장은 맹독성이고, 피부는 강독성이며, 근육과 정소는 약독성이다. 식용으로는 적절하지 않다.

국내 분포 전 연안
국외 분포 일본 홋카이도 이남, 중국

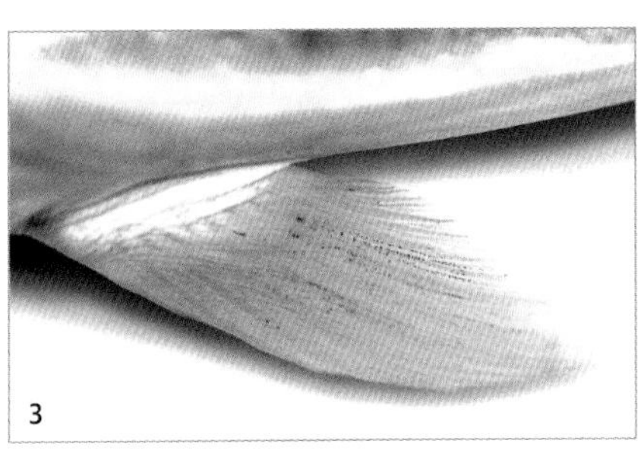

3 뒷지느러미 기조 수는 10~12연조다. **4** 꼬리지느러미는 연한 노란색이며, 가장자리가 직선에 가깝다.

졸복

Takifugu pardalis (Temminck and Schlegel, 1850)

몸은 곤봉형으로 짧고 굵으며, 옆으로 납작하다.

등 쪽은 황갈색 바탕에 다각형 흑갈색 반점이 흩어져 있다.

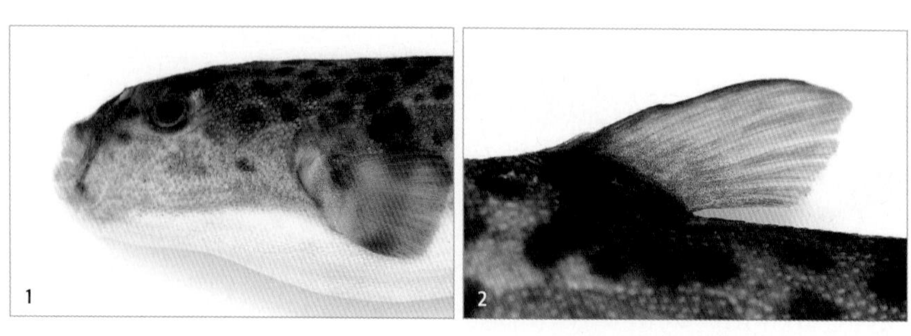

1 입은 작고 주둥이는 뭉툭하며, 이빨은 새 부리처럼 나 있다. **2** 등지느러미는 둥글고 짧으며, 가시가 없다.

형태 특성

몸길이 보통 20~25㎝이며, 최대 40㎝까지 자란다.
체색과 무늬 등 쪽이 황갈색 바탕이고 다각형 흑갈색 반점이 흩어져 있으며, 배 쪽은 흰색 바탕이고 그 사이에 황갈색 세로 줄이 있다. 등지느러미, 가슴지느러미, 뒷지느러미는 불분명한 오렌지색이고, 꼬리지느러미는 검은색이다.
주요 형질 곤봉형으로 짧고 굵으며, 옆으로 납작하다. 피부에 가시는 없지만 둥근 돌기가 있어서 참복과의 다른 물고기들과 구별된다. 입은 작고 주둥이는 뭉툭하며, 이빨은 새 부리처럼 나 있다. 등지느러미와 뒷지느러미는 둥글고 짧으며, 가시가 없다. 꼬리지느러미 가장자리가 둥글다.

생태 특성

서식지 연안의 바위 지대에 산다.
먹이 습성 잡식성으로 주로 새우류, 게류, 어류를 먹는다.
행동 습성 산란은 3~5월이며, 초봄에 연안이나 내만까지 이동해 산란한 뒤 가을에 깊은 곳으로 이동한다. 산란장의 수심은 0.5~1m 되는 조간대 위쪽의 암반이나 큰 돌로 구성된 지대이다. 산란은 반드시 만조일 때 야간에 이루어진다. 20㎝ 이상 성장해야 산란에 참여한다. 산란할 때는 암컷 10~30개체가 무리 지어 산란장으로 이동하고 수컷 여러 마리가 주둥이로 암컷의 배를 쿡쿡 찌르는 행동을 반복한다. 암컷이 산란장에 알을 낳으면 수컷 여러 마리가 동시에 방정한다. 산란 피부, 난소, 간에 강한 독인 테트로도톡신(tetrodotoxin)이 있고, 정소에는 약한 독이 있으며, 산란기에는 독성이 더 심해진다.

국내 분포 전 연안
국외 분포 일본과 동중국해

3 꼬리지느러미 가장자리가 둥글다.

흰점복

Takifugu poecilonotus (Temminck and Schlegel, 1850)

몸은 유선형이며, 머리 부분은 뭉툭하고 뒤쪽으로 갈수록 좁아지며, 꼬리 부분은 원통형이다.

등은 황갈색 바탕에 크기가 다양한 흰색 반점들이 흩어져 있다.

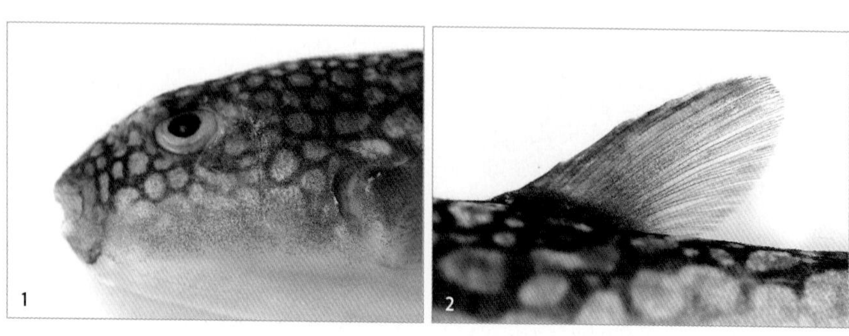

1 머리는 뭉툭하고, 여기에 흰색 반점들이 흩어져 있다. **2** 등지느러미 연조 수는 10~11개다.

형태 특성

몸길이 보통 20~25㎝이며, 최대 30㎝까지 자란다.
체색과 무늬 등과 몸통 위쪽은 황갈색 바탕에 크기가 다양한 흰색 반점들이 흩어져 있다. 일부는 등 쪽에 희미한 검은색 반문이 7개 있기도 하다. 꼬리지느러미 기조막은 노란색이고, 기조는 황갈색이거나 흑갈색이다. 이 외의 지느러미는 담황색이다.
주요 형질 몸 전체는 유선형이다. 머리 부분은 뭉툭하고, 뒤쪽으로 갈수록 좁아지며, 꼬리 부분은 원통형이다. 등 쪽과 배 쪽, 몸통에 작은 가시들이 여러 개 있어 서로 연결된다. 등지느러미 연조 수는 10~11개, 뒷지느러미 연조 수는 11~13개다.

생태 특성

서식지 대부분 연안성 어류이며, 갈조류인 모자반류가 많은 얕은 바다의 암초 지대에 주로 산다. 일부는 조류가 번성하는 기수역 및 하구에도 산다.
먹이 습성 주로 오징어류, 조개를 비롯한 갑각류, 작은 어류를 먹는다.
행동 습성 산란기는 3~4월이다. 갈조류가 있는 연안과 기수에서 점착성이 강한 알을 낳는다. 최대 산란 수는 17㎝ 이상이면 4만 개, 23㎝ 이상이면 10만 개 정도이다. 간과 난소는 맹독성이고, 정수와 표피와 장은 장독성이며, 근육은 약독성이다.

국내 분포 동해와 남해 연안
국외 분포 일본 홋카이도 이남과 인도차이나 반도 주변

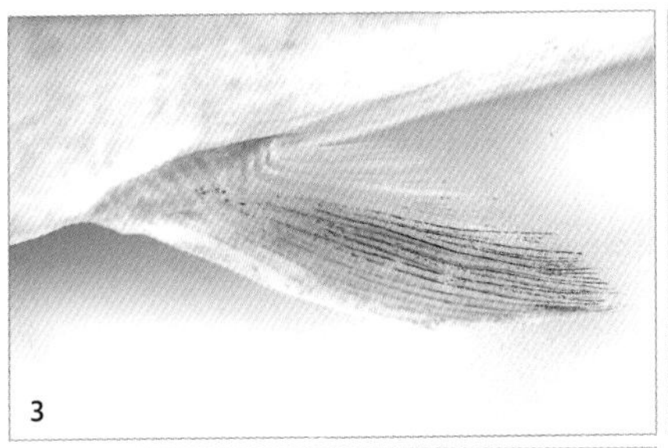

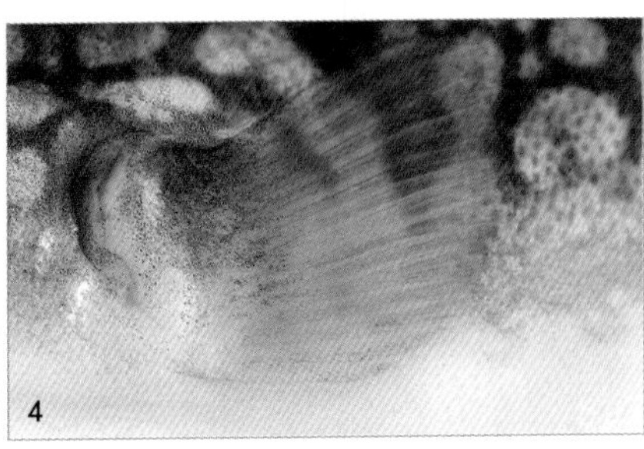

3 뒷지느러미 연조 수는 11~13개다. **4** 가슴지느러미는 투명하다. **5** 꼬리지느러미 기조막은 노란색이고, 가장자리가 점차 어두워진다.

자주복

Takifugu rubripes (Temminck and Schlegel, 1850)

몸은 유선형이며, 꼬리 부분은 곤봉처럼 생겼다.

등 쪽은 흑갈색 바탕이고 몸통 가운데는 은회색이다. 여기서부터 꼬리지느러미까지 검은 점이 여러 개 나타난다.

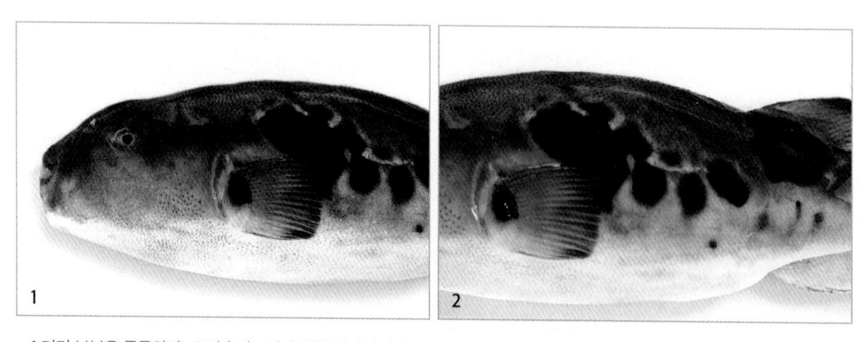

1 머리 부분은 뭉툭하다. **2** 가슴지느러미 뒤쪽 가장자리에 큰 흑갈색 반점이 있다.

형태 특성

몸길이 보통 40~50㎝이며, 최대 75㎝까지 자란다.
체색과 무늬 흑갈색 바탕에 몸통 가운데는 은회색이다. 여기서부터 꼬리지느러미까지 검은 점 여러 개가 나타난다. 가슴지느러미 뒤쪽 가장자리에 큰 흑갈색 반점이 있으며, 반점 주위에 흰색 테두리가 있다. 등지느러미, 가슴지느러미, 꼬리지느러미는 검은색이며, 뒷지느러미는 연한 노란색이다. 등 쪽과 몸 위쪽에 작은 흰색 무늬가 있다.
주요 형질 전체는 유선형이고, 머리 부분은 뭉툭하며 꼬리자루는 원형이다. 측선은 몸 등 쪽으로 치우쳐 있고, 구불구불한 형태로 꼬리지느러미에 달한다. 등 쪽과 배 쪽에는 작은 가시가 여러 개 있어 피부가 거칠다. 등지느러미 연조 수는 16~18개, 뒷지느러미 연조 수는 13~15개다. 꼬리지느러미 끝이 둥글다.

생태 특성

서식지 약간 깊은 바다에서 모래와 갯벌이 섞인 바닥 또는 자갈 바닥인 곳에 산다.
먹이 습성 주로 새우류, 게류, 어류를 먹는다.
행동 습성 산란기는 3~5월로 조류가 빠른 연안의 암초 지대에 산란한다. 서해에서는 가을부터 남쪽으로 이동하기 시작해 1월경 제주도 주변 해역에서 월동하고, 봄이 되면 북쪽으로 이동하는 계절회유를 한다. 난소와 간장에 강한 독이 있으며, 장에도 약한 독이 있다. 정소, 피부, 근육에는 독이 없으며, 계절별, 지역별, 개체별로 독성 차이를 보인다. 수온에 민감한 종으로 수온이 15℃ 이하가 되면 먹이활동을 중단하고, 10℃ 이하로 내려가면 모래나 펄 속에 몸을 숨긴다.

국내 분포 전 연안
국외 분포 일본 홋카이도 이남, 동중국

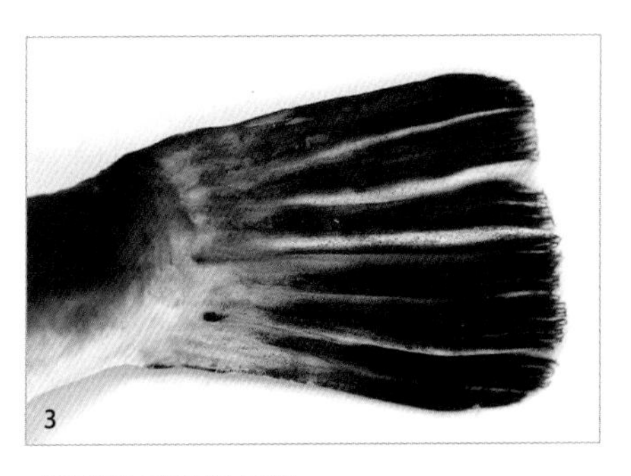

3 꼬리지느러미 끝이 둥글다.

까칠복

Takifugu stictonotus (Temminck and Schlegel, 1850)

몸의 단면은 원통형이다. 머리 부분은 두껍고, 꼬리 쪽으로 갈수록 가늘어져 몸 전체를 보면 곤봉형이다.

등면

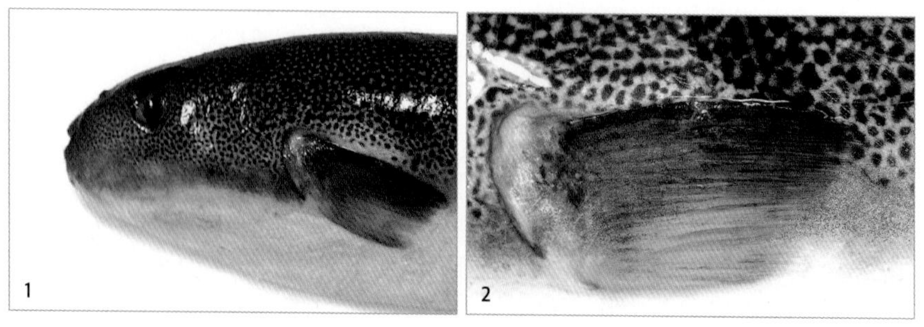

1 입은 작고, 등과 배의 경계면에 노란색 줄무늬가 세로로 있다. **2** 가슴지느러미 기조 수는 16~18연조다.

형태 특성

몸길이 최대 40㎝까지 자란다.
체색과 무늬 등 쪽은 흰색과 청갈색이 점무늬 형태로 거의 절반씩 섞여 있고, 배 쪽은 흰색이다. 치어 시기에는 갈색을 띠나 성어가 되면서 점점 짙어져 암청색이 된다. 등과 배의 경계면에 노란색 줄무늬가 세로로 있다. 등지느러미와 꼬리지느러미는 색이 어둡고, 뒷지느러미는 진한 노란색이다.
주요 형질 몸의 단면은 원통형이다. 머리 부분은 두껍고, 꼬리 쪽으로 갈수록 가늘어져 몸 전체를 보면 곤봉형이다. 등과 배에 작은 가시가 있다. 가슴지느러미 기조 수는 16~18연조이고, 등지느러미 기조 수는 13~15연조, 뒷지느러미 기조 수는 10~13연조이다. 꼬리지느러미 끝부분은 직선이다.

생태 특성

서식지 연안의 수심이 약간 깊은 곳 저층에서 산다.
먹이 습성 새우류, 게류, 작은 어류를 먹는다.
행동 습성 산란기는 4~6월이며, 이때 독성(테트로도톡신)이 강해진다. 난소와 간장에 강한 독이 있고, 껍질의 독은 약하다. 암컷에 비해 수컷은 독성이 없으나 지역, 개체, 성별에 따라서 독성에 차이가 있다.

국내 분포 서해, 남해, 동해
국외 분포 일본 남부, 동중국해

3 등지느러미는 어두운 갈색이며, 기조 수는 13~15연조다. **4** 꼬리지느러미 끝부분은 직선이며, 어둡다.

국매리복

Takifugu snyderi (Abe, 1988)

몸 앞쪽은 원통형으로 둥글고, 꼬리자루 쪽으로 갈수록 가늘어져 몸 전체는 곤봉형이다.

등 쪽에 크고 작은 흰색 점이 흩어져 있다.

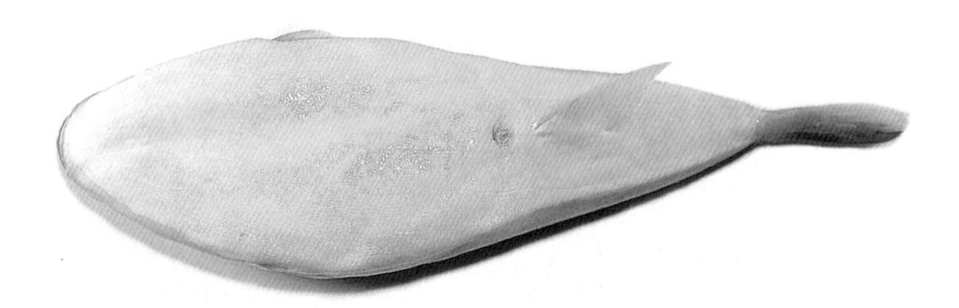

배 쪽은 흰색이며, 가슴지느러미가 있다.

형태 특성

몸길이 20~30㎝이다.
체색과 무늬 갈색 바탕에 등 쪽에 크고 작은 흰색 점이 흩어져 있으며, 배 쪽은 흰색이다. 가슴지느러미 위쪽 몸통은 흰색이고 여기에 큰 갈색 반점이 있다. 꼬리지느러미는 노란색이며, 가장자리는 어둡다. 뒷지느러미는 흰색이다.
주요 형질 몸 앞쪽은 원통형으로 둥글고, 꼬리자루 쪽으로 갈수록 가늘어져 몸 전체는 곤봉형이다. 몸에 가시가 없어 매끈하며, 측선은 눈 뒤에서 시작해 등 외곽선과 평행하게 이어진다. 가슴지느러미 기조 수는 1~18연조이고, 등지느러미 기조 수는 13~15연조, 뒷지느러미 기조 수는 10~13연조이다. 꼬리지느러미 끝부분은 직선이다.

생태 특성

서식지 연안에 산다.
먹이 습성 새우류, 게류, 작은 어류를 먹는다.
행동 습성 산란기는 6~8월이며, 수심 20m정도 바닥의 돌 틈에 산란한다. 피부와 간장에 강한 독이 있고, 근육과 정소에도 약한 독이 있다.

국내 분포 동해와 남해
국외 분포 일본 남부, 남중국해

1 가슴지느러미 위쪽 몸통은 흰색이고, 여기에 큰 갈색 반점이 있다. **2** 꼬리지느러미 끝부분은 직선이다.

까치복

Takifugu xanthopterus (Temminck and Schlegel, 1850)

머리의 횡단면은 원통형에 가깝고, 꼬리 쪽으로 갈수록 옆으로 납작해진다.

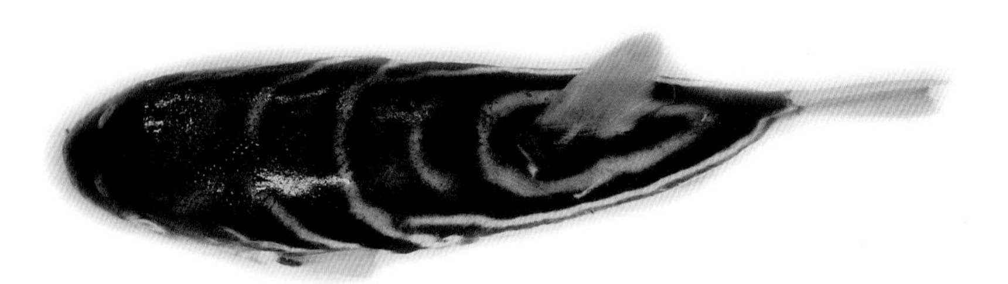

등 쪽은 푸른색이고 여기에 몸을 가로지르는 은백색 줄무늬가 4~5개 있다.

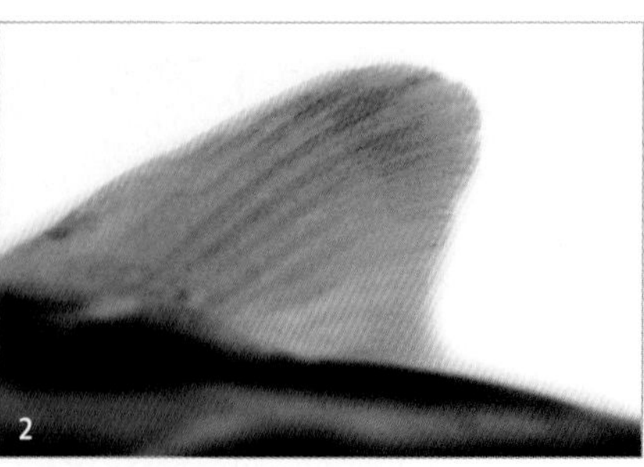

1 콧구멍은 2쌍으로 주머니 1개에 구멍이 2개 나 있다. **2** 등지느러미는 노란색이며, 기조 수는 16~18연조다.

형태 특성

몸길이 보통 15㎝ 내외이며, 최대 60㎝까지 자란다.

체색과 무늬 등 쪽으로 몸을 가로지르는 은백색 줄무늬가 4~5개 있으며, 배 쪽은 흰색이다. 가슴지느러미는 노란색이며, 기부에 검은 반점이 1개 있다. 모든 지느러미는 진한 노란색이다.

주요 형질 머리의 횡단면은 원통형에 가깝고, 꼬리 쪽으로 갈수록 옆으로 납작해진다. 몸에는 비늘이 없으나 등과 배, 가슴지느러미 주변에 작은 가시들이 나 있다. 눈은 작고 두 눈 사이의 간격은 넓다. 입은 작고 양턱의 이빨은 매우 단단하다. 콧구멍은 2쌍으로 주머니 1개에 구멍이 2개 나 있다. 가슴지느러미 기조 수는 16~19연조이고, 등지느러미 기조 수는 16~18연조, 뒷지느러미 기조 수는 14~16연조이다. 가슴지느러미와 꼬리지느러미 끝부분은 거의 직선에 가깝다.

생태 특성

서식지 연안의 바닥이 암초 지대인 곳의 수층에 산다.

먹이 습성 새우류, 게류, 작은 어류를 먹는다.

행동 습성 봄에 산란한 다음 연안의 하구로 이동한다. 난소와 간장에는 강한 독이 있고, 장에는 약한 독이 있으며 살, 껍질, 정소에는 독이 없다.

국내 분포 서해와 남해

국외 분포 일본, 동중국해 등의 북서태평양

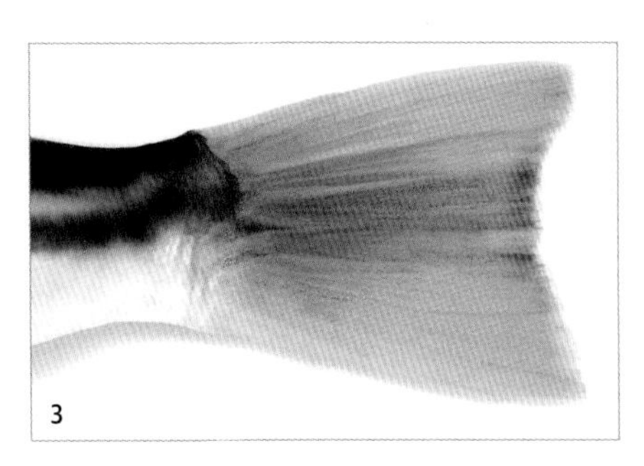

3 꼬리지느러미는 노란색이며, 끝부분은 거의 직선에 가깝다.

참고 문헌

국가자연사연구종합정보시스템(NARIS)

국립수산과학원 해양생물종다양성정보시스템, 국립수산과학원

김익수, 박종영, 2007, 한국의 민물고기, 교학사

김익수, 박종영, 2008, 한국의 바닷물고기, 교학사

노세윤, 2011, 민물고기 쉽게찾기, 진선출판사

백근욱, 정재묵, 박주면, 허성회, 2011, 통영 주변해역에서 출현하는 별망둑(*Chaenogobius gulosus*)의 산란 특성, Kor.J.Ichthyology, Vol.23, N.4, pp.300-304.

생물다양성정보, 국립생물자원관

윤상철, 최광호, 정연규, 이동우, 유정화, 2013, 백다랑어(*Thunnus tonggol*) 치어의 국내출현, J.Kor.Soc.Fish.Tech., 49(4), 500-504.

이완옥, 노세윤, 2006, 특징으로 보는 한반도 민물고기, 지성사

최기철, 이원규, 2010, 쉽게 찾는 내 고향 민물고기, 현암사

사진으로 찾아보기

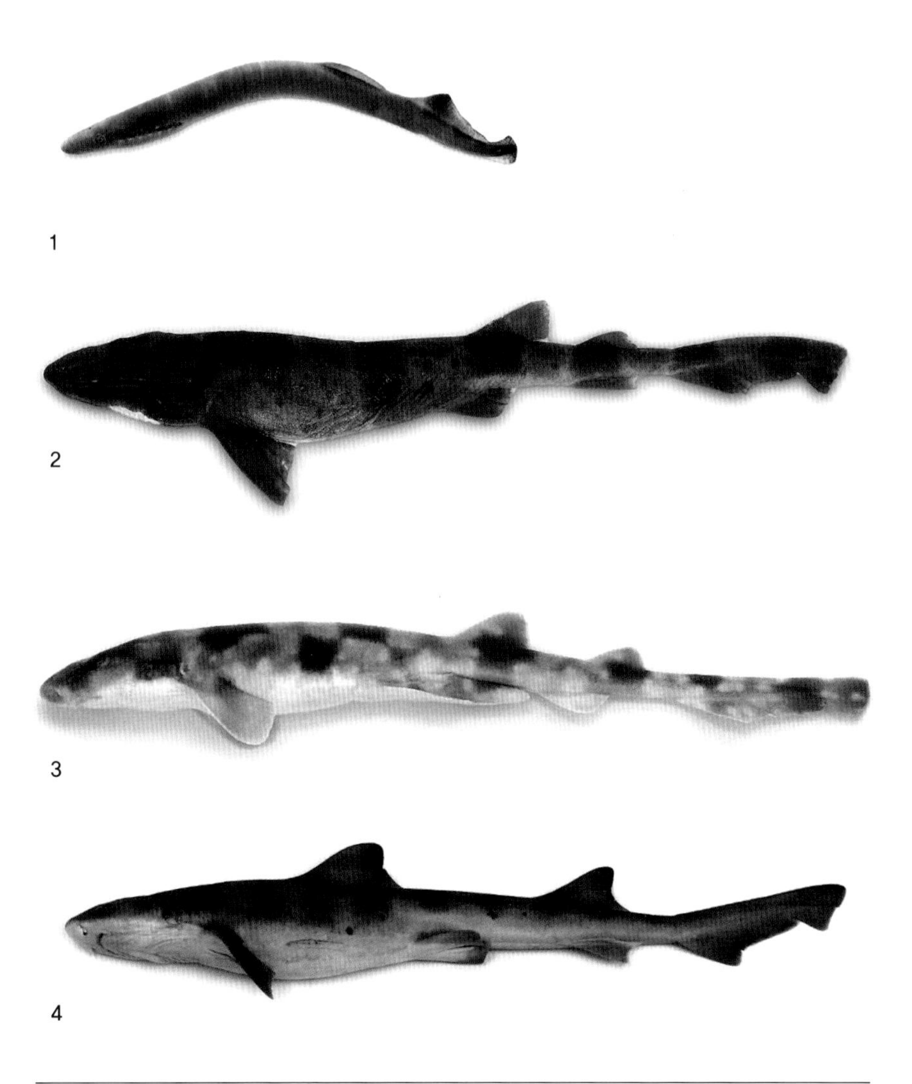

1. 칠성장어 *Lethenteron camtschaticum* 38
2. 복상어 *Cephaloscyllium umbratile* 40
3. 두툽상어 *Scyliorhinus torazame* 42
4. 까치상어 *Triakis scyllium* 44

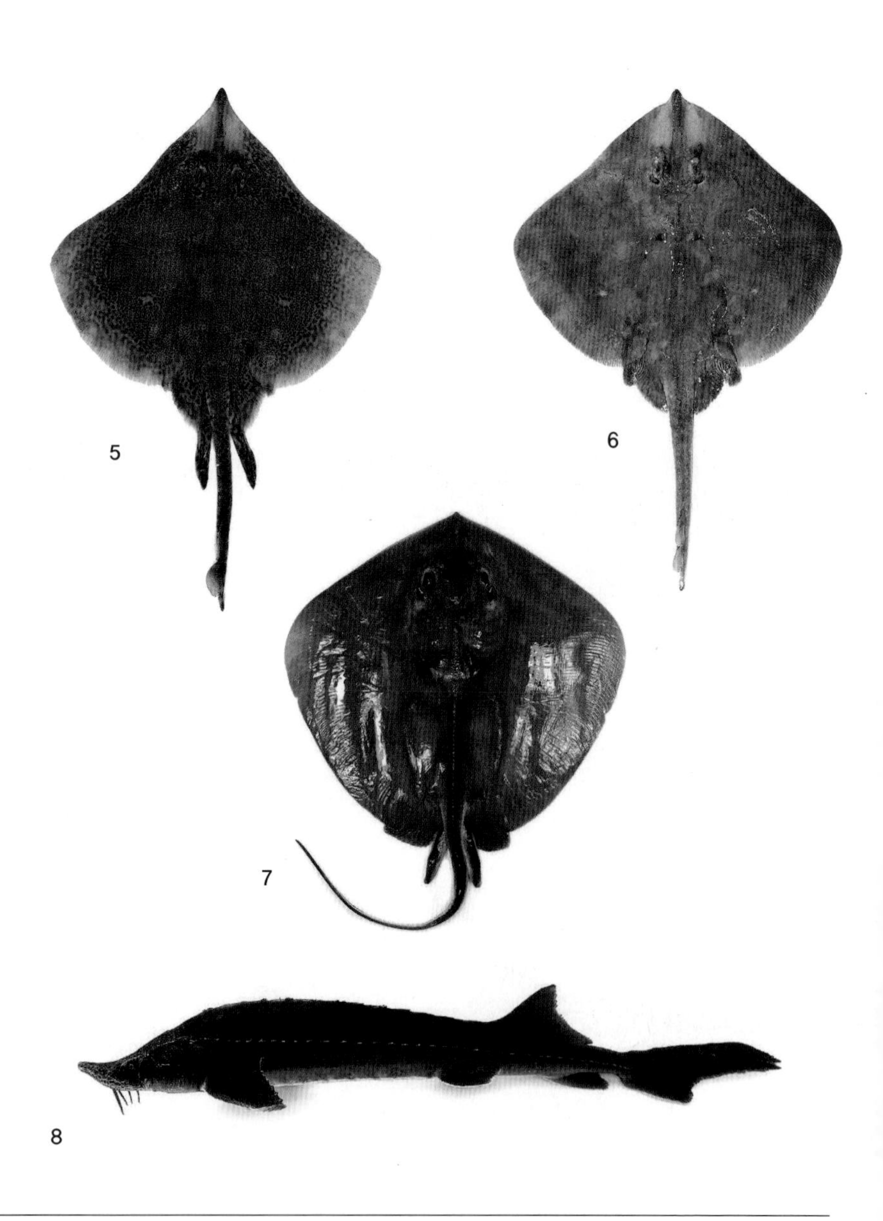

5. 무늬홍어 *Okamejei acutispina* 46
6. 홍어 *Okamejei kenojei* 48
7. 노랑가오리 *Dasyatis akajei* 50
8. 철갑상어 *Acipenser sinensis* 52

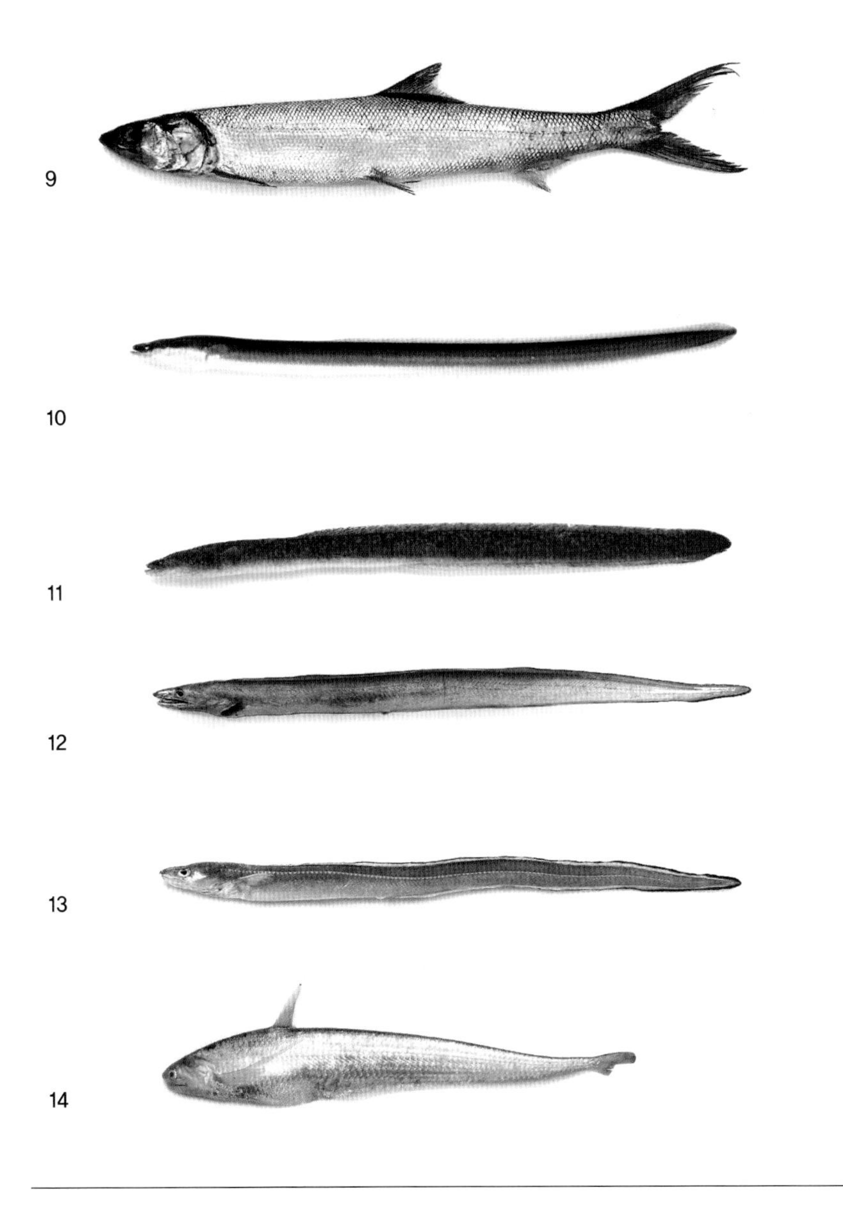

9. 당멸치 *Elops hawaiensis* 54
10. 뱀장어 *Anguilla japonica* 56
11. 무태장어 *Anguilla marmorata* 58
12. 갯장어 *Muraenesox cinereus* 60
13. 붕장어 *Conger myriaster* 62
14. 웅어 *Coilia nasus* 64

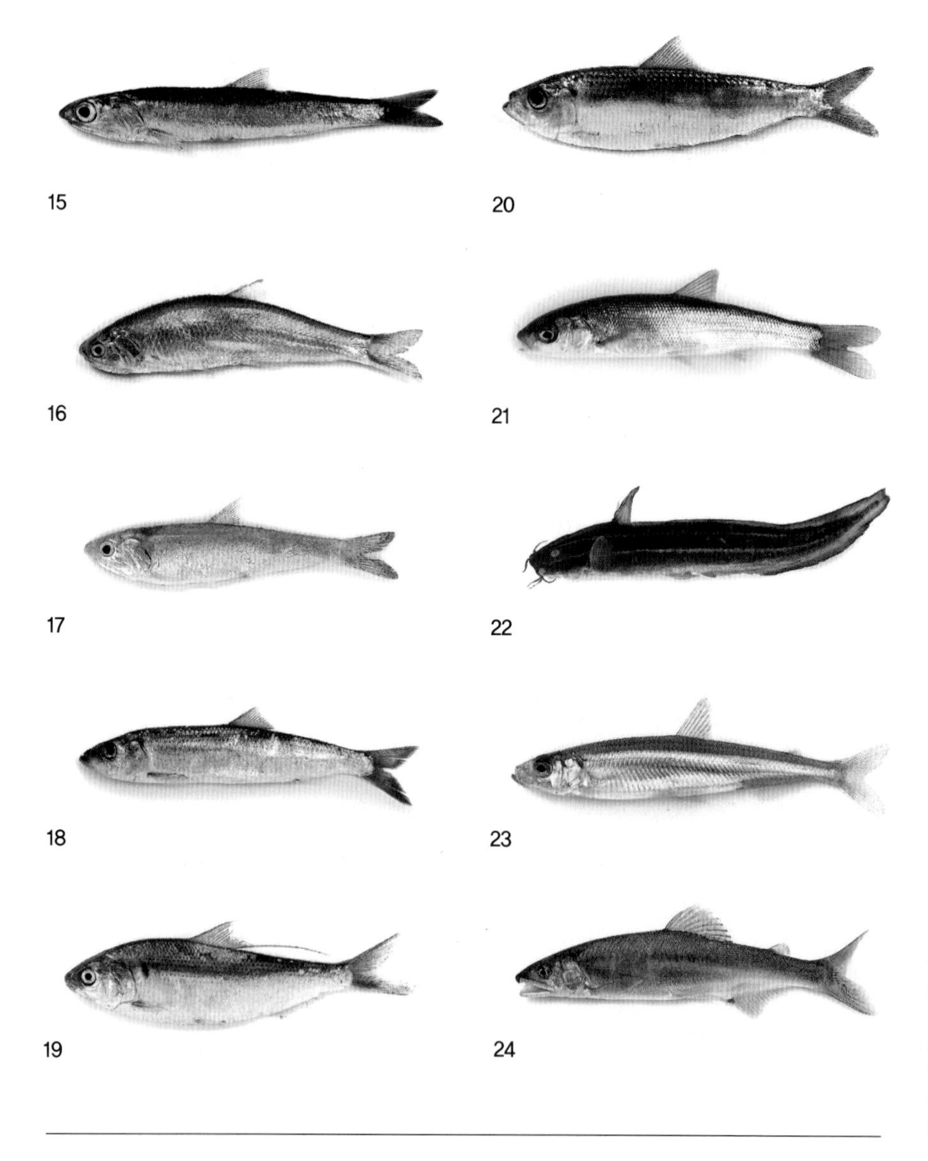

15. 멸치 *Engraulis japonicus* 66
16. 풀반댕이 *Thryssa adelae* 68
17. 청멸 *Thryssa kammalensis* 70
18. 청어 *Clupea pallasii* 72
19. 전어 *Konosirus punctatus* 74
20. 밴댕이 *Sardinella zunasi* 76
21. 황어 *Tribolodon hakonensis* 78
22. 쏠종개 *Plotosus lineatus* 80
23. 빙어 *Hypomesus nipponensis* 82
24. 은어 *Plecoglossus altivelis* 84

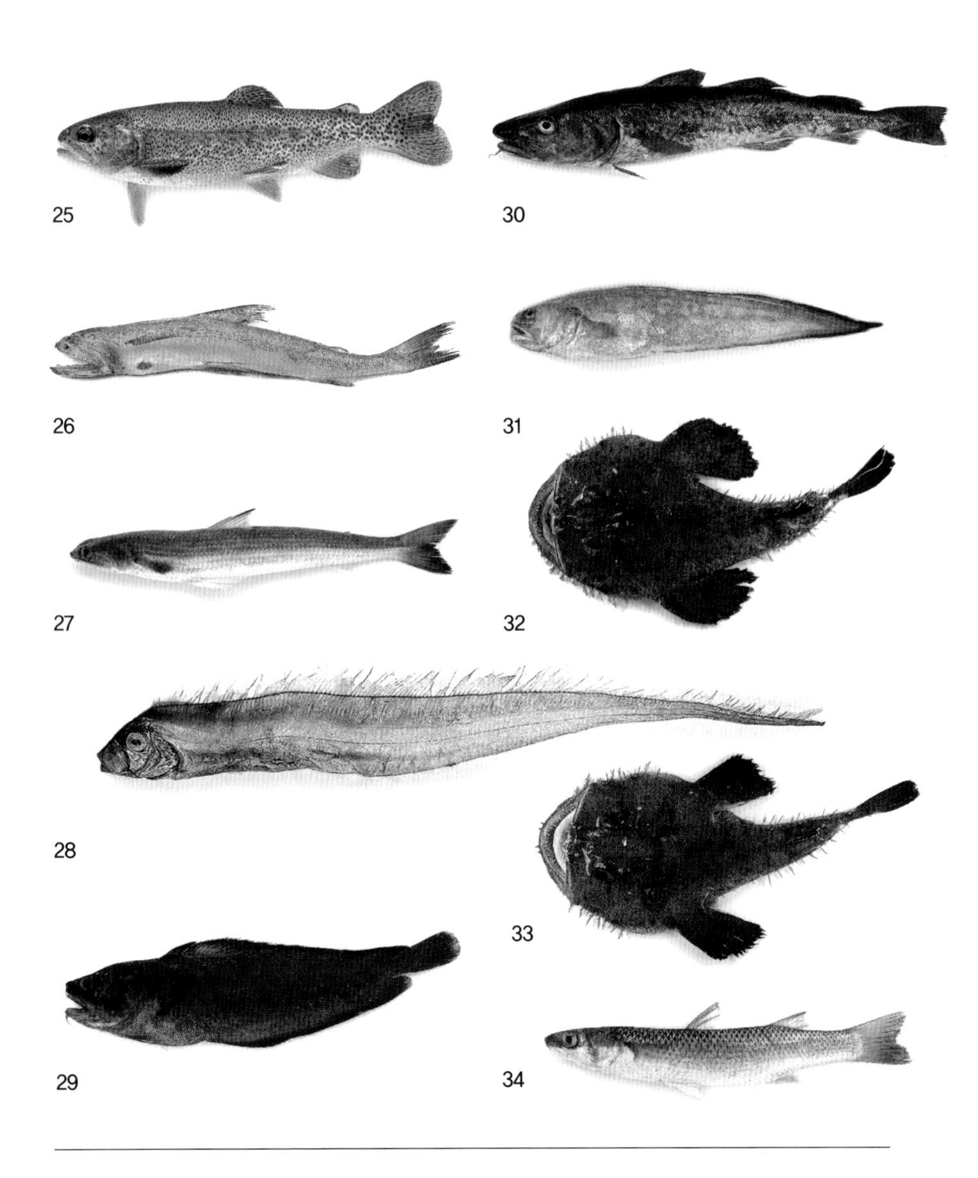

25. 무지개송어 *Oncorhynchus mykiss* 86
26. 물천구 *Harpadon nehereus* 88
27. 날매퉁이 *Saurida elongata* 90
28. 투라치 *Trachipterus ishikawae* 92
29. 놀락민태 *Lotella phycis* 94
30. 대구 *Gadus macrocephalus* 96
31. 붉은메기 *Hoplobrotula armata* 98
32. 아귀 *Lophiomus setigerus* 100
33. 황아귀 *Lophius litulon* 102
34. 가숭어 *Chelon haematocheilus* 104

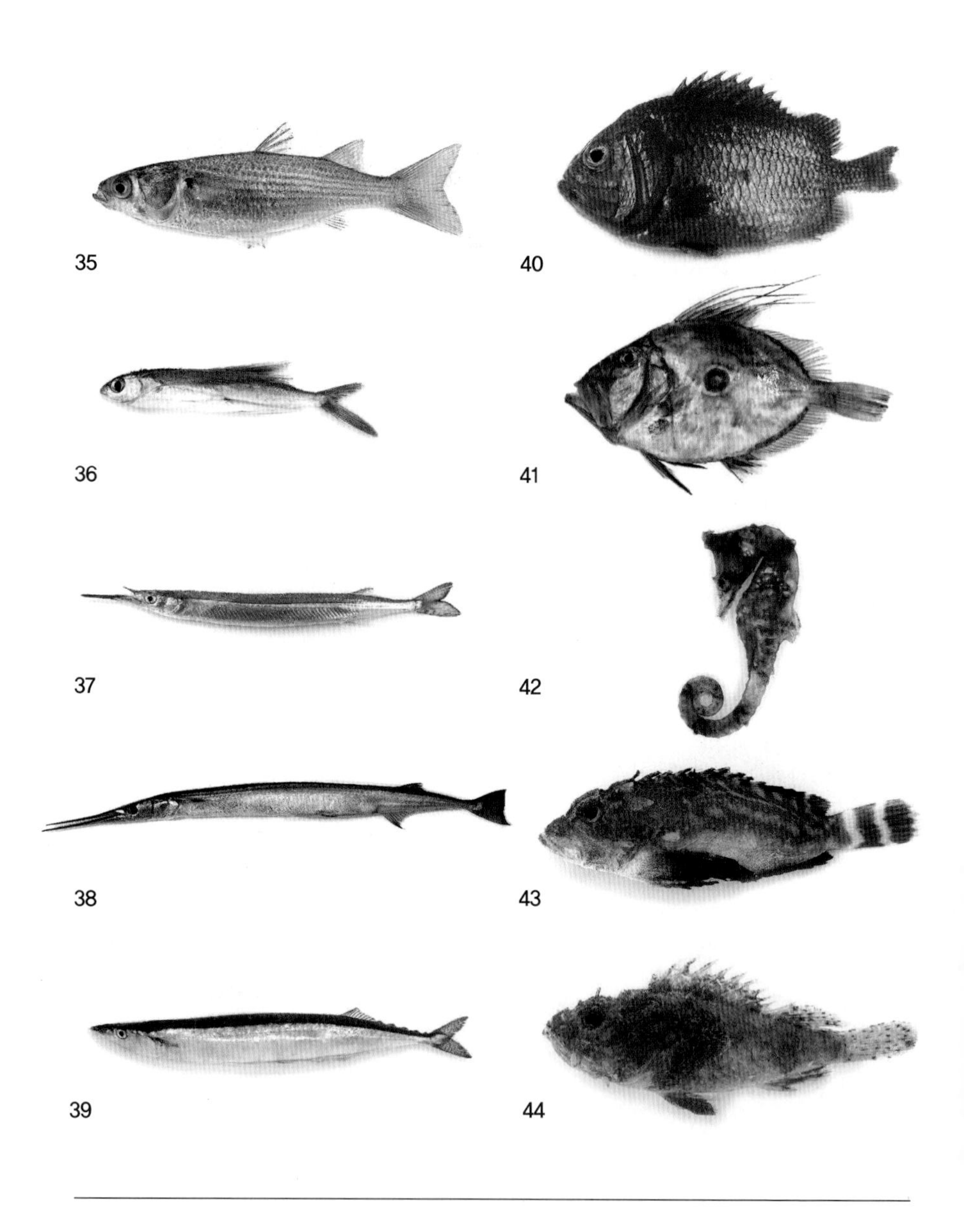

35. 숭어 *Mugil cephalus* 106
36. 제비날치 *Cypselurus hiraii* 108
37. 학공치 *Hyporhamphus sajori* 110
38. 동갈치 *Strongylura anastomella* 112
39. 꽁치 *Cololabis saira* 114
40. 도화돔 *Ostichthys japonicus* 116
41. 달고기 *Zeus faber* 118
42. 해마 *Hippocampus coronatus* 120
43. 일지말락쏠치 *Minous monodactylus* 122
44. 쭈굴감펭 *Scorpaena miostoma* 124

45. 살살치 *Scorpaena neglecta* 126
46. 볼락 *Sebastes inermis* 128
47. 도화볼락 *Sebastes joyneri* 130
48. 황해볼락 *Sebastes koreanus* 132
49. 개볼락 *Sebastes pachycephalus* 134
50. 조피볼락 *Sebastes schlegelii* 136
51. 불볼락 *Sebastes thompsoni* 138
52. 띠볼락 *Sebastes zonatus* 140
53. 붉감펭 *Sebastiscus albofasciatus* 142
54. 쏨뱅이 *Sebastiscus marmoratus* 144

55. 붉은쏨뱅이 *Sebastiscus tertius* 146
56. 성대 *Chelidonichthys spinosus* 148
57. 까지양태 *Cociella crocodila* 150
58. 양태 *Platycephalus indicus* 152
59. 노래미 *Hexagrammos agrammus* 154
60. 쥐노래미 *Hexagrammos otakii* 156
61. 삼세기 *Hemitripterus villosus* 158
62. 꼼치 *Liparis tanakae* 160
63. 농어 *Lateolabrax japonicus* 162
64. 점농어 *Lateolabrax maculatus* 164

65. 눈볼대 *Doederleinia berycoides* 166
66. 자바리 *Epinephelus bruneus* 168
67. 홍바리 *Epinephelus fasciatus* 170
68. 능성어 *Epinephelus septemfasciatus* 172
69. 뿔돔 *Cookeolus japonicus* 174
70. 열동가리돔 *Jaydia lineatus* 176
71. 줄도화돔 *Ostorhinchus semilineatus* 178
72. 청보리멸 *Sillago japonica* 180
73. 옥돔 *Branchiostegus japonicus* 182
74. 게르치 *Scombrops boops* 184

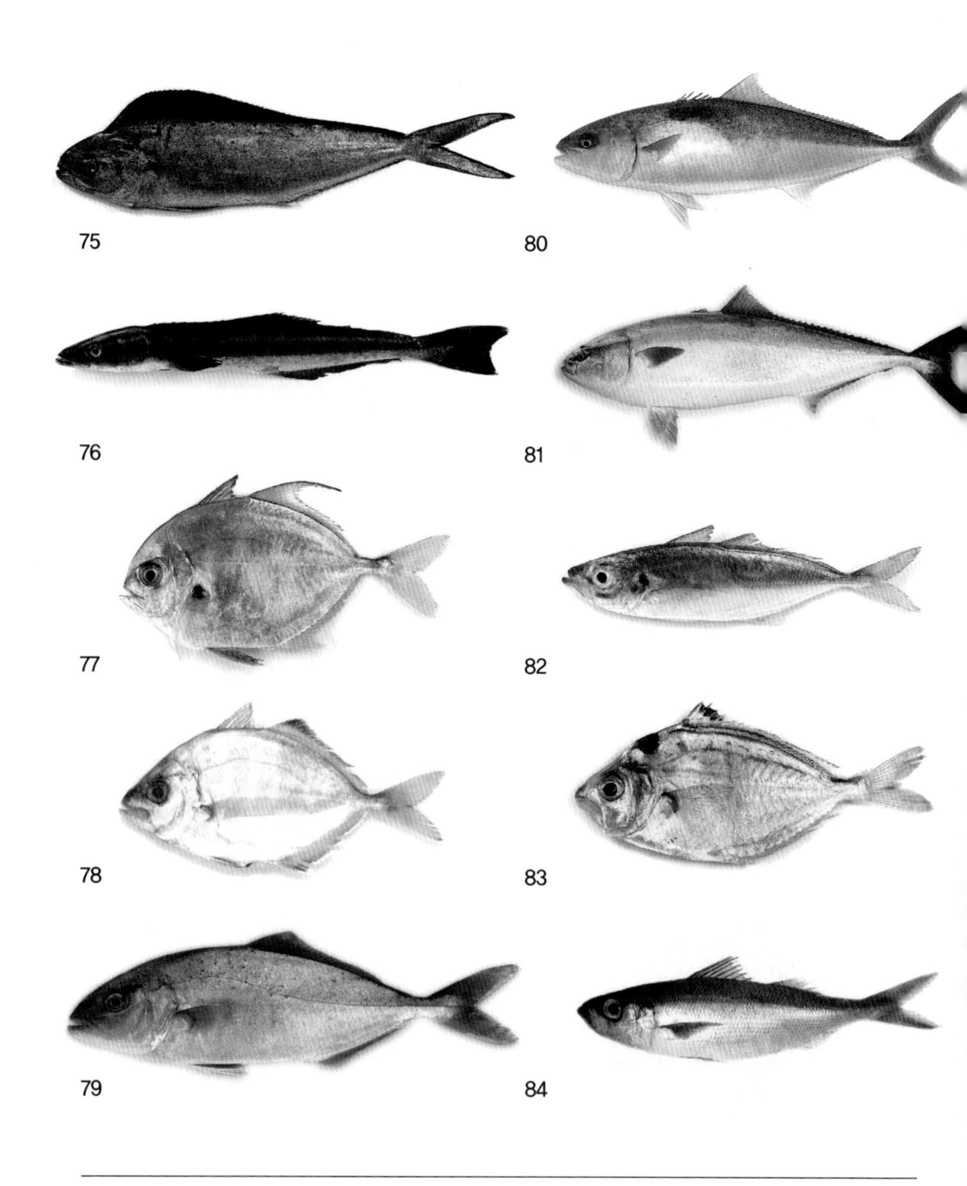

75. 만새기 *Coryphaena hippurus* 186
76. 날쌔기 *Rachycentron canadum* 188
77. 유전갱이 *Carangoides coeruleopinnatus* 190
78. 갈전갱이 *Kaiwarinus equula* 192
79. 잿방어 *Seriola dumerili* 194
80. 부시리 *Seriola lalandi* 196
81. 방어 *Seriola quinqueradiata* 198
82. 전갱이 *Trachurus japonicus* 200
83. 주둥치 *Nuchequula nuchalis* 202
84. 선홍치 *Erythrocles schlegelii* 204

85. 군평선이 *Hapalogenys mucronatus* 206
86. 어름돔 *Plectorhinchus cinctus* 208
87. 네동가리 *Parascolopsis inermis* 210
88. 구갈돔 *Lethrinus haematopterus* 212
87. 감성돔 *Acanthopagrus schlegelii* 214
88. 황돔 *Dentex tumifrons* 216
89. 참돔 *Pagrus major* 218
92. 보구치 *Pennahia argentata* 220
93. 민태 *Johnius grypotus* 222
94. 참조기 *Larimichthys polyactis* 224

95. 민어 *Miichthys miiuy* 226
96. 수조기 *Nibea albiflora* 228
97. 황줄깜정이 *Kyphosus vaigiensis* 230
98. 범돔 *Microcanthus strigatus* 232
99. 두동가리돔 *Heniochus acuminatus* 234
100. 살벤자리 *Terapon jarbua* 236
101. 돌돔 *Oplegnathus fasciatus* 238
102. 강담돔 *Oplegnathus punctatus* 240
103. 여덟동가리 *Goniistius quadricornis* 242
104. 아홉동가리 *Goniistius zonatus* 244

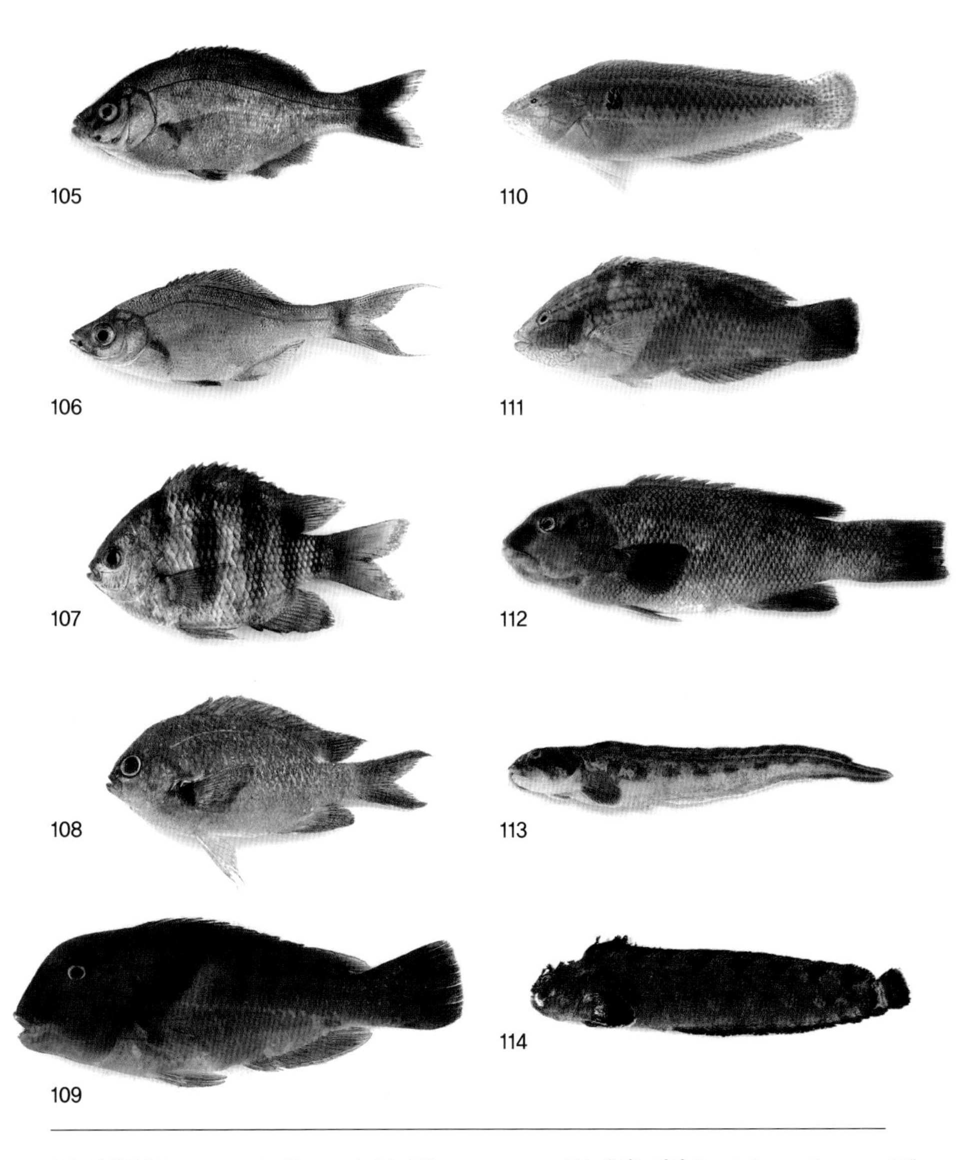

105. 망상어 *Ditrema temminckii temminckii* 246
106. 인상어 *Neoditrema ransonneti* 248
107. 해포리고기 *Abudefduf vaigiensis* 250
108. 자리돔 *Chromis notata* 252
109. 호박돔 *Choerodon azurio* 254
110. 용치놀래기 *Parajulis poecilepterus* 256
111. 황놀래기 *Pseudolabrus sieboldi* 258
112. 혹돔 *Semicossyphus reticulatus* 260
113. 등가시치 *Zoarces gillii* 262
114. 왜도라치 *Chirolophis wui* 264

115. 그물베도라치 *Dictyosoma burgeri* 266
116. 황점베도라치 *Dictyosoma rubrimaculatum* 268
117. 흰베도라치 *Pholis fangi* 270
118. 베도라치 *Pholis nebulosa* 272
119. 도루묵 *Arctoscopus japonicus* 274
120. 열쌍동가리 *Parapercis multifasciatus* 276
121. 쌍동가리 *Parapercis sexfasciata* 278
122. 얼룩통구멍 *Uranoscopus japonicus* 280
123. 푸렁통구멍 *Xenocephalus elongatus* 282
124. 앞동갈베도라치 *Omobranchus elegans* 284

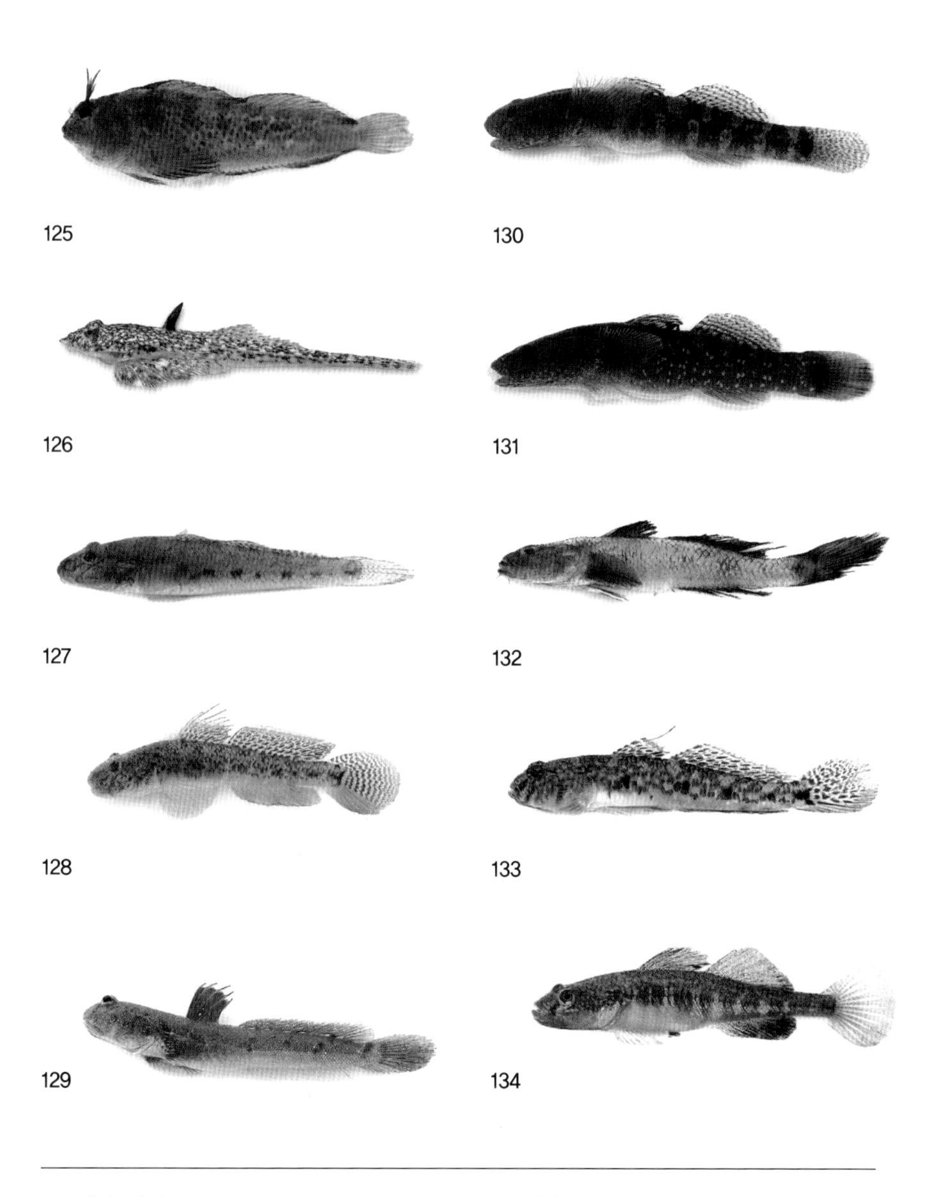

125. 청베도라치 *Parablennius yatabei* 286
126. 강주걱양태 *Repomucenus olidus* 288
127. 문절망둑 *Gymnogobius castaneus* 290
128. 흰발망둑 *Acanthogobius lactipes* 292
129. 짱뚱어 *Boleophthalmus pectinirostris* 294
130. 점망둑 *Chaenogobius annularis* 296
131. 별망둑 *Chaenogobius gulosus* 298
132. 쉬쉬망둑 *Chaeturichthys stigmatias* 300
133. 날개망둑 *Favonigobius gymnauchen* 302
134. 날망둑 *Gymnogobius breunigii* 304

135. 사백어 *Leucopsarion petersii* 306
136. 미끈망둑 *Luciogobius guttatus* 308
137. 모치망둑 *Mugilogobius abei* 310
138 개소겡 *Odontamblyopus lacepedii* 312
139. 큰볏말뚝망둥어 *Periophthalmus magnuspinnatus* 314
140. 말뚝망둥어 *Periophthalmus modestus* 316
141. 바닥문절 *Sagamia geneionema* 318
142. 풀망둑 *Synechogobius hasta* 320
143. 검정망둑 *Tridentiger obscurus* 322
144. 독가시치 *Siganus fuscescens* 324

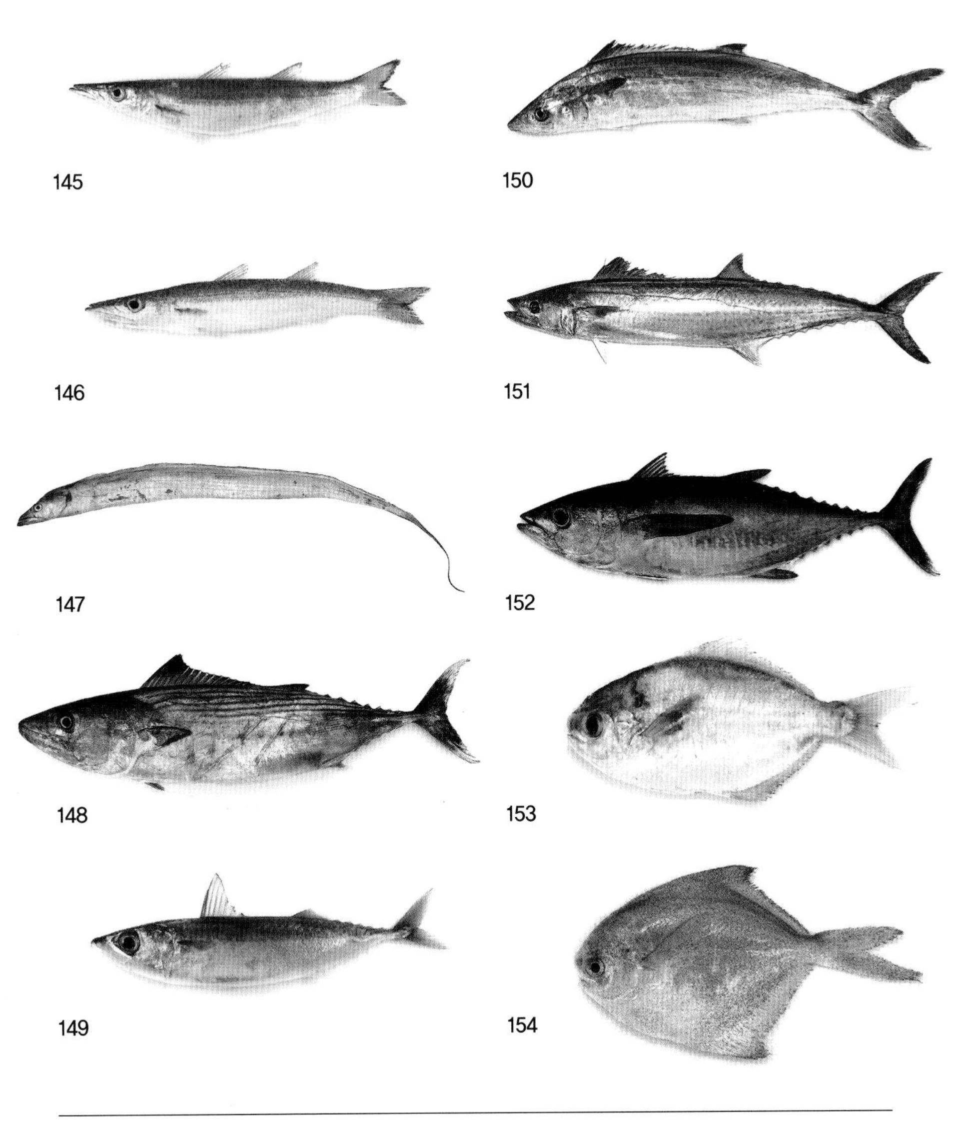

145. 창꼬치 *Sphyraena obtusata* 326
146. 꼬치고기 *Sphyraena pinguis* 328
147. 갈치 *Trichiurus lepturus* 330
148. 줄삼치 *Sarda orientalis* 332
149. 고등어 *Scomber japonicus* 334
150. 평삼치 *Scomberomorus koreanus* 336
151. 삼치 *Scomberomorus niphonius* 338
152. 백다랑어 *Thunnus tonggol* 340
153. 샛돔 *Psenopsis anomala* 342
154. 병어 *Pampus argenteus* 344

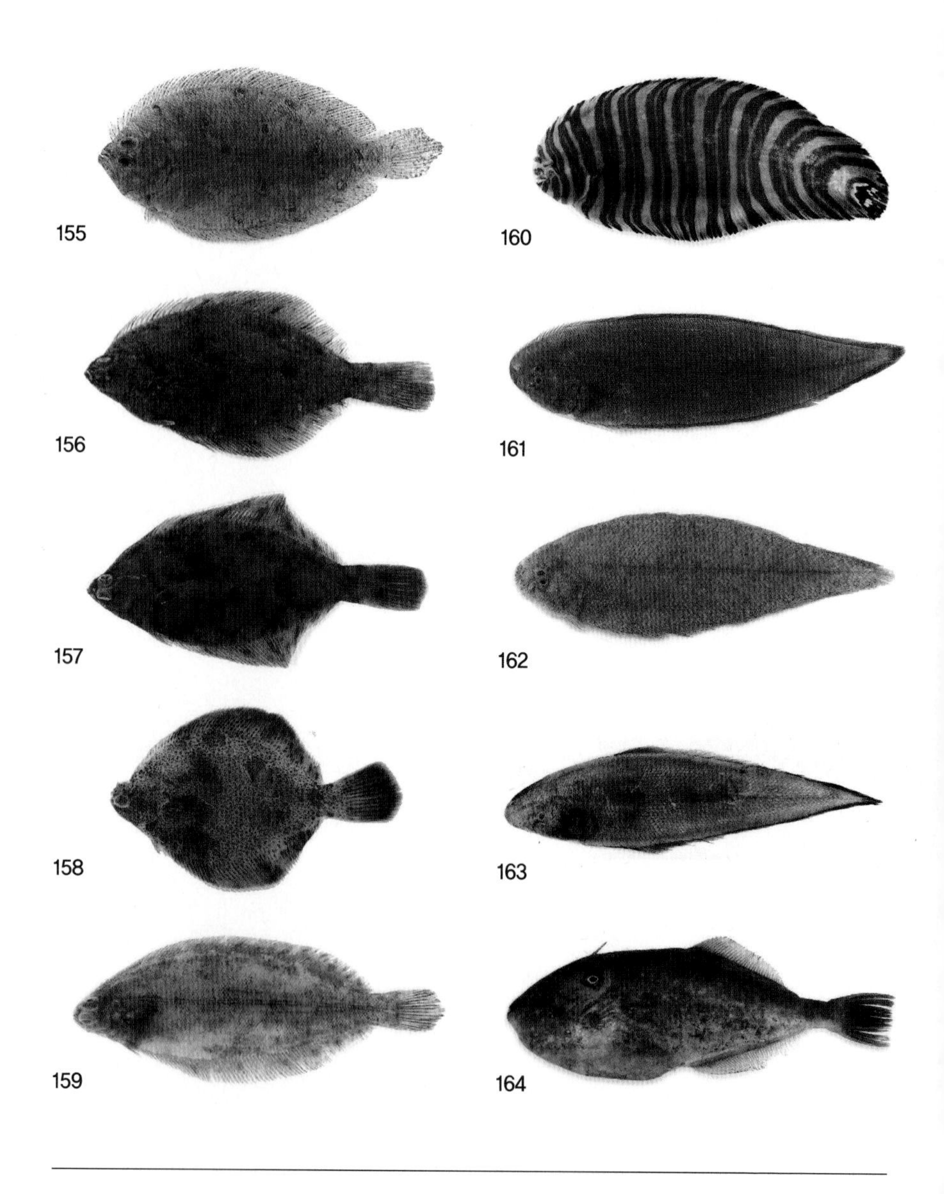

155. 점넙치 *Pseudorhombus pentophthalmus* 346
156. 점가자미 *Pseudopleuronectes schrenki* 348
157. 문치가자미 *Pseudopleuronectes yokohamae* 350
158. 도다리 *Pleuronichthys cornutus* 352
159. 갈가자미 *Tanakius kitaharae* 354
160. 노랑각시서대 *Zebrias fasciatus* 356
161. 용서대 *Cynoglossus abbreviatus* 358
162. 칠서대 *Cynoglossus interruptus* 360
163. 개서대 *Cynoglossus robustus* 362
164. 객주리 *Aluterus monoceros* 364

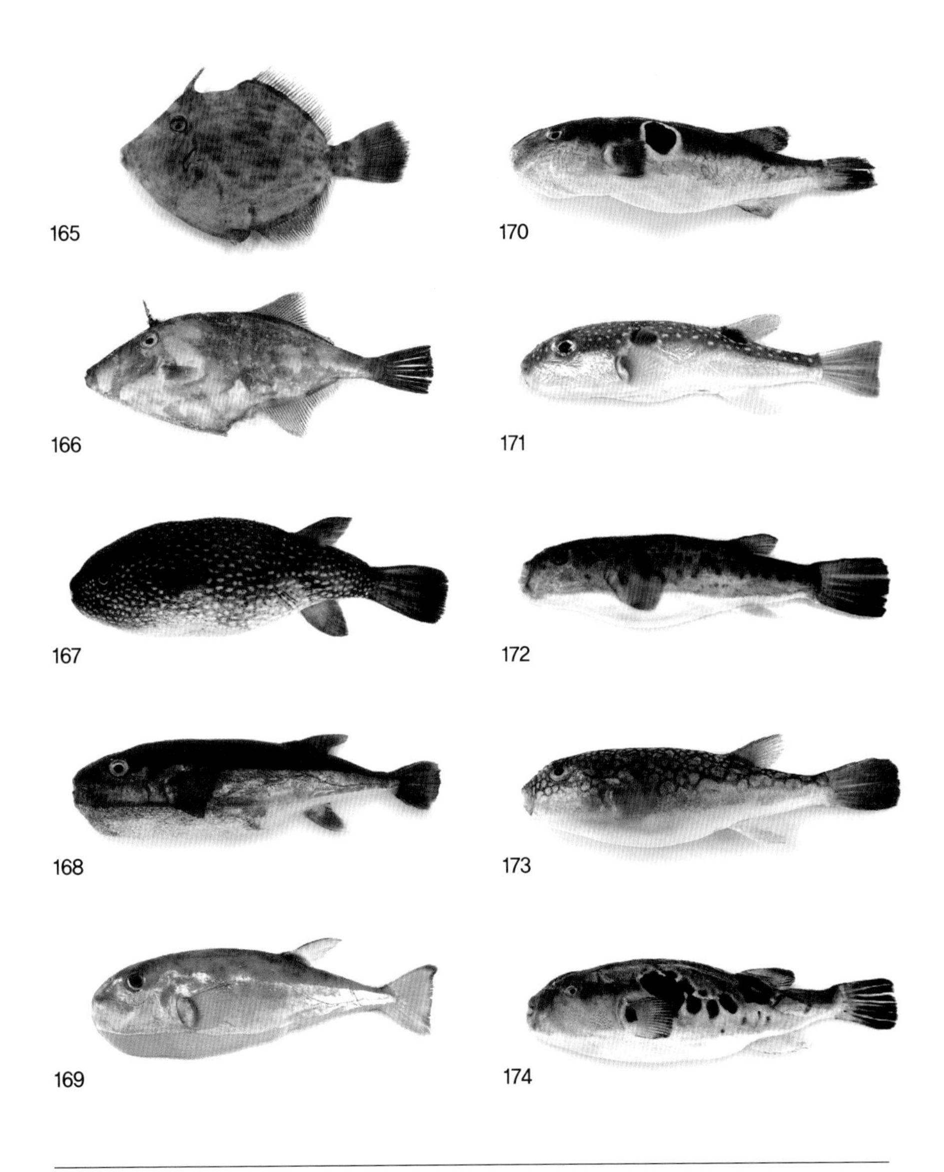

165. 쥐치 *Stephanolepis cirrhifer* 366
166. 말쥐치 *Thamnaconus modestus* 368
167. 별복 *Arothron firmamentum* 370
168. 청밀복 *Lagocephalus lagocephalus oceanicus* 372
169. 은밀복 *Lagocephalus wheeleri* 374
170. 참복 *Takifugu chinensis* 376
171. 복섬 *Takifugu niphobles* 378
172. 졸복 *Takifugu pardalis* 380
173. 흰점복 *Takifugu poecilonotus* 382
174. 자주복 *Takifugu rubripes* 384

175

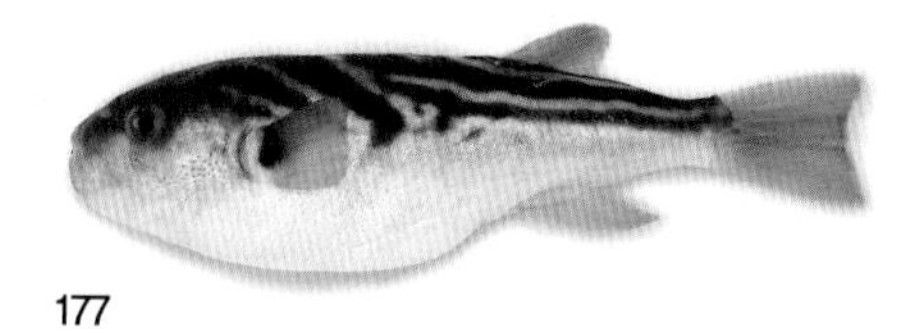

177

176

175. 까칠복 *Takifugu stictonotus*386
176. 국매리복 *Takifugu snyderi* 388
177. 까치복 *Takifugu xanthopterus* 390

국명 찾아보기

학명 찾아보기